继电保护专业技术人员技能培训系列教材

继电保护及自动装置运行与调试

李 玮 编 著

中国电力出版社
CHINA ELECTRIC POWER PRESS

内 容 提 要

为提高大型发供电系统的安全、稳定、经济运行，提高专业技术人员和技术管理人员的技术素质与管理水平，适应继电保护专业技术人员专业技能培训的需求，结合作者近三十年的专业学习管理经验，编制了《继电保护专业技术人员技能培训系列教材》。

本书是此系列教材的第四卷。着重介绍继电保护和自动装置的运行技术、继电保护及自动装置的调试，涉及交直流电源系统、继电保护运行技术、发电机—变压器组调试及升压站系统调试、励磁及安全自动装置系统调试、厂用电系统调试、倒送电试验、整体启动试验、涉网试验等内容，涵盖了发电厂各系统继电保护调试与试验、涉网试验、发电厂电气整套启动调试及典型案例分析等方面。全书共两篇、十二章，理论与现场实际相结合对发电厂安全自动装置系统进行讲解。

本书适用于发电系统运行与维护人员、设计院、电科院以及大学院校专业人员学习、借鉴，可供设计、安装、调试、运行、检修、维护的工程技术人员和管理人员阅读，并可供高等院校相关专业师生参考。

图书在版编目（CIP）数据

继电保护及自动装置运行与调试/李玮编著. —北京：中国电力出版社，2020.8
ISBN 978-7-5198-4435-6

Ⅰ．①继…　Ⅱ．①李…　Ⅲ．①继电保护②继电自动装置　Ⅳ．①TM77

中国版本图书馆 CIP 数据核字（2020）第 041473 号

出版发行：中国电力出版社
地　　址：北京市东城区北京站西街 19 号（邮政编码 100005）
网　　址：http://www.cepp.sgcc.com.cn
责任编辑：宋红梅（010-63412383）
责任校对：黄　蓓　常燕昆
装帧设计：赵姗姗
责任印制：吴　迪

印　　刷：北京天宇星印刷厂
版　　次：2020 年 8 月第一版
印　　次：2020 年 8 月北京第一次印刷
开　　本：787 毫米×1092 毫米　16 开本
印　　张：22.25
字　　数：540 千字
印　　数：0001—1500 册
定　　价：98.00 元

前　言

电力系统的不断发展和安全稳定运行给国民经济和社会发展带来了巨大的动力和效益。随着我国电力系统向高电压、大容量、高参数、现代化大电网发展，继电保护技术及其装置应用水平获得很大提高。多年实践证明，继电保护装置正确动作率的高低，除了装置质量因素外，还在很大程度上取决于设计、安装、调试和运行维护人员的技术水平和敬业精神。为了有效提高继电保护人员素质，充分实现继电保护保障电网安全稳定运行的作用，结合作者近三十年的专业技术及专业管理经验，编写了这套《继电保护专业技术人员技能培训系列教材》。

本书是此系列教材的第四卷，结合多年专业实践工作经验、带领学员进行专业技术培训并参加各级专业技能大赛所取得的培训经验的基础上进行编写的，充分体现了"内容完整、概念清晰、学习培训、注重实用"的原则。

本书的编辑出版，必将有助于推进继电保护专业人员的学习和培训工作，有助于各级继电保护的技术人员、技术工作和电力系统运行、管理人员以及有关设计、研制人员完整地了解、掌握继电保护装置安全、可靠运行和实现快速、正确动作的基本要求，有助于提高专业人员素质，从而提高继电保护装置的运行水平。希望本书的出版能够对提高专业技术人员的技术技能水平、安全防控意识以及异常事件的分析、应对处理能力的提高有所帮助。

本书的出版问世不仅仅是编写者辛勤劳作的结果，更凝聚了众多为电力行业持之以恒努力奋斗的同仁、专家们的智慧和经验。囿于教材的体例，书中引用的专业理论、事例难以一一注明出处，谨在此向在我编写该书过程中给予我帮助的电科院、设备厂家以及大唐集团公司、基层发电企业的同仁、专家们表示衷心的感谢！并希望有更多的专业技术人员结合电网运行的实际，不断总结新经验，为使中国电网有一流的运行业绩而坚持不懈地努力。

编　者

2020 年 4 月

目 录

第二篇　继电保护及自动装置调试

第一篇

继电保护及自动装置运行技术

第一章 直流电源系统

发电厂和变电站（升压站）中，为控制、信号、保护、自动装置以及某些执行机构供电的电源系统，统称为控制电源，如系直流电源，则称为直流电源系统；如系交流电源，则称为交流电源系统。

与交流电源相比，直流电源具有以下优势：

（1）电压稳定性好，不受电网运行方式和电网故障的影响，单极接地仍可继续短时运行。

（2）单套直流电源系统一般有两路交流输入（自动切换），另有一套蓄电池组，相当于有三个电源为其供电，供电可靠性高。

（3）直流继电器由于无电磁振动，没有交流阻抗，损耗小，可小型化，便于集成。

（4）如控制回路用交流电源，当系统发生短路故障时，电压会因短路而降低，使二次控制电压也降低，严重时会因二次电压低而使断路器跳不开。

第一节 直流系统及直流熔断器

发供电系统的直流电源，主要用于对开关电器的远距离控制、信号设备、继电保护、自动装置及其他一些重要的直流负荷（如事故油泵，事故照明和不停电电源等）的供电。直流系统是发电厂厂用电中最重要的一部分，它应保证在任何事故情况下都能可靠地、不间断地向其用电设备供电。

在发电厂和变电站（升压站）中，直流控制负荷包括电气和热工系统的控制、信号、保护、自动装置和某些执行机构，特别是在火力发电厂中，还要为汽机润滑油泵、发电机氢密封油泵及给水泵润滑油泵的直流电动机供电，这些都是保证发电厂和变电站（升压站）正常、安全运行的极为重要的负荷。

可见，直流电源系统兼有直流保安电源的功能，其用电负荷极为重要，对供电的可靠性要求很高，直流系统的可靠性是保障发电厂、变电站安全运行的决定性条件之一。

一、大机组直流系统接线方式、配置特点及注意事项

1. 接线方式

（1）大型发电机组通常设置 110V、220V 两种直流系统。各单元机组设备的控制、信号及保护回路直流电源通常采用 110V 电压，并分设两段，保证运行安全、可靠。直流母线通常采用分段运行的方式，并在两段直流母线之间设置联络断路器或隔离开关，正常运行时断路器或隔离开关处于断开位置，每段直流母线连接相应的蓄电池和充电装置，分别由独立的蓄电池组和充电装置供电。

（2）大机组直流动力负荷，包括汽轮机、汽动给水泵的事故润滑油泵、发电机密封油系统事故密封油泵、事故照明以及断路器的储能电机电源、UPS 等设备，其中一些直流动力负荷往往在 50kW 以上，因此通常专设一段 220V 电压的直流电源母线。

（3）当变电站配电装置设有单独的控制室和继电器室时，通常可另外单独设置两段 110V 直流电源母线。

（4）大容量机组的发电厂中，直流馈电回路多采用辐射供电方式，不宜采用环状方式，且直流控制、保护馈电回路需分开。辐射式供电除可直接向负荷供电外，也可以通过直流分电屏向分散的用电设备供电。辐射供电方式运行操作灵活、可靠性高，一旦直流系统发生接地故障也便于查找。

2. 充电装置应满足冗余配置的要求

（1）如选用相控型（晶闸管整流器型）充电装置，通常要求是：各直流系统均另装设一套备用充电装置，对一段母线配两台充电装置，二段母线配三套充电装置，第三台充电装置（备用充电装置）可在两段母线之间切换，当任一工作充电装置退出运行时，可手动投入第三台充电装置。

（2）如选用高频开关型充电装置，充电模块最低应满足 $N+1$ 的冗余配置并采用并列方式运行。当任一充电模块故障或退出时，不影响高频开关充电装置的输出和直流系统的运行。因此，通常可不必再设专门的备用装置，即一段母线的配一套充电装置，二段母线的配两套充电装置，但任一充电装置中的充电模块须满足 $N+1$ 冗余配置要求。

3. 直流系统的防雷电措施

充电装置交流供电输入端应采取防止电网浪涌冲击电压侵入充电模块的技术措施。按相关规程要求，其整流模块的交流电源输入设有两级防雷措施，通常在交流配电输入端、整流模块内部装设防雷器，将交流电源系统过电压对模块的危害降至最低。交流配电输入端防雷器可选用雷击浪涌吸收器，浪涌吸收器由压敏电阻和气体放电管组成，具有防雷和抑制电网瞬间过压双重功能，最大通流量 40kA，动作时间小于25ns。相线与相线之间、相线与中性线之间的瞬间干扰脉冲均被压敏电阻和气体放电管吸收。因此，其功能优于单纯的防雷器。

4. 直流系统的防火措施

直流系统的电缆应采用阻燃电缆，两组蓄电池的电缆应分别敷设在各自独立的通道内，尽量避免与交流电缆并排敷设。在穿越电缆竖井时，两组蓄电池电缆应加穿金属套管。

蓄电池应具有防爆性能，在规定的试验条件下，蓄电池遇到外部明火时，在电池内部不引燃、不引爆。

5. 绝缘监察装置的作用

直流系统供电网络分布较广，系统复杂且外露部分较多，容易受外界环境因素的影响，使得直流系统绝缘水平降低，甚至可能发生绝缘损坏而接地。如果是正、负极都接地，此时故障回路的熔断器熔丝熔断，使相应部分直流系统停电。如果一极接地，直流网络可继续运行，但这是危险的不正常情况，如断路器合闸、跳闸线圈或继电保护装置出口继电器接地后再伴随第二点接地，断路器有可能会发生误动作或拒动作。

鉴于上述原因，为了防止两点接地可能发生的误动作或拒动作，直流系统每段母线必须装设灵敏度足够高的绝缘监察装置，在线监视直流系统母线和馈线的绝缘情况。发生一点接地后，应及时查找故障点并消除。

6. 直流系统运行方式及注意事项

（1）正常运行时连接在各个电压等级每段母线上的相应蓄电池组采用浮充方式，不允许没有蓄电池只由充电器带直流母线的运行方式。

（2）正常运行时两段直流母线之间的联络断路器处于断开位置，以提高直流系统的可靠性。

（3）直流系统用断路器应采用具有自动脱扣功能的直流断路器，不能用普通交流断路器替代。直流空气断路器的额定工作电流按最大动态负荷电流的 1.5 倍选用。直流空气断路器应按规定分级配置、逐级配合，上、下级之间的额定电流值应保证 2 个级差，且宜用同一系列产品。应做到直流空气断路器之间以及断路器与熔断器混合保护相互间的动作级差值的相互配合，当直流断路器与熔断器配合时，应考虑到动作特性的不同。由于直流空气断路器基本上是无时限的脱扣速度，而熔断器的动作具有反时限特性，故空气断路器与熔断器混合保护的级差配合比较困难，有可能在某些短路电流值范围内会失去动作选择性。直流电源系统中各级空气断路器或熔断器的选用应校核其动作性能，防止回路故障时失去动作选择性。

（4）加强直流熔断器的管理，防止越级熔断。各级熔断器同样应按规定分级配置、逐级配合、保证级差地相互配合。通常熔断器电源端选上限，网络末端选下限。直流熔断器的选用应严格把关，采用质量合格的产品，防止因直流熔断器不正常熔断而扩大事故范围。对运行中的熔断器应定期检查，按使用有效期定期进行更换。

（5）一个厂、站的直流熔断器或自动空气断路器原则上应选用同一制造厂系列产品，使用前宜进行安秒特性和动作电流抽检。

（6）直流回路严禁使用交流空气断路器。交流电弧与直流电弧具有不同的灭弧原理，由此决定了交流和直流真空断路器的灭弧室具有根本的差异，交流空气断路器不具备熄灭直流短路电弧的能力。因此，直流回路中严禁使用交流空气断路器。如现场已投入交、直流两用空气断路器，必须校核其性能，确保满足开断直流回路短路电流和动作选择性的要求。

（7）直流系统不允许控制回路与信号回路混用。控制回路是供给继电保护回路及设备（断路器等）操作、控制用的电源，而信号回路是供给全部声、光信号的直流电源，如果两个回路混用，在直流回路发生故障时，不便于查找接地故障，工作时不便于断开电源。

GB/T 14285—2006《继电保护和安全自动装置技术规程》，对直流电源系统有明确规定，在此不一一赘述。

二、直流断路器的选择

直流断路器应具有瞬时电流速断和反时限过电流保护，当不满足选择性保护配合关系时，可增加短延时电流速断保护。

直流断路器的选择应符合下列规定：

（1）额定电压应大于或等于回路的最高工作电压。

（2）额定电流应大于回路的最大工作电流，各回路额定电流应按下列条件选择：

1）蓄电池出口回路应按事故停电时间的蓄电池放电率电流选择，应按事故放电初期（1min）冲击负荷放电电流校验保护动作的安全性，且应与直流馈线回路保护电器相配合。

蓄电池组出口回路熔断器或断路器额定电流应选取以下两种情况中电流较大者，并应满足蓄电池出口回路短路时灵敏系数的要求，同时还应按事故放电初期（1min）冲击负荷放电电流校验保护动作时间。蓄电池组出口回路熔断器或断路器额定电流应按下式确定：

①按事故停电时间的蓄电池放电率电流选择，熔断器或断路器额定电流应按下式计算

$$I_n \geqslant I_1$$

式中　I_n——直流断路器额定电流（A）；

　　　I_1——蓄电池 1h 或 2h 放电率电流（A）。可按厂家资料选取，无厂家资料时，铅酸蓄电池可取 $5.5I_{10}$（A），中倍率镉镍碱性蓄电池可取 $7.0I_5$（A），高倍率镉镍碱性蓄电池可取 $20.0I_5$（A）。

②按保护动作选择性条件选择，熔断器或断路器额定电流应大于直流母线馈线中最大断路器的额定电流，按下式计算

$$I_n > K_c I_{n.max}$$

式中　I_n——直流断路器额定电流（A）；

　　　K_c——配合系数，一般取 2.0，必要时可取 3.0；

　　　$I_{n.max}$——直流母线馈线中直流断路器最大的额定电流（A）。

2）高压断路器电磁操动机构的合闸回路可按 0.3 倍额定合闸电流选择，但直流断路器过载脱扣时间应大于断路器固有合闸时间。

3）直流电动机回路可按电动机的额定电流选择。

4）直流断路器宜带有辅助触点和报警触点。

（3）断流能力应满足安装地点直流电源系统最大预期短路电流的要求。

（4）直流电源系统应急联络断路器额定电流不应大于蓄电池出口熔断器额定电流的 50%。

（5）当采用短路短延时保护时，直流断路器额定短路分断电流及短时耐受电流应大于装设地点（流过断路器的）最大短路电流。

（6）各级断路器的保护动作电流和动作时间应满足上、下级选择性配合关系的要求，且应具有足够的灵敏系数。上、下级断路器选择性配合时应符合下列要求：

1）对于集中辐射形供电的控制、保护、监控回路，直流柜母线馈线断路器额定电流不宜大于 63A，终端断路器宜选用 B 型脱扣器，额定电流不宜大于 10A。

2）对于分层辐射形供电的控制、保护、监控回路，分电柜馈线断路器宜选用二段式微型断路器，当不满足选择性配合要求时，可采用带短延时保护的微型断路器；终端断路器选用 B 型脱扣器，额定电流不宜大于 6A。

3）环形供电的控制、保护、监控回路断路器可按照集中辐射形供电方式选择。

4）当断路器采用短路短延时保护实现选择性配合时，该断路器瞬时速断整定值的 0.8 倍应大于短延时保护电流整定值的 1.2 倍，并应校核断路器短时耐受电流值。

（7）直流分电柜电源回路断路器额定电流应按直流分电柜上全部用电回路的计算电流之和来选择，并符合下列要求：

1）断路器额定电流应按下式计算

$$I_n \geqslant K_c \Sigma (I_{ce} + I_{cp} + I_{cs})$$

式中　I_n——直流断路器额定电流（A）；

　　　K_c——同时系数，取 0.8；

　　　I_{ce}——控制负荷计算电流（A）；

　　　I_{cp}——保护负荷计算电流（A）；

　　　I_{cs}——信号负荷计算电流（A）。

2）上一级直流母线馈线断路器额定电流应大于直流分电柜馈线断路器的额定电流，电流级差宜符合选择性规定。若不满足选择性要求，可采用带短路短延时特性的直流断路器。

（8）直流断路器的保护整定。

1）直流断路器过负荷长延时保护的约定动作电流的确定：

a. 断路器额定电流和约定电流系数可按下式确定

$$I_{DZ} = K I_n$$

式中　I_{DZ}——断路器过负荷长延时保护的约定动作电流（A）；

　　　K——断路器过负荷长延时保护热脱扣器的约定动作电流系数，根据断路器执行的现行国家标准分别取 1.3 或 1.45；

　　　I_n——对于断路器过负荷电流整定值不可调节的断路器，可设为断路器的额定电流；对于断路器过负荷电流整定值可调节的断路器，可取与回路计算电流相对应的断路器整定值电流（A）。

b. 上、下级断路器的额定电流或动作电流和电流比可按下式确定

$$I_{n1} \geqslant K_{ib} I_{n2} \text{ 或 } I_{DZ1} \geqslant K_{ib} I_{DZ2}$$

式中　I_{n1}、I_{n2}——上、下级断路器额定电流或整定值电流（A）；

　　　I_{DZ1}　I_{DZ2}——上、下级断路器过负荷长延时保护约定动作电流（A）；

　　　K_{ib}——上、下级断路器电流比系数。

2）直流断路器短路瞬时保护（脱扣器）整定值应符合下列规定。

①短路瞬时保护（脱扣器）整定应满足以下条件：

a. 按本级断路器出口短路，断路器脱扣器瞬时保护可靠动作整定，即

$$I_{DZ1} \geqslant K_n I_n$$

b. 按下一级断路器出口短路，断路器脱扣器瞬时保护可靠不动作整定，即

$$I_{DZ1} \geqslant K_{ib} I_{DZ2} > I_{d2}$$

式中　I_{DZ1}、I_{DZ2}——上、下级断路器瞬时保护（脱扣器）动作电流（A）；

　　　K_n——额定电流倍数，脱扣器整定值正误差或脱扣器瞬时脱扣范围最大值；

　　　I_n——断路器额定电流（A）；

　　　K_{ib}——上、下级断路器电流比系数；

　　　I_{d2}——下一级断路器出口短路电流（A）。

②当直流断路器具有限流功能时，可按下式计算：

$$I_{DZ1} \geqslant K_n I_{DZ2} / K_{XL}$$

式中　I_{DZ1}、I_{DZ2}——上、下级断路器瞬时保护（脱扣器）动作电流（A）；

　　　K_n——额定电流倍数，脱扣器整定值正误差或脱扣器瞬时脱扣范围最大值；

　　　K_{XL}——限流系数，其数值应由产品厂家提供，一般可取 0.6～0.8。

③断路器短路保护脱扣范围值及脱扣整定值应按照直流断路器厂家提供的数据选取，如无厂家资料，可参考 DL/T 5044—2014《电力工程直流电源系统设计技术规程》的相关规定。

④灵敏系数校验应根据计算的各断路器安装处短路电流校验各级断路器瞬时脱扣的灵敏系数，还应考虑脱扣器整定值的正误差或脱扣范围最大值后的灵敏系数。灵敏系数校验应按下式计算

$$I_{DZ} = U_n /[n(r_b + r_l) + \Sigma r_j + \Sigma r_k]$$

$$K_L = I_{DK} / I_{DZ}$$

式中　I_{DK} ——断路器安装处短路电流（A）；

　　　U_n ——直流电源系统额定电压，取 110V 或 220V；

　　　n ——蓄电池个数；

　　　r_b ——蓄电池内阻（Ω）；

　　　r_l ——蓄电池间连接条或导体电阻（Ω）；

　　　Σr_j ——蓄电池组至断路器安装处连接电缆或导体电阻之和（Ω）；

　　　Σr_k ——相关断路器触点电阻之和（Ω）；

　　　K_L ——灵敏系数，不宜低于 1.05；

　　　I_{DZ} ——断路器瞬时保护（脱扣器）动作电流（A）。

3）直流断路器短路短延时保护（脱扣器）的选择应符合下列规定：当上、下级断路器安装处较近，短路电流相差不大，下级断路器出口短路可能引起上级断路器短路瞬时保护（脱扣器）误动作时，上级断路器应选用短路短延时保护（脱扣器）；各级短路短延时保护时间整定值应在保证选择性的前提下，根据产品允许时间级差，选择其最小值，但不应超过直流断路器允许短路的耐受时间值。

三、直流系统上、下级熔断器之间的配合

（1）为防止因直流空气开关（直流熔断器）不正常熔断而扩大事故，应注意做到：

1）直流总输出回路、直流分路均装设熔断器时，直流熔断器应分级配置、逐级配合。

2）直流总输出回路装设熔断器、直流分路装设小空气开关时，必须确保熔断器与小空气开关有选择性地配合。

3）直流总输出回路、直流分路均装设小空气开关时，必须确保上、下级小空气开关有选择性地配合。

4）为防止因直流熔断器不正常熔断或空气开关失灵而扩大事故，对运行中的熔断器和小空气开关应定期检查，严禁质量不合格的熔断器和小空气开关投入运行。

（2）各级熔断器的定值整定，应保证级差的合理配合。上、下级熔体之间（同一系列产品）额定电流值应保证 2～4 个级差，电源端选上限，网络末端选下限。

（3）为防止事故情况下蓄电池组总熔断器无选择性熔断，总熔断器与分熔断器之间应保证 3～4 个级差。

（4）应采用具有自动脱扣功能的直流断路器，不应用普通交流断路器替代。

（5）当直流断路器与熔断器配合时，应考虑动作特性和级差配合，直流断路器下一级不应再接熔断器。

（6）当直流断路器与直流断路器配合时，应保证级差配合，级差倍数应根据直流系统短路电流计算结果确定。

（7）直流系统用断路器、熔断器在投运前，应按有关规定进行现场检验。

（8）使用具有切断直流负荷能力的、不带热保护的小空气断路器取代原有的直流熔断器时，小空气断路器的额定工作电流应按最大动态负荷电流（即保护三相同时动作、跳闸）的 1.5～2.0 倍选用。

四、直流系统接地的危害性

直流系统接地,是指当直流系统的正极或负极对地绝缘水平降低到某一整定值时,统称为直流系统接地。例如,对 220kV 直流系统来说,两极对地电压绝对值的差超过 40V 或绝缘降低到 25kΩ 以下,即视为直流系统接地。

直流系统如果发生一点接地,从理论上讲并没有造成直接威胁,可以继续运行,但供电可靠性大大降低。如果发生一点接地后,在同一极的另一地点再发生接地或另一极的一点再发生接地时,便构成两点接地短路。直流系统中发生两点接地时,对安全运行有极大的危害性:

(1) 造成保护和断路器误动。因为常规设计出口继电器、断路器跳、合闸线圈一端均接负极电源,如果正极电源接地,如在出口继电器、断路器跳、合闸线圈待动端再伴随发生第二点接地或绝缘不良,有可能造成出口继电器误动作、断路器误合闸或误跳闸。

需要特别指出的是:在直流系统中,即使发生一点接地亦有可能造成信号装置、继电保护的误动作。如直流信号装置或出口继电器待动端一点接地,由于大型发电厂直流系统对地电容较大,发生一点接地后,使直流出口继电器待动端一点对负极有较高的电压,当信号装置或出口继电器动作功率较小(如小于 5W)、动作电压低于 50% 额定直流电压时,就有可能造成信号装置、出口继电器误动作。

(2) 造成出口继电器或断路器拒动作。同样,因为常规设计出口继电器、断路器跳、合闸线圈一端均接负极电源,如果正极接地,如(在负极侧)再伴随发生第二点接地或绝缘不良,则出口继电器跳、合闸线圈被短接,造成拒动作。

(3) 使直流系统故障回路的相应部分停电。如果发生正、负极都接地,将造成该直流回路短路,直流空气断路器跳闸或熔断器熔丝熔断,直流部分停电,同时有烧坏继电器触点的可能。

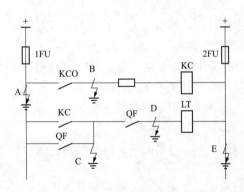

图 1-1 控制回路示意图

KCO—出口继电器动合触点;KC—跳闸中间继电器;

QF—开关辅助触点;LT—跳闸线圈;

1FU、2FU—熔断器;ABCDE 接地点

(4) 直流系统是绝缘系统,正常运行时正、负极对地绝缘电阻相等,正、负极对地电压平衡。发生一点接地时,正、负极对地电压发生变化,接地极对地电压降低,非接地极电压升高,在接地发生和恢复的瞬间,经远距离、长电缆启动中间继电器跳闸的回路可能因其较大的分布电容造成中间继电器误动跳闸。

结合图 1-1,思考一下,哪两点接地会分别造成断路器误动、拒动,甚至烧坏熔断器?

答案:当 A、B 或 A、C 或 A、D 两点接地时,跳闸线圈 LT 有电流流过,使断路器误动;当 C、E 或 B、E 或 D、E 两点接地时,跳闸线圈被短路或由于跳闸中间继电器不能启动,导致断路器拒动;A、E 两点接地时,直流电源正负极之间短路,将会使 1FU、2FU 熔断,导致控制回路直流电源消失。

【实例】 直流回路单点接地造成机组停机

某厂 1 号机组停机过程中,在对抽汽止回门进行关闭试验时,由于电磁阀线圈接地,引起较长距离电缆对地电容电动势的叠加，造成保护装置出口继电器抖动，机组跳闸。水压止回门操作回路接地情况如图 1-2 所示。

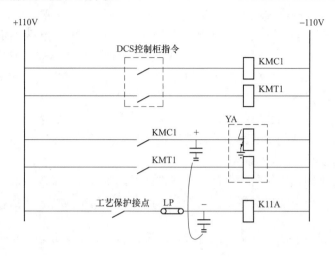

图 1-2　水压止回门操作回路接地情况

在对水压止回门进行关闭试验时，因为试验电磁阀线圈存在接地，电磁阀的短时带电（3s）使直流系统经历了负极接地—正极接地—负极接地的暂态过程，长电缆等效对地电容也经历了充电、放电的过程，由于热工控制直流电源与电气保护直流电源为同一电源系统，放电过程在电气出口 K11A 继电器回路，使机组在 350MW 负荷下跳闸。

1. 防范措施

（1）对发电机组的同类电磁阀控制回路绝缘检测工作纳入停机必检的定期工作中。

（2）当发生直流接地故障时，应尽快及时查找并消除，且停止直流回路上的所有工作，防止造成第二点接地或短路等异常情况。在发生直流接地时，严禁进行查找接地以外的任何工作，如设备切换试验以及倒闸操作、机组并网等。在用拉合法查找直流接地时，应防止直流消失引起机组跳闸事故。

（3）为防止长电缆分布电容影响造成出口继电器（或光耦）误动，应提高出口继电器的动作电压，要求动作电压值为额定值的 55%～70%。

（4）变压器、电抗器瓦斯保护启动的中间继电器，由于连线长，电缆电容大，为避免电源正极接地误动作，应采用较大启动功率的中间继电器，但不要求快速动作。

（5）为避免因直流电源消失引起保护拒动、扩大事故，必须将保护与操作直流电源分开。

2. 容易发生接地的部位

（1）控制电缆线芯细，机械强度小，一旦受到外力作用，极易造成损坏，特别是屏蔽线接地时，若施工时不小心，也会伤到电缆绝缘造成接地。

（2）室外开关场电缆，其保护铁管中容易积水，时间长了造成接地。

（3）电抗器的本体箱接线处，因变压器渗油或防水不严，造成绝缘损坏接地。

（4）室外隔离开关机构箱渗水易造成接地。

（5）断路器的操作线圈，若引线不良或线圈烧毁后绝缘破坏发生接地。

（6）室外开关箱内端子排被雨水浸入，室内端子排因房屋漏雨或做清洁打湿，均能造成直流系统接地。

（7）电缆使用年限过长或老化，造成绝缘降低引起接地。

五、直流系统接地的原因及处理

造成直流系统接地的原因很多。下雨天经常会发生直流接地，因为雨水漂入密封不好的户外二次接线盒，使接线桩头和外壳导通接地；二次接线与转动部件（如开关柜门）靠在一起受到挤压磨损，造成绝缘损坏也会导致直流接地；另外，二次接线松动脱落、抗干扰电容击穿等因素都会导致直流系统接地。

发电厂直流系统分布范围较广、外露部分多、使用环境较差、电缆多且较长，很容易受尘土、潮气的腐蚀，使某些绝缘薄弱元件绝缘性能降低，甚至绝缘被破坏造成直流接地。

1. 常见的造成直流接地的原因

（1）二次回路电缆绝缘材料不合格、绝缘性能低，年久失修、严重老化，长时间运行在潮湿地方、甚至水中，电缆自身存在某些损伤缺陷，如磨伤、砸伤、压伤、扭伤或过流引起的烧伤等。

（2）二次回路及设备严重污秽或受潮、接线盒进水、密封不严等，使直流对地绝缘严重下降。如 SF_6 压力表、液压机构压力表等密封不严，进水发生直流接地。

（3）小动物爬入或小金属零件掉落在元件上造成直流系统接地故障，如老鼠等小动物爬入带电回路；某些元件有线头、未使用的螺栓、垫圈等零件掉落在带电回路上。

（4）二次回路接线错误、存在寄生回路等。在二次接线中，电缆芯的一端接在端子上运行，另一端被误认为是备用芯或者不带电而让其裸露在铁件上，引起接地。在拆除电缆芯时，误认为电缆芯从端子排上解下来就不带电，不做任何绝缘包扎，当解下的电缆芯对侧还在运行时，本侧电缆芯一旦接触铁件就引发直流接地。

（5）由于雷雨天气引起的接地。在大雨天气，雨水漂入未密封严实的户外二次接线盒，使接线桩头和外壳导通引起直流接地。例如，气体继电器不装防雨罩，雨水渗入接线盒，当积水淹没接线柱时，就会发生直流接地和误跳闸。在持续的小雨天气（如梅雨天），潮湿的空气会使户外电缆芯破损处或绝缘胶布包扎处绝缘性能大大降低，引发直流接地。

（6）插件（装置）内元件损坏引起接地。为抗干扰，插件电路设计中通常在正负极和地之间并联抗干扰电容，该电容击穿时引起直流接地。

（7）由于挤压磨损或接线松动脱落引起直流接地。

另外，直流环网也是直流系统异常情况的一种。为了提高可靠性，重要变电站或发电厂都会采用两组蓄电池和两个或两个以上充电机。正常情况下，两组蓄电池是分开运行的，构成两组相互独立的直流电压系统。所谓直流环网，就是指由于某些原因，造成两套独立的直流系统发生了电气联系。发生直流环网后通常会有以下特征：

（1）两套绝缘监察装置均发直流接地信号。

（2）两组直流系统，一组为正极绝缘降低，另一组为负极绝缘降低，对地电压的绝对值接近（一般不会为零）。

（3）找到接地支路后，拉开任一组直流小开关后，两组直流系统的接地现象会同时消失。

除了直流接地、直流环网之外，还有一种比较严重的电源系统故障——交流串直流。正常情况下，直流系统和交流系统为两个相互独立的系统。直流为不接地系统，而交流为接地系统。交流串直流就是指两个系统发生了电气联系，交流系统串入直流系统，使直流系统接地。通常发生交流串直流会导致断路器直接动作跳闸。

若交流从负电源侧串入直流系统，由于交流分量过零，且通过某个路径流入绝缘监测装置，所以装置检测出"正、负两极同时接地状态"，并且交流电流可以通过电缆对地电容形成回路，引起断路器直接跳闸，即所谓的保护"无故障跳闸"。

2. 直流系统接地故障排除方法

（1）当发生直流系统接地故障时，首先确定是正极接地还是负极接地，测量正负极对地电压，有效区分是正极接地还是负极接地。

（2）两段母线之间的区分，使查找的接地不会大范围扩大，确定发生直流接地在哪一段。

（3）根据接地选线装置指示或运行方式、操作情况、天气影响和直流系统绝缘状况判断可能接地的处所，采用"拉路法"查找、分段处理的方法。

（4）如果站内二次回路有施工或检修试验的工作，应立即停止，断开其工作电源，看信号是否消除。

一般来说，当直流系统发生接地故障时，首先应根据绝缘监测装置选线指示或运行方式、操作情况、天气影响等因素进行综合分析和判断，初步确定接地点的可能支路和位置，如考虑上述因素不能准确判断，可采用"拉路法"进行查找。即直流接地回路一旦从直流系统中脱离运行，直流母线的正负极对地电压就会出现平衡。所以人们通常从直流接地回路瞬间停电，确定直流接地点是否发生在该回路，这就是所谓的"拉路法"。

采用"拉路法"查找接地故障时，应先拉容易接地的回路，依次拉开事故照明、防误闭锁装置回路、户外合闸回路、户内合闸回路、6~10kV控制回路、其他控制回路、主控制室信号回路、主控制室控制回路、整流装置和蓄电池回路。

"拉路法"一般遵循"先拉信号及照明，后拉操作回路；先拉室外馈线后拉室内馈线"的原则。在断开各专用直流回路时，断开时间不得超过3s，不论回路接地与否均应恢复供电。当发现某一专用直流回路有接地时，应及时找出故障点，尽快消除。

查找直流系统接地点时，应断开直流熔断器或断开由专用端子对到直流熔断器的连接，并在操作前先停用由该直流熔断器或由该专用端子对控制的所有保护装置，在直流回路恢复良好状态后再恢复保护装置的运行。

用"拉路法"查找接地时，当全部直流负荷选择完毕仍未找到接地点时，要对设备情况一一作具体分析、处理。其原因大致有以下三个方面：

（1）当直流接地发生在充电设备或蓄电池本身时，用"拉路法"是找不到接地点的。此时可以采用瞬间拉开设备出口隔离开关及取下直流熔断器的方法进行选择。若接地仍然未消除，则可能为直流母线本身有接地，经确证无疑后，应采取必要的安全措施和技术措施，将故障母线停电，检修处理。

（2）当某一设备由两路直流回路供电、设备中两路直流电源有公共连接点或当直流采取环路供电方式时，如果不首先拆开公共连接点或拉开环路开关，也是找不到接地点的。

（3）除上述情况外，还有直流串电、同极两点接地、直流系统绝缘不良而多处出现虚接地点，形成很高的接地电压等情况。所以，应检查蓄电池、充电装置、绝缘监察装置以及直流系统或直流母线本身。

六、直流系统的反事故措施

直流系统是发电厂的重要设备系统，对发电厂生产设备及电网的安全稳定运行具有特殊重要性，在正常运行和事故状态下都必须保障不间断供电，并满足电压质量和供电能力的需求。

在发供电设备发生故障的关键时刻，直流系统故障将会扩大事故范围，加重主设备的损坏程度，造成电网大面积停电等严重事故和重大经济损失。制订直流系统的反事故措施，就是为了加强直流系统的管理，从设计选型、设备监造、安装试验、交接验收、运行维护、技术管理等全过程对直流电源系统提出反事故措施要求，提高直流系统的安全性、可靠性，防止事故的发生。

（一）直流系统配置原则和接线方案

（1）满足两组蓄电池、两台高频开关电源的配置要求，充分考虑设备检修时的冗余，蓄电池事故放电时间不应少于2h。直流母线应采用分段运行方式，每段母线分别由独立的蓄电池组供电，并在两段直流母线之间设置联络开关，正常运行时该开关处于断开位置。采用阀控式密封铅酸蓄电池配套的充电装置的稳压精度不大于±1%。

（2）直流电源装置的产品安装、使用说明书、图纸、试验报告、产品合格证等资料齐全；蓄电池组还应提供充放电曲线和内阻值等厂家出厂数据。

（3）必须建立直流电源装置的技术档案，主要内容包括：出厂资料、安装调试资料、验收和交接资料等。

（4）设计单位、施工单位以及调试、设备制造单位都必须严格执行反措规定，凡未执行反措的产品不允许投入运行。

（二）直流电源系统的运行与维护

1. 保护控制直流电源

（1）正常情况下蓄电池不得退出运行（包括采用硅整流充电设备的蓄电池），当蓄电池组必须退出运行时，应投入备用（临时）蓄电池组。

（2）厂内蓄电池容量核对工作结束后投入充电屏的过程中，必须监视并确保新投入直流母线的充电屏直流电流表有电流指示后，方可断开两段直流母线分段开关，防止出现一段直流母线失压。

（3）互为冗余配置的两套主保护、两组跳闸回路的直流电源应取自不同段直流母线，且两组直流之间不允许采用自动切换。

（4）双重化配置的两套保护与断路器的两组跳闸线圈一一对应时，其保护电源和控制电源必须取自同一组直流电源。

（5）控制电源与保护电源直流供电回路必须分开。

（6）使用具有切断直流负荷能力的、不带热保护的小空气开关取代原有的直流熔断器时，小空气开关的额定工作电流应按最大动态负荷电流（即保护三相同时动作、跳闸状态下）的1.5～2.0倍选用。

（7）直流空气开关（直流熔断器）的配置原则：

1）信号回路由专用直流空气开关（直流熔断器）供电，不得与其他回路混用。

2）由一组保护装置控制多组断路器（例如母线差动保护、变压器差动保护、发电机差动保护、断路器失灵保护等）和各种双断路器的变电站接线方式中，每一断路器的操作回路应分别由专用直流空气开关（直流熔断器）供电，保护装置的直流回路由另一组直流空气开关（直流熔断器）供电。

3）有两组跳闸线圈的断路器，其每一跳闸回路应分别由专用的直流空气开关（直流熔断器）供电。

4）只有一套主保护和一套后备保护的，主保护与后备保护的直流回路应分别由专用的直流空气开关（直流熔断器）供电。

（8）接到同一熔断器的几组继电保护直流回路的接线原则：

1）每一套独立的保护装置，均应有专用于直接接到直流空气开关（直流熔断器）正负极电源的专用端子对，这一套保护的全部直流回路包括跳闸出口继电器的线圈回路，都必须且只能从这一对专用端子取得直流的正、负电源。

2）不允许一套独立保护的任一回路（包括跳闸继电器）接到另一套独立保护的专用端子对引入的直流正、负电源。

3）如果一套独立保护的继电器及回路分装在不同的保护屏上，同样也必须只能由同一专用端子对取得直流正、负电源。

（9）由不同熔断器供电或不同专用端子对供电的两套保护装置的直流回路间不允许有任何电的联系，如有需要，必须经空触点输出。

（10）查找直流接地点，应断开直流空气开关（直流熔断器）或断开由专用端子对到直流空气开关（直流熔断器）的连接，并在操作前，先停用由该直流空气开关（直流熔断器）或由该专用端子对控制的所有保护装置，在直流回路恢复良好后再恢复保护装置的运行。

（11）所有的独立保护装置都必须设有直流电源断电的自动报警回路。

（12）用整流电源作浮充电源的直流电源应满足：①直流电压波动范围应小于±5%额定值；②波纹系数小于5%；③失去浮充电源后在最大负载下的直流电压不应低于80%的额定值。

2. 保护接口装置通信直流电源

（1）线路保护通道的配置应符合双重化原则，保护接口装置、通信设备、光缆或直流电源等任何单一故障不应导致同一条线路的所有保护通道同时中断。

（2）保护通道采用两路复用光纤通道时，采用单电源供电的不同的光端机使用的直流电源应相互独立；

（3）在具备两套通信电源的条件下，保护装置的数字接口装置使用的直流电源应满足以下要求：

1）通信设备使用单直流电源时，保护及安稳装置的数字接口装置应与提供该通道的通信设备使用同一路（同一套）直流电源；通信设备使用双直流电源时，两路电源应引自不同的直流电源。

2）线路配置两套主保护时，保护数字接口装置使用的直流电源应满足以下要求：①两套主保护均采用单通道时，每个保护通道的数字接口装置使用的直流电源应相互独立；②两套主保护均采用双通道时，每套主保护的每个保护通道的数字接口装置使用的直流电源应相互独立；③一套主保护采用单通道，另一套主保护采用双通道时，采用双通道的主保护的每个保护通道的数字接口装置使用的直流电源应相互独立，同时应合理分配采用单通道的主保护的数字接口装置使用的直流电源。

3. 线路配置三套主保护时，保护数字接口装置使用的直流电源应满足的要求

（1）三套主保护均采用单通道时，允许其中一套主保护的数字接口装置与另一套主保护

数字接口装置共用一路（一套）直流电源，但应至少保证一套主保护的数字接口装置使用的直流电源与其他主保护使用的数字接口装置的直流电源相互独立；

（2）一套主保护采用双通道，另外两套主保护采用单通道时，采用双通道的主保护的每个保护通道的数字接口装置使用的直流电源应相互独立，两套采用单通道的主保护的数字接口装置使用的直流电源应相互独立；

（3）两套及以上主保护采用双通道时，每套采用双通道的主保护的每个保护通道的数字接口装置使用的直流电源应相互独立，采用单通道的主保护的数字接口装置可与其他主保护的数字接口装置共用一路（一套）直流电源。

4. 两个远跳通道的保护数字接口装置使用的直流电源应相互独立

（三）保证直流系统设备安全稳定运行的措施

（1）应选用高频开关电源作为充电装置，其技术参数应满足稳压精度优于±0.5%、稳流精度优于±1%、输出电压纹波系数不大于0.5%的技术要求。

（2）应定期对充电装置进行全面检查，校验其稳压、稳流精度、均流度和纹波系数，不符合要求的应及时对其进行处理，以满足要求。

（3）配有备用充电装置时，当主充电装置出现异常时，必须将其退出运行、尽快恢复，并将备用充电装置投入运行。

（4）蓄电池组、充电装置进出线、重要馈线回路的熔断器、断路器应装有辅助报警触点。直流系统的报警信号，必须引至主控室。

（5）直流主、分电屏上应装设直流系统的电压、电流监视数显表，且仪表的精度不低于0.5级。蓄电池输出电流表要考虑蓄电池放电回路工作时能指示放电电流，否则应装设专用的放电电流表。

（6）各级熔断器的定值整定，应保证级差的合理配合。上、下级熔体之间（同一系列产品）额定电流值应保证2~4个级差，电源端选上限，网络末端选下限。

（7）为防止事故情况下蓄电池组总熔断器无选择性熔断，该熔断器与分熔断器之间，应保证3~4个级差。

（8）直流系统用断路器应采用具有自动脱扣功能的直流断路器，不应使用普通交流断路器替代。

（9）当直流断路器与熔断器配合时，应考虑动作特性和级差配合，直流断路器下一级不应再接熔断器。

（10）当直流断路器与直流断路器配合时，应保证级差配合，级差倍数应根据直流系统短路电流计算结果确定。

（11）直流系统用断路器、熔断器在投运前，应按有关规定进行现场检验。

第二节　直流系统调试

一、安秒特性试验

1. 直流空气断路器的动作特性

直流断路器的分类及保护配置如图1-3所示。

直流断路器反时限过电流保护是靠双金属片通过电流发热膨胀系数不同而发生弯曲，从而触发直流断路器脱扣；瞬时电流速断，是当电流达到瞬动值后靠磁脱扣装置驱动而跳闸；短延时电流速断，是在过流保护和短路速断中间加入短延时区，刚进入短路电流区时，开关并非立即速断，而是有约 10ms 的延时，这样有利于实现小级差配合。

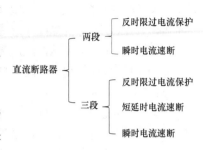

图 1-3　直流断路器分类及保护配置

常见的直流断路器主要分 B 型和 C 型两种,两者适用场合不同，B 型适用于直流无感或微感电路、短路电流敏感保护场合；C 型适用于直流配电电路短路及过载保护；两者瞬动电流范围不同，B 型额定电流 4～7 倍进入速断区，C 型额定电流 7～15 倍进入速断区；直流断路器进入速断区的动作时间一般为几毫秒，非速断区的动作时间不小于 100ms，而且电流越小，动作时间越长。进行安秒特性测试时直流空气断路器动作时间小于 10ms 即可认为进入正式速断区。

两段直流断路器的安秒特性曲线一般如图 1-4 所示。

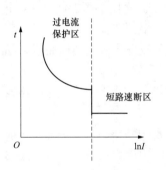

图 1-4　直流断路器的安秒特性

2.　直流断路器安秒特性试验的意义

（1）检验直流断路器性能是否合格。测试直流断路器在不同电流下的动作时间，绘图做出直流断路器的安秒特性曲线，判断直流断路器是否满足标准要求。不同厂家或同一厂家不同批次的直流空气断路器安秒特性曲线会略有差别，但进入速断区后动作时间一般都小于 10ms，有条件的应查找厂家技术手册进行对比，更为准确。

（2）辅助判断级差配合的选择性。利用上、下级直流断路器安秒特性曲线，结合短路电流大小，看两条动作曲线在短路电流处是否有交叉，如果不交叉即可满足级差配合的要求,如果交叉，则说明短路时会发生越级跳闸现象。

3.　直流断路器安秒特性测试方法

直流断路器安秒特性测试原理如图 1-5 所示。

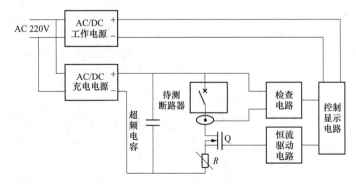

图 1-5　安秒特性测试装置的原理

充电电源并联超级电容作为测试电流源，通过恒流控制电路调节待测直流空气断路器的电流。直流空气断路器在测试电流的作用下跳闸脱扣，自动记录下动作时间值。再改变测试电流值，产生不同的动作时间，待过电流保护和短路速断区全部测试完毕，即可自动生成直流断路器安秒特性曲线，完成整个测试过程。安秒特性测试过程中应注意以下问题：

（1）试验过程中首先要注意直流断路器的正、负极性，避免电流方向接反，直流断路器灭弧特性变差或无法灭弧，造成直流断路器损坏。

（2）设定合理的测试间隔，以便直流断路器冷却，避免断路器双金属片温度较高没有恢复正常状态，导致在不同电流下测试时间偏小，安秒特性曲线不准确。

（3）试验过程中严禁使用普通试验导线代替厂家专用试验导线进行测试。因普通导线无法长期承受大电流，长期使用会造成导线发热而熔断，损坏安秒特性测试仪。

（4）变电站或发电厂直流馈线网络复杂庞大，全部使用直流断路器进行安秒特性测试工作量巨大，一般抽测具有代表性的直流空气断路器进行测试。可根据开关厂家、规格型号、线路长短、线径粗细，距离远近、负荷重要性等进行选择，各个厂家每个型号抽测 2～5 个不同位置的直流断路器进行测试。

二、级差配合试验

直流断路器常见额定电流规格有：1A、2A（3A）、6A、10A、16A、20A、25A、32A、40A、50A、63A，每相邻两者之间为一个级差。直流断路器上、下级之间必须保证 2～4 个级差。直流电源系统按照此标准进行设计，但直流系统的级差配合受断路器型号、容量、蓄电池容量、连接电缆截面积、电缆长度等诸多因素影响，现场馈线支路上各直流断路器之间级差配合的实际情况如何，只能通过现场测试来验证。

实现 2～4 个级差配合的方法有：增大上一级的直流断路器容量，减小下一级直流断路器容量，采用三段直流断路器。

电力系统中，直流电源系统是继电保护、自动装置和断路器正确动作的基本保证。目前发电厂和变电站的直流馈电网络多采用树状结构，从蓄电池到厂站内用电设备，一般经过 3 级配电，每级配电均采用直流断路器作为保护电器。如果上、下级直流空气断路器保护动作特性不匹配，在直流系统运行过程中，当下级用电设备出现短路故障时，可能会引起上一级直流断路器的越级跳闸，从而引起其他馈电线路的断电事故，进而引起发电厂和变电站一次设备（如高压断路器、变压器、电容器等）的事故，因此正确校验直流断路器上、下级之间选择性保护的配合问题，直接关系到能否将直流电源的故障限制在最小范围内，这对防止事故扩大和设备严重损坏至关重要。

级差配合测试方法，通常有小电流预估法、模拟短路测试法。

（1）级差配合测试方法一：小电流预估法试验，其原理如图 1-6 所示。

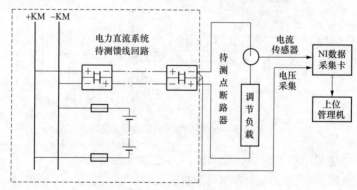

图 1-6 小电流预估法原理

（2）级差配合测试方法二：模拟短路测试级差配合试验，其原理如图 1-7 所示。

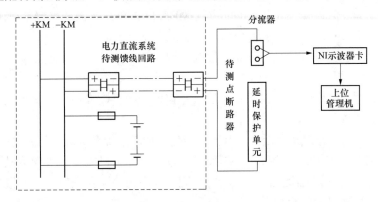

图 1-7 模拟短路法原理

蓄电池组通过直流母线依次连接至各直流馈线开关，在待测直流断路器下口连接控制保护装置，上位管理机通过 USB 线控制测试装置，可进行短路校验或预估测试，校验直流电源系统级差配合的选择性。

小电流预估法简单安全，可在线测试，但有一定误差，试验结果得出的级差配合概率不小于 100%，则预估级差配合符合要求，配合概率 0～100%，就提示有越级跳闸的可能；短路模拟校验法真实准确可靠，但有一定的越级跳闸风险，通过该试验可直接校验上、下级开关级差配合是否合格，同时可看出短路电流大小和断路器灭弧特性好坏。

某电厂级差配合测试，如表 1-1 所示。

表 1-1　　　　　　　　　　　某电厂级差配合测试表

级差等级	位置	型号	额定电流（A）
第一级	蓄电池出口断路器	NT3-630A	630
	充电机输出断路器	NT2-400A	400
第二级	1 号机直流 220V 1 号馈线屏	GMB32M-2400R	20
第三级	1 号磨煤机电源柜	S252SDC-B4	4

级差配合预估试验表，如表 1-2 所示。

表 1-2　　　　　　　　　　　级差配合预估试验表

受试断路器位置	受试断路器型号	预估短路电流（A）	级差配合概率（%）
试验	S252SDC-B4	160.9	100

级差配合校验试验，如表 1-3 所示。

表 1-3　　　　　　　　　　　级 差 配 合 校 验 试 验

受试断路器位置	受试断路器型号	短路电流（A）	是否跳闸
试验	S252SDC-B4	152.0	是

直流短路测试结果：在 1 号磨煤机电源柜 S252SDC-B4 直流断路器下口直接短路，B4瞬时跳闸。上级 1 号机直流 220V1 号馈线屏 GMB32M-2400R 直流断路器未跳闸，B4 下口短路时短路电流为 152A，弧前时间为 0.5ms，灭弧时间为 5.5ms。

试验结论：本次受试直流系统满足级差配合要求。

级差配合测试过程中应注意如下问题：

（1）现场进行直流系统级差配合试验应选择在机组停机检修期间，试验过程中如发生越级跳闸也不会造成事故。

（2）现场进行直流系统级差配合试验时，应将该直流系统充电机（整流模块）退出运行，由蓄电池进行供电，防止因试验过程中短路电流过大对充电机中的二极管造成伤害。

（3）现场进行直流系统级差配合试验时，应先采用级差配合预估试验，根据预估电流大小判断是否进行短路级差配合试验。

（4）试验接线时应注意正、负极性，如接反会造成直流空气断路器灭弧能力下降；试验过程中如出现意外，可按"急停"键强制分断主回路。

（5）级差配合试验一般采取抽测的方法，选择具有代表性的断路器进行试验，如分电屏一个直流断路器下级带有 2 个及以上并联的直流断路器，这时可抽取两端及中间直流断路器进行测试。如果上下级断路器是一对一关系，不存在级差配合关系，则无测试意义。

三、直流系统稳流精度、稳压精度、纹波系数测试

1. 直流系统稳流精度、稳压精度、纹波系数

（1）稳流精度：充电浮充电装置在充电（稳流）状态下，交流输入电压在其额定值的 $-10\%\sim+15\%$ 范围内变化，输出电压在充电电压调节范围内变化，输出电流在其额定值 $20\%\sim100\%$ 范围内的任一数值上保持稳定，其稳流精度为

$$\delta_I=(I_M-I_Z)/I_Z\times100\%$$

式中　δ_I——稳流精度；

　　　I_M——输出电流波动极限值；

　　　I_Z——输出电流整定值。

稳流精度的提高对于蓄电池的初充电和均衡充电的长时间过程是有利的，满足了蓄电池电化学反应的最佳状态。

（2）稳压精度：充电浮充电装置在浮充电（稳压）状态下，交流输入电压在其额定值的 $+15\%\sim-10\%$ 的范围内变化，输出电流在其额定值的 $0\sim100\%$ 的范围内变化，输出电压在其浮充电电压调节范围内的任一数值上保持稳定，其稳压精度为

$$\delta_U=(U_M-U_Z)/U_Z\times100\%$$

式中　δ_U——稳压精度；

　　　U_M——输出电压波动极限值；

　　　U_Z——输出电压整定值。

稳压精度的提高是避免蓄电池长期浮充电运行时出现欠充电现象的最好方法，保证蓄电池在事故放电时保持容量。均衡充电时的稳压精度要求可以低于浮充电时的要求，但为避免充电电流的波动过大和防止突破母线电压上限，电压也应尽量提高精度。

（3）纹波系数：充电浮充电装置在浮充电（稳压）状态下，交流输入电压在其额定值的 $-10\%\sim+15\%$ 的范围内变化，输出电流在其额定值的 $0\sim100\%$ 的范围内变化，输出电压在浮

充电电压调节范围内任一数值上，测得电阻性负荷两端的纹波系数为

$$\delta=（U_f-U_g）/2U_p\times100\%$$

式中　δ——纹波系数；

　　　U_f——直流电压脉动峰值；

　　　U_g——直流电压脉动谷值；

　　　U_p——直流电压平均值。

纹波系数较大，会造成信号装置和继电保护误发信号。

（4）整流设备限流功能：整流设备的输出电流能限制到某个预定的数值（固定的或可调的），并在过载或短路故障排除后能够自动将输出电压恢复到正常值的一种功能。

（5）整流设备限压功能：整流设备的输出电压能限制到某个预定的数值（固定的或可调的），并在恢复到正常负载条件后能够自动地将输出电流恢复到正常值的一种功能。

（6）整流设备额定直流电流等级：20、40、50、100、200、315、400、500。

2. 直流系统稳流精度、稳压精度、纹波系数的测试

测试原理如图1-8所示。

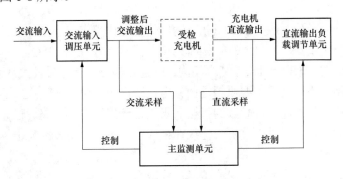

图1-8　直流系统稳流精度、稳压精度、纹波系数测试原理

通过调压装置（如变压器）将充电机交流输入电压在额定电压的±10%内变化，通过负荷调整装置（如放电电阻），使充电机的直流输出电压及输出电流在规定范围内变化（电压调整范围为额定值的90%～110%，电流调整范围为额定值的0～100%），在调整范围内测量电压、电流及纹波值，通过计算，得到充电机的稳压精度、稳流精度及纹波系数。

根据测试原理可知，充电机综合测试仪系统主要由三部分构成：调压装置、模拟负荷及测控单元。

调压装置应满足额定电压±10%调压的要求，并实现与测控单元的通信控制；测试单元实现信息采集、计算和控制；通过调节负荷大小模拟蓄电池组充电的全过程，从该过程中采集到电流、电压等信息，通过数据处理，得到精确的测量数据。

在现场充电机测试中，一般以模块为单位进行性能测试，因为，整组充电机由好多模块组成，整组容量相当大（特别是电厂），如整组测试则需要测试装置容量也相当大，很笨重，现场上下楼搬运、装卸车几乎无法进行，同时也无法证明单个模块特性好坏；现场测试需修改直流系统整定值，一定做好记录或拍照以便做完试验恢复直流系统；测试前最好先对直流电压、电流用半载负荷校准一下，这样测量准确度较高。

某电厂测试结果如表1-4所示。

表 1-4　　　　　　　　　　　　　某电厂测试结果

直流输出电压整定（V）	交流输入电压（V）	实测直流输出电压（V）			稳压精度最大值（%）
		$0I_e$（0.0A）	$50I_e$（10.0A）	$100I_e$（20.0A）	
198.0	342	197.30	196.84	196.61	−0.716
	380	197.32	196.82	196.62	
	437	197.29	196.80	196.58	
220.0	342	219.24	218.80	218.58	−0.662
	380	219.28	218.75	218.54	
	437	219.32	218.78	218.58	
275.0	342	274.46	273.98	273.79	−0.442
	380	274.51	273.99	273.79	
	437	274.52	273.99	273.78	

从表 1-4 可看出，在 DC198V 和 220V 两点稳压精度超标，在 DC275V 点稳压精度合格。但所有三点误差均为负值，所有三点空载时输出值普遍比整定值小 0.5～0.7V 左右，在满载时输出值普遍比整定值小 1.2～1.4V 左右；而空载、满载差在 0.7V 左右，并不太大。DC198V、220V 和 DC275V 三点电压绝对误差基本相同，只是 DC275V 点分母较大从而相对误差较小。由此可知，稳压精度不合格的主要原因是由充电机输出电压整体偏低造成的。

充电机稳压精度长期超标，导致的直接后果就是造成蓄电池欠充、过充，威胁直流供电系统的安全性。因此，基于以上分析，建议在半载状态下，重新校准充电机输出电压，使充电机稳压精度满足要求。

现场进行直流系统稳压精度、稳流精度、纹波系数测试时应特别注意：

（1）一组直流整流模块进行试验时，应将该段直流负荷通过联络开关由另一组直流整流模块供电，或由蓄电池供电。

（2）试验前通过直流系统监控屏或模块本身，对整流模块进行限压、限流设置，通过测试验证限压、限流功能正常。

（3）一组直流整流模块做稳压精度测试时，应先将充电机浮充电压设置为 $90\%U_e$/$100\%U_e$/$110\%U_e$，充电机限流值应适当抬高；做稳流精度测试时，应先将充电机限流值设置为 5A/10A/20A/40A，充电机浮充电压值应适当抬高。

（4）如直流系统稳压精度、稳流精度、纹波系数任一项测试结果不符合要求，应联系厂家进行维修或更换新的整流模块。

四、直流系统大负荷试验

依据 GB 50660—2011《大中型火力发电厂设计规范》规定：火力发电厂应装设向直流控制负荷和动力负荷供电的蓄电池组。与电力系统连接的火力发电厂选择蓄电池组容量时，厂用交流电源事故停电时间应按 1h 计算。所以 220V 直流动力电源系统必须进行大负荷试验。

直流系统大负荷试验具体项目有：

（1）检查 220V 直流系统运行正常，直流电压保持稳压值 230V。

（2）停充电机。

（3）UPS 带全部负荷运行，切换至直流电源运行。

（4）启动所有直流电机，并使其带额定负荷运行。

（5）试验开始后注意监视蓄电池运行工况，要求蓄电池组能带大负荷连续运行 60min 以上，每 5min 记录一次有关数据。

（6）当试验时间到达预定时间或蓄电池组电压降至最低允许值时，陆续断开各直流油泵，停止试验（母线最低电压 192.5V；电池最低电压 1.87V）。

（7）试验结束后，运行人员恢复直流系统正常运行。

第三节　直流电源系统故障实例

【实例1】 失灵保护装置开入电源跳闸

1．故障简况

某 220kV 变电站正常运行中失灵保护装置开入电源空气开关连续跳闸，保护发"开入异常、开入变位"信号。试送回开入电源空气开关后，装置无异常，但 30min 后该空气开关再次跳开。

2．初步分析及检查

通常空气开关跳闸有两个原因：空气开关脱扣器损坏或回路短路导致的空气开关过流跳闸。现场检查，排除了空气开关脱扣器损坏的可能。由此可以确定开入直流回路有短路现象或在某特定时刻发生过流现象。因此，从失灵保护装置损坏、开入回路短路、由直流寄生导致的特定时刻发生过流现象三个方面着手检查。

首先，检查失灵保护装置及开入电源状况。由于该站失灵保护装置 RCS-916 开入回路均为光电隔离，而保护装置对开入光耦的状态有很强的自检功能，一旦检测到有故障就会报警，因此可初步排除装置开入量损坏的可能。经测量，失灵保护开入公共端电压正常（+55.90V，该站直流系统电压为 110V），可以暂时排除失灵保护装置故障的可能。

其次，检查开入回路有无短路现象。经检查，所有一次设备状态与最近一次空气开关跳闸时一致。若开入回路存在短路，则空气开关在合闸后应再次跳开，但合上该空气开关后，空气开关并没有自动跳开；同时，手动拉开开入电源空气开关，使用万用表欧姆挡测量开入回路电阻为无穷大。由此可判断开入回路无短路现象。

最后检查有无直流寄生回路，是否存在由直流寄生导致的过流现象。经检查，失灵保护屏内所有间隔隔离开关开入状态与一次设备运行状态一致。然后逐一检查各开入回路，发现母联断路器位置触点为母联开关辅助触点的串联和并联，接线复杂，因此从母联间隔开始检查是否有直流寄生回路。

经测量，母联断路器开入公共端（回路号：101）电压为+55.9V，母联断路器合位开入（回路号：61）电压为+55.9V，母联断路器分位开入（回路号：63）电压为 0V。在解开母联断路器开入回路前，为保持装置正常运行，需短接正电源端，将与现场一致的母联断路器合闸位置引入装置；然后分别解开母联断路器位置开入回路的 101、61、63 接线，测得 101 的电压为+54.9V，61 接线的电压为+54.9V，63 接线的电压为 0V，装置开入公共端的电压为+55.9V。由此可初步判断母联断路器的开入存在寄生回路。按照上述做法，检查其他间隔的开入回路，结果均正常。

该站 220kV 母联断路器为分相断路器，其合位开入应该将三相动合触点并联，同时至不同间隔的开入回路应该相互独立，如图 1-9 所示。但检查母联间隔汇控柜的 101、61、63 接线时，发现至失灵保护屏和母差保护 B 屏的母联断路器合位的开入回路相互混接，现场实际接线如图 1-10 所示。由于母差保护 B 屏的开入电源来自 2 号直流屏，失灵保护屏的开入电源来自 1 号直流屏，因此当母联断路器在合位时，动合触点 A1、B1、C1，A2、B2、C2 触点闭合，导致失灵保护屏和母差保护 B 屏的开入正电源并接在一起，造成 1、2 号直流屏的直流正母线并列运行。

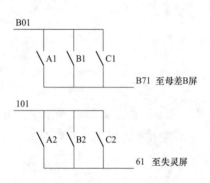

图 1-9　母联断路器合位开入回路正确接线　　图 1-10　现场母联断路器合位开入回路错误接线

直流系统是对地绝缘的不接地系统，仅两段直流母线的正电源端并列运行是不能构成完整的回路的，所以该站必然有导致负电源端并列的寄生回路存在。为此，对两段直流母线进行接地试验，试验结果如表 1-5 所列。

表 1-5　　　　　　　　　　　　　两段直流母线的接地试验结果

项目/结果	1 号直流屏绝缘监测	2 号直流屏绝缘监测
1 号直流屏正接地	正接地报警	正常
2 号直流屏正接地	正常	正接地报警
1 号直流屏负接地	负接地报警	支路 2 "220kV CD 线控制电源 II" 负接地
2 号直流屏负接地	支路 2 "220kV CD 线控制电源 I" 负接地	负接地报警

由表 1-5 可知，负电源端的寄生回路位于 220kV CD 线（施工中的扩建间隔）控制回路中。经检查，在 220kV CD 线保护屏一，两路控制电源的负电源公共端有混用现象。恢复正确接线后，再次进行直流负接地试验，试验结果与正接地试验相同，试验结果表明，导致两段直流母线正、负电源端并列运行的寄生回路已解除。

3．深入分析

为分析清楚流过两段直流并列回路的大电流产生的原因，必须分析该电流的出现时间。

失灵保护装置开入电源空气断路器跳闸时，220kV CD 线扩建工程正在进行调试，且两次跳闸均发生在 220kV CD 线断路器分闸期间。当时母联开关在合位，两次分闸均成功，除失灵开入电源空气断路器跳闸外，无其他异常。由于 220kV CD 线与运行设备相关的回路（如失灵回路）均未接入，因此可判定空气断路器跳闸与 220kV CD 线断路器分闸有关。

断路器分闸后，储能电动机立即启动，从而产生很大的启动电流。由于启动电流持续时间很短，充电模块来不及响应，因此主要靠蓄电池供电。在两段直流电源完全并列的情况下，启动电流就由两段直流并列回路的蓄电池共同提供，一部分电流是由储能电源所挂直流母线的蓄电池直接提供，另一部分通过寄生回路构成的并列回路由另一组蓄电池间接提供。并列回路上串有多个空气开关，失灵保护装置开入电源空气开关就是其中之一。经现场核查，等效并列回路构成及各空气开关型号如图 1-11 所示。

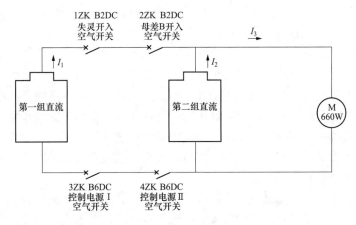

图 1-11　等效并列回路接线示意图

由于两组直流蓄电池配置相同（在储能电动机启动瞬间可暂时忽略差异），且为并列关系，因此可认为两组蓄电池各提供一半的储能启动电流，即 $I_1 \approx I_2 \approx I_3/2$。

该站 ZF6A-252/Y-CB 型 SF$_6$ 断路器的储能电动机为 MA-C 型直流电动机，其额定功率为 660W，直流系统电压为 110V，由此可得储能电动机的额定电流为 6A。由于该储能电动机的启动电流为额定电流的 2 倍，因此在储能电机启动的一段时间内，流过断路器储能回路的电流约为 12A。虽然两组蓄电池配置相同，但其内阻存在差异，所接负荷也不尽相同，因此并列运行时，电压低的蓄电池会成为另一组蓄电池的负荷，从而在两组蓄电池间产生较大的环流。在检查母联位置开入回路时，发现直流 I 段正电压比直流 II 段高 1V 左右，由此说明此环流是由直流 I 段正电源端流向直流 II 段的；又由于 220kV CD 线储能电源取自直流 II 段，因此此环流在 220kV CD 线储能时会增大流过正电源并列回路的电流，使之大于 6A。

该站失灵保护屏开入电源空气开关为 ABBS252S-B2DC 型，额定电流为 2A。由空气开关的动作时间特性可知，通过的电流越大，空气开关跳闸时间越短。当通过 3 倍额定直流电流时，空气开关跳闸时间在 20ms～6s，而 MA-C 型直流电机启动时间在几百毫秒以上，因此电动机启动时该空气开关可能会跳闸。

从图 1-11 可知，两个控制电源空气开关为 ABBS252S-B6DC 型，其额定电流为 6A，因此通过同一电流时，其跳闸时间比开入空气开关要长。而对于 2ZK，其型号与 1ZK 相同，储能电动机启动时也可能跳闸，但是 2ZK 的短路跳闸时间比 1ZK 长，所以两次跳闸都是 1ZK 先动作，而断开并列回路后，2ZK 就不会再跳闸了。

综上所述，在 220kV CD 线的调试阶段，因施工接线错误导致两段直流母线负电源端并列，同时母联断路器在合位，其位置开入回路寄生导致两段直流母线的正电源端并联，从而使两段直流母线并列运行，在储能电动机启动时造成失灵保护装置开入电源空气开关跳闸。

消除两处寄生回路后，多次进行 220kV CD 线分合闸试验，未再出现空气开关跳闸的现象。

4. 防范措施

直流系统是电力系统的重要组成部分，其可靠性是保障发、供电系统安全运行的决定性条件之一。直流系统一般为两段蓄电池独立供电的运行方式，常因继电保护二次回路接线错误而引起直流系统的寄生及并列问题，严重影响二次设备正常运行，甚至引起电网事故。

直流回路寄生尤其是由直流回路寄生导致的两段直流系统并列运行，极大地增加了系统运行的安全风险。两组配置相同的蓄电池组并列运行时，因其内阻存在差异，故在电池组间将产生较大的环流，造成电池发热，在空载和轻负载时尤为严重，导致供电量减少，电池寿命下降，影响全站直流系统的安全稳定运行；若其中一段直流母线发生接地，则会造成整个直流系统接地，增大继电保护误动或拒动发生的范围及可能性；若两段直流形成环网，则会因两段直流母线为独立电源系统，而降低中间继电器在保护动作时的动作可靠性。

为杜绝直流系统寄生回路的产生，提出以下解决办法：

（1）在工程验收时，要重视直流寄生回路的检查。应随着验收进度的推进，多次进行直流接地试验，确保没有直流并列现象存在。

（2）严把设备定检关，高度重视直流设备定检，尤其是直流接地试验。

（3）设备投运后，发现直流异常现象应仔细查找原因。对于直流母线并列的情况，一定要将正极与负极寄生回路全找到并消除，不留隐患。

（4）对于易产生直流寄生的回路，如 220kV 设备的两路控制电源、母联开关接入各装置的位置开入回路、同测控屏两间隔的信号电源等在基建验收和定检时要高度重视，重点排查。

【实例 2】 交流电串入直流系统导致机组跳闸

某火电厂 2 号机组并网后在厂用电源系统切换过程中，发电机—变压器组（简称发变组）出口 202 断路器跳闸，机组全停。

该机组容量为 300MW，采用发变组单元接线及 6kV 高压厂用母线 A、B 双段供电方式，发电机出口不设断路器。发变组保护屏配置双套南自公司 DGT801A 保护装置、一套 DGT801A 非电量保护装置及 LY-32 三相双跳操作箱。

1. 故障过程

某日晚 22 时许，电厂机组负荷 180MW，检查机组各项工况运行正常，满足高压厂用电源切换要求，值长下令 2 号机组厂用负荷由 1 号机组启动备用变压器切至 2 号机组高压厂用变压器接带。

在 6kV 高压厂用母线 A 段切换完成后，伴随着发变组 202 断路器操作箱的嗡嗡震响，202 断路器跳闸指示灯亮，2 号机组 DGT801 非电量保护装置"热工保护"动作，跳灭磁开关，关汽轮机主汽门。

检查 DCS 画面首出"发电机断路器跳闸"，同时机组 110V 直流系统闪发接地信号，事故后查看机组 110V 直流 I 段母线负极对地电阻 4kΩ，负极对地电压 1V，4 支路接地，接地电阻 0。

2. 故障检查

（1）故障录波分析。调取断路器跳闸时的故障录波图，如图 1-12 所示。发电机机端电压、电流，高压厂用变压器高压侧、主变压器高压侧电流变化平稳、无畸变。由于故障录波器未采集发电机—变压器组出口 202 断路器、高压厂用变压器低压侧出口断路器位置信号，但是从主变压器高压侧电流消失、高压厂用变压器高压侧电流消失的信息可判断出 202 断路器在 0ms 时断开，550ms 时热工保护动作，随后约 60ms 高压厂用变压器低压侧出口断路器及灭磁开关断开。

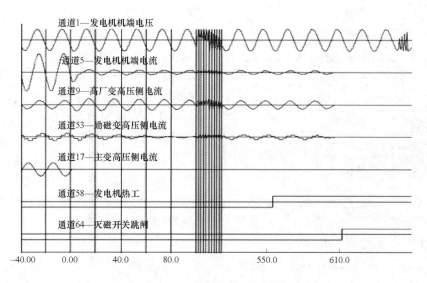

图 1-12 202 断路器跳闸时故障录波图

（2）DCS 逻辑检查。"发电机断路器跳闸"为断路器位置触点"三取二"逻辑，即取 3 个断路器位置触点，当同时有 2 个触点指示断路器断开时，DCS 判断出口断路器断开，发"热工保护"至发电机—变压器组 DGT801A 非电量保护装置，出口方式为机组全停。

（3）直流接地检查。从故障录波图及 DCS 发电机断路器跳闸逻辑，可判断出是某种原因导致 2 号发电机—变压器组出口 202 断路器跳闸。由于故障发生时存在直流系统接地报警，检查 110V 直流系统 I 段母线 4 支路为主变压器冷却器控制箱电源，就地检查主变压器冷却器控制箱内有电线烧焦气味。

将控制箱电缆槽盒打开，发现主变压器冷却器控制箱至主变压器端子箱交流电源线严重烧焦，且将相邻直流控制电缆烧焦。于是初步判断为交流、直流电缆绝缘损坏导致交流串入直流而跳开 202 断路器。

正常运行时主变压器冷却器控制箱至主变压器端子箱交流电源电流约 1A，采用 4mm² 导线，不会造成二次电缆过热烧损。由于未找到主变压器端子箱交流电源过电流原因，先将烧损的交直流电源回路恢复，送电后发现主变压器冷却器控制箱至主变压器端子箱交流电源回路温度约 50℃，实测电流约 20A。立即停电后继续查找主变压器端子箱交流电源回路电流过大的原因，最终发现主变压器冷却器控制箱至主变压器端子箱为双路隔离开关供电，送电时误将开环点隔离开关合上。其控制箱电源回路如图 1-13 所示。

2 号机组 6kV 母线 A 段、B 段分别接 21 汽机变压器、22 汽机变压器，21 汽机变压器、22 汽机变压器分别接汽机 PC A 段、汽机 PC B 段 380V 母线。2 号主变压器冷却器控制箱两路电源分别从汽机 PC A 段母线、汽机 PC B 段母线引接；2 号主变压器冷却器控制箱双路电源经隔离开关至 2 号主变压器端子箱，最终在 2 号主变压器端子箱处通过 4mm² 导线将 380V 母线 A 段、B 段合环造成过电流。

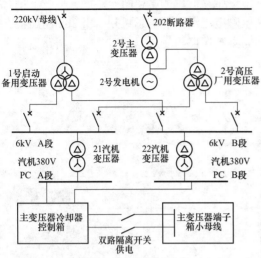

图 1-13　主变压器冷却器控制箱电源回路

当 6kV 厂用电母线 A 段切换完成后，A 段由 2 号机组接带，B 段由 1 号启动备用变压器接带，经两台汽机变压器转换至主变压器端子箱处，将 2 号高压厂用变压器与 1 号启动备用变压器合环导致瞬时电流，将主变压器端子箱 4mm² 的电源回路烧毁。

综合上述检查，得出结论：2 号主变压器冷却器控制箱双路电源隔离开关误送电，使 6kV 高压厂用电源切换过程中，主变压器端子箱处 4mm² 电源线将 2 号高压厂用变压器与 1 号启动备用变压器合环，瞬时过电流将交流及相邻的直流电源线烧损，致使交流电串入直流回路引起 202 断路器跳闸。热工保护判断 202 断路器跳闸后又发信号至发电机—变压器组非电量保护装置，导致机组全停。

3. 交流电串入直流跳闸原理及现象

（1）跳闸原理。正常情况下，直流一点接地不会引起断路器跳闸，即使两点接地，也只能造成单一断路器跳闸。交流量串入直流回路时，若无对地分布电容的影响，一般情况下只会引起直流瞬间接地而无严重后果。

但当跳闸回路分布电容较大时，交流电源与跳闸继电器电缆对地电容 C 构成回路，充放电功率大于出口继电器动作功率时，继电器抖动达到一定数值就会引起跳闸，跳闸原理及现场模拟回路如图 1-14 所示，STJ 为手动跳闸继电器，BTJ-1 为第一组保护跳闸继电器，BTJ-2 为第二组保护跳闸继电器。

202 断路器跳闸后，按照图 1-14 所示的接线方式现场模拟断路器操作箱动作情况。外接 24V 直流电源将继电器 STJ 的常开触点与电阻 R 串联，示波器通道 1 接电阻 R 两端电压，当 STJ 继电器动作、触点闭合后，示波器通道 1（电阻 R 两端）即可检测到电压；示波器通道 2 接继电器 STJ 两端的电压。

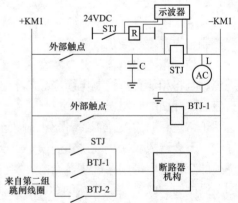

图 1-14　交流电串入直流跳闸原理及模拟回路图

为避免加入的交流电源对外回路产生影响，将操作箱电源及外回路二次线甩开，在继电器 STJ 正极接 0.75μF 的电容（现场实测继电器 STJ 正极电缆对地电容约 0.75μF，继电器 BTJ-1 正极电缆对地 0.72μF，继电器 BTJ-2 正极电缆对地 0.24μF。电容值越大，对应交流阻抗越小），负端接交流调压器 AC，电压升至 40V 时，继电器 STJ 接点有抖动的声音，电压升高至 77V 时，继电器 STJ 触点出现 20ms 周期的瞬时闭合现象，两侧电压 45V；电压升高至 100V 时，继电器 STJ 触点持续闭合时间约 10ms，两侧分压 60V。

取消串接电容 C，直接将交流电源 AC 加在继电器 STJ 两端并升压至 250V 时，STJ 触点闭合时间约 15ms。实际交流电串入直流系统时，受直流电源叠加的影响，交流动作电压会更小，由此可见交流串入直流系统对跳闸继电器的影响很大。

（2）交流串入直流系统故障辨识。参照国内发生的多起交流串入直流导致断路器跳闸的事故，主要特征如下：

1）断路器不明原因跳闸，而相应的保护装置均未动作。

2）断路器跳闸的同时伴随有直流系统接地现象，且母线对地绝缘电阻相对较小、甚至接近于零。

3）查看断路器跳闸的故障录波图时，某些信号存在干扰现象，且干扰信号周期约 20ms，有规则的 SOE 信息上传。

4）断路器跳闸时操作箱伴随有继电器接点抖动的声音。

4. 防范措施

（1）二次回路防范措施。

1）交直流端子采用不同端子层设计，并在端子上明确标注。

2）避免同一继电器、接触器辅助触点、转换开关同时接有交直流信号，若无法避免，做好隔离措施。

3）避免同一行空插头、二次线插头内交直流回路共存及交直流回路共用一根电缆。

4）对控制系统采用交直流双供电的开关电源时，应注意选用交流输入端有隔离变压器的开关电源，其中隔离变压器的负荷侧 N 端悬空，不能和一次侧相连或接地。

5）用外接电源做开关跳合闸试验时，做好断路器操作回路的隔离措施，严禁将外接电源与系统直流电源叠加操作。

6）用直流分电屏配电柜代替直流小母线设计，对交直流共存的屏顶小母线做好防止相互短路的措施。

7）控制箱内配线时直流电缆避免与可能的大电流交流电缆置于同一槽盒内（如本例是将交直流电缆分槽盒布置且加强了现场开环点回路管理）；合理规范二次电缆的路径，尽可能离开高压母线、避雷器等的接地点，减少迂回，缩短二次电缆的长度；做好电缆两端屏蔽措施。

8）直流母线应分段布置，不同负荷合理分配到不同的母线段，发电厂机组与升压站直流系统要独立，尽量减少交流串入直流时对相关设备的影响及范围。

9）直流正负对地绝缘电压接入故障录波器，直流系统实现检测交流串入的功能，及早发现交流串入直流，避免不必要的损失以及便于事后故障分析。

（2）出口继电器防范措施。

1）对可能引起误动的开入量采用光电隔离转换，以避免外回路的干扰信号对保护装置产生影响。

2）直接跳闸回路有长电缆控制时增加大功率重动继电器（现场实测增加功率大于 5W 的重动继电器后工频交流电源至 250V 时不动作）。

3）操作箱设计时出口继电器采用大功率继电器（动作功率大于 5W）。

4）适当增加开入量的动作时间，使动作时间大于 20ms，以降低灵敏度，这种方法可以有效地躲过交流量窜入时带来的干扰，但需兼顾继电保护速动性的要求。

【实例3】　交流电源串入直流系统，500kV 升压站双回线路跳闸

1. 事故经过

某 500kV 升压站正常运行方式，Ⅰ回线有功功率为 1182MW，Ⅱ回线有功功率为 1177MW。某日 10:01，运行值班人员发现 500kV 升压站双回线负荷突然均降到 0MW，值长及时与网调联系，确认Ⅰ、Ⅱ线变电站侧断路器均跳闸。事发当时一期网控值班室内无任何异常光字、无任何保护启动，电厂内双回线 5052、5053 断路器均未跳闸，但运行值班员听到两声低沉短促的事故音响。

10:02，接电网调度令：各机组退 AGC、紧急降负荷等措施；10:10，各台机组出力降至最低；10:36，接调度令：停用一线和二线远方直跳保护Ⅰ（MCD）；11:18，一线对侧合环；11:30，二线对侧合环。

2. 检查及试验情况

对两回线 L90、MCD 两套保护、两回线就地判别及过电压保护装置、500kV 安稳切机装置、500kV 故障录波器进行检查，均未发现异常。对一、二、三单元机组故障录波器进行检查，有负荷变动启动信息。13:30，按照网调要求，将两回线断路器 MCD 纵联电流差动保护由跳闸改为信号，停用两回线断路器 MCD 纵联电流差动保护中的串补装置远方触发保护后，调阅两回线（5052、5053）断路器 MCD 保护装置相关报告，发现一线 MCD 装置、二线 MCD 装置分别于当日上午跳闸时刻发出远方直跳命令至对端（变电站侧）。随后对一线、二线、500kV 母联一（5012）断路器、500kV 母联二断路器等四套 MCD 保护的事件记录进行了读取，发现在一线、二线、500kV 母联一（5012）断路器的三套 MCD 中，都有远跳开入周期为 20ms 的导通和断开的记录，怀疑母联二断路器 MCD 装置的记录被后来的信息冲掉。初步认定有交流电源干扰 MCD 装置中远跳的开入光隔。

采用直流电源单独通线路 MCD 装置的试验方案，再在一线 MCD 装置的远跳开入光隔入口、直流电源正端、直流电源负端分别通入实际的交流电源，试验结果是在直流电源正、负端加入交流时，一、二线 MCD 装置也都出现事故时的事件记录，进一步证明两回线路掉闸的原因是直流电源中串入了交流电所致。

经过近两天的检查和分析，验证了在 200 乙断路器端子箱内接电焊机电源使交流电源串入直流系统，是造成两回线路跳闸的原因。

因为 200 乙断路器直流操作电源与两回线路 MCD 保护装置共用网控Ⅰ组蓄电池供电，而 200 乙就地开关端子箱内，上部为交流电源开关，下部为直流电源开关，交、直流电源开关安装距离较近，分析认为在 200 乙断路器端子箱内 200 乙-1 隔离开关交流电源开关接入 15kVA 小型电焊机，当接入 380V 第一根线时，接线人员不慎将另一相电源线触及到正下方直流电源开关上方裸露电源的部分，从交流电串入直流电源的持续时间为 13s（MCD 记录）分析，接入线的时间符合实际情况。

220kV 升压站 200 乙断路器端子箱交、直流电源开关布局如图 1-15 和图 1-16 所示。

3. 原因分析

检修人员在进行 220kV 升压站 200 乙断路器端子箱内接电焊机电源时，使交流电串入直流回路，造成线路 MCD 发远跳指令，致使变电站侧双断路器跳闸。

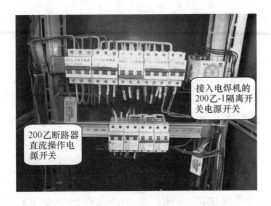

图 1-15 上排为交流 380V 电源开关，
下排为直流 220V 电源开关

图 1-16 下排直流电源开关负极（左数第二个
电源接线）处有电焊线搭接的痕迹

【案例4】 接线错误，直流系统串入交流电源，两台机组全停

1. 事故经过

电厂一期工程为两台 600MW 燃煤火电机组，500kV 升压站采用 3/2 断路器接线方式，共 2 个完整串，1 号发电机变压器组与 I 线构成 1 个完整串，2 号发电机变压器组与 II 线构成 1 个完整串。220kV 变电站为双母线接线方式，两回 220kV 线路到变电站，还有两台 220kV 启动/备用电源。

某日 20:51，电厂进行 220kV 系统二期厂用电系统受电时，220kV I 母已经充电正常，正准备操作合 212-1 隔离开关时，500kV 升压站 5012 断路器跳闸，经 18s 后 5013 断路器跳闸，造成 1 号机组停运。20:54，500kV 升压站 5021、5022 断路器跳闸，2 号机组停运。

事故前 220kV I 母已经充电正常、I 线运行，500kV 升压站 I、II 母线运行，第一串 5011、5012、5013 成串运行，第二串 5021、5022、5023 成串运行，500kV I、II 回线运行，1、2 号机组负荷均为 580MW，机组运行正常，500kV 系统运行正常，220kV 系统正在恢复，机组无备用电源。

2. 事故详细经过

（1）220kV 变电站受电操作及恢复经过。220kV I 回线路通过 251-6 隔离开关、251 断路器、251-1 隔离开关带 I 母线及 I 母 TV 运行，母联断路器 212 及其两侧隔离开关 212-1、212-2 均处于断开状态，220kV II 回线路受电工作结束。

20:44，检查 II 回线电厂侧 252-617 线路接地开关三相确已合好，II 回线路转为检修状态，并汇报调度。

20:49，接调度令"合上母联间隔 212-1、212-2 隔离开关、合上 212 母联断路器操作"，就地对 212-1 隔离开关、212-2 隔离开关、212 母联断路器位置进行了确认，远方 NCS 画面正在五防机上进行图形开票和逻辑判断。

20:51，运行人员发出 220kV 母联 212-1 隔离开关合闸遥控执行命令，升压站照明消失，同时听到机组侧安全门排汽声音，集控室操作人员报告 1 号机组跳闸，立即停止 220kV 站内操作。

1 号机组跳闸后，立即联系区调，恢复 01 号启备变压器运行。01 启备变压器由冷备用转运行操作，合上 01 启备变压器高压侧 201 断路器，01 启备变压器充电成功后恢复两台机组 6kV 母线备用电源进线开关热备用，将两台机组四段失电的高压母线全部恢复送电，6kV 公用段恢复，之后进行机组的各项恢复工作。

（2）220kV 变电站受电时调试工作及分析。220kV 变电站受电过程中，Ⅰ回线单带 220kV 变电站Ⅰ母线运行，调试人员发现Ⅰ回线 251 间隔、01 号启备变压器 201 间隔到母差保护屏的隔离开关位置不对。在运行人员的许可下，调试人员对 201-1、201-2 隔离开关控制箱和 201 断路器集中控制箱进行了检查，发现到母差保护屏的动合接点错接为动断接点。通过查设计院图纸发现图纸的设计有误，施工单位按照设计图纸接线造成接至母差屏位置和实际要求不符，调试人员准备将隔离开关接点接线位置从 X：83-X：84（动断触点）改至 X：39-X：40（动合触点）端子。先改正 201-1 及 201-2 隔离开关控制箱的回路，下一步将要改正 251-1 隔离开关控制箱内的回路，开关站里突然停电，并听到机组侧发出很大声响。

（3）事故时相关断路器及保护动作情况。当日 20:51，NCS 画面发 5012、5013、5021、5022 断路器跳闸报警信号，1、2 号机组跳闸；1 号机 ETS 发"发电机跳闸"信号；1 号发电机—变压器组保护 E 屏发"系统保护联跳""机组紧急停机""发电机断水"信号；1 号发电机—变压器组保护 A、C 屏发"发电机过频"信号。2 号机发电机—变压器组保护 E 屏发"系统保护联跳""发电机断水"信号；2 号发电机—变压器组保护 A、C 屏发"逆功率 t_1""逆功率 t_2""程序逆功率"信号，由于无备用电源，厂用电失去。

220kV 母线保护屏 1（南自 B750 型）发"TV 断线（也代表电压开放信息）""互联状态""隔离开关变位"信号。

220kV 母线保护屏 2（南瑞复合电压闭锁 RCS-918 型）发"电压开放""Ⅰ母开放""Ⅱ母开放"信号，220kV 母线保护屏 2（南瑞 RCS-915 型）发"位置报警"信号。

500kV 5012、5013 断路器保护屏操作箱Ⅰ、Ⅱ绕组"TA、TB、TC"跳闸灯亮。

3. 故障后试验情况

（1）拉开 5012-1、5013-2 隔离开关，合 5012、5013 断路器，从 NCS 画面上操作 212-1、212-2 隔离开关及 212 断路器时，500kV 系统 5012、5013 断路器运行正常。说明 NCS 回路及控制正常。

（2）在 1 号发电机保护 E 屏模拟断水保护动作，5012、5013 断路器同时跳闸，同时操作箱Ⅰ、Ⅱ跳闸绕组灯亮，断路器跳闸时间相差 1ms。

（3）分别模拟 5012、5013 断路器Ⅰ绕组跳闸、Ⅱ绕组跳闸及 NCS 画面上操作拉合 5012、5013 断路器，操作箱Ⅰ、Ⅱ绕组跳闸信号指示均正确。

（4）将发电机保护 E 屏到 5012、5013 断路器保护屏电缆拆开，用 1000V 绝缘电阻表对跳闸回路电缆进行绝缘测试，绝缘合格。

（5）拆开发电机保护 E 屏至操作员站的"紧急停机"回路线，用 1000V 绝缘电阻表对紧急停机开入回路电缆进行绝缘测试，绝缘合格。

（6）从 500kV 第一串故障录波器录波图分析，伴随 5012、5013 断路器跳闸分别有脉宽为 1.2ms 和 0.2ms 的 1 号并列电抗器零差保护动作脉冲信号。经检查确认，电抗器保护设备正常，500kV 第一串电抗器保护无任何异常记录。分析认为，录波器开关量电源为一端接地的 24V 电源，判定为此动作脉冲信号为受干扰所致。

（7）对 1 号发电机—变压器组保护装置进行检查，故障前保护未动作，无异常。

（8）主厂房直流系统检查。检查主厂房内 1 号机组直流系统，故障前系统运行正常，220V 母线正负对地电压分别为 117V 左右，110V 母线正负对地电压分别为 53V 左右，没有报警，故障时 220、110V 直流系统电压有波动，220V 正负波动为 13V 左右，110V 正负波动为 12.5V 左右，在故障后 30min 左右，220V 直流系统又出现大幅波动，正负波动最大为 90V。

主厂房直流绝缘监测系统未发接地告警信号。

（9）500kV 升压站网控室直流系统检查。网控直流绝缘监测系统主回路接地告警延时为 1～2s，支路接地告警延时为 50s，事故中该系统未发接地告警信号。

（10）电缆屏蔽及保护接地检查。对 220、500kV 升压站就地、网控室、1 号机组集控室所有控制电缆屏蔽及保护接地系统进行检查，只发现 5013 断路器保护屏 194 号电缆屏蔽层未接地，经查此电缆为就地端子箱到断路器电流回路电缆，未发现其他异常。

（11）分别做 5012、5013 断路器操作箱出口继电器动作电压，测试数据如表 1-6 所示。

表 1-6　　　　　　　　　　　测 试 数 据

断路器名称	继电器名称	动作电压（V）	阻值（kΩ）
5012	4ZJ（1-10）	135	18.07
5012	4ZJ（11-20）	120	18.01
5012	(11/12/13) TJR	132	6.64
5012	(21/22/23) TJR	137	6.66
5013	4ZJ（1-10）	131	18.09
5013	4ZJ（11-20）	142	18.06
5013	(11/12/13) TJR	153	6.71
5013	(21/22/23) TJR	148	6.76

模拟非电量 4ZJ（型号 DSP2-4A）负极串入交流电压时继电器的动作情况，如表 1-7 所示。

表 1-7　　　　　　　　　　继电器动作情况

断路器名称	继电器名称	交流电压（V）	绕组两端电压（V）
5013	4ZJ（1-10）	150	62
5013	4ZJ（11-20）	150	66
5013	4ZJ（1-10）	220	（继电器动作）
5013	4ZJ（11-20）	220	（继电器动作）

对 5012、5013 断路器保护屏内的三相跳闸重动继电器 4ZJ（型号为 DSP2-4A）进行检查，其动作电压合格，但直阻偏大，约为 18kΩ；而操作箱的重动继电器（型号为 NR0521A），直流电阻约为 3kΩ，所以 DSP2-4A 型重动继电器动作功率小，易受干扰影响，抗交流电压能力弱，直流系统串入交流电源后会引起操作箱出口继电器动作，从而导致 5012、5013 断路器跳闸。

4. 原因分析

近年来，电网内发生了多起由于直流系统接地或交直流电源混联造成的断路器跳闸事故。

31

事故发生后，通过与类似事故比较，初步认定此次事故是由于网控直流系统发生异常所致，或是由于直流接地或是交直流混联所致。NCS 记录显示，从 20:51:28.34 到 20:53:59.289 有交直流电源混联的明显信息，如"500kV 2 号电抗器 5023DK-1 就地控制"NCS 信号出现有规律的 10ms 周期事件信息，这类信息已经成为判断类似事故最直接、最可靠的证据。在 20:51:09.406 到 20:51:27.330 断路器相继跳闸期间，没有明显交直流电混联的证据，但不能排除交直流瞬间混联造成断路器跳闸而没有周期性的开入信号，前期该电厂就曾发生过 200kV 线路断路器分合闸辅助触点转换造成交直流瞬间混联，进而造成 220kV 升压站多数断路器误掉闸的事故。根据现场情况，当时电厂正在启动 220kV 母线，有多个断路器及隔离开关分、合闸操作，离事故最近时刻为 20:51:23 母联隔离开关 212-1 的遥控合闸命令，在 212-1 隔离开关合闸时由于辅助触点转换过程造成交直流瞬间混联也是有可能的。

另外，在事故发生时，现场调试人员有消缺工作，内容为 220kV 母线保护隔离开关位置触点出现错误后调试人员在隔离开关端子箱进行改正。离事故发生时刻最近的工作为 201-2 隔离开关机构箱隔离开关位置触点的改线（从 X：83-X：84 端子移至 X：39-X：40 端子），根据事故后调试人员工作过程的叙述及机构箱内交、直流端子的分布情况，在改线过程中造成交、直流混联的可能性很小。

5. 暴露的问题

（1）在无一次系统故障及保护未动作的情况下，能造成 5012、5013 两个断路器同时误跳闸的原因只能是两个断路器公用的直流二次回路出现了问题，或是直流接地，或是交直流混联。由于二次电缆的分布电容效应，交直流混联会造成电缆对地充放电，从而导致继电器误动作。根据本次事故的相关资料，分析认为造成此次事故的原因是网控直流系统串入了交流信号。

（2）根据上述分析，交直流混联的原因可能是：

1）在站内倒闸操作现场有断路器或隔离开关分合时，二次交直流回路会有断路器或隔离开关触点的分合，这时由于接线错误或断路器、隔离开关辅助触点在同一盘面分别用于交、直流回路的两对动合、动断触点在转换过程中导致交流混联等。

2）调试人员在 201-2 隔离开关机构箱改正隔离开关位置接线时由于误碰造成交直流混联。

【案例 5】 查找直流接地导致锅炉灭火

1. 事故经过

值长电话通知单元长，断开 6kV Ⅲ段控制电源查找直流接地，要求单元长从 CRT 上调出电机状态监视画面。事发当日 10:02 分，拉 6kV Ⅲ段控制电源空气开关 9Z。10:03，集控室事故喇叭响，锅炉 CRT 燃烧画面显示全部粉机跳闸，甲乙吸、送风机均红闪，锅炉跳闸首出显示"失去燃料"，MFT 动作。运行人员进行强制吹扫，调整炉膛负压至正常值。10:10，锅炉吹扫完毕，投油点火成功。10:35，负荷升至 140MW，机组各项参数恢复正常。

2. 原因分析

该机组甲乙吸、送风机开关送至 DCS 系统的信号设计不合理。在跳闸回路中扩展了中间继电器 ZJ，利用它的触点当作合闸、跳闸反馈信号。如果开关在运行状态则 ZJ 带电，当直流控制电源消失后 ZJ 返回，送至 DCS 系统的信号变成开关在跳闸状态，但开关实际在合闸位置。

在查找机组直流 I 段接地故障过程中，断开直流 9Z（6kV III段控制）空气开关时，致使 6kV III段所有开关控制电源消失。此时甲、乙送风机控制回路中扩展中间继电器 ZJ 返回，送至 DCS 信号显示甲、乙送风机已停运（实际在运行状态）。在锅炉大联锁投入条件下，发出排粉机和给粉机跳闸命令，所有排粉机和所有给粉机全停，锅炉"燃料中断"报警，MFT 保护动作，锅炉灭火。甲、乙送风机控制回路图如图 1-17 所示。

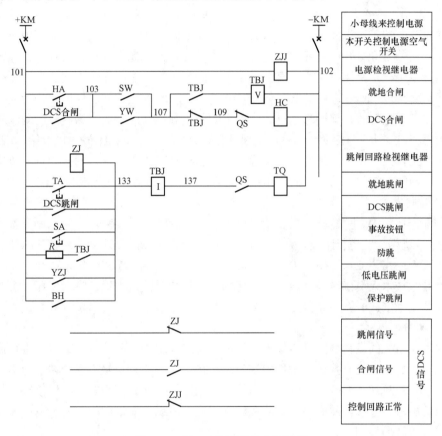

图 1-17 甲、乙送风机控制回路图

3. 防范及整改措施

（1）对 6kV IIIA、IIIB 段开关控制回路进行改造，取消扩展继电器，使用开关原动节点作为开关位置指示。

（2）6kV IIIA、IIIB 段控制直流应采取分段供电方式：9Z 给 6kV IIIA 段开关控制供电，14Z 给 6kV IIIB 段开关供电，6kV IIIA、IIIB 段之间控制电源联络空气开关断开。

（3）加强二次回路隐患排查治理。

【案例6】 网控直流系统串入交流量导致停机

某厂共有 6 台 600MW 机组，均采用单元接线方式，发电机出口电压为 22kV，经主变压器升压至 500kV。厂内 500kV 升压站采用 3/2 断路器接线方式，共安装有 6 个完整串，六回进线，六回出线，其中四回为 500kV 送出线路，另有两台 500kV/220kV 联络变压器给厂内

220kV 变电站供电，再由此 220kV 变电站为全厂机组提供启动、备用电源。500kV 升压站内直流系统为 220V 直流系统，分为三期工程建设，每期工程均由 220V 直流两段母线组成，每段设置一套工作充电机和一个 220V 蓄电池组。220V 直流系统两段母线间设有母联断路器，两组蓄电池组互为备用。综合给排水泵房控制电源取自 500kV 升压站一期 220V 直流 I 段母线。

1. 事故经过

某日 14:40，检修人员到综合水泵房检查 0.4kV PC 段母联断路器指示灯不亮的缺陷。该母联断路器背面端子排上面有 3 个带熔断器 RT14-20 的电源端子，其排列顺序为直流正、交流电源（A）、直流负。由于指示灯不亮，检修人员怀疑是电源有问题，并且不知道中间端子是交流电源端子，于是用万用表（直流电压挡）测量，测得 3 个端子中间的端子没有电（实际上此线为交流电，此方式测量不出交流电压），其他两个端子有电，便简单认为灯不亮的问题与第二端子无电有关，就用端子排旁线束上的一段导线（此导线在该线束内两端悬浮）一端插接到第三端子上（直流负极），另一端插到第二端子上（交流电源 A）以给第二端子供电，并问另一名工作人员指示灯是否亮，实际上这时已经把交流电源通入网控的直流负极，造成 500kV 升压站的 5011、5012、5022、5023、5041、5042、5043 断路器相继跳闸（继而造成 1、4 号机组跳闸）。

1 号机组于 14:52 甩负荷，14:53 发电机跳闸、汽轮机跳闸、锅炉 MFT 动作；4 号机组于 14:53 汽轮机跳闸、发电机跳闸、锅炉 MFT 动作。检查主变压器跳闸，启备变压器失电，快切装置闭锁未动作，6kV 厂用电失电，各低压变压器高低压侧断路器均未跳开，手动拉开。

经过专业技术人员确定事件原因及对现场设备试验，确认主设备没有损坏，机组可以运行后，经网调批准，4 号机组于次日 17:43 并网，1 号机组于第三日 16:15 并网。

2. 原因分析

造成本次事故的直接原因是检修人员处理综合水泵房开关柜信号故障时误将直流负极接至交流电源。检修人员查找故障过程中认为端子排上直流正、负极之间的端子为不带电的端子（曾用万用表直流电压挡对地检查，未测量出电压值），便直接用短路线将该端子与在其下方的直流负极端子连接，从而造成交流系统与网控直流系统的混联，引发了电厂 3 台机组全停事故。事故现场如图 1-18 所示。

图 1-18　事故现场

3. 暴露的问题

（1）工作人员的技术水平低，对设备不熟悉，技术培训力度不够。

（2）检修人员在检查缺陷过程中，随意扩大工作范围，且工作不规范，凭主观想象，随意动手试接线，致使交流电串入网控直流控制系统。

（3）直流系统设计不完善，外围设备的直流电源由 500kV 升压站的 1 号网控直流电源直接供给。

（4）交、直流电源端子混用，中间没有隔离，设计不合理，易出现相互串电现象，存在事故隐患。交、直流电源在同一盘柜中必须保证安全距离，交流和直流必须分开，做到可靠隔绝，要有明显的提示标志。

（5）加强对直流系统的管理，按照机组、网控、机组之间，机组与网控之间相互独立的原则配置直流系统，双路或多路供电，外围附属设备的直流必须单独设置，不得与网控或主机组直流系统相连，降低直流系统事故风险。

【案例 7】 直流系统串入交流量导致机组全停

1. 事故经过

某日 9:01:49，电厂 1 号主变压器高压侧 4701 断路器跳闸，1 号启备变压器 220kV 高压侧 4707 断路器同时分闸，6kV 及 400V 厂用系统全部失电，柴油发电机自投失败，就地手动合闸成功，造成 220kV 系统以下全厂停电的事故。

事故动作情况如下：

（1）1 号发电机—变压器组保护 RCS-985 装置保护动作信息：9:00:57，"主变压器后备保护"启动，断路器位置开关量由"0"变为"1"，即主变压器高压侧 4701 断路器跳闸；9:00:58，外部重动 3（热工保护）跳闸动作；9:01:32，外部重动 4（断水保护）跳闸动作。

（2）1 号启备变压器保护屏 RCS-974 装置保护动作信息：9:01:35，断路器合闸位置退出；9:03:17，非电量 1（冷却器全停）投入。

（3）NCS 显示信息：9:01:49，1 号主变压器高压侧 4701 断路器分闸，同时 1 号启备变压器 220kV 高压侧 4707 断路器分闸。

2. 原因分析

根据 NCS、SOE 显示，1 号主变压器高压侧断路器、1 号启备变压器高压侧断路器同时分闸，且保护屏上没有电气量保护动作跳闸信息。1 号发电机—变压器组保护屏 RCS-985 装置中只有"热工保护"及"断水保护"动作，而从保护的动作报告单中可以看出，1 号主变压器高压侧断路器分闸比"热工保护"动作早，可判断为断路器先分闸导致停机，致使热工保护动作。在全厂 6kV 及 400V 厂用系统全部停电后，"断水保护"应为正确动作。

事故发生后，专业人员对电气设备检查中发现，1 号主变压器冷却器工作电源 1 接触器 KMS1 进线处过热起火，并且与接触器辅助接点连接的二次线全部烧损。查断路器跳闸记录可知，两个断路器跳闸基本同时发生，能够导致两个断路器同时误跳闸的可能性分析如下：

（1）直流电源有接地故障。事故发生后检查直流电源系统并无接地。通过实验将直流正、负极分别接地，也未见有断路器跳闸。由此可知，若直流系统接地导致两个断路器同时跳闸几乎是不可能的。

（2）直接人为误碰断路器操作回路。要使两个断路器同时跳闸，必须是两个断路器控制回路多点同时误碰；而当时机组保护室内无人员工作，因此也排除此种可能性。

（3）直流电源内串入交流量。从 1 号主变压器冷却器 400V 工作电源 1 接触器 KMS1 进线端子处过热起火，与接触器辅助接点连接的二次回路烧损，且冷却器控制回路中的直流监视继电器 K14 烧损，可判断直流系统串入交流量。

3. 暴露的问题

（1）事故起因为 1 号主变压器冷却器 400V 工作电源 1 接触器进线处过热火接触器烧损，造成与接触器辅助触点相连的直流回路串入交流量。

（2）主变压器冷却器控制原理如图 1-19 所示。事故发生时，1 号主变冷却器 400V 工作电源 1 为工作状态，电源 2 为备用状态，接触器 KMS1 的动断触点断开，接触器 KMS1 进线侧过热短路，短路电流很大，短路时 400V 交流量串入 110V 直流系统正极，同时 1 号主变压器、1 号启备变压器保护屏的跳闸回路二次电缆距 220kV 升压站断路器本体距离约 480m，对地电容较大。短路故障发生时，故障分量含有丰富的高次谐波分量，通过直流正极与电缆分布电容串入跳闸回路，也就构成了串联谐振电路。

串联电路中的电感和电容参数为常数，回路的自振频率是固定的，当电源频率与之接近或相等时就会发生线性谐振。低压 400V 厂用直接接地系统，损耗电阻 R 趋近于 0，串联谐振过电压幅值较大，使断路器的跳闸继电器动作。

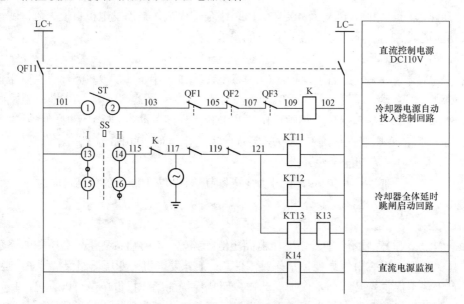

图 1-19 主变压器冷却控制原理

（3）由机组直流系统提供操作电源的两个断路器同时跳闸，而操作电源由网控直流系统供电的 220kV 线路断路器并未跳闸，证明了 400V 交流量串入 110V 直流系统，是导致 1 号主变压器高压侧断路器、1 号启备变压器 220kV 高压侧断路器同时分闸的原因。

【案例 8】 直流系统接地，失磁保护误动跳机

1. 事件经过

某日上午 8:35，电厂 2 号机组运行过程中因失磁保护动作跳闸。该机组为 2005 年投产

的 600MW 级汽轮发电机组，发电机生产厂家为哈尔滨电机厂，励磁系统方式为自并励，励磁调节器为 ABB 公司生产的 UNITROL 5000 型。经检查，两套保护装置的失磁保护都动作，没有其他保护动作记录。当时励磁调节器为 1 通道运行，AVR 1 通道有 FCB EXTERNAL OFF（外部跳闸）动作记录，同一时刻 2 通道有退出跟踪动作记录。故障录波如图 1-20 所示，发电机电压降低，电流先减小后增大，表明发电机失磁，维持大约 1.5s 后电流消失、电压逐渐衰减到零。直流系统接地检测装置记录从机组跳闸时开始有正电源接地故障，直至机组跳闸切除接地故障后，直流接地故障消失。检查机组和励磁调节器各项功能正常后，机组于当日 15 时 22 分并网。

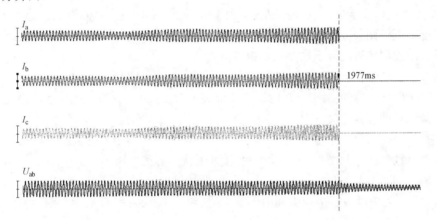

图 1-20　2 号机故障跳闸录波

2. 原因分析

根据故障录波和失磁保护的动作记录，画出故障时刻各元件动作时序如图 1-21 所示。发电机电流开始减小的时刻大约是 8:34:3.500 左右，也就是从这个时刻开始，发电机无功功率由正变为电流最小时的零，再变为负，由此判断机组在 8:34:3.500 左右失磁。经过 1.5s 后保护动作于出口，发电机主断路器 1QF 和灭磁开关跳闸，机组解列。

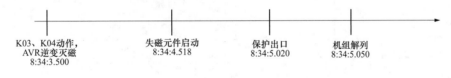

图 1-21　各元件动作顺序

机组失磁过程中灭磁开关处于合闸位置，失磁只有两种可能：AVR 逆变灭磁或失脉冲。正常情况下，失脉冲后 AVR 会有失脉冲的记录，如果失脉冲而 AVR 又没有检测到失脉冲的情况，那么 AVR 会有低励限制动作信号，并且在限制失败后会切至 2 通道运行，而在整个事件过程中 AVR 没有以上这些记录，只有一个 FCB EXTERNAL OFF 的事件记录，这就排除了失磁由 AVR 失脉冲造成的可能。

FCB EXTERNAL OFF 的含义是外部停机，可能是控制台的停机操作或保护来的跳闸停机指令。UNITROL 5000 型励磁调节器在并网状态下控制台的停机操作无效，在接受外部停机指令后处于停机状态，不再接受和记录指令，也就是说 AVR 只会记录一次 FCB EXTERNAL OFF。由此判断 AVR 的外部停机应该是发生在失磁开始时刻 8:34:3.500。由于 AVR 的时钟没有 GPS 对时，不能准确确定 FCB EXTERNAL OFF 产生的时间，用第三个时钟分别与 AVR、GPS 来对时找出 AVR 和 GPS 的时差这种方法也不可取，因为 AVR 和 GPS 时钟显示的都是秒钟，经过两次对时可能会产生 2s 以内的误差，对于整个事件过程只有 1.5s 左右的时间这个误差显然不能接受。

保护出口来灭磁的回路有两路，分别接通励磁调节器中的继电器 K03、K04。K03、K04 的触点分别启动 AVR 逆变灭磁，同时经过中间继电器分别启动灭磁开关的两个独立的跳闸线圈。如果在失磁开始时刻，保护有跳闸信号来，AVR 逆变灭磁并记录 FCB EXTERNAL OFF，同时灭磁开关分闸。实际上灭磁开关并没有分闸，也没有保护出口的记录。如果是由于干扰使 K03 或 K04 动作，导致 AVR 逆变灭磁，由于 K03 或 K04 的触点短暂闭合，仅仅造成 AVR 退出，未能使灭磁开关分闸，这一判断符合整个事件的前后动作逻辑，并且在机组跳闸后，直流系统接地检测装置出现正接地故障报警。

接地发生在汽轮机跳闸的电磁铁回路，接线如图 1-22（a）所示。DCT 为跳闸电磁铁（线圈），JCQ 为跳闸接触器的触点。接地检测装置显示为正接地，是在 JCQ 触点闭合后 DCT 在靠近正电源侧接地。事实上 DCT 应该在 JCQ 触点闭合前就已经接地，因为 DCT 的直流电阻很小，在直流回路中反应的是负接地。由于接地初期往往接触不好，会产生负接地干扰，这种干扰未能启动接地检测装置。K03 回路受接地干扰的等值电路图如图 1-22（a）所示，图中 C 为保护出口回路电缆分布等值电容，K186 为保护出口触点，正常运行时，a 点与 110V 负电源电位相同，当电源负极接地瞬间由于电容两端电压不能突变，就会形成电容放电电流 I_c，在电容放电初期 K03 上承受的电压为 55V，等值电容越大即电缆越长，放电时间越长。K03、K04 的动作电压为 55V，动作电流 0.017A，连接 a 点的电缆除了保护外，还有到控制台的紧急停机按钮，电缆总长度不少于 200m。实践证明，当直流控制电缆大于 200m 时很容易引起这类问题的发生。图 1-22 中只画出了 K03 回路，同样 K04 回路也是一样。

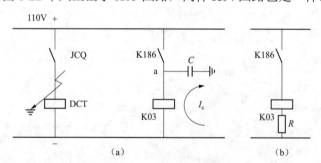

图 1-22　保护出口灭磁回路和接地点回路
（a）保护出口灭磁回路；（b）接地点回路

以上的分析是基于 AVR 正常的情况下进行的，如果在 8:34:03 发生的逆变灭磁不是因为 K03、K04 受到干扰，而是由于 AVR 软件发生故障造成的，而后由失磁保护跳开灭磁断路器和 1QF 断路器，这也符合整个事件过程的动作逻辑。但在 ABB 的 UNITROL 5000 型励磁调节器投运多年来，尚未发生过此类软件故障的记录，这种情况发生的可能性非常小，可以暂时不考虑。

3. 暴露的问题

励磁调节器的 K03、K04 继电器因直流系统接地受到干扰而动作，是造成机组跳闸的直接原因。由于 K03、K04 触点闭合时间短暂，仅仅使 AVR 逆变灭磁，未能使灭磁开关分闸，机组失磁后大约 1.5s 由失磁保护动作跳发电机主断路器和灭磁开关。

4. 防范及整改措施

（1）更换 AVR 中继电器 K03、K04。中间继电器应选取启动功率大于 5W，动作电压在额定直流电源电压的 55%～70% 范围内。

（2）如果受现场条件限制暂时不能更换继电器，也可按图 1-22（b）所示在继电器上串联一个电阻。电阻值的大小按 15V/0.017A≈882Ω 选取。但这种方式只能提高继电器的动作电压，不能提高动作功率，能抗直流系统接地干扰，对交直流回路串扰可能不起作用。

（3）将 GPS 对时引入 AVR，以便故障分析。

【案例 9】 变电站两单元间信号环线接线，误发接地信号

变电站的直流系统很容易受到各方面的影响而发生直流接地故障，一般情况下，直流系统发生一点接地不会引起任何危害，但必须及时消除，否则可能演变成两点接地，造成信号、保护和控制回路发生误动或拒动、熔断器熔断、直流系统短路等严重后果。因此，发生直流系统接地故障时，需要技术人员快速、准确地查找接地位置，及时消除，使直流系统恢复正常运行。

1. 事件经过

220kV 某变电站扩建 110kV 间隔 750 断路器，同时其他 110kV 间隔新上 II 母隔离开关，并进行相关二次接线。某日值班人员发现站内直流屏发接地信号，在直流屏上通过拉路法查找故障点，发现公用测控柜测控电源有接地，拉开空气开关后接地消失，同时在直流屏上 754 测控电源拉开后，电源指示灯仍亮。

现场检查情况：750 断路器新扩建间隔进行二次接线，7542 隔离开关位置信号接线，750、754 测控装置在同一测控柜内，测控装置为变电站基建时同时安装的设备，754 测控装置为一期工程已运行，750 断路器为本期一次扩建工程。

2. 原因分析

发生故障后现场人员立即停止了二次接线工作，进行接地故障查找。在公用测控柜上发现公用测控装置 II 遥信回路中有接地故障，经测量确认遥信公用端接地，对地电压只有正 30V 左右，正常应为 110V。

通过拆除外回路接线进行接地排查，发现是 750 装置电源消失信号引起的直流接地。通过查看 750 断路器施工设计图纸和测控柜图纸，发现 750 装置电源消失信号对应端子排既有接入公用测控装置 II 的外回路接线，又有屏内环线，该信号通过屏内环线也接入了 754 测控装置的遥信回路，而直流接地是 754 断路器遥信回路接地引起的。

现场施工人员在 754 断路器端子箱中接入 7542 隔离开关位置信号时，没有发现回路有电压，一端接入了遥信回路，另一端与设备外壳接触在一起，引起直流接地。同样，754 测控电源拉开后，电源输出指示灯仍亮也是由于公用测控遥信直流反送到空气开关下端，导致电源指示灯亮。

根据现场实际，拆除 750、754 两单元之间的信号环线，装置送电后接地故障消失。

3. 暴露的问题

这起故障现象并不复杂，但结果出人意料，暴露出以下问题：

（1）图纸设计人员工作疏忽，设计装置失电信号回路时未参考厂家测控屏图纸，没有发现厂家进行了装置信号互环互发，而把装置失电信号接到了公用测控装置。

（2）一、二期设计图纸不是同一个设计院设计，设计理念不相同。一期设计认为装置失电信号只要通过相关装置发送到监控系统就可以了，而不用接入公用测控，这样可以减少电缆的敷设；二期设计人员认为是单个装置扩建，没有参考一期图纸，把装置失电信号接入了公用测控。

（3）基建工程，相关技术部门没有认真组织图纸审查。现场施工人员盲目按图施工，没有发现回路接线问题，现场监理没有起到监护作用。

4. 防范及整改措施

（1）本起故障是由于信号回路接线错误引起的电源串接，这种情况下在对单个测控装置停电检修时，信号电源虽然拉开了，但信号回路仍带电，容易引起直流接地、设备损坏，甚至造成人身触电。变电站内直流电源一般都分段，各段电压总有差异，不同段的直流电源并接容易产生环流，长期运行容易损坏直流设备。对于测控保护一体化装置，遥信电源与保护电源共用一个电源，会对保护装置电源影响很大，容易引起保护误动。

（2）在之后进行的110kV变电站综合自动化改造中也发现了同样的问题，有的厂家35、10kV保护测控装置在组屏时，把同一屏内不同装置的重要信号如保护动作、事故总信号等进行装置间互环互发告警，而设计图纸又把这些信号引到了远动公用测控柜，如果施工人员工作时不注意盲目按图施工，同样会引起远动信号电源与保护电源混接的问题，留下严重隐患。

【案例10】 调节器插件故障，盲目处置造成机组非停

1. 事故经过

某电厂4号机组正常运行，负荷269MW，厂用电自带，汽泵运行，双套引风机、送风机、一次风机运行。220V直流41、42段母线运行方式均为正常运行方式，如图1-23所示。

某日2时30分，监盘人员发现220V 42整流柜掉闸，发"装置故障"及"电池电压低"告警信号，220V直流母线电压下降至213V。随即去直流配电室查看故障情况，确认就地与远方故障现象一致。

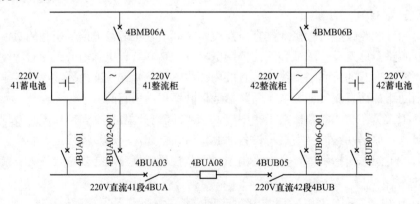

图1-23 电厂220V直流系统41、42段母线运行方式

2时35分，在220V 42整流柜跳闸原因未查明的情况下，值班员在直流配电室启动220V

42 整流柜，220V 直流母线电压升至 286V，220V 蓄电池上母线断路器 4BUB07 跳闸，220V 42 整流柜无输出。这时，仍未引起值班员的高度警觉，一心想尽快恢复 220V 4BUB 段直流母线运行。2:44，值班员在直流配电室合 220V 直流 41、42 段母联断路器 4BUA08，断路器未合上，220V 41 蓄电池上母线断路器 4BUA01、220V 41 整流柜上母线断路器 4BUA02-Q01、220V 直流 41 段充电隔离开关 4BUA03、220V 42 整流柜上母线断路器 4BUB06-Q01 四个断路器跳闸。220V 41 整流柜发"电池电压低"及"装置故障"信号。此时，4 号机组两段 220V 直流母线完全失电，导致空气预热器、引风机、送风机、一次风机掉闸，锅炉主保护动作，机组停运。

2:55，复归 220V 41 整流柜的两个故障信号后，重新启动 220V 41 整流柜。合 220V 41 整流柜上母线断路器 4BUA02-Q01；2:56，合 220V 直流 41 段充电隔离开关 4BUA03、220V 41 蓄电池上母线断路器 4BUA01，220V 直流 41 段 4BUA 恢复运行；2:58，合 220V 直流 41、42 段母联断路器 4BUA08，220V 直流 42 段 4BUB 恢复运行；4:30，检修人员处理后，恢复 220V 直流 41、42 段母线的正常运行方式。机组于 7:37 并入系统运行。

事后测试发现：整流柜故障原因是调节器插件损坏（本厂整流柜为相控式）。在启动 220V 42 整流柜时，因调节器插件故障，电流电压调节失灵，引起整流柜输出电流增大，蓄电池断路器过电流跳闸，此时，电压瞬时增大到 286V，整流柜过电压保护动作，导致整流柜无输出。

2. 原因分析

（1）值班人员没有按照设备缺陷处理流程的要求进行检查、汇报、确认，盲目处理，是造成本次误操作事故的直接原因。发现异常情况后，值班员擅自恢复 220V 42 整流柜运行，导致 42 蓄电池掉闸，直流 220V 42 段 4BUB 失电，暴露出当班运行人员技术水平不高，对直流系统的重要性认识不足。

（2）合母联断路器前，未对合母联断路器的条件进行逐一检查，在两段母线存在电压差的情况下，盲目合母联断路器，是导致直流 41 段跳闸的主要原因，暴露出当班运行人员的操作带有盲目性，对直流系统操作没有引起足够的重视。

【实例 11】 直流系统两点接地，母差保护误动出口

某电厂 500kV Ⅰ、Ⅱ 母线正常运行，500kV 烽Ⅰ回线、Ⅱ回线正常运行，500kV 大Ⅰ回线正常运行，500kV 大Ⅱ回线停电检修后恢复中（当时大Ⅱ回线路已经转至冷备用状态，5021 断路器转至冷备用状态，5022 断路器在冷备用状态），1～4 号机组正常运行，负荷均为 220MW。

1. 事故经过

某日 7:24，接调度令 500kV 大Ⅱ回线路转至检修状态。19:33 工作结束，向调度申请恢复大Ⅱ回线路运行，得到调度同意令。

21:10 电厂当值电气值班员持"500kV 大Ⅱ回线由冷备用转换为热备用状态"操作票，进行倒闸操作。21:23 值班员走到 50211、50212 隔离开关控制箱就地，准备检查 5022 断路器状态的过程中，听到升压站内有几台断路器同时跳闸的声音，立即联系集控室值班员，检查各监控系统信号，被告知网控系统发出"500kV Ⅰ组母线保护 WMZ-41B 失灵保护动作"信号，同时 500kV Ⅰ组母线侧 5011、5031、5041 断路器跳闸，500kV Ⅰ组母线失压。随即赶到保护

小室 I 组母差保护屏就地检查，发现 500kV I 组母线 B 套（国电南自生产的 WMZ-41B 型微机保护装置）母差保护装置上"失灵保护"出口跳闸指示灯亮，同时 500kV 保护小室站内直流系统有接地故障（接地监测装置显示：正对地 48V，负对地 182V），通知继保技术人员现场检查处理，值长汇报调度 I 母 B 套母差失灵保护动作。

经过继保技术人员、电气检修人员现场检查确认，500kV I 组母线一次设备无明显异常和故障痕迹。检查 5011、5031、5041 断路器保护装置、1～4 号机组发电机—变压器组保护装置、烽 I、II 以及大 I 回线路保护装置，均无任何动作信号且电流正常，无故障电流突变量，检查故障录波动作报告也无任何电流突变、电压突变情况，其他保护设备也无异常现象，判断为 B 套母差保护误动作。

22:33，经调度同意，退出 500kV I 组母线 B 套母差保护装置运行，进一步检查该保护装置上失灵保护出口跳闸原因。

23:5，500kV I 母线恢复正常运行；次日 1:10，大 II 回线路送电正常。

2. 原因分析

（1）500kV 站内一次设备运行正常，无明显异常现象和故障痕迹，初步判定 500kV I 母线 B 套母差保护装置失灵保护出口跳闸原因并非一次设备故障造成。

（2）5011、5021、5031、5041 断路器失灵保护没有出口，500kV I 母线 A 套（南瑞 RCS-915E）母差保护装置失灵保护没有出口动作信息，初步判定 500kV I 组母线 B 套母差保护装置失灵保护出口跳闸原因为误出口造成。

（3）对 500kV I 组母线 B 套母差保护装置失灵保护启动回路进行检查，在对保护屏内接线进行检查时，发现这套保护装置的失灵保护还在偶尔出口，立即对启动失灵保护的所有回路进行重点检查，发现 5021 断路器保护失灵启动 500kV I 组母线 B 套母差保护装置失灵保护的电缆芯线绝缘层有损伤（检查确认为基建期遗留隐患），且损伤处与母差保护屏柜金属部分有接触，当时 500kV 保护小室站内直流系统正接地（正对地 48V，负对地 182V），造成 500kV I 组母线 B 套母差保护装置失灵保护开入回路通过直流系统正接地点将直流电压引入失灵保护开入回路。由于 500kV I 组母线 B 套母差保护装置断路器失灵保护开入为单接点开入，且没有电流等辅助判据，母差保护装置收到断路器失灵开入触点后立即动作出口，造成 500kV I 组母线 B 套母差保护装置断路器失灵保护误动出口跳闸。

该套保护装置在一个半月前完成的定检工作，保护装置检验结果合格，装置功能和开入、开出回路均完好，没有发现异常情况。

3. 暴露的问题

按电厂巡视规定，500kV 站内所有设备每天由运行人员巡检 4 次，每周由继保人员巡视 1 次。但从巡视的结果看，都未发现 500kV I 组母线 B 套母差保护装置的异常情况，反映出工作人员责任心不强，业务技能水平不高。

通过上述分析可知，此次 500kV I 组母线 B 套母差保护装置失灵保护出口跳闸的原因为：5021 断路器失灵保护启动 500kV I 组母线 B 套母差保护装置的电缆芯线，在基建施工期间就存在绝缘皮损伤的隐患，造成该电缆芯线有偶然接地的可能，恰在此时 500kV 直流系统发生正极接地故障，在该电缆芯线绝缘层损坏处出现接地时，造成直流系统两点接地，将 182V 的直流电压引入 500kV I 组母线 B 套母差保护装置的失灵保护开入回路（如图 1-24 所示），导致 500kV I 组母线 B 套母差保护装置的失灵保护误出口，跳开 I 母线上的断路器。

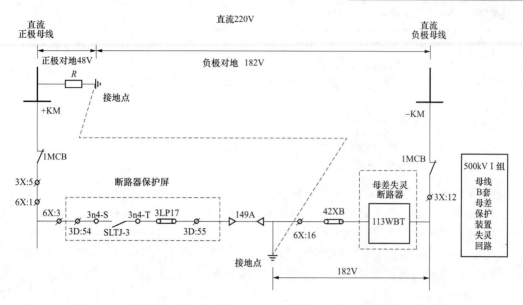

图 1-24 "直流两点接地"导致 500kV Ⅰ组母线 B 套母差保护动作效果图

4. 防范及整改措施

（1）对 5021 断路器失灵保护启动 500kV Ⅰ组母线 B 套保护装置绝缘层损伤的电缆芯线进行包扎处理或更换绝缘良好的备用电缆芯线，并利用保护装置定检机会对厂内二次设备的绝缘进行检查，防止类似问题再次发生。

（2）将 500kV 系统保护小室直流系统存在的正极直流接地故障彻底排除。

第二章 交流电源系统

第一节 交流不停电电源

随着机组容量的增大和自动化程度的日益提高，发电厂采用的各种热工自动化装置也日益增多，对机组的运行起着监视、控制和调节、保护的作用。其中，相当一部分热工自动化装置遇交流电源中断几十毫秒就不能正常工作了，有的自动化装置在电源恢复后不能自动恢复工作，这样不仅机组的正常保护作用不能发挥，往往还会引起其他事故而造成更大的损失。因此，为了保证发电机组安全、可靠运行，每台机组都要设置两套完全独立的静态逆变不停电电源装置（UPS），保证负载有持续的电源供电，并在交流电源中断的情况下也可以在预定时间内对负载供电。

对不停电电源装置提出以下技术要求：

（1）电压稳定度和频率稳定度即逆变装置的输出电压和频率偏离额定电压和频率的程度，要求电压稳定度在+5%～−10%范围之内，频率稳定度在±2%范围之内。

（2）谐波失真度（或称谐波畸变、波形失真度）是指逆变装置的输出波形与正弦波差异的程度。一般规定由谐波失真度不大于5%的逆变器供电就可以满足要求。但是由于电动发电机组的谐波失真度较逆变器要大（一般不大于10%），因此在负载要求谐波失真度不大于5%时，逆变装置只能采用逆变器而不能采用电动发电机组。

（3）为了保证所有用电设备的状态不会由于电源切换而发生不应有的变换，切换过程中供电中断时间不能大于5ms。目前，这样快速的切换时间只有静态开关才能得到满足。

一、UPS系统构成

UPS系统的正常运行方式为主回路带负载（即交流输入→整流器→逆变器→静态开关→负载），其中直流输入为第一备用，旁路电源为第二备用。

具体工作过程：当整流器的主输入三相交流电源故障（如断电、缺相、短路故障等）或整流器本身故障时，220V直流电源自动投入带逆变器工作，不中断逆变器的直流输入。因整流器输出与直流电源并联，且整流器输出电压整定在246V，而220V直流电源的正常运行电压一般为230V左右，为防止正常情况下整流器向220V直流系统倒送电，所以在直流电源侧加了一个闭锁二极管。这样，整流器切至直流电源输入的条件就是整流器输出电压降低到闭锁二极管导通（246V DC降至230V DC以下）。若整流器主输入交流电源恢复，整流器将自动启动，220V直流电源将随闭锁二极管的关断而自动退出运行。整流器控制板中有电源故障监视功能，若其主输入交流电源有故障，则整流器会拒绝启动，排除故障后，才能启动整流器。

交流不间断电源系统包括一套静态不间断电源，其主要部件是整流器、逆变器、静态转换开关、手动控制的旁路开关、闭锁二极管、旁路（备用）电源变压器及电压调整变压器、主配电屏，还有若干个配电分屏。UPS的结构如图2-1所示。

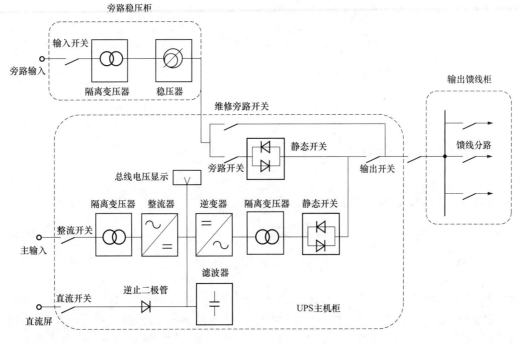

图 2-1 UPS 的结构示意图

二、UPS 的基本工作原理

大型发电机组 UPS 装置的简要原理是：将交流电压（通常是接自厂用电系统 400VPC）经整流器和滤波器后送入逆变器（亦有 UPS 装置直接采用厂用直流电系统送入逆变器），逆变器将输入的直流电压变换成所需的合格的交流电压，再经交流滤波器滤去高次谐波后向负载供电。为了达到稳定恒频输出的目的，装置采用了反馈控制系统。

IGBT 管是一种新型功率器件，具有场效应晶体管的高速开关特性和栅极电压可控及双晶体管的大电流处理能力以及低饱和压降的特点，输入电容小，温度稳定性高，驱动功率小。IGBT 管特有的优点就是：在短路情况下，集电极电流也不会上升，短路电流可达额定值的 6 倍，在 du/dt 值高时也不会损坏，而且开关能量损耗小，驱动容易，价格不高。所以，IGBT 管是 UPS 非常理想的功率变换器件。

采用 IGBT 管作为 UPS 的功率变换器件，使得 UPS 逆变器的工作频率可达几十千赫兹。采用正弦脉宽调整控制，逆变器输出波形的高次谐波含量很小，这样，经过很小、简单的滤波器就可以在逆变器的输出端得到很纯净的正弦波，逆变器的工作效率得到提高，也就提高了 UPS 的整机效率，使得 UPS 输出动态响应特性、逆变器的噪声都有明显的改善。

UPS 通过提高逆变器的开关频率，应用新型可靠的开关器件，实现高效率、小型化，并大量采用微机控制，以实现智能化，应用数字化功率因数补偿器及无污染产品。此外，UPS 能满足各种负载要求，如非线性负载、三相不平衡负载，减少谐波，提高可靠性，并能管理负载等。

电力系统专用的在线式 UPS 的设计依据是高可靠性、零间断，系统有四种不同的运行模式：正常模式、直流模式、静态旁路模式、检修旁路模式。UPS 电源工作原理如图 2-2

所示。

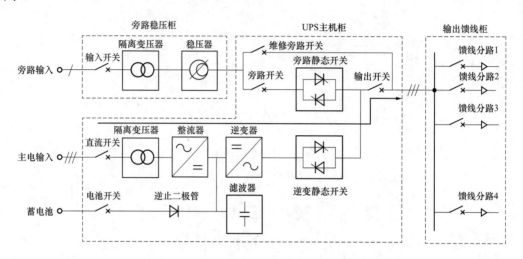

图 2-2　UPS 电源系统工作原理图

UPS 电源实质上是一个交流—直流—交流的过程，它先把输入的交流电通过由三相晶闸管组成的全桥整流为脉动直流，经滤波电容的滤波后，成为稳定的直流电，在线逆变后经过输出隔离变压器给重要负载供电。正常工作时整流器输出端的直流电压略高于直流输入端的电压，不消耗蓄电池的能量，一旦交流断电，直流系统自动给逆变器供电，因此交流输出仍保持不间断，同样，一旦直流断电，在交流电网有电时也不影响交流输出，从而实现了零间断的切换。另外，逆变器故障或过载时，该电源也将自动切换到旁路电源上供电，旁路电源可由电网供电，也可由另外一路在线逆变电源供电，若用另外一路在线逆变电源供电，即实现了逆变器的冗余连接，进一步提高了供电的可靠性。旁路供电回路除了具有静态开关切换电路外，还加入了旁路隔离变压器，以保证可靠供电，同时为保证维修时不间断供电，还增加了手动维修旁路开关（先合后分）。

当主路外电输入消失时，蓄电池开始放电，UPS 依靠蓄电池的能量继续工作，输出逆变后的电压；当蓄电池电压低于阈值电压或逆变部分损坏时，UPS 转旁路运行，保持供电输出的连续性，维修旁路开关确保能在不断电的情况下，使维修人员对 UPS 能进行检修。

三、UPS 选型及技术指标

1. 交流不停电电源（UPS）的优点

交流不停电电源与传统的供电系统（厂用电交流电源或市电等）相比，具备以下优点：

（1）良好的输出特性：UPS 的输出电压和频率是稳定和持久的，厂用电交流电源（或市电）的波动不影响 UPS 的输出；

（2）免除电力干扰：UPS 通过 AC—DC—AC 双转换技术，所有的厂用电交流电源（或市电）干扰都被滤除掉，能保证负载的可靠运行；

（3）不受断电影响：正常情况下，逆变器由整流器供电，发生断电时，蓄电池对逆变器供电，真正实现不间断供电。

2. UPS 系统接线和运行方式

UPS 是由整流器、逆变器、静态开关、调压器等主要部件组成，系统接线如图 2-3 所示。

UPS 系统运行方式为：

（1）正常运行方式下，输入电源来自保安 MCC 段的 400V 交流母线，经整流器 U1 转换为直流，再经逆变器 U2 变为 220V 交流，并通过静态切换开关送至 UPS 主母线（其间还经一个手动旁路开关 S）。

（2）当整流器故障或正常工作电源失去时，将由蓄电池直流系统 220V 母线通过闭锁二极管经逆变器转换为 220V 交流，继续供电。

（3）在逆变器故障时，通过静态切换开关自动切换到由旁路系统供电。旁路系统电源来自保安 MCC 或 400V PC，经隔离变压器 T、调压器

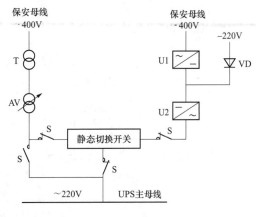

图 2-3 UPS 系统接线

AV（调压变压器或自动调压器），再经静态切换开关送至 UPS 主母线。

（4）当静态切换开关需要维修时，可手动操作旁路开关，使其退出，并将 UPS 主母线切换到旁路交流电源系统供电。

3. UPS 的技术要求及性能指标

随着 UPS 技术的发展和成熟，UPS 电源由最初在市电掉电时可持续维持供电转变为一个中型的或者局部的高可靠、高性能、高度自动化的供电中心。UPS 的主要技术指标可归纳为输入特性、输出特性和保护性能三方面，即：

（1）能在各种复杂电网环境下可靠地运行，不污染电网；

（2）有很强的输出能力和可靠性，并能满足各种负载的要求。在正常和事故运行期间，向不间断电源系统负荷提供电压和频率稳定的正弦交流电源；

（3）在正常或事故的交流电源（即保安电源）消失时，向交流电源系统提供不间断电源；

（4）交流不间断电源应具有足够的容量，使得在承受所接负荷的冲击电流和切除出线故障时，对本系统不致产生不利影响；

（5）有很高的可用性和可维护性，有高度智能化的自检功能、状态显示、报警、状态记录和通信功能，甚至有环境检测功能。

四、UPS 系统运行模式

UPS 电源系统为单相两线制系统。运行方式有四种，即正常运行模式、蓄电池（直流）运行模式、静态旁路运行模式、检修（手动）旁路运行模式。在 UPS 系统正常时，应采用正常模式运行；当工作主电源故障时，UPS 自动切换至直流模式运行；当工作电源与直流电源均故障时，UPS 自动切换至静态旁路模式运行。除了 UPS 系统故障造成停机或需要进行维护等情况外，应采用正常模式运行。

1. 正常运行模式

交流不间断电源系统的输入电源有三路：一路取自厂用电 400V 保安段 MCC，输入到整流器经过整流输出 250V 的直流电压到逆变器，经过逆变器输出交流单相 230V（或三相 400V/230V），再经过静态转换开关输出到 UPS 主配电屏，称该路为正常工作电源；另一路取自直流 230V 蓄电池直流母线，经闭锁二极管与整流电路输出直流并联输入到逆变器，该路为直流备用电源；第三路取自厂用电的另一路 400V 保安段 MCC，经输入隔离变压器变为

单相230V（或三相400V/230V）电源，作为逆变器的外部交流（备用）电源。正常运行模式的UPS电源如图2-4所示。

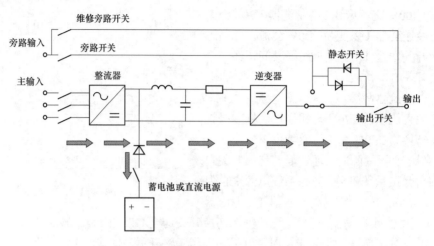

图2-4 正常运行模式的UPS电源

可见，正常运行模式即在正常交流电源供应下，整流器将交流电转换为直流电，将市电中的"电源污染"消除，并同时对蓄电池充电，再供给逆变器将直流电转换为交流电，提供更稳定的电源给负载。

2. 不正常运行模式

交流不间断电源不正常运行模式如下：

（1）蓄电池（直流）运行模式（也称停电模式）。当整流电路（包括整流器、电抗器）故障或正常工作交流电源失电时，蓄电池直流母线通过闭锁二极管向逆变器输入直流电源，保证逆变器仍继续输出交流电源，使交流输出不会有中断，进而达到保护负载的作用。蓄电池（直流）运行模式的UPS电源如图2-5所示。

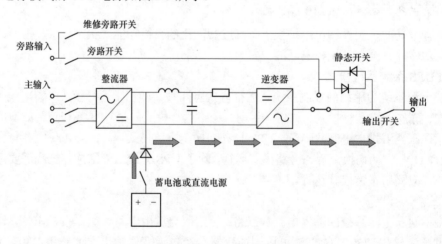

图2-5 蓄电池（直流）运行模式的UPS电源

（2）静态旁路运行模式（也称备用电源模式）。当逆变器故障（如逆变器熔丝熔断、短路等故障时）或输出电压降到90%额定电压以下时，通过静态转换开关自动切换到外部交流（备用）电源系统，仍保持供给主配电屏的电源不中断；若在某种情况下需要逆变器或静态转换开关维修时，可将手控旁路开关切到"安全旁路"位置向主配电屏供电，这种切换也是不间断的。当逆变器输出电压恢复至90%额定电压以上时，静态转换开关自动从手动（备用）电源供电切换逆变器供电。静态旁路运行模式的UPS电源如图2-6所示。

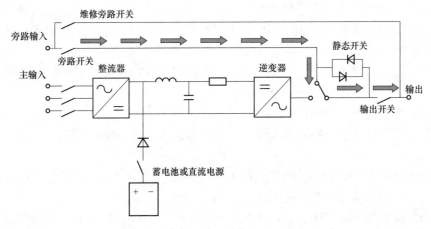

图2-6　静态旁路运行模式的UPS电源

（3）检修（手动）旁路运行模式（也称维护旁路模式）。当静态切换开关需要维修或UPS要进行维修或更换电池而且负载供电又不能中断时，可以先切断逆变器开关然后激活维修旁路开关，再将整流器和旁路开关切断，使其退出运行，并将UPS主母线切换到旁路交流电源系统，经由维护旁路开关继续供应交流电给负载，此时，维护人员可以安全地对UPS进行维护。检修（手动）旁路运行模式的UPS电源如图2-7所示。

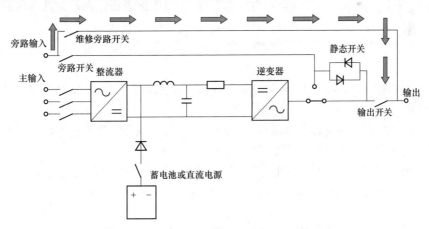

图2-7　检修（手动）旁路运行模式的UPS电源

3. UPS运行方式的相关规定

（1）UPS系统正常时应采用正常模式运行；当工作主电源故障时，UPS自动切换至直流模式运行；当工作电源与直流电源均故障时，UPS自动切换至静态旁路模式运行。除了UPS系统故障造成停机或需要进行维护等情况外，应采用正常模式运行。

（2）启动UPS系统时必须先关断各负载，待UPS系统启动正常后逐步投入负载，避免过大的负载冲击电流损坏 UPS 系统。UPS 系统停机操作应待有关负载停止运行后方可进行。

（3）静态旁路模式运行时，负载不宜超过 80%额定值，以达到稳压效率最高、可靠性最好。

（4）UPS 系统馈线柜严禁接入其他任何临时负载。

（5）机组大、小修或 UPS 系统检修后，应进行的试验：①UPS 系统由主电源供电切至直流电源供电；②UPS 系统由直流电源供电切至主电源供电；③UPS 系统由逆变器供电切至静态旁路供电；④UPS 系统由静态旁路供电切至维修旁路供电；⑤UPS 系统由维修旁路供电切至静态旁路供电；⑥UPS 系统由静态旁路供电切至逆变器供电。

（6）如上述第（5）的试验不成功或 UPS 系统运行参数不在正常范围内，相应的机组不宜启动。

（7）UPS 系统遇到下列情况时，应考虑申请相应机组停机：①UPS 系统整流器故障，24h 内不能恢复；②UPS 系统静态开关故障，6h 内不能恢复；③UPS 系统逆变器故障，6h 内不能恢复。

（8）除做试验外，禁止手动将 UPS 系统由正常模式运行切至静态旁路模式运行或维修旁路模式运行，且做试验必须在机组停运时进行。

（9）当发现 UPS 系统切至直流模式或静态旁路模式下运行时，应尽快查明原因，解决问题，将 UPS 转为正常模式运行。

（10）UPS 系统停机后，在 30s 内不允许重新开机。

（11）综自系统的负载大多数为单相负载，因此电力系统专用的 UPS 电源大多数要求为三相/单相输入、单相输出的中小型功率 UPS，容量一般在 60kVA 范围之内。

（12）旁路静态切换开关应具有自动、手动两种工作方式，实现无间断切换。

（13）由于变电站有 220V 或 110V 直流系统，并有直流充电屏给蓄电池充电，因此电力专用 UPS 自身不带蓄电池，直接使用直流系统作为 UPS 的直流输入，并且不需要具备充电功能。

（14）电力专用 UPS 的直流输入端一般要求装有抑制器，如逆止二极管等，使 UPS 对直流母线的影响尽量小。

（15）UPS 电源在带满全部负载后，应留有 40%以上的供电容量。UPS 在交流电失电后，不间断供电维持时间应不小于 60min。

（16）当 UPS 系统由静态旁路运行切至逆变器运行，或由逆变器运行切至静态旁路运行前，应注意观察同步指示灯亮，否则禁止切换。

（17）UPS 系统每半年利用停机机会进行一次采取拉主电源、直流电源方法，使 UPS 系统自动切至直流模式下运行、静态旁路模式下运行试验。

第二节　交流不停电电源系统调试

1. 装置外观及外回路检查

外观部分检查包括屏柜及装置外观检查，屏柜及装置的接地检查，电缆屏蔽层接地检查，端子排的安装和分布检查。

2. 输入电源检查及交直流回路绝缘检查

输入电源回路绝缘检查包括，交直流输入电源回路对地绝缘电阻、直流输入电源回路对地绝缘电阻、交流输入电源回路之间绝缘电阻、直流输入电源回路之间绝缘电阻。

交流输出回路绝缘检查包括，交流输出电源回路对地绝缘电阻、交流输出电源回路之间绝缘电阻。

3. UPS 上电自检试验

UPS 上电自检试验的步骤如下：

（1）置 UPS 主输入开关、旁路开关、UPS 输出开关、维修旁路开关在断开状态，置旁路柜旁路输入开关在断开位置，置馈线柜馈线总开关及负荷开关在断开位置。

（2）置 UPS 馈线柜仪表电源开关在合位，置 UPS 旁路柜仪表电源熔断器投入，置 UPS 旁路柜"自动/手动"转换开关切至"自动"位置，置 UPS 旁路柜旁路输入开关合位。

（3）送上 UPS 主输入开关，UPS 上电自检通过。

4. UPS 电压及相序检查

UPS 电压及相序检查记录表如表 2-1 所示。

表 2-1　　　　　　　　　　　UPS 电压及相序检查记录表

检 验 项 目			参 数
输入参数	工作电源输入	A 相	
		B 相	
		C 相	
	旁路电源输入		
	直流电源输入		
备用电源	输出电压		
	输出频率		
UPS 输出	输出电压	RS 相（RN 相）	
		RT 相	
		ST 相	
配电柜	输出电压		
	输出频率		
充电器	均充电压		
	浮充电压		
	充电电源		
干触点	整流器关闭		
	UPS 过负荷		
	正常模式		
	蓄电池故障		
	旁路异常		
	市电异常		
	维修变旁路合		

续表

检 验 项 目		参　　数
干触点	主机告警	
	整流器故障	
	旁路模式	
	电池模式	
	机内温度过高	
	温度开关报警	
	风扇故障	
	综合故障	
LCD 显示	中文或英文显示	
	整流器	
	备用电源	
	输出电压	
	输出负荷（%）	
	直流 BUS	
	温度	
	时钟	
	历史记录显示	
	逆变器，BUZ ON/OFF	
	LCD 状态指示正常	
	充电电流	
基本功能	旁路电源存在，输出正常	
	工作电源存在，输出正常	
	直流电源存在，输出正常	
	维修旁路闭合逆变器锁机	
	LED 状态指示正常	
	计算机监视正确	

5. 主机开机测试

（1）测试前需确认：输入电压、频率在额定范围内，输出负荷电源线全部拆除或关闭负载电源开关。

（2）试验步骤：

1）依次开启 S1（电池缓启动开关）、S2（备用电源输入开关）、S3（主电源输入开关）、等待 5～10s，关闭 S1，立即开启 S4（电池输入开关），打开 S5（主机输入开关）。

2）在 LCD 屏上单击"ON"按钮，LCD 屏会跳出确认画面，单击"ENTER"按钮，逆变器启动。

3）系统检测约 30s，UPS 系统由 BYPASS 转换到 INVERTER。

4）测量输出电压、频率。

6. 检修测试

（1）在 LCD 屏上单击"OFF"按钮，LCD 屏会跳出确认画面，单击"ENTER"按钮，流程 INVERTER 灯熄灭，转由 BYPASS 灯亮。

（2）移除 S6 压板，打开 S6，再依次关闭 S5、S4、S3、S2。

（3）注意检测此时负载灯不灭。

（4）测量输出电压、频率。

7. 检修复归测试

（1）依次开启 S1、S2、S3、S5，关闭 S6，此时 BYPASS 灯亮。

（2）约 5～10s，关闭 S1，开启 S4。

（3）在 LCD 屏上单击"ON"按钮，LCD 屏会跳出确认画面，单击"ENTER"按钮，约 1min，INVERTER 灯亮。

（4）注意检测此时负载灯不灭。

（5）测量输出电压、频率。

8. 主机关机测试

在 LCD 屏上单击"OFF"按钮，LCD 屏会跳出确认画面，单击"ENTER"按钮，流程 INVERTER 灯熄灭，转由 BYPASS 灯亮，此时 UPS 由 BYPASS 供电。

9. 互联开关测试

（1）A、B 两套 UPS 同时运行，负载指示灯正常，对输出核相。

（2）合两套互联开关，开关正常，确保负载指示灯正常。

（3）测量输出电压、频率。

10. 切换试验

（1）工作切换直流。检查蓄电池电压正常，合上电池开关，断开 UPS 输入开关，则输出为蓄电池直流经逆变输出，记录此过程中输出电压的波形。由于逆变器一直处于工作状态，故切换时间应约为 0ms。

（2）直流切换旁路。断开电池开关，输出自动由静态开关切为旁路输出，记录此过程中输出电压的波形。此切换时间应小于 4ms。

（3）旁路切换工作。将控制面板上的逆变开关置为 ON 位置，则 UPS 输出又切为正常的逆变输出，记录切换过程中输出电压的波形。此切换时间应小于 4ms。

（4）带负荷试验。切换试验结束，恢复正常的逆变输出运行方式，进行带负荷试验，依据条件尽可能带到额定负荷，考验 UPS 的各项电气特性，总谐波失真度应符合要求。

（5）DCS 画面模拟量及状态信号检查。

第三节 交流事故保安电源

火电厂有可能发生全厂停电事故，因此必须设置事故保安电源，向事故保安负荷继续供电，保证机组和主要辅机的安全停机。

保安电源是专为大型汽轮发电机组配置的电源系统。在发电厂的锅炉、汽轮机和电气设备中，都有部分设备不但在机组运行中不能停电，而且在机组停机后的相当一段时间内也不能中断供电；还有一些设备需在机组事故停机时立即从备用状态投入运行；另有部分设备（如蓄电池组的充电设备）则不论机组运行与否都不能较长时间失电，也就是说，它们对保证设备安全具有非常重要的意义。因此，供电给这些设备的电源系统应比一般的厂用电系统更可靠，这就是设置保安电源系统的原因。发电厂保安电源是指当出现全厂停电时，为了保证汽轮机组顺利停机，保证重要系统能够运行，不至于损坏设备而设置的电源。保安电源作为保护重要设备的最后防线，至关重要。保安电源的选择决定着整个保安电源系统的可靠性。

保安电源系统是按全厂停电（包括由系统引入的启动备用电源也停电）时能保证需要继续运转的设备有可靠的电源供电，从而保证安全停机的原则设计的。正常机组运行时或机组虽不运行但电厂的厂用电是由系统引入的启动备用电源供电时，接在保安电源上的设备也由厂用电供电运行。如果由于某种原因发生厂用电失电而造成全厂停电，保安事故备用电源应投入供电，保证接在保安段的设备继续运行。

一、交流保安电源系统的基本要求与特点

交流保安电源所带负荷是确保安全停机、以免主设备损坏的重要负荷，即使全厂停电后，仍需要继续供电，以便在故障切除后，电厂迅速恢复供电。交流保安电源除由正常的厂用电源供电外，还必须有一路电源是由与电厂厂用电源完全独立、且不受本区域电力系统影响的电源供电。

根据规定："容量为 200MW 及以上机组，应设置交流保安电源。交流保安电源宜采用快速自启动的柴油发电机组。"因而大机组交流保安母线通常设置快速自启动的柴油发电机组，亦有少数大机组是从与电厂独立的电力系统电源引接出来的（也称"第三电源"）。

鉴于大型单元机组在电力系统中的重要地位，其交流保安段母线通常有 3 路进线电源：1 路工作电源、1 路备用电源分别接自本机组不同的厂用低压动力中心；另 1 路大多是采用快速自启动并具备自动控制及调节功能的柴油发电机组电源。

1. 交流保安电源的特点

保安电源系统的主要设备之一是交流事故保安电源即保安段的备用电源，对它的要求是应具有较高的可靠性和相对的独立性。为此，电厂较多采用两种方案：一种是采用快速启动的柴油发电机组作交流事故保安电源；另一种是采用外电网电源作交流事故保安电源，它们各有不同的特点。

（1）保安电源系统的特点。保安电源系统虽然在接线上看起来与一般低压厂用电没有区别，实质上由于其供电负荷的性质决定了保安电源系统具有以下特点：

1）交流事故保安段的接线应与低压厂用电一致。交流事故保安段（一般每台机组分两段）正常情况下必须由单元机组的低压厂用电供电，它是保安段的工作电源，因此，保安段的中性点接地方式应与低压厂用电系统一致。

2）交流事故保安电源必须是独立可靠的电源。交流事故保安电源是保安段的备用电源，当由低压厂用电来的工作电源失电时由该备用电源投入供电，所以，这个电源的运行应不受本地区电力系统运行情况的影响。它不能取自本厂内的发电机组，也不能取自与厂内机组的高压启动备用电源联系密切的电网，应具有明显的独立性，这样才能保证在全厂停电时给保安段可靠供电。

3）交流事故保安电源应具有快速投入的性能。为了保证故障情况下的机组安全和其他设备及人身安全，停电时间越短越好。为此，在保安段的工作电源失电时，事故备用电源应快速投入，一般不应超过 10s，这是对事故保安电源的基本要求，是保安电源系统调试的注意事项。

4）保安电源系统的接线应十分可靠。按照规程规定，保安段除工作电源和事故备用电源外，不再设置其他备用电源。这就要求保安电源系统应具有高度的可靠性。不但一次系统接线配置要合理完善，而且其控制、联动回路也必须可靠，任何情况下不得发生拒动。为此在保证实现必要功能的前提下应尽量简化电气二次接线。

（2）采用柴油发电机组作交流事故电源的特点：

1）独立性强，不受电力系统运行状况的影响；

2）投入快，从启动到合闸供电时间一般仅需 10～20s，能满足负荷失电时间短的要求；

3）可靠性高，可以满足长时间事故停电的供电要求。

由于柴油发电机组具有上述特点，因此是最理想的事故保安电源。依据 DL/T 5153—2002《火力发电厂厂用电设计技术规定》，容量在 200MW 以上的发电机组，保安电源宜采用快速启动的柴油发电机组作交流事故保安电源。

一般火力发电厂的保安电源设置在发电厂的低压配电系统（0.4kV）中，保安电源的选择是多样的，启动和切换方式各异，一般以快速启动的柴油机组为基础，因机组容量、接线方式等的不同，结合各电厂的实际情况，又有一些差别，这些差别导致了保安电源的可靠性和灵活性的差异。

2. 事故保安电源的种类及对应所连接的负荷

事故保安电源分直流、交流两种。对 200MW 以下小机组，可仅设直流事故保安电源，而对于 200MW 及以上机组，应设置直流、交流两种事故保安电源。

交流事故保安负荷有允许短时间断供电的负荷、不允许间断供电的负荷两大类。

（1）允许短时间断供电的负荷。保安电源系统供电的负荷为交流事故保安负荷，简称为"0Ⅲ"类负荷（直流事故保安负荷简称为"0Ⅱ"类负荷），在设计规程中这类负荷是指在发生全厂停电时保证机炉安全停运，过后能很快启动，或为防止危及人身安全需在全厂停电时继续供电的负荷。这些负荷大都是允许短时间中断供电的低压厂用负荷，它包括旋转电机负荷和静止负荷。

（2）不允许间断供电的负荷。发电厂不允许间断供电的负荷包括：计算机系统；汽机电调装置；机组的保护联锁装置；程序控制系统设备及装置；主要的热工测量仪表，这些负荷要求电源中断时间小于 5ms。

其他与机组运行安全关系密切的设备。例如，重要设备的通风、冷却电源，电梯电源，部分热工控制保护电源，部分电气控制电源等，这些设备有的是由双路电源供电的，其中一路电源要由保安段供电，从而提高了供电的可靠性。

3. 保安电源系统常见配置

大型火力发电厂都设置交流保安电源，一般采用快速启动的柴油机组。柴油机组作为一个独立的系统，受外界因素干扰的概率最小，这也是柴油机组作为发电厂保安电源而被广泛选用的主要原因。由于保安段所带负荷均为保机组安全运行和保主要设备的重要负荷，因此一般需要全部投入。常见的两种保安电源接线方式，如图 2-8 所示。

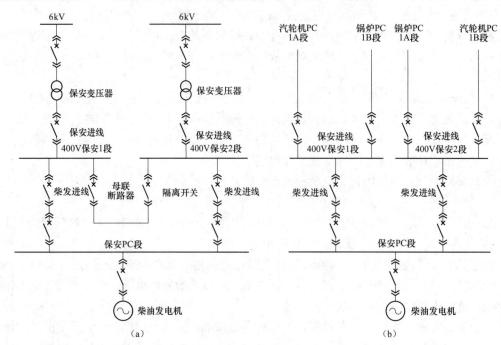

图 2-8 大型火力发电机组保安电源的两种接线方式

（a）接线方式一；（b）接线方式二

由图 2-8 可以看出，两种接线方式均采用了独立的柴油发电机组，均配有一台柴油发电机出口断路器，一段保安 PC 段母线，然后分别通过隔离开关和保安进线断路器给保安 A、B 段供电。

不同的是保安段的工作电源进线，接线方式一［图 2-8（a）所示］中两段保安段分别有独立的进线，同时两段之间设置了母联断路器，使两段保安段相连，正常运行时母联断路器处于分闸状态，当其中一段保安段失电时，第一时限合上母联断路器，此时由另一段供电，当母联断路器合闸失败，此时柴油机组快速启动，合上相应的断路器给失电保安段供电。接线方式二［如图 2-8（b）所示］中两段保安段分别由两段单独的进线供电，且两段进线来自不同的电源进线 PC 段，两进线互为备用，不存在主备之分，正常运行时其中一段为工作进线，另外一条为备用，当工作段进线断电或断路器分闸时，此时保安段失电，PLC 第一时限快速合上备用进线电源断路器给保安段供电，当备用进线合闸不成功时，柴油发电机快速启动，合上相应断路器后给保安电源供电。

4. 事故保安电源的运行方式

（1）事故保安母线每台机组设 1 段，正常运行时由机组保安变压器供电。保安段共有三路进线电源：1 路工作电源，1 路备用电源，1 路柴油机电源。

（2）当保安段失电时，经 3～5s 延时（躲开继电保护和备用电源自动投入时间），通过保安段母线电压监视继电器及辅助继电器联动，同时发出工作电源跳闸、备用电源合闸信号及启动柴油发电机信号；当备用电源合闸成功，则柴油机退出运行。

（3）当保安段工作电源恢复时，在柴油发电机组控制屏上手动同期进行保安段的切换；

可切换至由工作电源进线或备用电源进线供电。柴油发电机组接到由集控室 DCS 发出的停机指令后自动停机并解列、退出运行。

二、保安电源自动投入装置

1. 0.4kV 保安电源（EMCC1A 段母线）第一备用电源自动投入装置

保安电源一般有多路备用电源以保证重要设备的用电可靠，正常情况下由汽轮机 PC.A 段为工作电源供电，当工作电源故障或失电时，由第一备用电源（锅炉 PC.B 段）自动投入装置动作，自动投入（备用电源 1）；当第一备用电源自动投入装置失败（第一备用电源无电压），启动第二备用电源（柴油发电机）自动投入装置，启动柴油发电机。

（1）保安电源第一备用电源自动投入装置动作判据。

1）工作电源断路器突然断开方式。如保护动作跳本工作电源断路器、高压侧断路器联跳或是本工作电源断路器偷跳等原因，造成工作电源断路器断开时，备用电源自动投入装置不经延时合备用电源断路器，此时保安电源由汽轮机 PC.A 段自动切换至锅炉 PC.B 段供电。

2）保安母线 EMCC 段母线失电备用电源自动投入装置动作方式。即汽轮机 PC.A 段失电，如锅炉 PC.B 有压且正常，则工作电源断路器跳开后不经延时自动合备用电源断路器，此时，保安段由锅炉 PC.B 段供电。

故保安电源第一备用电源自动投入装置动作判据为：

$$\begin{cases} 第一备用电源自动投入方式投入（汽轮机PC.A正常供电，锅炉PC.B备用） \\ 保安电源母线无电压 \\ 第一备用电源（锅炉PC.B）有电压 \\ 无电压动作延时 \\ 断开工作电源断路器联锁合备用电源断路器 \end{cases}$$

（2）第一备用电源自动投入装置整定计算。

1）工作电源无压鉴定动作电压整定值 $U_{op.set1}$

$$U_{op.set1} = (0.25 \sim 0.3)U_n$$

取相电压时：$\quad U_{op.set1} = (0.25 \sim 0.3) \times 57.5 = 14.4 \sim 17.3（V）$

取线电压时：$\quad U_{op.set1} = (0.25 \sim 0.3) \times 100 = 25 \sim 30（V）$

2）工作电源与备用电源有压鉴定动作电压整定值 $U_{op.set2}$

$$U_{op.set2} = 0.7U_n$$

取相电压时：$\quad U_{op.set2} = 0.7 \times 57.5 = 40.4（V）$

取线电压时：$\quad U_{op.set2} = 0.7 \times 100 = 70（V）$

3）工作电源无压跳闸时间整定值 $t_{op.set1}$：比较以下三条件取较大值。

①按与高压侧快切动作时间 $t_{op.set.qu}$ 配合整定，即：$t_{op.set1} = t_{op.set.qu} + \Delta t$；

②按与相邻设备切除短路故障电压达到 $U_{op.set1}$ 的保护最长动作时间 $t_{op.set.max}$ 配合整定，即：$t_{op.set1} = t_{op.set.max} + \Delta t$；

③按与上一级备用电源自动投入无电压动作时间 $t_{op.up.set1}$ 配合计算，即 $t_{op.set1} = t_{op.up.set1} + \Delta t$。

4）充电时间整定值 $t_{1.set}$：一般取 $t_{1.set} = 25s$。

5）母线失压后放电时间整定值 $t_{2.\text{set}}$：一般取 $t_{2.\text{set}} = 20\text{s}$。

6）自动合备用电源断路器合闸时间整定值 t_{h1}：一般取 $t_{\text{h1}} = 0\text{s}$。

7）分合闸脉冲时间整定值 t_{hzmc}：为保证可靠分、合闸，经实测断路器 2QF 分闸时间与 5QF 合闸时间计算，一般取 $t_{\text{hzmc}} = (0.2\sim0.5)\text{s}$。

2. 第二备用电源（柴油发电机）自动投入装置

（1）0.4kV 保安电源 1、2 同时失电，柴油发电机自动投入动作判据。

1）保安 EMCC 段母线正常由汽轮机 PC.A（保安电源 1）或锅炉 PC.B（保安电源 2）供电时，遇汽轮机 PC.A 段、锅炉 PC.B 段同时失电，备用电源自动投入装置检测各段电压后，经延时（整定值 $t_{\text{op.set3}} = 0.5\text{s}$）自动启动柴油发电机，经延时（整定值 $t_{\text{op.set4}} = 2\text{s}$）自动合柴油发电机出口断路器，待柴油发电机建立起稳定的额定电压 $U_4 \geqslant U_{\text{op.set3}} = 80\%U_{\text{G.N}} \sim 90\%U_{\text{G.N}}$、频率 $f \geqslant 95\%f_{\text{G.N}}$（$T_{\text{set}}$ 为自动启动柴油发电机至建立稳定额定电压、额定频率的全部实测时间值。现场不同柴油发电机 T_{set} 差异较大，一般 $T_{\text{set}} = 8\sim15\text{s}$），不经延时发合闸脉冲，自动合备用电源断路器，此时由柴油发电机向保安 EMCC 段母线供电。

2）柴油发电机自动投入方式动作判据。

$$\left\{ \begin{array}{l} 保安电源母线无电压； \\ 汽轮机 PC.A 无电压； \\ 锅炉 PC.B 无电压； \\ 经延时 t_3 \geqslant t_{3.\text{set3}} = 0.5\text{s} 启动柴油发电机； \\ 经延时 t_5 \geqslant t_{5.\text{set5}} = 2\text{s} 合柴油发电机出口断路器。 \end{array} \right.$$

$$\left\{ \begin{array}{l} 柴油发电机母线有电压； \\ 柴油发电机母线电压频率满足； \\ 保安电源母线无电压； \\ 锅炉 PC.B 无电压； \\ 汽轮机 PC.A 无电压； \\ 动作延时 t_5 \geqslant t_{5\text{set5}} = 0.2\text{s} 断开保安电源1（汽轮机 PC.A）、保安电源2（锅炉 PC.B）； \\ 保安电源1（汽轮机 PC.A）、保安电源2（锅炉 PC.B）同时断开，并满足柴油发电机母线电压不经延时产生一次合闸脉冲合备用电源断路器。 \end{array} \right.$$

（2）保安 EMCC 段母线由柴油发电机供电转为正常保安工作电源供电判据。

柴油发电机控制器处于自动状态。

柴油发电机供电转为由汽轮机 PC.A（或锅炉 PC.B）供电方式时，DCS 发出"保安 EMCC 段母线工作电源恢复"指令，经同期比较延时后保安电源 1（汽轮机 PC.A）或保安电源 2（锅炉 PC.B）同期合闸，2s 后自动断开备用电源断路器，由保安电源 1（汽轮机 PC.A）或保安电源 2（锅炉 PC.B）向保安 EMCC 段母线供电，经 30s 后自动停柴油发电机。

（3）第二备用电源柴油发电机自动投入装置整定计算。

1）工作电源无压鉴定动作电压整定值 $U_{\text{op.set1}}$

$$U_{\text{op.set1}} = (0.25\sim0.3)U_{\text{n}}$$

取相电压时： $U_{\text{op.set1}} = (0.25 \sim 0.3) \times 57.5 = 14.4 \sim 17.3(\text{V})$

取线电压时： $U_{\text{op.set1}} = (0.25 \sim 0.3) \times 100 = 25 \sim 30(\text{V})$

2）工作电源与备用电源有压鉴定动作电压整定值 $U_{\text{op.set2}}$

$$U_{\text{op.set2}} = 0.7U_{\text{n}}$$

取相电压时： $U_{\text{op.set2}} = 0.7 \times 57.5 = 40.4(\text{V})$

取线电压时： $U_{\text{op.set2}} = 0.7 \times 100 = 70(\text{V})$

3）充电时间整定值 $t_{1.\text{set}}$：一般取 $t_{1.\text{set}} = 25\text{s}$；

4）母线失压后放电时间整定值 $t_{2.\text{set}}$：一般取 $t_{2.\text{set}} = 20\text{s}$；柴油发电机无压放电条件应退出；

5）柴油发电机启动时间整定值 t_3：取 $t_3 = t_{\text{set3}} = 0.5\text{s}$；

6）合柴油发电机出口断路器延时整定值 t_4：取 $t_4 = t_{\text{set4}} = 2\text{s}$；

7）柴油发电机稳定正常电压、频率鉴定整定值： $U_{4.\text{op.set3}} = (0.8 \sim 0.9)U_{\text{G.N}}$； $f = 95\% f_{\text{G.N}}$；

8）断开工作电源断路器延时整定值 t_5：取 $t_4 = t_{\text{set4}} = (0.2 \sim 0.5)\text{s}$；

9）自动合备用电源断路器合闸时间整定值 t_{h1}：一般取 $t_{\text{h1}} = 0\text{s}$；

10）分合闸脉冲时间整定值 t_{hzmc}：为保证可靠分、合闸，经实测断路器 2QF 分闸时间与 5QF 合闸时间计算。一般取 $t_{\text{hzmc}} = (0.2 \sim 0.5)\text{s}$。

三、保安段低电压切换整定计算

低电压动作值与Ⅰ段低电压动作值配合整定，即

$$U_{\text{op}} = \frac{1}{K_{\text{co}}} U_{\text{op.I}}$$

式中 K_{op} ——配合系数，取 K_{co}=1.2；

$U_{\text{op.I}}$ ——Ⅰ段低电压动作值，可取 $65\% U_{\text{N}}$（U_{N} 为额定电压）。

当 $U_{\text{op.I}} = 65\% \times 100 = 65\text{V}$ 时， $U_{\text{op}} = \frac{1}{1.2} \times 65 = 54(\text{V})$ 。

保安段低电压切换的动作时限按躲过厂用电系统相间故障保护后备段动作时限整定，即

$$t_{\text{op}} = t_2 + \Delta t$$

式中 t_2——厂用电系统相间故障保护后备段动作时限，一般取高厂变低压分支相间故障保护Ⅱ段动作时限。

当切换失败时启动柴油发电机。

四、专用的柴油发电机组

1. 柴油发电机组的特点及基本要求

在发电厂中普遍使用专用的柴油发电机组作为交流事故保安电源。柴油发电机组由柴油发动机、交流发电机、控制系统及各种辅助部件组成，是将机械能转化为电能，再通过电缆将电能提供给用户的设备。

（1）柴油发电机组的运行不受电力系统运行状态的影响，是独立的可靠电源。该机组启动迅速，国产的柴油发电机组启动时间大约为 15s 左右，能满足发电厂中允许短时间断供电的交流事故保安负荷的供电要求。

（2）柴油发电机组制造容量有许多等级，可根据需要选择和配置合适的设备。

（3）柴油发电机组可以长期运行，满足长时期事故停电的供电要求。

（4）柴油发电机组结构紧凑，辅助设备较为简单，热效率较高，因此经济性较好。

柴油机组有试运行、手动、自启动、零位四种方式，正常情况下在自启动方式。

集控室控制台上设紧急启动柴油机按钮。当柴油机组在"手动""试运行""自启动"任意位置时，远方紧急启动均有效。这时，除远方停机命令和控制屏紧急停机命令有效外，控制屏正常停机命令无效。

对柴油发电机的基本要求：

（1）柴油发电机的容量要能满足交流保安母线所连接的设备功率，并应有约10%的余量用于将来的负荷增长。柴油发电机组能在大于100h内连续满容量运行。

（2）柴油发电机通常为空载启动，当机组建立电压和频率达到额定值后，通过检查同期或无压条件闭锁，合柴油发电机出口断路器，首次加负载能力不低于额定功率的50%。

（3）在顺序的带负荷过程中，频率和电压分别不能低于正常值的95%和75%。在阶跃性负荷瞬时变化的恢复过程中，柴油发电机组转速的上升不能超过正常转速与超速跳闸设定点转速（或115%正常转速）差值的75%，其后的自启动次数不少于3次。

（4）当机组带额定负荷（扣除待启动电动机）时，柴油发电机应具有启动与其所接的最大电动机的能力，其启动电流为6.5倍满负荷电流、0.2启动功率系数，还应考虑启动除上述负荷以外的所连接的最大静态负荷的能力。

柴油发电机电气回路装设下列测量表计：交流电流表，交流电压表，有功功率表，功率因数表，频率表，启动电机直流电压表，电池电压表，计时表，转速表、机油压力表、冷却水温度表，选择开关等。交流及直流仪表准确等级不低于1.5%，发电机三相电流、三相电压、有功功率经变送器输出4~20mA引至单元控制室DCS系统。

2. 交流事故保安电源电气系统接线

（1）接线的基本原则。柴油发电机组与汽轮发电机组成对配置。一般200MW机组两台机组配置一套柴油发电机组；300MW及以上的汽轮发电机组，每台机组配置一套柴油发电机组。

交流事故保安电源的电压及中性点接地方式应与低压厂用工作电源系统的电压取得一致，一般每台机组设置一个事故保安母线段，单母线接线。当事故负荷中具有一台以上的互为备用的Ⅰ类电动机时，保安段应采用与低压厂用工作母线相应的接线方式。

每台机组的交流事故保安负荷应由本机组的保安母线段集中供电。交流事故保安母线段除了由柴油发电机取得保安电源外，必须由厂用电取得正常工作电源，以供给机组正常运行情况下接在事故保安母线段上的负荷用电。

在机组发生事故停机时，接线应具有能尽快从正常厂用电源切换到柴油发电机组供电的装置。

（2）基本接线方式。

1）二机一组的接线。图2-9所示为典型的国产200MW机组的交流事故保安电源。

柴油发电机组额定容量为500kW，每台机组设置单独的事故保安段，采用单母线，事故负荷集中供电。

正常情况与事故停机后，保安段母线的供电方式为：以图2-9的1号机组为例，在正常运行情况下，开关 D、S2 打开，S1 合上。保安母线段上的经常负荷由本机组厂用工作电源供电。

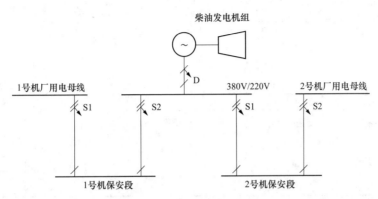

图 2-9　二机一组的交流事故保安电源系统接线

在失去厂用电时，开关 S1 自动跳闸。经过延时确认后自动启动柴油发电机组。当电压和频率达到额定值时，柴油发电机组出口主开关 D 自动合上，并联锁 S2 开关自投。至此整个切换过程完成。

2）一机一组的接线。一机一组的接线方式单元性强，可靠性高，适用于 300MW 及以上的机组采用。图 2-10 所示的接线中事故保安段母线采用两段单母线，是为了与厂用工作母线的接线相对应。

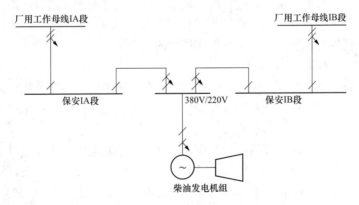

图 2-10　一机一组的交流事故保安电源系统接线

3）保安电源系统接线实例。图 2-11 为某电厂 300MW 机组保安电源系统接线图。

主厂房动力中心和保安段采用抽屉式低压开关柜，电除尘动力中心和保安段采用固定式低压配电屏。

柴油发电机母线引出 6 回馈线，供给不同的保安负荷，由于机组的保安负荷数量较多，为了不致使柴油发电机组的容量选择过大，必须使负荷分批启动，以减小启动负荷。

以主厂房保安母线Ⅰ段为例，简述有关的断路器的工作状态及切换方式如下：

厂用电源正常运行情况下，B1 合闸，B2、S1 分断，主厂房保安母线工作段由主厂房动力中心母线Ⅰ段供电；当主厂房保安母线Ⅰ段失电，经过延时确认后发出信号启动柴油发电机组；当柴油发电机组母线电压、频率达到正常值时，再一次确认保安母线仍无电压，此时

B3 合闸，B1 断开，并间隔 10s 依次合上 S1～S6 开关。

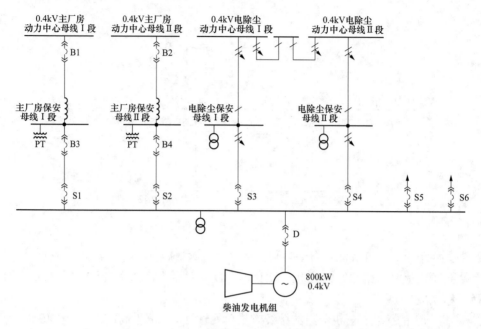

图 2-11　某电厂 300MW 机组保安电源系统接线图

这种依次接线，与前面两种接线相比，增加了保安母线侧的断路器，而在控制接线上可以做到厂用工作电源一旦消失，必须待柴油发电机组启动成功后，才将保安母线的电源从厂用工作电源切换到保安电源供电，从而提高供电的可靠性。

3. 柴油发电机组容量选择

柴油发电机组的长期允许容量应能满足机组安全停机最低限度连续运行的负荷的需要。用成组启动或自启动时的最大视在功率校验发电机的短时过负荷能力；用成组启动或自启动时的最大有功功率校验发电机的过负荷能力。

事故保安负荷中的短时不连续运行负荷，在计算柴油发电机组的容量时不予考虑，仅在校验机组过负荷能力时计及。短时运行的负荷，如电动阀门、电梯等，在计算时不计及。

机组容量要满足电动机自启动时母线最低电压不得低于额定电压的 75%，当电压不能满足要求时，可在运行情况允许的条件下将负荷分批启动。

（1）确定柴油发电机组额定容量

$$S_{fe} \geqslant S_c \qquad P_{fe} \geqslant P_c \qquad Q_{fe} \geqslant Q_c$$

式中　S_{fe}、P_{fe}、Q_{fe} ——柴油发电机组额定视在功率（kVA）、有功功率（kW）和无功功率（kvar）；

　　　　S_c、P_c、Q_c ——长期连续运行负荷的视在功率（kVA）、有功功率（kW）和无功功率（kvar）。

（2）校验发电机短时过负荷能力

$$S_{fe} \geqslant \frac{S_{Qm}}{K_{GF}}$$

式中　S_{Qm} ——成组启动或自启动时负荷的最大值（kVA）；

　　　K_{GF} ——发电机短时过负荷系数，取 1.5。

（3）确定柴油机容量

$$P_{CYR} \geqslant P_{Qm} \times \frac{1}{K_{GCY}} \times \frac{1}{\eta_{CY}} \times \frac{1}{K_q}$$

式中　P_{CYR} ——柴油机的额定功率（kW）；

　　　P_{Qm} ——成组启动或自启动时的最大负荷有功功率（kW）；

　　　K_{GCY} ——柴油机 1h 过负荷能力，取 1.1；

　　　η_{CY} ——柴油机的机械效率，取 0.95；

　　　K_q ——当机组运行在非标准大气状况下时，柴油机的功率修正系数。在工程中可近似按海拔每增高 1000m，柴油机功率下降 10% 计算。

（4）计算电压降。当考虑到发电机电压校正器的作用时，可认为发电机在成组启动或单台电动机启动时引起的电压变动与发电机已带负荷几乎无关。

对于凸极电机，启动最大负荷时的电压降（%）为

$$\Delta U(\%) = \left(1 - \frac{Z\sqrt{R^2 + (X_{q*} + X)^2}}{(X'_{d*} + X)(X_{q*} + X) + R^2}\right) \times 100\%$$

$$Z = \frac{S_{Fe}}{S_{zqm}}$$

$$S_{zqm} = \sqrt{P_{zqm}^2 + Q_{zqm}^2}$$

式中　Z ——最大启动负荷的等效阻抗（标幺值）；

　　　S_{zqm} ——最大启动负荷的容量（kVA）；

P_{zqm}、Q_{zqm} ——分别是最大启动负荷的有功、无功功率（kW、kvar）；

　　　X'_{d*} ——发电机的暂态电抗（标幺值）；

　　　X_{q*} ——发电机的横轴电抗（标幺值）；

　　　R ——最大启动负荷的等效电阻，$R = Z\cos\varphi_{zqm}$，其中 $\cos\varphi_{zqm} = P_{zqm} / S_{zqm}$；

　　　X ——最大启动负荷的等效电抗，$X = Z\sin\varphi_{zqm}$，其中 $\sin\varphi_{zqm} = Q_{zqm} / S_{zqm}$。

（5）计算自启动电压降。在工程计算中，往往会遇到发电机参数不全或负荷资料不详细的情况，这种情况下可以采用近似计算法求得自启动电压降

$$\Delta U(\%) = \frac{X_{dm} \times 100\%}{X_{dm} + X_e}$$

$$X_{dm} = \frac{1}{2}(X''_d + X'_d)$$

$$X_e = P_{Fe} / P_{Qm}$$

式中　X'_d ——发电机的暂态电抗；

　　　X''_d ——发电机的次暂态电抗；

　　　P_{Fe} ——柴油发电机机组额定有功功率（kW）；

P_{Qm}——成组启动或自启动负荷的最大值（kW）。

在计算柴油发电机组容量及电压降时所需用的计算参数如表 2-2 所示。

表 2-2　　　　　　　　　　　　　　计 算 用 参 数

计算用参数	电动机负荷		静止负荷
	正常运行状态	启动状态	
功率因数	$\cos\varphi_D = 0.86$	$\cos\varphi_{DQ} = 0.4$	$\cos\varphi_J = 0.8$
效　率	$\eta_D = 0.89$		$\eta_J = 0.95$
负荷率	$K_{Df} = 0.8$		$K_{Jf} = 0.3\sim0.5$
启动电流倍数		$K_{DQ} = 6.6$	

根据表 2-2 中的各参数，可得到实用计算中所需的运算参数：

$$K_1 = \frac{K_{Df}}{\eta_D} = \frac{0.8}{0.89} = 0.9$$

$$K_2 = \frac{K_{Jf}}{\eta_J} = \frac{0.3}{0.95} = 0.32$$

$$K_3 = \frac{K_{DQ}\cos\varphi_{DQ}}{\eta_J\cos\varphi_D} = \frac{6.6\times0.4}{0.89\times0.86} = 3.45$$

$$K_1\tan\varphi_D = 0.9\times\tan(\arccos0.86) = 0.53$$

$$K_2\tan\varphi_J = 0.32\times\tan(\arccos0.8) = 0.24$$

$$K_3\tan\varphi_{DQ} = 3.45\times\tan(\arccos0.4) = 7.9$$

根据保安负荷统计情况及国内现有的用于应急电源的柴油发电机的制造情况，推荐配套柴油发电机组的容量为：

200MW 机组，一机配一组 250kW 或二机配一组 500kW 柴油发电机组；

300MW 机组，一机配一组 500kW 柴油发电机组；

600MW 机组，一机配一组 800～1200kW 柴油发电机组。

4. 柴油发电机组的二次接线

柴油发电机组的二次接线应能保证机组在紧急事故状态下快速自启动，并能适应无人值班的运行方式。

柴油发电机组的控制开关应具有"就地""维护""自启动""试验"四个位置。

（1）开关在"自启动"位置时，厂用电源一旦消失，机组应迅速可靠自启动，并投入运行，启动时间应控制在 15s 之内。

（2）开关在"就地"位置时，控制回路的自启动部分应退出工作，此时可在柴油机上操作机组的起停。

（3）开关在"试验"位置时，在厂用电源正常的情况下，能启动机组，发电机出口断路器不合。

（4）开关在"维护"位置时，应向集控室发出信号，同时闭锁手动启动和自启动方式，才允许检修设备。

在厂用电源恢复正常后，手动切换恢复厂用电源的供电，手动将柴油机组停下。

柴油发电机组的辅助油泵、水泵等辅机电动机，应具有满足工艺要求的自动控制接线。

柴油发电机组应具有发电机过电流保护、欠电压保护，对于容量在 800kW 以上的机组，还可设置差动保护，这些保护动作于跳闸主开关。对于中性点不接地系统的机组，还应设置接地保护信号装置。此外，还有冷却水温度高、润滑油压低、润滑油温高等保护，这些保护动作于发信号。柴油发电机组一般不需同期操作。

柴油机组自启动控制接线逻辑如图 2-12 所示。

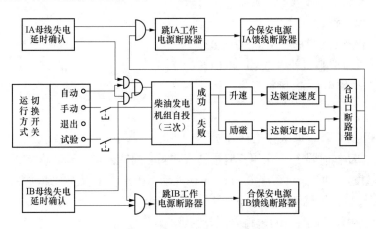

图 2-12　柴油发电机组自启动逻辑框图

其动作过程：在发电厂正常运行时，将机组的运行方式切换开关置于"自动位置"。当 IA 段母线工作电源失电后，经过延时确认（躲开备用电源自投的时间，约 3～5s。对于备用电源手动投入的接线，只需躲开馈线开关的切断故障时间 1～2s）后，启动柴油发电机组。当机组的转速、电压达到额定值时，合发电机出口断路器。此时，如果 IA 段母线工作电源仍未恢复正常，则待发电机出口断路器合闸后，跳 IA 段母线工作电源断路器，合保安电源 IA 段母线馈线断路器。

5. 柴油发电机保护的整定计算

（1）柴油发电机差动保护。

1）计算发电机额定二次电流。发电机的一次额定电流 I_N 为

$$I_N = \frac{P_N}{\sqrt{3} \times 400 \times \cos\varphi}$$

式中　P_N——柴油发电机功率（W）；

　　　$\cos\varphi$——柴油发电机功率因数，取 $\cos\varphi=0.8$。

发电机的二次额定电流 I_n 为

$$I_n = \frac{I_N}{n_{TA}}$$

2）差动保护动作电流 I_{op}。按躲过外部三相短路故障时的最大不平衡电流整定，外部三相短路故障时通过保护的最大短路电流 $I_K^{(3)}$ 为

$$I_{\mathrm{K}}^{(3)} = \frac{1}{X_{\mathrm{d}}''} I_{\mathrm{N}}$$

式中　X_{d}''——以柴油发电机额定容量为基准的次暂态电抗（标幺值）。

考虑差动保护没有制动特性，采用延时措施来减弱非周期分量电流的影响以及减小 TA 的误差。在 $I_{\mathrm{K}}^{(3)}$ 作用下的最大不平衡电流 $I_{\mathrm{unb.max}}^{(3)}$ 为

$$I_{\mathrm{unb.max}}^{(3)} = (K_{\mathrm{ap}}K_{\mathrm{cc}}K_{\mathrm{er}} + \Delta m)\frac{I_{\mathrm{K}}^{(3)}}{n_{\mathrm{TA}}}$$

式中　K_{ap}——非周期分量系数，取 K_{ap}=1.3；

　　　K_{cc}——TA 同型系数；

　　　K_{er}——TA 综合误差，取 K_{er}=2×0.03；

　　　Δm——通道调整误差，取 Δm=0.01～0.02。

故差动保护动作电流 I_{op} 可整定为

$$I_{\mathrm{op}} = K_{\mathrm{rel}}I_{\mathrm{unb}}^{(3)}$$

式中　K_{rel}——可靠系数，取 K_{rel}=1.3～1.5。

3）差动保护动作时限 t_{op}。采用延时措施来减弱非周期分量电流影响及减小 TA 误差，从而提高保护灵敏度，可取 t_{op}=（0.1～0.5）s。考虑差动保护作为主保护的速动性，不宜大于 0.2s。

4）灵敏度校验。按机端两相短路时计算灵敏度。

机端保护区内两相短路时的短路电流 $I_{\mathrm{K}}^{(2)}$ 为

$$I_{\mathrm{K}}^{(2)} = \sqrt{3} \times \frac{1}{X_{\mathrm{d}}'' + X_2} I_{\mathrm{N}}$$

式中　X_2——以柴油发电机额定容量为基准的负序电抗（标幺值）。

要求灵敏系数 K_{sen} 满足

$$K_{\mathrm{sen}} = \frac{I_{\mathrm{K}}^{(2)}}{n_{\mathrm{TA}}I_{\mathrm{op}}} \geqslant 2$$

一般情况下具有很高的灵敏度。

（2）柴油发电机接地保护。

1）当柴油发电机中性点经 R_0 接地时，接地保护一次动作电流 $(3I_0)_{\mathrm{op}}$ 为

$$(3I_0)_{\mathrm{op}} = \frac{1}{K_{\mathrm{sen}}} \frac{U_{\mathrm{n}}}{\sqrt{3}R_0}$$

式中　K_{sen}——灵敏系数，取 K_{sen}=2～2.5；

　　　U_{n}——柴油发电机机端额定电压一次值；

　　　R_0——柴油发电机中性点接地电阻值。

接地保护动作电流 $(3I_0)_{\mathrm{op.j}}$ 二次值为

$$(3I_0)_{\mathrm{op.j}} = \frac{(3I_0)_{\mathrm{op}}}{n_{\mathrm{TA0}}}$$

式中　n_{TA0}——接于柴油发电机中性线上的 TA 变比。

接地保护动作时限：对于中性点不接地系统可取 2～3s，动作于发信号；对于大电流接

地系统，可取 0～0.5s，动作于跳闸。

2）中性点不接地系统。接地保护一次动作电流 $(3I_0)_{op}$，按躲过柴油发电机正常运行时最大不平衡电流 $I_{unb.max}$ 计算，即

$$(3I_0)_{op} = \frac{K_{rel}I_{unb.max}}{n_{TA0}}$$

式中　K_{rel} ——可靠系数，取 K_{rel}=1.3；

$I_{unb.max}$ ——正常运行时最大不平衡电流一次值。

当无实测 $I_{unb.max}$ 值时，可按经验公式整定

$$(3I_0)_{op}=K_{ub}I_e$$

式中　K_{ub}——不平衡电流系数，取 K_{ub}=0.2～0.3；

I_e ——柴油发电机二次额定电流值。

接地保护动作时限：0.5～1s，动作于发信号。

（3）柴油发电机过电流保护。按与额定工作电流配合进行整定，即

$$I_{op} = \frac{K_{rel}}{K_r}I_N$$

式中　K_{rel}——可靠系数，取 K_{rel}=1.2～1.5；

K_r——返回系数，取 K_r=0.85～0.95；

I_N——柴油发电机额定工作电流。

柴油发电机的过电流保护由Ⅰ段、Ⅱ段及反时限保护组成，需整定的有Ⅰ段、Ⅱ段过电流保护，保护动作于跳闸（包括跳开断路器、关闭原动力油门）。

通常保护整定的经验值为：

1）过电流Ⅰ段保护：动作电流取 $I_{op.I}$ =1.5I_N、动作时限取 t_1 =5s；

2）过电流Ⅱ段保护：动作电流取 $I_{op.II}$=1.2I_N、动作时限取 t_2=10s。

保护动作于停运柴油发电机（跳开断路器、关闭原动力油门）。

（4）柴油发电机过电压、欠电压保护。

1）过电压保护：动作电压取 110%额定电压，动作时限取 5s，动作于信号；

2）欠电压保护：动作电压取 90%额定电压，动作时限取 5s，动作于信号。

（5）柴油发电机逆功率保护。

动作功率取 P_{op} =5%P_N（P_N 为柴油发电机的额定功率）；

动作时限取 t=（2～3）s；

动作于跳闸（包括跳开断路器、关闭原动力油门）。

（6）柴油发电机失磁保护。柴油发电机并网后失磁，则发电机吸取感性无功功率，故用吸取感性无功功率可判发电机失磁。功率定值可按柴油发电机额定无功功率 Q_{op} 整定，通常取 10%，即

$$Q_{op} = -K\frac{Q_{GN}}{n_{TA}n_{TV}} = 10\%Q_{GN}$$

$$Q_N=P_N\tan（arccos0.8）$$

式中　K ——系数，通常可取 10%；

Q_{GN} ——柴油发电机额定运行时输出的感性无功功率。

动作时限取 $t=$（2～3）s；

动作于跳闸（包括跳开断路器、关闭原动力油门）。

除上述保护外，柴油发电机还有超速报警、冷却水温高、机油压力低保护，动作后报警停机。在45s内自启动失败告警保护。

6. 柴油发电机组应具备的功能

（1）自启动功能。柴油发电机组保证在火电厂的全厂停电事故中，快速自启动带负载运行。在无人值守的情况下，接启动指令后在10s内自启动成功，在60s内实现一个自启动循环（即三次自启动）。若自启动连续三次失败，则发出停机信号，并闭锁自启动回路。

柴油发电机组在额定转速、发电机在额定电压下稳定运行2～3s，并具备首次加载条件，即判定为柴油发电机组自启动成功。

（2）带负载稳定运行功能。柴油发电机组自启动成功后，保安负荷分两级投入。柴油发电机组接到启动指令后10s内发出首次加载指令，允许首次加载不小于50%额定容量的负载（感性）；在首次加载后的5s内再次发出加载指令，允许加载至满负载（感性）运行。

柴油发电机组能在功率因数为0.8的额定负载下，稳定运行的12h中允许有1h1.1倍的过载运行，并在24h内允许出现上述过载运行两次；发电机允许20s的2倍过载运行。柴油发电机组在全电压下直接启动容量不小于200kW的笼型异步电动机；在负载容量不低于20%时，允许长期稳定运行。

（3）自动调节功能。柴油发电机组的空载电压整定范围为（95～105）%U_e。柴油发电机组在带功率因数为0.8～1.0的负载，负载功率在0～100%内渐变时能达到：

稳态电压调整率：≤±0.5%。

稳态频率调整率：≤±0.2%（固态电子调速器）。

电压波动率：≤±0.15%（负载功率在25%～100%内渐变时）。

频率波动率：≤0.25%（负载功率在0～25%内渐变时）。

柴油发电机组在空载状态，突加功率因数不大于0.4（滞后）、稳定容量为0.2P_e的三相对称负载或在已带80%P_e的稳定负载再突加上述负载时，0.2s后发电机的母线电压不低于85%U_e。发电机瞬态电压调整率 $\delta_u \leqslant$（−15%）/（+20%），电压恢复到最后稳定电压的3%以内所需时间不超过1s，瞬态频率调整率不大于5%（固态电子调速器），频率稳定时间不大于3s。突减额定容量为0.2P_e的负载时，柴油发电机组升速不超过额定转速的10%。

柴油发电机组在空载额定电压时，其正弦电压波形畸变率不大于3%，柴油发电机组在一定的三相对称负载下，当其中任一相加上25%的额定相功率的电阻性负载时均能正常工作。

发电机线电压的最大值（或最小值）与三相线电压平均值相差不超过三相线电压平均值的5%，柴油发电机组各部分温升不超过额定运行工况下的水平。

（4）自动控制功能。柴油发电机组属于无人值守电站，控制系统具有下列功能：

1）保安段母线电压自动连续监测；

2）自动程序启动，远方启动，就地手动启动；

3）柴油发电机与保安段正常电源同期闭锁功能；

4）运行状态的柴油发电机组自动检测、监视、报警、保护；

5）主电源恢复后远方控制、就地手动、机房紧急手动停机；

6）蓄电池自动充电；

7）冷却水预热；

8）发电机空间加热器自动投入。

（5）模拟试验功能。柴油发电机组在备用状态时，模拟保安段母线电压低至25%U_e或失压状态，能够按设定时间快速自启动运行试验，试验中不切换负荷。但在试验过程中保安段实际电压降低至25%时能够快速切换带负荷。

7. 柴油机的启动运行

（1）自动工作方式。柴油机处于自动工作方式时，当厂用保安A段或B段或二者均失电时，柴油机组确认后延时1s接通启动回路，当发电机出口电压、频率达到额定值时，发电机出口断路器ZKK合闸，并在确认故障保安段工作电源进线断路器确已跳闸后，合故障保安段备用电源进线断路器。

（2）试运行方式。机组试运行启动命令发出，经1s确认后柴油机启动。在试运行方式中，若保安段失电，则机组自动转为自动工作方式。

（3）手动工作方式。柴油机置"手动"工作方式，当手动启动脉冲发出后，PLC自动执行启动机组一次的程序，发电机出口断路器需人工按合闸按钮方可合闸，当发电机出口断路器确已合闸且故障保安段工作电源进线断路器确已断开时，PLC将自动合上用电源断路器。

（4）三次启动失败。当柴油机在自动工作及试运行方式启动时，若第一次启动不成功，可再自动进行两次启动，每次延时10s，如果第三次启动失败，则闭锁启动回路，发出声光报警，直至故障消除。

第四节　交流事故保安电源系统调试

一、保安电源单体调试

1. 柴油发电机组的单体调试

柴油发电机就是一个小型的发电机，虽然不像大型发电机的保护配置那么复杂，但是一般会配有常见的主保护，如差动保护、过电流保护、过电压保护等，有的还会配置失磁保护，调试时不仅仅要考虑差动保护TA的相对极性，还需要保证发电机机端TA的极性指向出线。对于发电机本体一般先核对发电机中性点和机端TA的一次朝向，再根据保护装置的要求确定TA的二次极性，一般发电机都会使用0°接线，但是也有的差动保护是通过端子排差电流流入差流继电器来实现的，这就要求在确认TA极性时使用180°接线。

对于发电机保护装置，还是按照具体的保护配置来校验每一个保护的正确性，确认跳闸出口是否正确以及每个保护的信号出口是否正确，校验时建议给装置上正式的控制电源，在加电流、电压模拟量时确保外回路已经与端子排脱开。

2. PLC单体调试

PLC可编程控制系统是整个保安电源系统的核心部件，它是控制整个系统内所有设备的启停以及所有开关的分合的控制软件。PLC实际是根据输入的逻辑，当满足条件时会通过PLC卡件作用于中间继电器，从而输出相应的命令来满足系统的要求。PLC卡件、继电器、端子排、主界面按钮等各种部件组成了PLC屏，通过它来实现整个系统的控制。

PLC屏单体调试主要分三部分。第一部分为卡件与后台的调试，测试卡件的开入、开出通道是否正确，实际在端子排上模拟开入量，计算机上查看PLC逻辑里面是否可以看到变位信号，在计算机上强制 PLC 的开出量，在相应的端子上用万用表测量出口是否接通；第二部分是 PLC 屏的继电器的校验，包括交流电压继电器、中间继电器、直流继电器等，校验端子排至各继电器的柜内回路是否正确；第三部分主要是 PLC 屏内其他回路的校验，包含面板各控制按钮、启停按钮、显示灯、变送器的校验以及其他信号回路的检查校验。

3. 柴油发电机出口断路器和保安进线断路器的单体调试

400V 断路器主要单体调试包含就地分合闸操作，远方分合闸操作，脱扣器保护的验证，断路器相应信号的验证。

二、保安电源分系统调试

结合上述保安电源常用的两种接线方式，分别说明整组切换试验。

1. 接线一整组切换试验

接线一整组切换试验如图 2-13 所示。

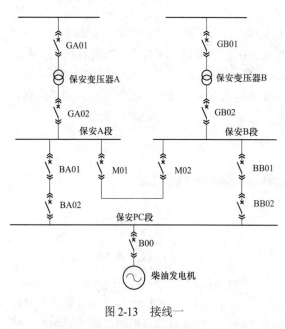

图 2-13 接线一

（1）试验准备。检查柴油发电机控制屏电压回路绝缘；保安段至柴油发电机控制屏电压回路接入；检查柴油发电机控制屏电压显示和 DCS 电压显示；柴油发电机控制屏电压核相，保安 A 段进线电压和保安 A 段母线电压核相，保安 B 段进线电压和保安 B 段母线电压核相。同期装置显示在 12 点位置。

（2）就地手动启动试验。检查柴油发电机具备启动条件后，手动启动柴油发电机，并建立 10%电压；检查一次设备及电压回路无短路现象；建立额定电压，检查就地盘表及 DCS 显示正常；分别合上 B00、BA01、BB01 断路器，保安 A、B 段由柴油发电机供电，在保安段联络断路器M01后仓检查电压相序并进行一次核相检查。

（3）保安段切换逻辑试验。如表 2-3 所示。

表 2-3 逻 辑 切 换 试 验

试 验 方 式	动 作 行 为
保安 A 段、B 段处于正常供电方式。联络断路器 M01 处于热备用。手动拉 6kV 断路器 GA01	应能联跳保安 A 段进线断路器 GA02，此时应能启动柴油发电机，但联络断路器 M01 合上供电正常后，应发停机指令，停柴油发电机
合上保安变压器 A 高压侧断路器 GA01，在 DCS 上选择保安 A 段切换至工作电源指令	经柴油机 PLC 同期先合保安 A 段进线断路器 GA02，后跳保安段母联断路器 M01
保安 A 段、B 段处于正常供电方式。联络断路器 M01 处于热备用。手动拉 6kV 断路器 GB01	应能联跳保安 B 段进线断路器 GB02，此时应能启动柴油发电机，但联络断路器 M01 合上供电正常后，应发停机指令，停柴油发电机
合上保安变压器 B 高压侧断路器 GB01，在 DCS 上选择保安 B 段切换至工作电源指令	经柴油机 PLC 同期先合保安 A 段进线断路器 GB02，后跳保安段母联断路器 M01

续表

试验方式	动作行为
保安 A 段、B 段处于正常供电方式。联络断路器 M01 处于热备用。手动拉保安 A 段进线断路器 GA02	应能启动柴油发电机，但联络断路器 M01 合上供电正常后，应发停机指令，停柴油发电机
保安 B 段处于正常供电方式。联络断路器 M01 处于合位，保安 A 段由 B 段供电。手动拉断路器 GB02	应能启动柴油发电机，发出分联络断路器 M01 指令。柴油发电机稳定后，合 B00 断路器，合 BA01、BB01 断路器，400V 保安 A 段、B 段由柴油发电机供电
在 DCS 上选择保安 A 段切换至工作电源指令	进行同期调整，当满足柴油发电机并网条件后，合上 GA02 断路器。 在正式同期合闸前，必须先进行假同期合闸，即应将 GA02 断路器处于试验位进行合闸，用仪表监视合闸瞬间压差应最小，试验正确后再进行同期合闸
在 DCS 上选择保安 B 段切换至工作电源指令	进行同期调整，当满足柴油发电机并网条件后，合上 GB02 断路器。 在正式同期合闸前，必须先进行假同期合闸，即应将 GB02 断路器处于试验位再进行合闸，用仪表监视合闸瞬间压差应最小，试验正确后再进行同期合闸
DCS 停柴油发电机	跳柴油发电机进线断路器 BA01、BB01，出口断路器 B00，柴油发电机 5min 后停机
保安 A 段、B 段处于正常供电方式。联络断路器 M01 处于热备用。手动拉保安 B 段进线断路器 GB02	应能启动柴油发电机，但联络断路器 M01 合上供电正常后，应发停机指令，停柴油发电机
保安 A 段处于正常供电方式。联络断路器 M01 处于合位，保安 B 段由 A 段供电。手动拉断路器 GA02	应能启动柴油发电机，发出分联络断路器 M01 指令。柴油发电机稳定后，合出口断路器，合 BA01、BB01 断路器，400V 保安 A、B 段由柴油发电机供电
在 DCS 上选择保安 A 段、B 段切换至工作电源指令	进行同期调整，当满足柴油发电机并网条件后，合上 GA02、GB02 断路器。在 DCS 上停柴油发电机，跳柴油发电机进线断路器 BA01、BB01、出口断路器、柴油发电机 3min 后停机
模拟保安 A 段工作进线断路器 GA02 故障跳闸	母联断路器 M01 无动作，柴油发电机不启动
在集控室主控台上按紧急启动柴油发电机按钮	柴油发电机启动，先合柴油发电机出口断路器，后合保安 A 段柴油发电机进线断路器 BA01，保安 A 段由柴油发电机供电
复归紧急按钮，复归跳闸信号。在 DCS 上选择保安 A 段切换至工作电源指令	进行同期调整，当满足柴油发电机并网条件后，合上 GA02 断路器。在 DCS 上停柴油发电机，跳柴油发电机进线断路器 BA01、BB01、出口断路器、柴油发电机 3min 后停机
模拟保安 B 段工作进线断路器 GB02 故障跳闸	母联断路器 M01 无动作，柴油发电机不启动。结束后复归跳闸信号，并恢复 GB02 正常供电方式
保安 A 段处于正常供电方式。将联络断路器 M01 拉至试验位置。手动拉 6kV 断路器 GA01	应能联跳保安 A 段进线断路器 GA02，此时应能启动柴油发电机，合联络断路器 M01，分联络断路器 M01，柴油发电机稳定后，合出口断路器，合 BA01 断路器，保安 A 段由柴油发电机供电
合上 GA01 断路器，恢复保安段 A 段正常供电，DCS 停柴油发电机	同期合上 GA02 断路器，跳柴油发电机进线断路器 BA01、出口断路器，柴油发电机 3min 后停机
保安 B 段处于正常供电方式。将联络断路器 M01 拉至试验位置。手动拉 6kV 断路器 GB01	应能联跳保安 B 段进线断路器 GB02，此时应能启动柴油发电机，合联络断路器 M01，分联络断路器 M01，柴油发电机稳定后，合出口断路器，合 BB01 断路器，保安 B 段由柴油发电机供电
合上 GB01 断路器，恢复联络断路器 M01 至工作位，保安段 B 段正常供电，DCS 停柴油发电机	同期合上 GB02 断路器，跳柴油发电机进线断路器 BB01、出口断路器，柴油发电机 3min 后停机
保安 A 段、B 段处于正常供电方式	依次拉开 A 段母线二次 A、B 相电压，柴油发电机不应启动

试 验 方 式	动 作 行 为
保安 A 段、B 段处于正常供电方式	依次拉开 B 段母线二次 A、B 相电压，柴油发电机不应启动
保安 A 段、B 段处于正常供电方式，在 DCS 上发 A 段由 B 段供电的指令	此时经过同期鉴定，合联络断路器 M01，再经过一定延时分 GA02 断路器，A 段由 B 段供电
保安 A 段、B 段恢复正常供电方式，在 DCS 上发 B 段由 A 段供电命令	此时经过同期鉴定，合联络断路器 M01，再经过一定延时分 GB02 断路器，B 段由 A 段供电
保安 A 段处于正常供电方式。联络断路器 M01 处于合位，保安 B 段由 A 段供电	通过 M01 断路器保护装置发主保护动作信号使 M01 跳闸，检查柴油发电机应闭锁不启动

2. 接线二整组切换试验

接线二整组切换试验如图 2-14 所示。

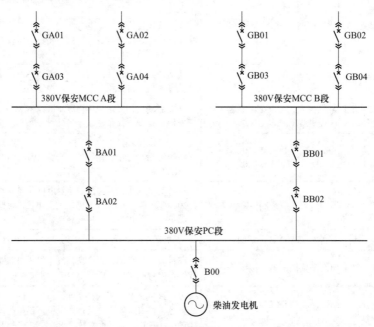

图 2-14 接线二

（1）柴油发电机空载状态下的逻辑切换试验。

1）一次相位检查试验，确认 GA03、GA04、GB03、GB04 断路器在分闸位置，就地启动柴油发电机，合上相应的断路器，由柴油发电机供电保安 A 段、B 段，在保安 A 段、B 段一次母线上进行一次核相，核相正确后分开相应断路器，停柴油机发电机。

2）主备切换功能，确认 BA02、BB02 断路器在分闸位置后方可做下列试验：

①保安 A 段 GA03 断路器启动"主备切换"功能试验。

调试前断路器状态：GA01、GA02、GA03 断路器为合闸状态，GA04 断路器为分闸状态。在 DCS 界面上单击保安 A 段 GA04 断路器"供电模式"按钮，再单击"主备切换"按钮，经同期后柴油发电机 PLC 自动合上 GA04 断路器，延时自动分开 GA03 断路器。

GA04 断路器偷分试验：上述状态下，DCS 上手动分开 GA04 断路器，GA03 断路器自动合上。

②保安 A 段 GA04 断路器启动"主备切换"功能试验。

调试前断路器状态：GA01、GA02、GA04 断路器为合闸状态，GA03 断路器为分闸状态。在 DCS 界面上单击保安 A 段 GA03 断路器"供电模式"按钮，再单击"主备切换"按钮，经同期后柴油发电机 PLC 自动合上 GA03 断路器，延时自动分开 GB04 断路器。

GA03 断路器偷分试验：上述状态下，DCS 上手动分开 GA03 断路器，GA04 断路器自动合上。

③保安 B 段 GB03 断路器启动"主备切换"功能试验。

调试前断路器状态：GB01、GB02、GB03 断路器为合闸状态，GB04 断路器为分闸状态。在 DCS 界面上单击保安 B 段 GB04 断路器"供电模式"按钮，再单击"主备切换"按钮，经同期后柴油发电机 PLC 自动合上 GB04 断路器，延时自动分开 GB03 断路器。

GB04 断路器偷分试验：上述状态下，DCS 上手动分开 GB04 断路器，GB03 断路器自动合上。

④保安 B 段 GB04 断路器启动"主备切换"功能试验。

调试前断路器状态：GB01、GB02、GB04 断路器为合闸状态，GB03 断路器为分闸状态。在 DCS 界面上单击保安 B 段 GB03 断路器"供电模式"按钮，再单击"主备切换"按钮，经同期后柴油发电机 PLC 自动合上 GB03 断路器，延时自动分开 GB04 断路器。

GB03 断路器偷分试验：上述状态下，DCS 上手动分开 GB03 断路器，GB04 断路器自动合上。

3）就地启动柴油发电机功能试验。

①保安 A 段母线由 GA03 断路器供电，检查 GA04 断路器、BB02 断路器在分闸位置，BA02 断路器在合闸位置，并将 BA01 断路器拉至试验位置，检查无误后方可进行下列试验；

首先，检查柴油发电机控制屏上系统控制模式置"手动模式"，在柴油发电机控制屏上按"启动"键，柴油发电机 PLC 自动合上 B00 断路器，在柴油发电机 BA01 开关柜后上下桩头一次进行假同期试验，正确后将 BA01 断路器推至工作位置，在柴油发电机控制屏上手动合上 BA01 断路器，柴油发电机 PLC 经同期后自动合上 BA01 断路器，检查柴油发电机运行正常，保安 A 段供电正常。检查结束后，在柴油发电机控制屏上将 BA01 断路器分闸，然后按手动停机按钮，自动跳开 B00 断路器，柴油发电机停止运行。

②保安 B 段母线由 GB04 断路器供电，检查 GB03 断路器、BA02 断路器在分闸位置，BB02 断路器在合闸位置，并将 BB01 断路器拉至试验位置。检查无误后方可进行下列试验。

首先检查柴油发电机控制屏上系统控制模式置"手动模式"，在柴油发电机控制屏上按"启动"键，柴油发电机 PLC 自动合上 B00 断路器，在柴油发电机 BB01 开关柜后上下桩头一次进行假同期试验，正确后将 BB01 断路器推至工作位置，在柴油发电机控制屏上手动合上 BB01 断路器，柴油发电机 PLC 经同期后合上 BB01 断路器，检查柴油发电机运行正常，保安 B 段供电正常。检查结束后，在柴油发电机控制屏上将 BB01 断路器分闸，然后按手动停机按钮，自动跳开 B00 断路器，柴油发电机停止运行。

4）模拟保安段母线失压启动柴油发电机及"恢复供电"功能试验。首先检查柴油发电机控制屏上系统控制模式置"自动模式"。

①保安 A 段母线失压启动及 GA03 断路器"恢复供电"功能试验。

调试前断路器状态：GA01、GA02、GA03 断路器在合闸位置，BB02 断路器、GA04 断路器在分闸位置，拉开 GA04 断路器控制电源小空气开关。远方将 GA01 断路器分闸，联跳

GA03 断路器，保安 A 段母线失压，PLC 合 GA04 断路器不成功，此时柴油发电机自动启动，建压后自动合上柴油发电机出口 B00 断路器，同时合上 BA01 断路器，检查保安 A 段母线供电正常后，进行以下"恢复供电"功能试验：

首先合上 GA01 断路器，检查电压正常，在 DCS 计算机界面上单击 GA03 断路器"供电模式"按钮，再单击启动"恢复供电"按钮，经自动同期后自动合上 GA03 断路器，在 DCS 界面上单击"手动停机"按钮后，自动断开 BA01 断路器和柴油发电机出口 B00 断路器，柴油发电机停止运行。

②保安 A 段母线失压启动及 GA04 断路器"恢复供电"功能试验。

调试前断路器状态：GA01、GA02、GA04 断路器在合闸位置，BB02 断路器、GA03 断路器在分闸位置，拉开 GA03 断路器控制电源小空气开关。远方将 GA02 断路器分闸，联跳 GA04 断路器，保安 A 段母线失压，PLC 合 GA03 断路器不成功，此时柴油发电机自动启动，建压后自动合上柴油发电机出口 B00 断路器，同时合上 BA01 断路器，检查保安 A 段母线供电正常后，进行以下"恢复供电"功能试验。

首先合上 GA02 断路器，检查电压正常，在 DCS 计算机界面上单击 GA04 断路器"供电模式"按钮，再单击启动"恢复供电"按钮，经自动同期后自动合上 GA04 断路器，在 DCS 界面上单击"手动停机"按钮后，自动断开 BA01 断路器和柴油发电机出口 B00 断路器，柴油发电机停止运行。

③保安 B 段母线失压启动及 GB03 断路器"恢复供电"功能试验。

调试前断路器状态：GB01、GB02、GB03 断路器在合闸位置，BA02 断路器、GB04 断路器在分闸位置，拉开 GB04 断路器控制电源小空气开关。远方将 GB01 断路器分闸，联跳 GB03 断路器，保安 B 段母线失压，PLC 合 GB04 断路器不成功，此时柴油发电机自动启动，建压后自动合上柴油发电机出口 B00 断路器，同时合上 BB01 断路器，检查保安 B 段母线供电正常后，进行以下"恢复供电"功能试验：

首先合上 GB01 断路器，检查电压正常，在 DCS 计算机界面上单击 GB03 断路器"供电模式"按钮，再单击启动"恢复供电"按钮，经自动同期后自动合上 GB03 断路器，在 DCS 界面上单击"手动停机"按钮后，自动断开 BB01 断路器和柴油发电机出口 B00 断路器，柴油发电机停止运行。

④保安 B 段母线失压启动及 GB04 断路器"恢复供电"功能试验。

调试前断路器状态：GB01、GB02、GB04 断路器在合闸位置，BA02 断路器、GB03 断路器在分闸位置，拉开 GB03 断路器控制电源小空气开关。远方将 GB02 断路器分闸，联跳 GB04 断路器，保安 B 段母线失压，PLC 合 GB03 断路器不成功，此时柴油发电机自动启动，建压后自动合上柴油发电机出口 B00 断路器，同时合上 BB01 断路器，检查保安 B 段母线供电正常后，进行以下"恢复供电"功能试验：

首先合上 GB02 断路器，检查电压正常，在 DCS 界面上单击 GB04 断路器"供电模式"按钮，再单击启动"恢复供电"按钮，经自动同期后自动合上 GB04 断路器，在 DCS 界面上单击"手动停机"按钮后，自动断开 BB01 断路器和柴油发电机出口 B00 断路器，柴油发电机停止运行。

5）紧急启动柴油发电机试验。

①保安段 A 段正常供电方式运行，BA02 断路器合闸、BA01 断路器分闸位置。在控制

台上按下"保安 A 段启动柴油发电机"按钮，柴油发电机启动，自动合上柴油发电机出口 B00 断路器，注意 BA01 断路器不合闸。

②保安段 B 段正常供电方式运行，BB02 断路器合闸、BB01 断路器分闸位置。在控制台上按下"保安 A 段启动柴油发电机"按钮，柴油发电机启动，自动合上柴油发电机出口 B00 断路器，注意 BB01 断路器不合闸。

（2）柴油发电机带负载状态下的切换试验。将保安 A 段、B 段由空载恢复至正常带负载状态。

1）主备切换功能。

①保安 A 段 GA03 断路器启动"主备切换"功能试验。调试前断路器状态：GA01、GA02、GA03 断路器为合闸状态，GA04 断路器为分闸状态。在 DCS 界面上单击保安 A 段 GA04 断路器"供电模式"按钮，再单击"主备切换"按钮，经自动同期后柴油发电机 PLC 自动合上 GA04 断路器。延时自动分开 GA03 断路器。

②保安 A 段 GA04 断路器启动"主备切换"功能试验。调试前断路器状态：GA01、GA02、GA04 断路器为合闸状态，GA03 断路器为分闸状态，在 DCS 界面上单击保安 A 段 GA03 断路器"供电模式"按钮，再单击"主备切换"按钮，经自动同期后柴油发电机 PLC 自动合上 GA03 断路器，延时自动分开 GA04 断路器。

③保安 B 段 GB03 断路器启动"主备切换"功能试验。调试前断路器状态：GB01、GB02、GB03 断路器为合闸状态，GB04 断路器为分闸状态，在 DCS 界面上单击保安 B 段 GB04 断路器"供电模式"按钮，再单击"主备切换"按钮，经自动同期后柴油发电机 PLC 自动合上 GB04 断路器，延时自动分开 GB03 断路器。

④保安 B 段 GB04 断路器启动"主备切换"功能试验。调试前断路器状态：GB01、GB02、GB04 断路器为合闸状态，GB03 断路器为分闸状态，在 DCS 界面上单击保安 B 段 GB03 断路器"供电模式"按钮，再单击"主备切换"按钮，经自动同期后柴油发电机 PLC 自动合上 GB03 断路器，延时自动分开 GB04 断路器。

2）模拟保安段 MCC A 段母线失压启动柴油发电机及"恢复供电"功能试验。首先检查柴油发电机控制屏上系统控制模式置"自动模式"，做好保安试验段试验过程中失电应急处理准备。

①保安 A 段母线失压启动及 GA03 断路器"恢复供电"功能试验。

调试前断路器状态：GA01、GA02、GA03 断路器在合闸位置，BB02 断路器、GA04 断路器在分闸位置，拉开 GA04 断路器控制电源小空气开关。远方将 GA01 断路器分闸，联跳 GA03 断路器，保安 A 段母线失压，PLC 合 GA04 断路器不成功，此时柴油发电机自动启动，建压后自动合上柴油发电机出口 B00 断路器，同时合上 BA01 断路器，检查保安 A 段母线供电正常后，进行以下"恢复供电"功能试验：

首先合上 GA01 断路器，检查电压正常，在 DCS 界面上单击 GA03 断路器"供电模式"按钮，再单击启动"恢复供电"按钮，经自动同期后自动合上 GA03 断路器，在 DCS 界面上单击"手动停机"按钮后，自动断开 BA01 断路器和柴油发电机出口 B00 断路器，柴油发电机停止运行。

②保安 A 段母线失压启动及 GA04 断路器"恢复供电"功能试验。

调试前断路器状态：GA01、GA02、GA04 断路器在合闸位置，BB02 断路器、GA03 断路器在分闸位置，拉开 GA03 断路器控制电源小空气开关。远方将 GA02 断路器分闸，联跳 GA04 断路器，保安 A 段母线失压，PLC 合 GA03 断路器不成功，此时柴油发电机自动启动，建压后自动合上柴油发电机出口 B00 断路器，同时合上 BA01 断路器，检查保安 A 段母线供电正常后，进行以下"恢复供电"功能试验。

首先合上 GA02 断路器，检查电压正常，在 DCS 界面上单击 GA04 断路器"供电模式"按钮，再单击启动"恢复供电"按钮，经自动同期后自动合上 GA04 断路器，在 DCS 界面上单击"手动停机"按钮后，自动断开 BA01 断路器和柴油发电机出口 B00 断路器，柴油发电机停止运行。

③保安 B 段母线失压启动及 GB03 断路器"恢复供电"功能试验。

调试前断路器状态：GB01、GB02、GB03 断路器在合闸位置，BA02 断路器、GB04 断路器在分闸位置，拉开 GB04 断路器控制电源小空气开关。远方将 GB01 断路器分闸，联跳 GB03 断路器，保安 B 段母线失压，PLC 合 GB04 断路器不成功，此时柴油发电机自动启动，建压后自动合上柴油发电机出口 B00 断路器，同时合上 BB01 断路器，检查保安 B 段母线供电正常后，进行以下"恢复供电"功能试验：

首先合上 GB01 断路器，检查电压正常，在 DCS 界面上单击 GB03 断路器"供电模式"按钮，再单击启动"恢复供电"按钮，经自动同期后自动合上 GB03 断路器，在 DCS 界面上单击"手动停机"按钮后，自动断开 BB01 断路器和柴油发电机出口 B00 断路器，柴油发电机停止运行。

④保安 B 段母线失压启动及 GB04 断路器"恢复供电"功能试验。

调试前断路器状态：GB01、GB02、GB04 断路器在合闸位置，BA02 断路器、GB03 断路器在分闸位置，拉开 GB03 断路器控制电源小空气开关。远方将 GB02 断路器分闸，联跳 GB04 断路器，保安 B 段母线失压，PLC 合 GB03 断路器不成功，此时柴油发电机自动启动，建压后自动合上柴油发电机出口 B00 断路器，同时合上 BB01 断路器，检查保安 B 段母线供电正常后，进行以下"恢复供电"功能试验：

首先合上 GB02 断路器，检查电压正常，在 DCS 界面上单击 GB04 断路器"供电模式"按钮，再单击启动"恢复供电"按钮，经自动同期后自动合上 GB04 断路器，在 DCS 界面上单击"手动停机"按钮后，自动断开 BB01 断路器和柴油发电机出口 B00 断路器，柴油发电机停止运行。

（3）柴油发电机带负荷及并网试验。保安 A 段由工作进线断路器正常供电，保安 B 段由工作进线断路器正常供电，两段保安段上负载正常运行。

1）柴油发电机带负荷试验。分别拉开保安 A 段工作进线断路器和保安 B 段工作进线断路器，PLC 启动柴油发电机，建压后依次合上柴油发电机出口断路器和柴油发电机两段进线断路器，此时保安 A 段和保安 B 段都由柴发供电，记录下柴油发电机的启动至带负荷的时间，正常启动时间应小于保安段负载电机的自启动时间，查看保安 A、B 段所有负载应处于运行状态，无负载因短时失电无法自启动。

此时由柴油发电机对保安 A、B 段进行供电，查看发电机的电流、电压、频率、功率等相关参数在 DCS 和 PLC 中显示是否正确，查看电流、电压、功率在柴发保护装置中是否正确，校验发电机失磁等功率保护应正确，校验发电机机端 TA 和中性点 TA 的幅值的相位，在差动继电器中查看三相差流应为 0，校验正确后投入相应的保护。

以上试验完成后，有条件的情况下让柴油发电机满负荷运行，查看发电机的运行参数及工况，让柴油发电机满负荷运行一段时间，考验发电机的带载能力，同时观察负荷的运行情况，观察正常后将保安 A、B 段恢复至工作电源供电，停下柴油发电机，相关断路器恢复正常工作状态。

2）保安 MCC 电源并联恢复试验（双电源切换开关型）。双电源切换型保安电源系统如图 2-15 所示。

①检查柴油发电机带保安 MCC 段母线运行正常。

②接引一路 400V 临时电压至保安 MCC A 段双投电源 BA424 断路器市电（厂用电源）采集单元，模拟保安 MCC ⅡA 段双投电源 BA424 断路器市电带电，在临时市电与柴油发电机电压相角差零度时双投电源 BA424 断路器自动并联切换回市电运行模式，记录保安 PC 段柴油发电机电压、市电临时电压波形及 BA424 断路器动作情况。

③拆除采集单元 400V 临时电压，合保安电源馈线 BA421、BA422 断路器，双投电源 BA423 断路器自动切换至厂用ⅡA 段母线运行，在市电与柴油发电机电压相角差零度时双投电源 BA424 断路器自动并联切换保安 MCC ⅡA 段至厂用电源运行。

④检查保安 MCC ⅡA 段运行正常，运行设备无掉电、跳闸。

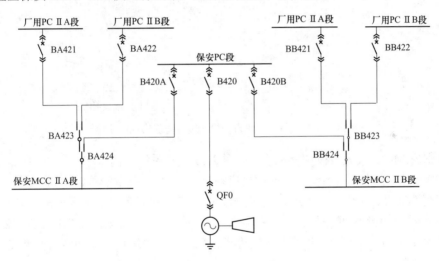

图 2-15 双电源切换型保安电源系统

3）柴油发电机电源恢复至厂用 A 段电源假同期试验（带备用电源自动投入装置型）。保安电源系统如图 2-16 所示。

①将保安段重要负荷（UPS 电源、DCS 电源等）倒至厂用段运行。检查保安 PC A 段由柴油发电机供电，母线电压显示正确，检查保安 PC A 段电源 3113、3114 断路器在运行状态，9101、9103 断路器在试验位置。

②复位备用电源自动投入装置，检查备用电源自动投入装置运行正常，压板按正常运行方式投入，各模拟量、开关量显示正确，装置充电正常，无闭锁、报警信号。

③DCS 选择"恢复方式""恢复至 A 段"，DCS 操作启动切换，9101 断路器在电源相角差过零时应能自动合闸，然后 9105 断路器自动分闸。记录假同期过程保安 PC A 段母线电压、厂用 A 段电源进线电压波形及 9101 断路器动作情况，并按实测值整定 9101 断路器

动作时间。

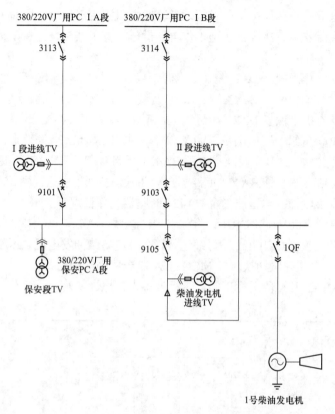

图 2-16　带备用电源自动投入装置型保安电源系统

（4）保安 MCC 段大负荷切换试验。以图 2-15 所示系统为例。

1）将机组具备失压自启动功能的电机启动（A 汽动给水泵主油泵、B 汽动给水泵主油泵、主机交流润滑油泵、空侧密封油泵、氢侧密封油泵等），检查各电机运行正常。

2）分开保安电源馈线 BA421 断路器，保安 MCC ⅡA 段失电，双投电源 BA423 断路器自动切换保安 MCC ⅡA 段至厂用ⅡB 段母线运行。具备失压自启动功能的电机应自动启动成功，运行正常。

3）分开保安电源馈线 BA422 断路器，保安 MCC ⅡA 段失电，柴油发电机应自动启动，柴油发电机运行应正常，柴油发电机出口 QF0 断路器合闸正确，双投电源 BA424 断路器切换保安 MCC ⅡA 段至柴油发电机组运行，具备失压自启动功能的电机应自动启动成功，运行正常。

4）合保安电源馈线 BA421、BA422 断路器，双投电源 BA423 断路器自动切换至厂用ⅡA 段母线运行，双投电源 BA424 断路器自动并联切换保安 MCC ⅡA 段至厂用电源运行。保安 MCC ⅡA 段运行正常，运行设备无掉电、跳闸。

5）分开柴油发电机出口 QF0 断路器，停止柴油发电机。

三、相关实例分析

【实例】 误整定 6kV 厂用电切换失败

某厂 5 号发电机组并网运行，厂用电由本机高压厂用变压器供电，厂用电各母线带电正常。炉侧动力风机全部运行，机侧动力单侧运行，电泵运行。发电机—变压器组各保护投入正常。

1. 事故经过

5 号机组进行厂用电定期切换，6kV 5A1、5A2、5B1、5B2 段工作进线 755A1、755A2、755B1、755B2 断路器在合闸位置，备用进线 705A1、705A2、705B1、705B2 断路器在分闸位置。按操作票操作顺序准备进行 6kV 5A1 段厂用快切。

厂用快切装置方式选择"远方""自动、同时"切换方式。值班员得到值长命令后，在 DCS 画面中，首先"复位"快切装置，检查 6kV 5A1 段快切装置工作正常后，按下 6kV 5A1 段"切换"按钮。此时，6kV 5A1 段工作进线 755A1 断路器跳闸，705A1 断路器状态变黄，6kV 5A1 段母线电压为零，发出"6kV 5A1 段快切失败""6kV 5A1 段快切装置闭锁"报警信号。此时厂用电值班员报 6kV 备用进线 705A1 断路器间隔冒烟着火。

2. 处理经过

（1）6kV 5A1 段母线失电，5C 电动给水泵、5A 前置泵、5A 磨煤机、5A 一次风机、5A 送风机等高压动力失电，厂用电 5A 锅炉变压器及其所带的 5A 保安段、5A 锅炉 MCC，5A 汽机段及 5A 汽机 MCC、31 号照明变压器等重要电源失电。

（2）主控值班员接到 705A1 断路器冒烟着火的消息后，立即汇报值长并通知值班员准备用上一级 2115 断路器切除故障断路器。接到值长许可后，值班员手动拉掉 30A 启动备用变压器高压侧 2115 断路器。

（3）此时机炉部分负荷掉闸，机组因给水流量低、燃料丧失，手动 MFT 停炉。

（4）380V 5A 保安段失电，柴油机自启动成功。

（5）值班员立即拉开 5A 锅炉变压器低压侧 L451 断路器，合上母联 L450 断路器将 380V 5A 锅炉 PC 倒至 5B 锅炉变压器供电，后拉开 5A 锅炉变压器高压侧 L651 断路器。

（6）值班员立即拉开 5A 汽轮机变压器低压侧 J451 断路器，合上母联 J450 断路器将 380V 5A 汽机 PC 倒至 5B 汽轮机变压器供电，后拉开 5A 汽机变压器高压侧 J651 断路器。

（7）将 380V 5A 保安段由柴油机供电失电倒至锅炉 PC 供电。

（8）将故障断路器拉出间隔后，将备用断路器推入 705A1 断路器间隔，试验位合、跳断路器检查良好后，推入运行位置。

（9）通知有关部门，将失电高低压母线逐步恢复供电。

3. 厂用电自投装置工作原理介绍

本单元厂用电源系统采用 MFC2000-2 型快切装置。此装置运行方式分两种：一种是手动切换，另一种是自动切换；手动切换方式分为并联切换方式和同时切换方式，自动切换方式分为事故串联方式、事故同时方式及误跳切换方式。

手动切换中的并联切换工作原理是：当并联切换条件满足时，装置将先合备用（工作）断路器，经一定延时后再自动跳开工作（备用）断路器，如在这段延时内，刚合上的备用（工作）断路器被跳开，则装置不再自动跳工作（备用）断路器。若启动后并联切换条件不满足，装置将闭锁发信。

手动切换中的同时切换工作原理是：先发跳工作（备用）断路器命令，在切换条件满足时，发合备用（工作）断路器命令。这种方式介于并联切换和串联切换之间。合备用命令在跳工作命令发出之后、工作断路器跳开之前发出。母线断电时间大于 0 而小于备用断路器合闸时间，可通过设置延时来调整。

自动切换由保护出口启动，单向，只能由工作电源切向备用电源。自动切换中的事故切换原理，即先跳工作电源断路器，在确认工作断路器已跳开且切换条件满足时，合上备用电源断路器。

自动切换中的事故同时切换方式，先发出跳工作电源断路器命令，在切换条件满足时即（或经用户延时）发合备用电源断路器命令。

自动切换中的不正常情况，由装置检测到不正常情况厂用母线失电，工作电源断路器误跳后自行启动，单向，只能由工作电源切向备用电源。

4. 原因分析

（1）6kV 5A1 段备用进线 705A1 断路器拒动，是此次事故的直接原因。经检查为断路器合闸线圈烧毁。

（2）厂用快切装置选择"自动、同时"切换方式，使备用断路器在没有合上备用断路器的情况下跳开工作断路器，使母线失电，是此次事故的主要原因。"自动、同时"切换方式下，合闸、跳闸命令同时发出，不检测对侧断路器状态，断路器动作时间是断路器的固有动作时间，此种方式断路器合闸、跳闸顺序先后不固定，有可能造成母线失电。

（3）对厂用快切装置运行方式理解不全面，对并联和同时切换方式认识不够。若为并联切换方式，断路器是先合后断，母线不会失电。

（4）厂用电切换时，事故预想不到位。5C 电泵和 5A 前置泵电源取自同一段，操作时没有考虑到，造成给水流量低。

第三章 继电保护运行技术

第一节 继电保护反事故措施及技术改进

随着我国电力工业快速发展和电力工业体制改革的不断深化，高参数、大容量机组不断投运，特高压、高电压、跨区电网逐步形成，新能源、新技术不断发展，电力安全生产过程中出现了一些新情况和新问题；电力安全生产面临一些新的风险和问题，对电力安全生产监督和防范各类事故的能力提出了迫切要求。微机保护的普及和发展，出现了继电保护抗干扰问题、电源可靠性问题、整定计算与控制方案的配合问题等一些新问题，必须根据现实情况制订继电保护的反事故措施，以确保继电保护的安全可靠，从而保证电网的安全稳定运行。

本章节主要结合现场实际情况，对照二十五项反措要点进行分析说明。

一、继电保护双重化配置

为保证电网的安全稳定运行，继电保护系统应满足以下两点要求：

（1）任何电力设备和线路，在任何时候，不得处于无继电保护的状态下运行。在电力系统的生产运行中，任何运行中的电力设备、输电线路必须配置有继电保护装置，不允许无保护装置运行。

（2）任何电力设备和线路在运行中，必须在任何时候均由两套完全独立的继电保护装置分别控制两台独立的断路器实现保护。

所谓"完全独立"，是利用两套保护装置分别控制两台断路器，可靠地实现备用，目的在于当一套保护装置或任意一台断路器拒绝动作时，能够由另一套保护装置或另一台断路器动作完全可靠地断开故障。

继电保护双重化配置是防止因保护装置拒动而导致系统事故的有效措施，同时又可大大减少由于保护装置异常、检修等原因造成的一次设备停运现象。《防止电力生产事故的二十五项重点要求》（〔2014〕161号）在防止继电保护事故中，对继电保护双重化配置做出了9项基本要求，其中有以下几项要特别注意：

18.4.1 依照双重化原则配置的两套保护装置，每套保护均应含有完整独立的主、后备保护，能反应被保护设备的各种故障及异常状态，并能作用于跳闸或给出信号，宜采用主、后一体的保护装置。

目前国产保护装置基本都能够做到这一点（非电量保护除外），如：线路光纤纵差保护，发电机—变压器组保护，变压器、电抗器保护等。但有一种特殊情况，采用国外的光纤纵差保护时（L90、MCD、P544等），大多电厂是不使用这些保护装置中的后备保护，这是由于这些国家的后备保护原理不适合我国电网要求，因此不使用这些保护装置中的后备保护，而是单独再配置一套后备保护，这只是一种特殊情况，今后会逐渐消失。

18.4.5 两套保护装置的交流电流应分别取自电流互感器互相独立的绕组；交流电压宜分别取自电压互感器互相独立的绕组。其保护范围应交叉重叠，避免死区。

应该注意，在这一条中对交流电流使用的是"应"，对交流电压使用的是"宜"，这主要考虑一些老的变电站或发电厂使用的电压互感器，属于早期生产的只有一个二次绕组和一个三次绕组的情况，要求两套保护分别取自相互独立的绕组比较困难，所以对交流电压用"宜"，不做强制要求，随着新建电厂、设备改造，这种情况也在逐渐消失。

18.4.7　有关断路器的选型应与保护双重化配置相适应，220kV 及以上断路器必须具备双跳闸线圈机构。两套保护装置的跳闸回路应与断路器的两个跳闸线圈分别一一对应。

两套保护装置的跳闸回路应与断路器的两个跳闸线圈分别一一对应，是对 220kV 以上电压等级的系统要求，对发电机出口断路器以及发电机变压器组的高压侧断路器，应该是每个保护出口动作于启动全停时都是同时启动断路器的两个跳闸线圈，以确保可靠切除故障。

18.4.8　双重化配置的两套保护之间不应有电气联系。与其他保护、设备（如通道、失灵保护等）配合的回路应遵循相互独立、相互对应的原则，防止因交叉停用导致保护功能的缺失。

继电保护双重化配置是防止因保护装置拒动而导致系统事故的有效措施，也是双重化配置原则的目的。此外，还可以减少由于保护装置异常、检修等原因造成的一次设备停运现象。强调同一设备双重化配置的两套保护之间不应有任何电气联系，包括直流控制回路、直流信号回路、交流回路，当一套保护退出时不应影响另一套保护的运行。这里所指的电气联系，包括直接的和间接的联系。如早期的保护装置信号与保护电源共用、几种保护共用一个出口继电器等，现在的双重化配置的两套保护绝对不能有这种现象。

两套保护装置与其他保护、设备配合的回路应遵循相互独立的原则。一方面是指变电站或发电厂升压站中线路保护与机组保护、母差、失灵等保护之间的配合，与断路器跳、合闸回路间的配合，注意使用独立的接点，注意反措最初的原则是控制电源与保护电源分开。此外，保护其他一些辅助设备也应遵循相互独立、相互对应的原则，如线路光纤差动保护的通信设备等，防止因交叉停用导致保护功能的缺失。

例如：华北地区某变电站中的一条 500kV 线路，双重化配置的两套光纤差动保护。因接线错误，与之相对应的通信设备和光电转换柜的直流电源被交叉使用。即：第一套保护的通信设备和第二套保护的光电转换柜共用第一组直流电源，第二套保护的通信设备和第一套保护的光电转换柜共用第二组直流电源。当通信室的第二组直流电源发生异常时，造成第二套保护的通信设备和第一套保护的光电转换柜同时失电，导致两套保护装置均由于通道中断而退出运行。

例如：某厂在查找 1 号机组直流系统接地故障过程中，断开发电机—变压器组 B 屏保护直流电源时，发电机—变压器组 A 屏保护误动，机组跳闸，机组大连锁动作。经查在失步解列装置跳发电机组的接线回路中，按照设计院的设计，将失步解列保护同一跳闸节点同时接至跳发电机—变压器组 A 屏和 B 屏两个外部重动回路，使 A 屏、B 屏两套保护装置直流回路发生了电的联系，在查找直流系统接地故障断开 B 屏直流电源后，由于 B 屏寄生回路的存在，构成跳闸回路，引起 A 屏外部重动跳闸出口动作，造成发电机组跳闸。回路如图 3-1 所示。

在《国家电网公司十八项电网重大反事故措施》的"继电保护专业重点实施要求"中，对继电保护双重化配置作出如下规定：

1）每套完整、独立的保护装置应能处理可能发生的所有类型的故障。两套保护之间不应有任何电气联系，当一套保护退出时不应影响另一套保护的运行。

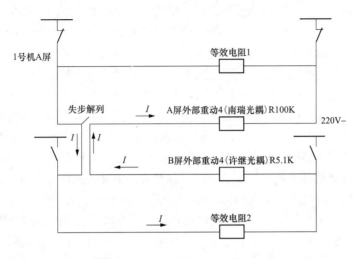

图 3-1　跨接回路

2）两套主保护的电压回路宜分别接入电压互感器的不同二次绕组。电流回路应分别取自电流互感器互相独立的绕组，并合理分配电流互感器二次绕组，避免可能出现的保护死区。分配接入保护的互感器二次绕组时，还应特别注意避免运行中一套保护退出时可能出现的电流互感器内部故障死区问题。

3）双重化配置保护装置的直流电源应取自不同蓄电池组供电的直流母线段。

4）220kV及以上断路器必须具备双跳闸线圈机构，两套保护装置的跳闸回路应与断路器的两个跳闸线圈分别一一对应。

5）双重化的线路保护应配置两套独立的通信设备（含复用光纤通道、独立光芯、微波、载波等通道及加工设备等），两套通信设备应分别使用独立的电源。

6）双重化配置保护与其他保护、设备配合的回路应遵循相互独立的原则。

7）双重化配置的线路、变压器和单元制接线方式的发电机—变压器组，应使用主、后一体化的保护装置；对非单元制接线或特殊接线方式的发电机—变压器组则应根据主设备的一次接线方式，按双重化的要求进行保护配置。

目前高压电网的线路和发电机、变压器等设备的继电保护，均按照上述规定进行了双重化配置。

除此之外，双重化配置还有另一层含义，即：由两套完全独立的保护装置分别控制两台独立的断路器实现保护。在运行中，当被保护线路或设备发生故障时，保护装置能够正确动作，但是，断路器由于某种原因拒动，这时就需要启动失灵保护，由失灵保护跳开母线上的其他断路器或跳开线路对端的断路器，最终达到切断故障的目的。

在110kV以下的电力系统中，"完全独立"是靠"远后备"的原则实现，对于220kV及以上的电力系统中，完全独立是靠"近后备"实现。

由于在110kV电压等级的电力系统中，线路或元件保护只按单套配置，而且母线又不配置失灵保护。因此，在系统发生故障的情况下，当一台断路器拒动时，只能靠上一级的保护装置动作来切除故障。虽然，在一套保护中设置有后备保护，但如果断路器拒动，本身后备保护的作用也就等于不存在。因此，要依靠上一级的保护装置动作切除故障。而在220kV及以上的电力系统中，每一条线路或元件均按双重化配置保护并有断路器的失灵保护，当一套保护拒绝动作时，由另一套保护动作，当一台断路器拒动时，由失灵保护动作切除同一母线上的其他断路器或发远方直跳，切除对端断路器，即所谓的"近后备"。

以上所说的"完全独立"是指两者之间不能存在任何公用环节，一旦存在公用环节，即使只有一个，则当这个公用环节出现问题时，其后备或称之为"冗余"的作用便随之消失。

实现保护双重化配置的主要问题是两套保护之间不仅不能有直接的电气联系，而且要确保两套保护之间没有"公共环节"（即间接的联系），没有互相之间的依赖关系，确保保护功能的冗余。以下举两个案例说明保护双重化配置的重要意义及什么是"公共环节"。

例如：某220kV枢纽变电站曾发生一起带地线合隔离开关的恶性事故。该变电站220kV系统为双母线接线，母线上共接入6回220kV出线、2台变压器及母联断路器。6条出线双回线配置，分别送至3个变电站，对端变电站背后均有电源。站内变压器及220kV线路保护均为双重化配置，而母差保护为单套配置。事故当天，该站2号主变压器处于检修状态，2号主变压器有一组母线隔离开关合闸不到位，因隔离开关的接地开关有问题，在母线隔离开关的变压器侧挂的是临时地线，在处理隔离开关缺陷时，不慎将带有临时地线的隔离开关合到运行的220kV母线上，母差保护属于集成电路型中阻抗母差保护，20世纪90年代初投产，因运行时间长、元器件老化而拒动，且该变电站母差保护是单套配置，因此造成6条220kV线路对侧均以后备段保护将各自的线路跳开。造成该城市周边有三个发电厂共7台发电机组跳闸，电网公司采取紧急限电措施才制止住事故的继续扩大。在这次事故中，对端有两个变电站各一条线路的双套线路保护只动作了一套，另一套保护没有动作，由于已经有一套保护将开关跳开，所以该问题在这起事故中已不是主要问题。试想若这两条线路保护也是单套配置，而且又拒动，则事故将进一步扩大。而母差保护如果是双套配置，不考虑两套保护均拒动，事故影响的范围还会进一步缩小。该事故充分说明了继电保护双重化配置的重要性和必要性。

例如：某电厂升压站为220kV双母线接线方式，断路器的储能形式为液压储能。在断路器控制回路中，断路器的压力低闭锁回路只提供一个压力低机械闭锁接点，而断路器有两个跳闸线圈，只好用这一个机械接点（常开接点，正常运行时闭合，压力低断开）启动一个中间继电器，用中间继电器的两个常开接点分别控制两组跳闸回路。问题在于中间继电器使用哪一组直流电源。实际上，用哪组直流电源都不合理，一旦所用那一组的直流电源故障或消失，中间继电器常开接点返回，断路器的两组跳闸回路均被闭锁，另一组跳闸回路即使电源未消失，因中间继电器的常开接点返回，同样不能跳闸。该电厂在一次发电机正常解列过程中就遇到了这种情况。好在是发电机正常解列，设备没有造成重大伤害。从上述事故中可以看出，两套保护及两组控制电源所属的回路中，都不能存在"公共环节"。如果存在"公共环节"，保护装置的"冗余"作用也就不存在了。在这个事故中，中间继电器就是公共环节。当然，这是十几年前的事情，目前的断路器厂家设计应该不会存在这个问题。在这里只是举例说明什么是公共环节，引起大家注意。同样，对于变压器非电量保护同时跳断路器的两个跳闸线圈，也不能共用同一个继电器，也是公共环节。

以上两个案例，说明了继电保护双重化的重要性和必要性，希望大家能够理解。

二、直流系统的反事故措施

对直流系统有两点基本要求：①消除寄生回路，防止由于寄生回路的存在而造成保护装置误动；②增强保护功能的冗余度，防止在系统发生故障时由于共用回路的异常而造成保护装置的拒动。

（一）直流熔断器配置原则

信号回路作为分析事故的重要依据之一，是一个既复杂又非常重要的回路，其熔断器应可靠，不致因其不正常的熔断而影响了继电保护的动作行为，要求继电保护的信号回路由专用的直流熔断器（或空气开关）供电，不得与其他保护回路混用。

所谓寄生回路，是指二次回路接线不合理造成有的回路在正常情况下不会出现寄生回路，但当某一元件发生不正常，再加上另一元件的工作状态发生改变，或仅仅改变回路工作状态时，即可产生寄生回路，严重时可引起设备停电。所以要消除寄生回路，只依靠简单的整组试验是不够的，还必须制定出项目齐全、符合真实、完整和有代表性的模拟检验，以考核回路的正确性，遵守《反措要点》规定的熔断器的配置原则。

冗余度，在继电保护或远动自动化专业是指多层次的增加备用，以保证继电保护做到既安全又可靠。例如，某变电站的母线上，连接有三回线路和一组主变压器，称为一个节点，现通过功率传送装置，将功率送到调度端去，此时如果 L1 线路的功率传送装置出现故障，则调度端可通过其他两回线路（L2、L3）和主变压器（T1）的功率计算出 L1 线路的功率，因为 $P_{L1}+P_{L2}+P_{L3}+P_{T1}=0$，所以装设三套功率传送装置就可以计算出 L1 线路的功率。但实际上每回线路和主变压器都装设有功率传送装置，因此，这一节点的冗余度即为 4/3。

对于配有双套纵联保护的线路，每一套纵联保护的直流回路应分别由专用的直流熔断器供电；后备保护的直流回路可由另一组专用直流熔断器供电，也可适当地分配到前两组直流供电回路中。这也是根据完全独立的原则，防止两套主保护共用一组直流电源时，因直流系统出现问题，影响两套主保护正常运行，从而使被保护线路或设备失去主保护，应保证至少有一套主保护能够保持正常运行。

保护用直流电源与控制用直流电源必须分开。这一点在《反措要点》中已经做出规定，继电保护用的直流电源与断路器分、合闸用的直流电源必须分开使用，避免互相影响，如直流接地等情况造成保护异常甚至误动等。此外，对于由一组保护装置控制多组断路器（例如母线差动保护、变压器差动保护、发电机差动保护、线路横联差动保护、断路器失灵保护等）和各种双断路器的接线方式（如 3/2 断路器、双断路器、角接线等），每一个断路器的操作回路应分别由专用的直流熔断器供电；保护装置的直流回路（保护直流）由另一组直流熔断器供电。

任何 220kV 及以上电压等级的元件（如母线、线路和变压器等），必须有两套独立的保护分别控制两个断路器跳闸，这是一个最根本的原则。其中，一套为近后备、另一套为远后备，近后备是两套独立的保护分别操作两个断路器，首先跳本身的断路器，其次再去跳相邻的断路器。但是，如果熔断器设置不合理，则可能造成扩大事故范围。

对于有两组跳闸线圈的断路器，每一跳闸回路应分别由专用的直流熔断器供电。如果两组跳闸线圈都由同一熔断器供电，一旦该熔断器发生故障熔丝熔断，就失去了断路器具有两组跳闸线圈的意义。发生这种情况时，即使有多套保护的存在，也都将失去作用。

按照保护双重化配置原则，两套主保护的直流回路应分别由专用的直流熔断器供电；两套后备保护的直流回路可由另一组专用直流熔断器供电，也可适当分配到前两组直流供电回路中。

继电保护系统的配置应当满足以下两点最基本的要求：

（1）任何电力设备和线路，不得在任何时候处于无继电保护的状态下运行。

（2）任何电力设备和线路在运行中，在任何时候必须由两套完全独立的继电保护装置分别控制两台完全独立的断路器实现保护作用。

前一点要求极为简单明了，后一点则是前一点的具体实现，需要特别强调的是"完全独立"的含义。需要有两套保护装置分别控制两台断路器是为了可靠实现备用，目的是为了当任一套保护装置或任一台断路器拒绝动作时，都能够由另一套保护装置或另一台断路器动作完全可靠地切除故障。

对于 110kV 及以下电压等级的电网，基本上实现的是"远后备"，即当最邻近故障元件的断路器上配置的继电保护拒绝动作或断路器本身拒绝动作时，可以由电源侧上一级断路器处的继电保护动作切断故障。这样就充分实现了"完全独立"，从而获得了完整意义上的后备保护。

在防止断路器失灵方面，可采用保护装置的"远后备"或"近后备"保护方式。例如：在如图 3-2 所示的线路 L1 上发生短路，并伴随断路器 1QF 失灵，或者装设在 1QF 处的继电保护拒动时，短路故障可由线路 L2、L3 对侧的后备保护段跳开断路器 9QF、10QF 以及变压器 T1 的后备保护跳开断路器 4QF，从而起到断路器失灵保护的作用。"远后备"保护具有接线简单、运行和维护方便等优点，其缺点是将会切除较多的供电设备，扩大停电范围，对系统安全运行影响较大；由于线路距离较长、负荷电流大、中间变电站对故障电流的分流作用等原因，往往不可能由相邻元件的保护实现完全"远后备"的保护作用。如图 3-2 中的变电站 D 有较大的短路容量，在 L3 的助增电流作用下，L2 中的电流较小，变电站 C 侧 L2 的保护灵敏度可能不够，造成该侧的保护不能动作。

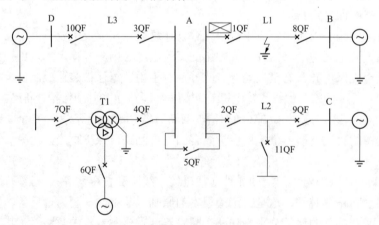

图 3-2　继电保护动作一次系统图

对于 220kV 及以上电压等级的复杂电网，因为电源侧上一级断路器上配置的继电保护装置往往不能对相邻故障设备实现完全的保护作用，因而只能实现"近后备"原则，即每一个电力设备或线路都配置了两套独立的继电保护，各自完全实现对本电力设备或线路的保护，即使其中一套保护装置因故拒绝动作，也必能由另一套保护装置发出跳闸命令去断开故障；

如果断路器拒绝动作，则在确认此种情况出现后，断开同一母线上其他带电源的所有电力设备和线路断路器，以最终隔离故障，这种保护作用就叫断路器失灵保护。保护双重化和断路器失灵保护是实现"近后备"的必要配置。

对于双重化配置的继电保护直流电源系统，还应特别注意的是：互为冗余配置的两套主保护、两套安稳装置、两组跳闸回路的直流电源应取自不同段直流母线，且两组直流回路之间不允许采用自动切换；双重化配置的两套保护与断路器的两组跳闸线圈一一对应时，其保护电源与控制电源必须取自同一组直流电源，控制电源与保护电源直流供电回路必须分开；由不同熔断器供电或不同专用端子对供电的两套保护装置的直流逻辑回路间不允许有任何电的联系，如有需要，必须经空接点输出。

接到同一熔断器的几组继电保护直流回路的接线应注意：

（1）每一套独立的保护装置，均应有专用于直接接到直流空气开关（直流熔断器）正负极电源的专用端子对，这一套保护的全部直流回路包括跳闸出口继电器的线圈回路，都必须且只能从这一对专用端子取得直流的正、负电源。

（2）不允许一套独立保护的任一回路（包括跳闸继电器）接到另一套独立保护的专用端子对引入的直流正、负电源。

（3）如果一套独立保护的继电器及回路分装在不同的保护屏上，同样也必须只能由同一专用端子对取得直流正、负电源。

所有的独立保护装置都必须设有直流电源断电自动报警回路。所谓独立保护，是指它可以独立地完成本线路内部故障的全部保护任务，还可以保护对侧母线故障。监视直流电源断电的告警回路，一般都用带延时返回的中间继电器，其线圈接于直流电源的正、负极上。当熔断器接触不良或熔丝熔断时，继电器失磁返回，其动断触点闭合，自动发出报警信号。每一对熔断器设置一块监视继电器。需要注意的是，带延时返回的中间继电器，其返回电压特别低，有时当失去直流电源时也不返回，按运行经验，其返回电压调整到不小于额定值的5%为宜。

（二）直流系统上、下级熔断器之间的配合

为防止因直流空气开关（直流熔断器）不正常熔断而扩大事故，应注意做到：

（1）直流总输出回路、直流分路均装设熔断器时，直流熔断器应分级配置，逐级配合。各级熔断器的定值整定，应保证级差的合理配合，上、下级熔体之间（同一系列产品）额定电流值应保证2~4个级差，电源端选上限，网络末端选下限；总熔断器与分熔断器之间，应保持3~4级的级差。

（2）直流总输出回路装设熔断器，直流分路装设空气开关时，必须确保熔断器与空气开关有选择性地配合。

（3）直流总输出回路、直流分路均装设空气开关时，必须确保上、下级空气开关有选择性地配合。

（4）当直流断路器与熔断器配合时，应考虑动作特性并保证级差配合，级差倍数应根据直流系统短路电流计算结果确定，且直流断路器下一级不应再接熔断器。

（5）在直流系统中，熔断器和空气开关不能混用。这是因为空气开关的动作离散值较大，事故情况下，上、下级之间如果级差小容易造成无选择跳闸。此外，熔断器的熔断特性与空气开关的动作特性不同，如混用也会造成无选择跳闸或熔断。

（6）为防止因直流熔断器不正常熔断或空气开关失灵而扩大事故，对运行中的熔断器和小空气开关应定期检查，严禁质量不合格的熔断器和空气开关投入运行。

新、扩建或改造的变电站直流系统用断路器，应采用具有自动脱扣功能的直流断路器，不应用普通交流断路器替代。在用的直流系统断路器如采用普通交流开关的，应及时更换为具有自动脱扣功能的直流断路器。

直流系统用断路器、熔断器在投运前，应按有关规定进行现场检验。

使用具有切断直流负载能力的、不带热保护的空气开关取代原有的直流熔断器时，空气开关的额定工作电流应按最大动态负荷电流（即保护三相同时动作、跳闸状态下）的1.5～2.0倍选用。

下面以某220kV线路为例，来说明如何选取熔断器的额定电流。

首先，收集各负荷电流，即收集：①保护装置最大电流（包括持续的、瞬时的）；②各自动装置最大电流（包括持续的、瞬时的）；③各信号灯及有关元件的最大持续电流；④断路器所需要的最大电流（跳闸、合闸）。

然后，进行计算。设全部的最大持续电流为 $I_{max.cx}$，决定在重合于稳定性短路故障，保护与自动装置动作的全部最大瞬间电流为 $I_{max.sj}$。

通过熔断器的最大负荷电流为

$$I_{max.fh} = I_{max.cx} + I_{max.sj}$$

熔断器的额定电流为

$$I_N = \frac{I_{max.fh}}{K_{ph}}$$

式中　K_{ph}——配合系数，取1.5。

根据额定电流的标级，选择近似的较大额定电流的熔断器。

由下式决定在最远端短路的最小电流为

$$I_{sc.min} = \frac{E}{r_n + R} = \frac{ne}{nr + R_{n.L}}$$

式中　E——电池组电动势；

e、r——每一电池元件的电动势和内阻；

r_n——电池组内阻；

n——放电回路中接入的电池元件数目；

$R_{n.L}$——由电池组至短路点的回路电阻。

检验在最远端短路时能否迅速熔断，最小短路电流应满足下式

$$\frac{I_{sc.min}}{I_N} \geqslant 5 \sim 8$$

总回路的熔断器应与各分支熔断器之间有选择性，其配合系数应大于2。

（三）直流系统的反事故措施要求与管理

直流系统是发电厂的重要设备系统，对发电厂生产设备及电网的安全稳定运行具有特殊重要性，在正常运行和事故状态下都必须保障不间断供电，并满足电压质量和供电能力的需求。运行维护单位必须提高对直流系统重要性的认识，加强直流系统的管理。

在输变电设备发生故障的关键时刻，直流系统故障将会扩大事故范围，加重主设备的损坏程度，造成电网大面积停电等严重事故和重大经济损失。制订直流系统的反事故措施的目的，就是为了加强直流系统的管理，从设计、设备选型、设备监造、安装试验、交接验收、运行维护、技术管理等全过程对直流电源系统提出反事故措施要求，提高直流系统的安全性、可靠性，防止类似事故的发生。

1. 直流系统配置原则和接线方案

（1）满足两组蓄电池、两台高频开关电源的配置要求，充分考虑设备检修时的冗余，蓄电池事故放电时间不应少于 2h。直流母线应采用分段运行方式，每段母线分别由独立的蓄电池组供电，并在两段直流母线之间设置联络开关，正常运行时该开关处于断开位置。采用阀控式密封铅酸蓄电池配套的充电装置，稳压精度不大于±1%。

（2）直流电源装置的产品安装、使用说明书、图纸、试验报告、产品合格证等资料齐全；蓄电池组还应提供充放电曲线和内阻值等厂家出厂数据。

（3）必须建立直流电源装置的技术档案，其主要内容包括：出厂资料、安装调试资料、验收和交接资料等。

（4）设计单位（包括非电力系统所属的设计单位）在进行直流电源系统设计时，应贯彻执行反措规定。凡不执行反措的，运行单位有权要求不予通过设计审查或拒绝投入运行。

（5）施工单位在进行直流电源系统安装调试时，应遵守已有设计的反措规定。凡不执行反措，业主有权拒绝验收。

（6）制造单位在制造或研制、改进直流电源产品时，应及时贯彻反措规定，并尽快将已执行反措产品的说明、图纸向用户通报，凡未执行反措的产品不允许投入运行。

2. 直流电源系统的运行与维护

直流系统除了系统设计需严格执行上述规定外，还要加强运行与维护管理，重点关注以下几个方面：

（1）正常情况下蓄电池不得退出运行（包括采用硅整流充电设备的蓄电池），当蓄电池组必须退出运行时，应投入备用（临时）蓄电池组。

（2）厂内蓄电池容量核对工作结束后投入充电屏的过程中，必须监视并确保新投入直流母线的充电屏直流电流表有电流指示后，方可断开两段直流母线的分段开关，防止发生直流母线失压。

（3）互为冗余配置的两套主保护、两套安稳装置、两组跳闸回路的直流电源应取自不同段直流母线，且两组直流之间不允许采用自动切换。

（4）双重化配置的两套保护与断路器的两组跳闸线圈一一对应时，其保护电源和控制电源必须取自同一组直流电源。

（5）控制电源与保护电源直流供电回路必须分开。

（6）查找直流接地点，应断开直流空气开关（直流熔断器）或断开由专用端子对到直流空气开关（直流熔断器）的连接，操作前先停用由该直流空气开关（直流熔断器）或由该专用端子对控制的所有保护装置，在直流回路恢复好后再恢复保护装置的运行。

（7）所有的独立保护装置都必须设有直流电源断电的自动报警回路。

（8）用整流电源作浮充电源的直流电源应满足下列要求：①直流电压波动范围应小于±5%额定值。②波纹系数小于 5%。③失去浮充电源后在最大负载下的直流电压不应低于 80%的额定值。

（9）保护装置直流电源的插件运行不宜超过 8 年。

（10）保护接口装置通信直流电源。

1）线路保护通道的配置应符合双重化原则，保护接口装置、通信设备、光缆或直流电源等任何单一故障不应导致同一条线路的所有保护通道同时中断。

2）不同保护通道使用的通信设备的直流电源也要满足相互独立原则，即：保护通道采用两路复用光纤通道时，采用单电源供电的不同的光端机使用的直流电源应相互独立；保护通道采用的复用光纤通道，光端机使用的直流电源应相互独立。

3）在具备两套通信电源的条件下，通信设备使用单直流电源时，保护及安稳装置的数字接口装置应与提供该通道的通信设备使用同一路（同一套）直流电源。通信设备使用双直流电源时，两路电源应引自不同的直流电源。

线路配置两套主保护时，保护数字接口装置使用的直流电源应满足：

a. 两套主保护均采用单通道时，每个保护通道的数字接口装置使用的直流电源应相互独立；

b. 两套主保护均采用双通道时，每套主保护的每个保护通道的数字接口装置使用的直流电源应相互独立；

c. 一套主保护采用单通道，另一套主保护采用双通道时，采用双通道的主保护的每个保护通道的数字接口装置使用的直流电源应相互独立，同时应合理分配采用单通道的主保护的数字接口装置使用的直流电源。

线路配置三套主保护时，保护数字接口装置使用的直流电源应满足：

a. 三套主保护均采用单通道时，允许其中一套主保护的数字接口装置与另一套主保护数字接口装置共用一路（一套）直流电源，但应至少保证一套主保护的数字接口装置使用的直流电源与其他主保护使用的数字接口装置的直流电源相互独立；

b. 一套主保护采用双通道，另外两套主保护采用单通道时，采用双通道的主保护的每个保护通道的数字接口装置使用的直流电源应相互独立，两套采用单通道的主保护的数字接口装置使用的直流电源应相互独立；

c. 两套及以上主保护采用双通道时，每套采用双通道的主保护的每个保护通道的数字接口装置使用的直流电源应相互独立，采用单通道的主保护的数字接口装置可与其他主保护的数字接口装置共用一路（一套）直流电源。

两个远跳通道的保护数字接口装置使用的直流电源应相互独立；光纤通道的保护接口装置使用的直流电源也应相互独立。

3. 加强蓄电池组的运行管理和维护

（1）浮充电运行的蓄电池组，除制造厂有特殊规定外，应采用恒压方式进行浮充电。浮充电时，严格控制单体电池的浮充电压上、下限，防止蓄电池因充电电压过高或过低而损坏。

（2）对蓄电池组的浮充电压，应严格按制造厂家规定的浮充电压执行。如果制造厂家无相关规定的，对一般阀控密封铅酸蓄电池，可控制单只蓄电池的浮充电压在 2.23～2.25V 范围内运行。

（3）浮充电运行的蓄电池组，应严格控制所在蓄电池室环境温度不能长期超过 30℃。为防止因环境温度过高使蓄电池容量严重下降、缩短运行寿命，蓄电池室应配置防爆空调。

（4）新安装的阀控密封铅酸蓄电池组，应进行全核对性放电试验，以后每隔两年进行一次核对性放电试验，运行六年以后的蓄电池组，每年做一次核对性放电试验。

（5）每个月至少一次对蓄电池组所有的单体浮充端电压进行测量记录。测量时，必须使用经校验合格的四位半数字式电压表，记录单体电池端电压数值必须精确到小数点后三位。

（6）对蓄电池组所有单体内阻的测量，在新安装时进行一次，投运后必须每年至少测一次。蓄电池内阻的实际测试值应与制造厂提供的数值一致，允许偏差范围为±10%。

为确保直流系统设备安全稳定运行，应满足以下要求：

1）直流电源系统应选用高频开关电源作为充电装置，其技术参数应满足稳压精度优于±0.5%、稳流精度优于±1%、输出电压纹波系数不大于0.5%的技术要求。

2）应定期对充电装置进行全面检查，校验其稳压、稳流精度、均流度和纹波系数，不符合要求的应及时对其进行处理，以满足要求。

3）配有备用充电装置的变电站，当主充电装置出现异常时，必须将其退出运行，尽快恢复，并将备用充电装置投入运行。

4）蓄电池组、充电装置进出线、重要馈线回路的熔断器、断路器应装有辅助报警接点。直流系统的报警信号，必须引至主控室。

5）直流主、分屏上应装设直流系统的电压、电流监视仪表。直流电压表、电流表应采用精度不低于1.5级的表计，如采用数字表，其精度不应低于0.1级。蓄电池输出电流表要考虑蓄电池放电回路工作时能指示放电电流，否则应装设专用的放电电流表。

三、交流回路的反事故措施

对于交流回路的反事故措施，在二十五项反措及国网十八项反措中都做了强调说明。

《防止电力生产事故的二十五项重点要求》（国能安全〔2014〕161号）中：

18.6.3　应根据系统短路容量合理选择电流互感器的容量、变比和特性，满足保护装置整定配合和可靠性的要求。新建和扩建工程宜选用具有多次级的电流互感器，优先选用贯穿（倒置）式电流互感器。

18.6.4　差动保护用电流互感器相关特性宜一致。

18.6.5　应充分考虑电流互感器二次绕组的合理分配，对确实无法解决的保护动作死区，在满足系统稳定的前提下，可采取启动失灵和远方跳闸等后备措施加以解决。

以上三条是针对电流互感器所作出的要求。所谓贯穿（倒置）式电流互感器，其二次绕组位于互感器顶部，二次绕组之间的一次导线发生故障的可能性较小，因此建议优先选用；母线差动保护在发生区外故障时，某一支路的电流很可能非常大，要求选用误差限制系数和饱和电压较高的电流互感器；变压器差动和发电机—变压器组差动保护因两侧互感器变比不同，区外故障容易产生很大的不平衡电流，因此也要求优先选用误差限制系数和饱和电压较高的电流互感器。

所谓误差限制系数和饱和电压较高的电流互感器，就是在短路电流很大的情况下，电流互感器不易饱和。P级电流互感器在短路电流很大时极易饱和。实际上，这里是要求在这种情况下尽量使用具有抗暂态饱和的电流互感器，由于TPY电流互感器在深度饱和以及故障切除后，二次电流及饱和磁通需经较长时间（超过几百毫秒）的衰减，才能衰减至故障前的水平，因此能够满足这种要求。此外，注意差动保护各侧电流互感器的特性尽量一致。有时这种要求不容易满足，如：主变压器差动保护、启动备用变压器差动保护等，高低压侧电流互感器特性就很难满足要求，因此，不能过分强制要求。

关于 18.6.5 条，对于某些故障保护装置确实做不到快速切除，只有依靠启动死区保护、失灵保护及远方跳闸来解决。

如：双母线母联断路器与电流互感器之间故障，就要靠死区保护跳闸；有外附电流互感器的线路，断路器与电流互感器之间故障，母差保护动作后，短路电流仍然存在，因故障在保护区外，线路主保护也不能动作，只有依靠母差启动失灵发远跳，切除对侧断路器，但有延时（通常为 0.5s），无疑都是不能做到全部快速切除的。

《国家电网公司十八项电网重大反事故措施》"继电保护专业重点实施要求"中规定：公用电流互感器二次绕组的二次回路只允许、且必须在相关保护柜屏内一点接地。独立的、与其他电压互感器和电流互感器的二次回路没有电气联系的二次回路应在开关场一点接地。

交流电流回路、交流电压回路设置接地点是为了保证人身和设备的安全，但是如果接地点不正确，将会造成继电保护装置不正确动作，如电磁式继电保护时代，差动保护的电流回路，只允许在保护盘上一点接地，不能在各自的端子箱接地，防止区外故障时，电流二次回路的分流导致保护误动；在 3/2 断路器接线方式的厂站中，线路保护取合电流时，有些厂站是在就地端子箱将两组电流互感器合在一起再经电缆送至保护盘，一般这种回路的接地点选择在端子箱处一点接地。

公用电压互感器的二次回路只允许在控制室内有一点接地，为保证接地可靠，各电压互感器的中性线不得接有可能断开的断路器或熔断器等。已在控制室一点接地的电压互感器二次线圈，宜在开关场将二次线圈中性点经放电间隙或氧化锌阀片接地，其击穿电压峰值应大于 $30 \times I_{max}$ V（I_{max} 为电网发生接地故障时通过的可能最大接地电流有效值，单位为 kA）。应定期检查放电间隙或氧化锌阀片，防止发生电压二次回路多点接地现象。

对于双母线接线的厂站，其两组电压互感器的二次接地点应选择在控制室内的相关保护屏柜上一点接地。这是由于如果两组电压互感器二次分别在就地端子箱接地，则当系统发生接地故障时，两个二次接地点之间就会出现电位差，影响保护的正确动作。

氧化锌避雷器击穿电压的选择必须同时满足下述两个要求：①足以充任 TV 二次回路的绝缘保护，即低于对 TV 二次回路规定的相应耐压水平。②为确保在关键时刻不出现 TV 二次回路两点接地，击穿电压应大于电网发生接地故障时可能出现在开关场两点地电位差的最大值。

还要注意：电压互感器的二次绕组和三次绕组回路必须分开；无论电压互感器的三次（开口三角绕组）回路是否接有保护装置，均不得短路；交流电流回路检查时必须特别注意中性线回路。

四、继电保护的反事故措施

《防止电力生产事故的二十五项重点要求》（国能安全〔2014〕161 号）18.6.6 条规定：双母线接线变电站的母差保护、断路器失灵保护，除跳母联和分段的支路外，应经复合电压闭锁。

在 220kV 及以上的电力系统中，都设置了断路器的失灵保护，当一台断路器拒绝动作时，由失灵保护动作切除同一母线上的其他断路器并发远方直跳，切除对侧断路器，即所谓的"近后备"。由于双母线的厂站失灵保护误动后至少造成一条母线跳闸，损失较大，因此，双母线接线的发电厂或变电站，在失灵保护中都增加了复合电压闭锁，防止因其他原因造成失灵保护误动；3/2断路器接线形式的厂站，失灵保护是按断路器配置，每个断路器配置一套失灵保护，因此不装设复合电压闭锁。包括母差保护也是同样的道理。

双母线接线形式的厂站，母差保护及失灵保护设置复合电压闭锁，主要是防止各种原因引起的母差失灵保护误动，包括"三误"。

例如：某电厂四台机组，升压站采用220kV双母线接线，配置中阻抗母差保护，在一次机组检修中，退出发电机—变压器组启动失灵保护的回路（机组保护为国外保护，无启动失灵连接片，只能在端子排拆除启动失灵回路的接线），机组检修结束恢复接线时，将正电源接在启动母线失灵保护的回路中，机组正常运行时没有任何反应，在一次母线检修倒闸操作时，当这台机组的两个隔离开关同时跨接两条母线时，失灵保护启动，动作信号已发出，由于复合电压闭锁不满足条件，没有断路器跳闸（倒闸操作前母联断路器控制电源已断开），如没有复合电压闭锁条件，就会造成全厂停电的严重后果，复合电压闭锁起了很大作用。

复合电压闭锁还可以防止当线路停电检修，母差保护所用电流互感器二次误通电流造成保护误动的情况。例如：某变电站采用3/2断路器接线方式，线路停电断开边断路器、中断路器，做TA特性试验，做哪相封哪相TA，进行一次通流检验时，由于封TA的短接线松动脱落，造成边断路器母差保护误动作，失灵保护缺少复压闭锁也是造成失灵保护误动作的一个原因，当然，这是3/2断路器接线方式失灵保护按断路器配置的一个保护设置方案，也显示出了双母线接线方式在失灵保护设置方案方面的优势。

18.6.7　变压器、电抗器宜配置单套非电量保护，应同时作用于断路器的两个跳闸线圈。未采用就地跳闸方式的变压器非电量保护应设置独立的电源回路（包括直流空气小开关及其直流电源监视回路）和出口跳闸回路，且必须与电气量保护完全分开。当变压器、电抗器采用就地跳闸方式时，应向监控系统发送动作信号。

18.6.8　非电量保护及动作后不能随故障消失而立即返回的保护(只能靠手动复位或延时返回)不应启动失灵保护。

现场实际变压器、电抗器的非电量保护一般只配置一套，基本没有就地跳闸的情况。要求采用独立的电源，出口与电气量保护出口分开。非电量保护之所以不能启动失灵保护，主要是故障被切除后，该保护不能及时返回，返回时间不确定，误启动失灵保护，如变压器重瓦斯保护。还有一些保护，动作后不能自己返回，要靠手动复归。如励磁系统故障、发电机断水保护等，出于同样的原因，也是不能启动失灵保护的。因此，要求动作后不能快速返回或根本不返回的保护不能启动失灵保护，对于失灵保护本身，也要保证故障切除后，其电流判别元件能够立即返回。在《国家电网公司十八项电网重大反事故措施》中，要求失灵保护的电流判别元件返回系数不宜低于0.9，返回时间不大于20ms。为此，鉴于TPY电流互感器的特点，TPY电流互感器不能用于失灵保护的电流判别元件，也是基于故障切除后电流元件不能快速返回的原因。

18.6.13　220kV及以上电压等级的线路保护应采取措施，防止由于零序功率方向元件的电压死区，导致零序功率方向纵联保护拒动。

零序功率方向元件一般都有一定的零序电压门槛，对于一侧零序阻抗较小的长线路，在发生经高阻接地故障时，可能会由于该侧零序电压较低而形成一定范围的死区，从而造成纵联零序方向保护拒动。为实现全线速动，当采用纵联零序方向保护时，应采取有效措施消除该死区，但由于正常运行时存在不平衡电压，因此不能采取过分降低零序电压门槛的方法，否则可能会造成保护误动。

18.6.17　采用零序电压原理的发电机匝间保护应设有负序功率方向闭锁元件。

本条款主要是防止匝间保护误动。早期的匝间保护没有负序功率方向闭锁，只有零序电压，取自发电机机端电压互感器开口三角电压，确实容易误动。如 TV 一次熔断器熔断、二次回路电缆绝缘破坏等，都可能引起零序电压出现，造成保护误动。例如，某大型发电厂（8×300MW）的一台机组，使用的是早期匝间保护，因机端电压互感器柜内的二次线绝缘皮磨破，造成线芯对 TV 就地柜外皮放电，导致匝间保护误动作跳机。当时没有分析出真正的跳闸原因，因二次电缆芯是在 TV 就地柜内，不是直接接地，测试绝缘也没有问题，机组启动后运行保护也未动作，直至半年多后机组检修，彻底检查了 TV 二次回路，才找到问题的根源。

此外，采用负序功率方向闭锁元件时，应注意发电机端专用电压互感器，因匝间保护专用电压互感器是采用全绝缘电压互感器，外观看两端相同，容易弄错，应注意极性，特别是拆下检修后，恢复接线时，难以确定极性，最好点一次极性。如某电厂机组检修后并网，启动后不久匝间保护动作跳闸，事后分析检查，是匝间专用 TV 极性恢复接错所致。这点需要在检修、维护中多加注意。

18.6.18　并网发电厂均应制订完备的发电机带励磁失步振荡故障的应急措施，300MW 及以上容量的发电机应配置失步保护，在进行发电机失步保护整定计算和校验工作时应能正确区分失步振荡中心所处的位置，在机组进入失步工况时根据不同工况选择不同延时的解列方式，并保证断路器断开时的电流不超过断路器允许开断电流。

18.6.19　发电机的失磁保护应使用能正确区分短路故障和失磁故障的、具备复合判据的方案。应仔细检查和校核发电机失磁保护的整定范围和低励磁限制特性，防止发电机进相运行时发生误动作。

失磁保护不仅要满足"反措"中的要求，还应注意：电压判据应采用机端电压互感器，采用系统电压不容易满足要求，因系统"无功"储备很大，当发电机失磁时，低电压判据不满足条件，影响保护正确动作；另外，有些电厂还采用转子电压做判据，需要将转子电压引至发电机—变压器组保护屏，一方面要使用耐受1.5～2倍励磁额定电压过电压的高绝缘电缆，另一方面，从励磁调节柜本体到发电机—变压器组保护装置所在的电子间长距离输送高电压不够安全，而且一旦接引转子电压的电缆绝缘出现问题，也会造成转子接地。笔者认为，转子接地保护应该设置在励磁小室内的专用保护屏，发电机失磁保护仅设置机端低电压闭锁条件，不将高电压长距离引入发电机—变压器组保护装置，不失为一个安全可靠的保护方案。

此外，失磁保护定值给出的是阻抗，而励磁系统的低励限制判据用的是功率，不便直接比较，需要将阻抗换算成功率的形式才能比较，这也是发电厂继电保护专业技术人员整定计算中的一项工作，应该在发电机—变压器组及励磁装置的整定计算书中核算，但现场实际往往被忽略。

失步保护反应发电机—变压器组运行中发生与系统失步振荡的异步运行工况时，失步保护动作跳闸，要躲开故障电流最大的时刻跳闸，防止故障电流超过断路器允许的最大开断电流而烧毁断路器；失步保护应考虑既要防止发电机损坏又要减小失步对系统和用户造成的危害，为防止失步故障扩大为电网事故，应当为发电机解列设置一定的延时，使电网和发电机具有重新恢复同步的可能性，在保证发电机设备承受系统振荡能力的前提下，保证电网稳定安全运行。

18.6.20 300MW 及以上容量发电机应配置启停机保护及断路器断口闪络保护。

启停机保护是发电机—变压器组在启动或停机过程中的一项临时保护措施，只作为低频（通常 40～45Hz）工况下的辅助保护，设置有低频及断路器辅助触点作为闭锁条件，定值整定较低，因此在正常工频运行时应退出，以免发生误动作。实际上，造成启停机保护动作的原因在于误操作，使发电机在启动或停机过程中误加上了励磁电流，如果此时发电机正好存在短路或其他故障，由于频率低，许多继电器的动作特性受频率影响较大，在这样低的频率下不能正确工作，或是灵敏度大大降低，或是根本不能动作，因此需要设置启停机保护。

闪络保护是防止发电机并网前，并网断路器断口击穿而设置的保护，一般只考虑单相或两相断路器击穿，因此，闪络保护中设置了零序、负序电流元件。闪络保护动作后有两个功能，一个是跳开发电机灭磁开关，另一个是启动失灵保护。需要注意的是，闪络保护动作后无论是跳灭磁开关还是启动失灵保护，理论上都不应带有延时。断路器断口击穿，只是在发电机与系统电压差 180° 左右才发生，击穿出现的时间很短，况且失灵保护自身还带有延时，一般都需要 0.4～0.5s，如果闪络保护再加延时，可能会导致不能启动失灵保护，闪络保护反复启动、返回，造成断路器严重的损坏，如果担心干扰引起闪络保护误启动，最多在闪络保护出口加 0.1s 延时。由于断口击穿时的电流很小（毕竟不是短路），又无需与其他保护配合，并网后即退出，因此闪络保护定值越灵敏越好。

案例：某 600MW 机组并网，主变压器高压侧电压为 500kV，3/2 断路器接线，由于闪络保护启动失灵保护延时整定为 0.4s，断路器失灵保护跳相邻开关延时也是 0.4s，当断路器断口击穿时，由于保护动作时间过长，闪络保护反复启动、返回，一直不能保护出口，造成断路器瓷套崩裂，热浪喷出，引发相间短路，由于使用的是母线侧断路器，导致母差保护动作，跳开了一条母线上的所有断路器，扩大事故，造成严重损失。

对于闪络保护，还要注意的一点是，新版《防止电力生产事故的二十五项重点要求》颁布之前，一般按照电压等级设置及投入闪络保护，基本上都是 500kV 电压等级的并网断路器才投闪络保护，国能安全〔2014〕161 号《防止电力生产事故的二十五项重点要求》规定按发电机容量投闪络保护。

18.6.22 发电厂的辅机设备及其电源在外部系统发生故障时，应具有一定的抵御事故能力，以保证发电机在外部系统故障情况下的持续运行。

随着电力电子技术的发展，变频器以其调速精确、使用简单、保护功能齐全等优点逐步代替传统的调速控制装置而在发电厂重要辅机设备上得到广泛应用，变频调速系统在带来节能环保及控制水平等方面巨大优势的同时，也给系统稳定运行带来了新的问题，包括对运行环境要求严格、设备故障率高以及对电压波动敏感等。

在实际的生产过程中，电动机采用变频调速后，电力系统电压波动会影响其正常运行。当电网电压或厂用电系统电压因故障或扰动（如大电机启动等）而产生电压突然波动或暂降时，导致火电厂变频器在使用中产生了新问题：变频器因低电压保护跳闸，即变频器低电压穿越能力缺失，多数辅机变频器低电压穿越能力差，有些甚至不具备这种能力，影响到电动机变频器的正常运行，对发电厂的电动机、甚至机组的安全稳定运行产生影响。

近年来由于辅机变频器低电压穿越能力的缺失，全国火电厂陆续发生了多起因系统瞬时故障造成火电机组停机的事件，引起系统振荡或解列、大范围停电减负荷等，造成了一定的

社会和经济影响。如:

(1) 2011年,东北电网500kV伊换1号线发生了单相接地事故,造成系统电压发生持续60ms左右的深度暂降,引起华能伊敏电厂2台600MW机组、国华呼伦贝尔电厂2台600MW机组的给煤机变频器低电压保护动作停机,MFT动作,导致机组跳闸。

(2) 2003年,因电网发生三相短路故障,造成镇江电厂220kV母线系统电压急剧降低,导致全厂6kV、400V母线电压大幅下降,1、2号锅炉共4台空气预热器的合闸继电器或接触器因电压低无法自保持而自行释放造成设备跳闸,引起两台锅炉MFT动作停机。

(3) 2014年,220kV苏庄变电站庄牵4Y26线路三相短路跳闸,导致东龙分区多处出现电压暂降现象,造成79km外的大唐南京电厂、华润南京电厂厂用母线电压出现瞬时波动,三台机组因给煤机变频器低电压保护动作闭锁输出,联动锅炉炉膛灭火保护(MFT)动作,机组跳机。

(4) 2014年,在南京青奥会和国家公祭日保电、2015年张家港和常熟2次孤网运行预警、2016年南京西环网UPFC人工接地短路试验期间,火电机组重要辅机变频器低电压穿越能力均受到严重关切,相关电厂在此期间也采取了一些临时措施,如将高压辅机转工频运行等,以保证重要辅机变频器正常运行。

目前,在火力发电厂,给煤机变频器的低电压跳闸问题较为突出。在机组正常运行时,一旦电网电压发生瞬时波动,电压下降幅度超过给煤机变频器低电压跳闸值,给煤机的跳闸概率极大,而给煤机与FSSS(锅炉炉膛安全监控)系统做了安全连锁,在给煤机非正常停机时,FSSS系统判断为燃料中断,启动主燃料跳闸,引发锅炉灭火保护动作,全国各级电网均出现过电网发生瞬时电压波动引起机组给煤机变频器低电压穿越而跳闸的问题,变频器低电压穿越问题日益突出,寻求辅机变频器的电压暂降能力的解决方案迫在眉睫。

五、继电保护技术改进

继电保护技术改进和反事故措施是紧密相连的,均在运行技术中占有极重要的位置。反事故措施的依据除反措要点外,对电力系统事故通报中同类型厂站的经验教训,也是进行反措编制的重要依据。所以对每次事故通报中有关继电保护的经验教训都要认真学习,并结合本单位继电保护的实际情况对照借鉴,然后提出并编制反事故措施计划和技术改进计划,使保护配置和保护性能不断完善与提高,这对整个电力系统的安全运行有着极其重要的作用。以下举例说明继电保护不断进行技术改进的实例。

1. 线路保护及远跳

传输保护信息的通道应满足传输时间、安全性和可依赖性的要求。纵联保护应优先采用光纤通道,220kV及以上新建、技改的同杆并架线路保护,在具备光纤通道的条件下,应配置光纤电流差动保护或传输分相命令的纵联保护。

为提高220kV及以上系统远方跳闸的安全性,防止保护误动作,远跳命令宜经相应的就地判据出口,且远跳通道宜独立于线路差动保护通道;线路两侧不允许同时投入保护的弱馈功能;采用三相电压及自产零序电压的保护,应避免电压回路故障时同时失去相间及接地保护。

500kV线路保护配置零序反时限过流保护,零序反时限过流保护一般情况下不带方向,宜采用IEC正常反时限特性曲线。

500kV线路光纤电流差动保护应具备双通道接入功能。光纤电流差动保护装置、保护光纤信号传输装置（保护光纤通信接口装置）应具备地址识别功能，地址编码可采用数字或中文。

线路保护通道的配置应符合双重化原则，500kV 线路保护通道的改造及新投产保护通道的配置应满足以下要求：

（1）配置两套主保护的线路，每套主保护的通道应有完全独立的"光纤"+"光纤"、"光纤"+"载波"保护通道，确保任一通道故障时，每套主保护仍可继续运行。"光纤"+"光纤"双通道应包括两个不同的光纤路由和不同的光传输设备，且通信直流电源应双重化。

（2）单通道光纤电流差动保护采用短路径通道，双通道光纤电流差动保护采用一路短路径通道和一路长路径通道，且短路径通道和长路径通道分别采用不同的光通信设备。

（3）光纤电流差动保护禁止采用光纤通道自愈环，非光纤电流差动保护和辅助保护可采用光纤通道自愈环。

（4）线路保护光纤通道应优先采用本线或同一电压等级线路的光缆，在不具备条件时可复用下一级电压等级线路的光缆。

（5）线路保护通道的配置应符合双重化原则，保护接口装置、通信设备、光缆或直流电源等任何单一故障不应导致同一条线路的所有保护通道同时中断。

2. 母线保护及断路器失灵保护

为确保母线差动保护检修时母线不至失去保护，防止母线差动保护拒动而危及系统稳定或将事故扩大，500kV 母线保护及 500kV 变电站的 220kV 母线保护应采用双重化配置，重要的或有稳定问题的 220kV 厂站的 220kV 母线保护应采用双重化配置。双重化配置除应符合前述技术要求外，同时还应满足：

（1）每条母线采用两套完整、独立的母线差动保护，并安装在各自的屏柜内，每套保护分别动作于断路器的一组跳闸线圈。

（2）采用单套失灵保护时，失灵保护应同时作用于断路器的两个跳闸线圈；当共用出口的双重化配置的微机型母差保护与断路器失灵保护均投入时，每套保护可分别动作于断路器的一组跳闸线圈。

（3）用于母线差动保护的断路器和隔离开关的辅助触点、切换回路、辅助变流器以及与其他保护配合的相关回路亦应遵循相互独立的原则按双重化配置。

（4）500kV 变电站的 35kV 母线应配置母差保护。

（5）双母线接线方式的厂站的母线保护，应设有复合电压闭锁元件。

（6）对数字式母线保护装置，应在启动出口继电器的逻辑中设置电压闭锁回路，而不是在跳闸出口回路上串接电压闭锁触点。

（7）对于 3/2 断路器接线方式的厂站，500kV 边断路器失灵宜通过母差保护出口跳相关边断路器。500kV 边断路器失灵经母差保护出口跳闸的，母差保护应充分考虑交直流窜扰问题，可在母差失灵保护出口回路中增加 20～30ms 的动作延时，以提高失灵回路抗干扰的能力，防止母差失灵保护误动作。

220kV 及以上变压器、发电机—变压器组的断路器失灵时，应启动断路器失灵保护，并满足以下要求：

（1）断路器失灵保护的电流判别元件应采用相电流、零序电流和负序电流按"或门"构成的逻辑。

（2）对数字式母线保护装置，可在启动出口继电器的逻辑中设置电压闭锁回路，而不在跳闸出口回路上串接电压闭锁触点。

为解决断路器失灵保护复合电压闭锁元件灵敏度不足的问题，可采用以下解决方案：

（1）采用由主变压器各侧"复合电压闭锁元件动作"（或逻辑）作为解除断路器失灵保护的复合电压闭锁元件，当采用微机型变压器保护时，应具备主变压器"各侧复合电压闭锁动作"信号输出的空触点。

（2）采用保护跳闸触点和电流判别元件同时动作去解除复合电压闭锁，在故障电流切断或保护跳闸命令收回后重新闭锁断路器失灵保护。

母线发生故障，母线保护动作后，除 3/2 断路器接线方式外，对于不带分支且有纵联保护的线路，应利用线路纵联保护使对侧断路器快速跳闸，如闭锁式保护采用母差保护动作停信、允许式采用母差保护动作发信、纵差保护采用母差保护动作直跳对侧等。对于该母线上的变压器，除利用母差保护动作触点跳变压器本侧断路器外，还应启动变压器本侧断路器失灵保护。

根据现场实践经验，断路器失灵保护的改进方案通常有：

（1）双母线接线方式的断路器失灵保护必须采用复合判据；线路或元件保护跳闸命令的开入是失灵启动的最基本的条件，无跳闸不启动、不报警。

（2）"六统一"将双母线接线方式的断路器失灵保护中的"故障电流再判元件"集成在母差保护装置内，不使用断路器状态触点闭锁断路器失灵保护。

（3）线路或元件保护的失灵启动元件在故障切除后必须快速返回，并重新闭锁断路器失灵保护，这是防止断路器失灵保护误动作的重要措施。

（4）尽可能考虑防止误开入引起的误动，相关开入元件应具备较大启动功率和抗工频干扰的能力。一般情况下，误开入的原因主要是由于直流接地、直流回路误通入交流量、出口继电器误出口、接点绝缘击穿、光耦损坏等原因造成。可以采用提高光耦启动电压和动作时间（$10\text{ms} < t < 20\text{ms}$）、经大功率中间继电器转接、抗御交流电压的带短延时（10ms）的直流中间继电器、双开入等措施解决。此外，用失灵保护装置软件逻辑，在最末一级防止误开入是最有效的也是必要的。

（5）简化二次回路。在失灵保护装置进行断路器未断开的判别是最有效的，所以线路单元可以只提供无流（故障）收跳令的跳闸接点就行，对于单断路器的线路失灵保护启动，完全可以取消断路器保护（内含失灵启动、三相不一致保护等功能）；对于元件单元，因为要进行二次电流判别，所以宜设置专用失灵保护，起到失灵启动、本断路器失灵跳变压器有电源的其他侧的作用。如能达到此标准，变压器瓦斯保护也可以启动失灵保护，而不必和其他跳闸回路分开。

（6）线路单元的三相不一致保护可以不启动失灵保护。线路单元三相不一致保护动作，断路器失灵保护未跳开，对双断路器系统来说，可能在本站某些支路产生不对称电流，但在本站一般会汇合成对称电流，对外部无影响；对单断路器系统来说，会在系统形成不对称电流，由于分流的原因，对系统和发电机的影响有限，宜由值班员进行处理，如启动失灵将损失一段母线的元件，对系统的影响更大。在线路故障且断路器不能完全跳开的情况下，失灵保护会在三相不一致保护动作前动作，断路器三相不一致保护主要是由断路器偷跳重合闸不成功、或手动跳闸三相未完全跳开形成，概率很小。实际上，除采用断路器自身机构的三相不一致保护外，原设计一般未将三相不一致保护出口与其他保护分开，所以也是要启动失灵保护的。综上所述，对双断路器而言，如采用断路器保护装置的三相不一致保护，宜将三相不一致保护出口与其他保护分开，以便实现三相不一致保护不启动失灵保护的设计。

（7）发电机—变压器组单元的电气三相不一致保护应启动失灵保护。技术规程要求：凡是采用近后备方式的系统，保护装置发跳闸令而断路器未跳开的情况均应启动失灵保护，但未对三相不一致保护提出明确要求。而反措有明确要求：为减轻负序电流对发电机的损伤，发电机—变压器组单元的电气三相不一致保护应启动失灵保护，且需要经电流判别条件闭锁。

标准化设计规定：失灵保护的启动判据集成在线路或主设备保护内部，不再使用线路保护的非全相及失灵启动箱的电流判据，可以取消线路保护非全相及失灵启动箱（非全相保护采用断路器本体的三相不一致保护）。

线路保护动作后，由于断路器故障无法切断故障电流时，由集成在线路保护中的断路器失灵启动判据判明后，输出动作触点，直接开入母差保护，并由集成在母差保护中的断路器失灵保护完成断路器失灵故障电流再判及后再经由母差保护出口。

（8）双重化的线路保护不再共用失灵启动箱的电流判据，并分别一一对应地启动两套失灵保护，遵从了继电保护双重化配置的原则，线路保护与失灵保护"一一对应"；减少双重化的两套主保护之间存在安全隐患的"交叉"回路联系；减少了非全相及失灵启动箱，简化了线路保护配置；同时也减少了二次回路环节，提高了回路可靠性。

（9）断路器失灵保护采用双重电流判据。这样提高了保护可靠性，也解决了电流回路断线引起的误启动，同时也解决了整定、配合方面的难题，包括断路器失灵保护灵敏度与负荷电流之间的矛盾；简化整定计算工作；取消断路器辅助接点，减少对外回路的依赖性，简化保护二次回路则是提高断路器失灵保护正确动作率的有效手段；利用母差（变压器）保护中的断路器失灵故障电流再判的功能实现电流回路双重化判别，避免电流回路断线的负面影响等，同时也解决了整定配合方面的难题。

3．发电机—变压器保护

220kV及以上电压等级的主变压器或100MW及以上容量发电机—变压器组保护应按双重化配置（非电气量保护除外）。双重化配置除应符合前述技术要求外，同时还应满足以下要求：

（1）主变压器应采用两套完整、独立并且安装在各自屏柜内的保护装置，每套保护均应配置完整的主、后备保护。

（2）发电机—变压器组每套保护均应含完整的差动及后备保护，能反应被保护设备的各种故障及异常状态，并能动作于跳闸或发信。

（3）主变压器或发电机—变压器组非电量保护应设置独立的电源回路（包括直流空气小开关及其直流电源监视回路）和出口跳闸回路，且必须与电气量保护完全分开，在保护柜上的安装位置也应相对独立。

（4）每套完整的电气量保护应分别动作于断路器的一组跳闸线圈。非电量保护的跳闸回路应同时作用于断路器的两个跳闸线圈。

（5）为满足保护双重化配置要求，500kV变压器的高、中压侧和220kV变压器的高压侧必须选用具有双跳闸线圈的断路器。断路器和隔离开关的辅助触点、切换回路、辅助电流互感器及与其他保护配合的相关回路亦应遵循相互独立的原则按双重化配置。

（6）变压器的瓦斯保护应防水、防油渗漏、密封性好。气体继电器由中间端子箱引出的电缆应直接接入保护柜，非电量保护的重动继电器宜采用启动功率不小于 5W、动作电压在于 55%～65%U_e、动作时间不小于 10ms 的中间继电器。

（7）电气量保护与非电气量保护的出口继电器应分开，不得使用不能快速返回的电气量保护和非电量保护作为断路器失灵保护的启动量，且断路器失灵保护的相电流判别元件动作时间和返回时间均不应大于 20ms。

（8）发电机—变压器组出口三相不一致保护启动失灵保护。220kV 及以上电压等级单元制接线的发电机—变压器组，应使用具有电气量判据的断路器三相不一致保护去启动断路器失灵保护。

4. 保护控制直流电源

互为冗余配置的两套主保护、两套安全稳定装置、两组跳闸回路的直流电源应取自不同段直流母线，且两组直流之间不允许采用自动切换。

双重化配置的两套保护与断路器的两组跳闸线圈一一对应时，其保护电源和控制电源必须取自同一组直流电源。控制电源与保护电源直流供电回路必须分开。

为防止因直流空气开关（直流熔断器）不正常熔断而扩大事故，应注意做到以下几点：

（1）直流总输出回路、直流分路均装设熔断器时，直流熔断器应分级配置，逐级配合。

（2）直流总输出回路装设熔断器，直流分路装设小空气开关时，必须确保熔断器与小空气开关有选择性地配合。

（3）直流总输出回路、直流分路均装设小空气开关时，必须确保上、下级小空气开关有选择性地配合。

（4）由一组保护装置控制多组断路器（例如母线差动保护、变压器差动保护、发电机差动保护、线路横联差动保护、断路器失灵保护等）和各种双断路器的变电站接线方式中，每一断路器的操作回路应分别由专门的直流空气开关（直流熔断器）供电，保护装置的直流回路由另一组直流空气开关（直流熔断器）供电。

（5）有两组跳闸线圈的断路器，其每一跳闸回路应分别由专用的直流空气开关（直流熔断器）供电。

（6）只有一套主保护和一套后备保护的，主保护与后备保护的直流回路应分别由专用的直流空气开关（直流熔断器）供电。

接到同一熔断器的几组继电保护直流回路的接线原则如下：

（1）每一套独立的保护装置，均应有专用于直接到直流空气开关（直流熔断器）正负极电源的专用端子对，这一套保护的全部直流回路包括跳闸出口继电器的线圈回路，都必须且只能从这一对专用端子取得直流的正、负电源。

（2）不允许一套独立保护的任一回路（包括跳闸继电器）接到另一套独立保护的专用端子对引入的直流正、负电源。

（3）如果一套独立保护的继电器及回路分装在不同的保护屏上，同样也必须只能由同一专用端子对取得直流正、负电源。

（4）由不同熔断器供电或不同专用端子对供电的两套保护装置的直流逻辑回路间不允许有任何电的联系，如有需要，必须经空接点输出。

（5）查找直流接地点，应断开直流空气开关（直流熔断器）或断开由专用端子对到直流空气开关（直流熔断器）的连接，并在操作前，先停用由该直流空气开关（直流熔断器）或由该专用端了对控制的所有保护装置，在直流回路恢复良好后再恢复保护装置的运行。

用整流电源作浮充电源的直流电源应满足下列要求：

（1）直流电压波动范围应小于 5%的额定值。

（2）波纹系数小于 5%。

（3）失去浮充电源后在最大负荷下的直流电压不应低于 80%的额定值。

（4）保护装置直流电源的插件运行不宜超过 8 年。

5. 辅机变频器电压暂降

变频器及供电对象设备外部故障或扰动引起的暂态、动态或长时间电源进线电压升高或降低到规定的高、低电压穿越区内时，能够可靠供电，保障供电对象的安全运行，这就是辅机变频调速系统的高、低电压穿越。

多数辅机变频器低电压穿越能力差（低电压穿越能力缺失），有些甚至不具备这种能力，影响到电动机变频器的正常运行，对发电厂的电动机、甚至机组的安全稳定运行产生影响。

辅机变频器一般输入电压为 380V，输出电压为 380～650V，输出功率为 0.75～400kW，工作频率为 0～400Hz，它的主电路都采用交-直-交电路，具有成熟的一致性拓扑结构。

变频器低电压的影响因素包括：电源部分主要有输电线路故障、电网波动、主电源切换、雷击等异常天气、负荷不平衡等影响因素；负荷部分主要是由于大型设备的启动或线路过负荷引起的厂用母线电压的暂降或波动等。如：

（1）电厂高压母线近端输电线路短路、接地故障会导致厂用电系统的电压短时跌落，造成厂用变频器进线电源电压暂降。

（2）随着特高压交流同步电网的成形，系统动态问题凸显、低频振荡风险增加。发生有功功率大幅振荡时，会伴随着无功功率的同步振荡，影响到发电机机端电压和厂用电系统电压，可能出现时间较长的电压持续跌落和升高。

（3）特高压直流输电网发生直流线路闭锁故障，或特高压交流跨区域输电线路跳闸时，巨额的功率潮流突变会引起局部电网无功功率的短时过剩或缺失。特高压直流换流站均配置有大量无功补偿设备，但其配合投切会存在延时。如果无功补偿设备投切逻辑不完善、时差过大，会造成因无功裕度大产生短时高电压或因无功不足带来短时低电压，从而影响到临近换流站交流电网的电压水平。

（4）厂用电系统大容量辅机设备启动、厂用电源切换过程短时掉电和厂内低压母线负荷、元器件等出现短路故障等是引起厂用电系统电压跌落的内部原因。

在火力发电厂，给煤机变频器的低电压跳闸问题较为突出。机组正常运行时，一旦电网电压发生瞬时波动，电压下降幅度超过给煤机变频器低压跳闸值（通常为 85%U_n，有的可以到 60%U_n，但相应参数要设置且降功率运行）时，变频器会闭锁停机，造成辅机停运。当辅机为给煤机、给粉机等重要设备时，设备的全停将造成锅炉灭火停炉、停机。

2013 年，国家电网公司下发了《大型汽轮发电机组一类辅机变频器高、低电压穿越技术规范》，要求重要辅机设备的变频器：

（1）当电压跌落至 20%～60%额定电压、持续时间不大于 0.5s 时，能够可靠供电，一类辅机设备变频器应具有持续供电的能力。

（2）当电压跌落至 60%～90%额定电压、持续时间不大于 5s 时，一类辅机设备变频器应具有持续供电的能力。

（3）变频器在进线电源电压跌落到不小于 90%额定电压时，一类辅机变频器应具有持续供电的能力。

（4）当外部故障或扰动引起的变频器进线电压升到不大于额定电压的 1.3 倍，持续时间不大于 0.5s 时，变频器应能够保障供电对象的安全运行。

新建发电厂在设计、设备招标、安装、调试等各阶段要严格执行规范要求，对于已投运的变频器设备，要尽早进行改造，使之满足规范要求。改造方案的选取原则：

（1）低电压穿越系统在投入工作同时不应产生较大电流对厂用电系统造成冲击，不能因加装的低电压穿越装置发生故障而导致辅机设备变频器停机（设备本身不可成为故障点）。

（2）改造完成后，不能改变原变频系统的运行方式，加装的低电压穿越装置不能影响其他设备的正常运行。

（3）低电压穿越装置必须与机组 MFT 做可靠联锁，当 MFT 信号发出后低电压穿越装置要无条件退出运行。

（4）低电压穿越装置在电网发生各种故障时，都应具备低电压穿越能力，不应导致辅机设备变频器停机；且低电压穿越装置应安全可靠，不能给原有设备带来新的安全隐患。

目前常用的改造方案有：在低压变频器直流母线处并联储能系统，在低压变频器直流母线处并联升压电路，低压变频器直流母线处并联升压电路加储能，这三种方案归纳为直流母线支撑方案，存在变频器本体改造、供电回路可能形成环流、现场自行改造质量保障等问题。重点推荐的是直流母线处并联升压电路并配置直流电源方案，采用一拖一方式，如图 3-3 所示。

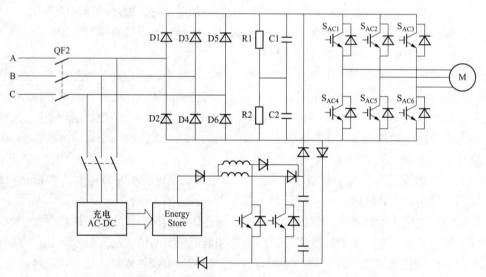

图 3-3　直流母线处并联升压电路并配置直流电源方案

提醒专业人员在实际工作中需要注意的是：

（1）准确理解电网调度部门的相关要求，择优制订技改方案，避免重复改造。

（2）所采用的低电压穿越设备应安全可靠，不应对电网或原有设备带来新的安全隐患，不能因加装的设备发生故障而导致辅机设备变频器停机。

（3）采用附加装置提升变频器低电压穿越能力时，需要充分考虑附加装置与相应继电保护、热工保护等之间的协调配合。要保证发电机组因其他原因停机、跳闸时附加装置能够及时退出，防止机组停机过程中由于附加装置强制辅机变频器在线运行而对机组安全停机带来风险。

（4）应定期对低电压穿越装置进行检查、试验，确保装置相关功能正常可靠。

第二节 二次回路及抗干扰问题

一、二次回路及相关反事故措施

1. 二次回路

根据电气设备在电力生产中的不同作用，可分为一次设备和二次设备。一次设备包括发电机、变压器、输电线、电力电缆、断路器和隔离开关、母线和避雷器等；二次设备是指对一次设备的工作和运行状况进行监视、测量、控制、保护、调节所必需的电气设备，如继电保护及自动装置、自动化监控系统、电压互感器和电流互感器的二次绕组引出线以及直流电源系统，这些二次设备按一定要求连接在一起构成的电路，称为二次回路，二次回路是电力系统的重要组成部分，是电力系统安全、经济、稳定运行的重要保证。

随着微机技术的发展，二次回路的实现手段发生了变化。由于二次回路的原理并未发生根本的改变，许多概念还是沿袭过去的传统，而且当前的继电保护装置从原理到制造工艺、质量均已趋于成熟、稳定，影响继电保护可靠稳定运行的因素主要是二次回路，因此，在生产运行中要关注和重视二次回路。

随着电网迅速扩大，短路容量明显增大，保护双重化、断路器失灵保护等都是目前电网采用"近后备"的保护配置方案。全面推广使用微机型保护，简化二次回路，优化组合保护功能，保持在电源和回路上的"独立性"是保护双重化配置的重要原则。

双重化配置对于二次回路的影响主要体现在：

（1）保护双重化配置和保护小室下放的设计方案，使得电缆的长度和数量都在增加。

1）每千米的电缆对地电容约为 $0.3\sim0.4\mu F$，电缆长度和数量的增加都给保护二次回路提供了干扰路径，如短路电流流经接地网对电缆形成的干扰，交流窜入直流回路等都会或是直接对继电保护安全运行构成严重的威胁。如图 3-4 所示，由于电缆存在对地电容分量，对交流形成回路，特别是影响到保护装置的继电器和开入量的动作行为而造成严重后果。

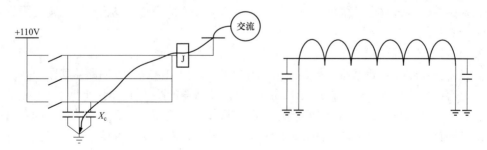

图 3-4 电缆存在对地电容分量

由于电缆屏蔽层两端接地增加了二次回路的对地电容分量，电缆的长度增加，也增加了二次回路的对地电容分量。

2）高压大容量发电机组和大型电网的时间常数在不断增加，电缆长度增加，加大了直流电阻，使得 TA 运行条件恶化。

3）直流电源供电回路长度的增加，给绝缘、对地电容分量等方面都带来问题。

（2）二次回路的抗干扰措施，效果不在"明处"而是在"关键时刻"。

（3）不健康的二次回路在运行、操作中产生问题，往往是造成继电保护不正确动作的主要因素。

（4）不合理设计、安装、调试、检修都会在二次回路留下隐患甚至直接造成继电保护误动，如使用运行电源做检修工作、造成交流窜入直流回路导致运行中的保护误动。

例如：某发电厂 2 号机组高压厂用变压器 6kV B 段工作进线断路器侧发生短路故障，引起发电机—变压器组和高压厂用变压器差动保护动作，机组解列、灭磁、跳开厂用分支断路器，并由厂用电源快速切换装置投入备用电源。此后，故障延伸至该段备用电源进线 TV 间隔和工作电源断路器母线侧，引起启动备用变压器差动保护和 220kV 侧过流保护动作。但由于保护第一出口的接线错误，未能跳开启动备用变压器 220kV 侧断路器，后经 58s 发展成为变压器内部故障，靠重瓦斯保护动作跳闸。

事故发生后经查，启动备用变压器采用 GE 保护，出口 SR745 继电器共设 8 个出口，其中 1 出口是无触点可控硅输出并且会导致直流系统一点接地，不符合我国直流系统设计的要求，现场应急采取临时措施，将保护输出的 1 出口改为继电器触点输出的备用 5 出口，设备厂家到场后对保护装置内部软件设置和外部输出触点接线均做了相应的改动，恢复 1 出口正常使用，但现场继电器背后的端子接线未作改动，仍然接在 5 口上，修改后亦未做传动试验，埋下了隐患，导致此次事故的扩大。

对运行中的继电保护及自动装置的外部接线进行改动后，即便是改动一根连线的最简单情况，也必须履行如下程序：①及时修改图纸，工作负责人在修改图纸上签字，经主管继电保护部门批准；没有修改的原图要标记作废。②按图施工，不准凭记忆工作；拆动二次回路时必须逐一做好记录，恢复时严格核对。③改动完成后，须做相应的逻辑回路整组试验，确认回路、极性及整定值完全正确，然后交由值班运行人员验收后再申请投入运行。

现场实例说明，一旦保护装置动作：①首先分析其动作行为是否正确；②如果是不正确动作，应分析和找出误动或拒动原因；③当原因暂时不明确时，权衡利弊，决定误动保护是否暂时退出投跳（有双重化保护，或该保护功能在被保护设备上发生故障概率较小时，可以考虑在查明原因前暂时由投跳闸改为投信号），待查明真实的不正确动作原因并消除隐患或改进后再投入跳闸。

2. 断路器操作回路

断路器操作回路是断路器的重要控制、监视和保护出口回路，在断路器切断一次回路的过程中起着决定性作用。断路器的操作回路一般由断路器的跳（合）闸控制回路、防跳回路、跳（合）闸位置监视回路、辅助设备监视回路、操作电源监视回路和相关的信号回路组成。其中防跳回路是除跳（合）闸回路以外的一个重要核心回路，它对断路器防止多次跳合闸起着至关重要的作用。

普通的断路器控制回路比较简单，并随着断路器的类型的变化以及继电保护的要求也在不断改进，但基本的跳、合闸回路不会改变，如：过去的断路器按灭弧介质分为多油、少油及空气断路器，现在的断路器普遍采用六氟化硫作为灭弧介质，在 35kV 以下的系统中还有真空断路器。

真空断路器特点是：短路电流过零点熄弧后不会重燃，灭弧时间短，这主要是对于电阻和电感型负载，对电容负载，因断路器断开时，断口两端仍存在着电压，容易导致电弧重燃。另外，真空断路器利用"真空"，不用每次断弧后滤油，故无需经常检修，可靠性也比较高。

根据以上断路器不同的灭弧介质和不同的储能形式，对断路器的控制回路就应区别对待：由于用液压和气压储能的断路器在平时会有内泄漏，因此要用油泵或气泵经常给断路器充油或充气以维持用于跳合闸时的能量，当储能压力降低过多时，会造成断路器合闸或分闸时间长，且不能很好的灭弧，甚至引起断路器爆炸。所以，一般在跳、合闸回路中串入压力触点，当断路器储能压力降低较多时闭锁断路器的合闸或分闸，防止这种情况的发生。

但是在使用电磁操动式断路器时，就无需串入压力触点闭锁断路器的分、合闸，因为电磁操动式断路器是依靠电磁力矩吸动衔铁分、合闸断路器，正常时不会造成储能压力降低，因此可以不用串联压力触点。

在断路器操作控制回路中串入断路器辅助触点有两个原因：

（1）跳闸线圈与合闸线圈是按短时通电设计的，在跳、合闸动作完成后，通过断路器辅助触点将操作回路断开，以保证跳、合闸线圈的安全。

（2）跳、合闸启动回路的触点（手动跳、合闸和继电器触点）由于受自身断开容量的限制，不能很好的断开操作回路的电流，如果由它们断开操作电流，将会因断弧使继电器触点烧毁，而断路器辅助触点断开容量大，可以很好的断弧。所以在合闸回路中串入断路器常闭触点、在跳闸回路中串入断路器常开触点，以保护继电器触点不被烧毁。大多数断路器的操作回路电流为 2A 左右，220V 直流电源的跳、合闸回路电阻约 100Ω。

在手动合闸过程中，因操作断路器时手动操作返回时间较长，当合闸到故障线路时，继电保护动作较快，手动操作尚未返回，保护已经动作跳闸，合闸命令一直存在，如果不采取措施断路器将再次合闸、保护再次跳闸，如此断路器将会发生多次的"分-合-分"的现象，称之为"跳跃"，多次跳跃会造成断路器毁坏，因此必须在控制回路中增加防跳功能。

防跳回路一般在合闸回路中，过去我国自己设计的防跳回路是依靠保护动作时启动（电流启动）、手动合闸时保持（电压保持）。在合闸过程中，只要保护启动跳闸，防跳回路就将跳闸后的状态保持住而不再合闸，即保持到分闸后的状态。

现在许多断路器厂家引进了国外的生产技术，断路器的防跳功能均采用电压型的继电器串接在合闸回路中，这种防跳功能带来的问题是，如果不采取措施，防跳继电器与跳闸位置继电器串联分压，使防跳继电器和跳闸位置继电器均保持在动作状态不返回，为防止这种情况发生，在跳闸位置继电器后面串入了断路器的动断辅助触点和防跳继电器的动断辅助触点。此外，还应注意防跳继电器的动作时间，动作要快。

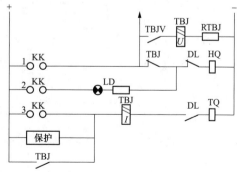

图 3-5　断路器防跳回路

使用断路器就地防跳功能是保障断路器检修所必需的措施。由图 3-5 可知，防跳继电器在跳闸线圈回路也具有自保持触点，增加了跳闸的可靠性。

考虑到在断路器的跳闸回路中已经具有防跳继电器的自保持跳闸回路，而且由于保护的跳闸回路至少在两个以上，系统发生故障时，两套保护将同时动作，如果保护的出口跳闸继电器还带有自保持电流线圈，很难与断路器跳闸线圈的电流相配合。因此保护装置出口跳闸继电器均不带电流自保持线圈，相应的断路器操作箱中的三相跳闸继电器等也均不带电流自保持线圈，而由防跳继电器的自保持触点发挥跳闸保持作用，保证跳闸的可靠性。

注意：断路器检修时必须有就地防跳功能，且完好投入。

对断路器控制回路的要求包括：

（1）应能进行正常的手动分、合闸操作。

（2）应能正确显示断路器的合闸与分闸状态。

（3）应具备防跳功能，特别注意手动合闸到故障线路的情况。

（4）断路器的储能应能保证断路器一个完整的"分-合-分"周期。

（5）对分闸与合闸时间的要求：跳闸 30~40ms，合闸一般 60~80ms。

3. 信号回路

信号回路应当装设直流电源回路绝缘监察装置，但必须用高内阻仪表实现，220V 回路不小于 20kΩ，110V 回路不小于 10kΩ。

这条要求的是使得在直流系统中所接入的最灵敏的中间继电器之前发生接地故障时，能动作发出信号。为此，在 220V 或 110V 的直流系统中，绝缘监察继电器的动作值一般整定为 2mA，即当直流系统中任一极对地绝缘电阻接近于最灵敏的中间继电器的内阻时，绝缘监察继电器应动作发出信号。

必须检查测试带串联信号继电器回路的整组启动电压，保证在 80%直流额定电压和最不利条件下分别保证中间继电器和信号继电器都能可靠动作。

例如：某 500kV 变电站的 220kV PMH-4 型双母线固定连接式母线保护装置，在单母线运行期间，在母差保护范围内，发生了带地线合闸的三相短路事故，有部分出口中间继电器拒绝动作。其简化的回路接线如图 3-6 所示。

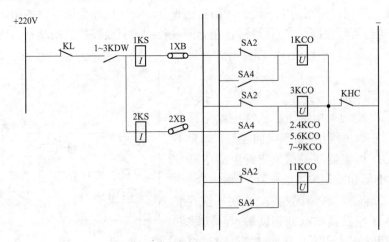

图 3-6 母差保护直流回路简化接线图

经事故调查，证明是因为串联于多个出口中间继电器线圈回路中的 1KS 信号继电器线圈参数不匹配造成的。1KS 采用 DX-8/0.015 型，内阻为 956Ω，出口中间继电器共 10 块（不同型号）并联，实测内阻为 1285Ω。图 3-6 中 SA2 和 SA4 分别为母线侧隔离开关切换辅助触点的重动继电器触点，SA2 触点闭合，SA4 触点打开（事故时为单母线运行，选择元件触点未画出）。

当时直流电压为 220V，故出口继电器线圈两端电压为

$$U_{KCO} = \frac{220}{956+1285} \times 1285 = 126.1(V)$$

此时，1KS 信号继电器线圈两端电压降为

$$U_{1KS} = 220 - 126.1 = 93.9(V)$$

占额定电压的 42.7%。

经实测，其中 1KCO、3KCO、4KCO 和 5KCO 的动作电压为 132～141V，而 6KCO 和 11KCO 的动作电压分别为 114V 和 110V。因此，动作电压大于 126.1V 的继电器将拒绝动作。

如图 3-6 中的信号继电器 1KS（2KS）改用 DX-8/0.04 型、内阻 130Ω，则无论单母线或是双母线运行，直流电压为额定电压时，信号继电器的灵敏度仍大于 1.4。因为考虑双母线运行，各母线为 5 个出口中间继电器，其并联电阻为 2142Ω，由此可算得 $K_{sen} = 2.42$，大于 1.4。当直流电压降至 80% 的额定值时，信号继电器线圈两端电压降小于额定电压的 10%，当考虑单母线运行时，出口中间继电器并联电阻为 1285Ω，信号继电器压降为 7.35%U_N，小于 10%U_N。两种电压下出口继电器均能可靠动作。

例如：某电厂发电机出口的主变压器，使用常规差动保护装置，其重瓦斯触点 KG，窜入信号继电器 2KS，经连接片 2XB 并联于差动保护共用一个出口 KOF，如图 3-7 所示。

图 3-7 中：$R_{1KS} = R_{2KS} = 320Ω$，型号为 DX-11/0.025；$R_{KOF} = 6500Ω$，$R = 1000Ω$。计算如下：

（1）两种保护同时动作，计算信号继电器的灵敏度。

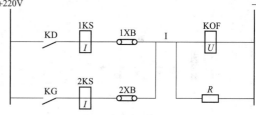

图 3-7　主变差动和重瓦斯保护共用出口回路接线图

总电流计算

$$I = \frac{220}{\dfrac{R_{KOF} \times R}{R_{KOF} + R} + \dfrac{R_{KS}}{2}} = 0.2142(A)$$

灵敏度计算

$$K_{sen} = \frac{0.2142}{0.05} = 4.28 > 1.4，满足要求$$

电压降（仅考虑一种保护动作的情况）

$$\Delta U_{1KS(2KS)} = \frac{0.8U_n}{\dfrac{R_{KOF} \times R}{R_{KOF} + R} + R_{KS}} \times R_{KS} = 47.5(V)$$

电压降落的百分数

$$\Delta U_{1KS(2KS)}\% = \frac{47.5}{220} \times 100\% = 21.6\% > 10\%，不满足要求。$$

（2）改进方法有两条：

1）更换信号继电器，选用内阻低一点、动作电流稍大一些的继电器。但由于保护屏在运行中，更换施工有困难且不安全；

2）更换并联电阻 R 值，由原来的 1000Ω/15W，更换为 5000Ω/10W，重新按上述步骤进行计算，其结果为

$$K_{sen} = 1.47 > 1.4；\quad \Delta U_{1KS(2KS)}\% = 8.14\% < 10\%，全部满足要求。$$

当直流电源电压下降到 $80\%U_N$，而出口继电器的动作电压为 $60\%U_N$ 时，将会拒绝动作，出口继电器的动作电压可以在 $55\%U_N \sim 70\%U_N$ 之间的范围内调整。按照《防止电力生产重大事故的二十五项重点要求》继电保护实施细则的规定，主变压器非电量保护应设置独立的电源回路（包括直流空气开关及其直流电源监视回路）和出口跳闸回路，且必须与电气量保护完全分开，在保护柜上的安装位置也应相对独立。

4. 跳闸连接片

除公用综合重合闸的出口跳闸回路外，其他直接控制跳闸线圈的出口继电器，其跳闸连接片应装在跳闸线圈和出口继电器的触点之间。

这样规定主要是考虑连接片 XB 尽可能不带正电。在配合断路器检修，保护装置作部分检验时，若按图 3-8（b）接线，如果断路器在合位，在 e 点出现正电，断路器将跳闸，会影响检修人员的人身安全。这种接线虽连接片在断开位置，但跳闸回路并未断开。所以，要采用图 3-8（a）的接线方式。

经由共用重合闸选相元件的 220kV 线路的各套保护回路的跳闸连接片，应分别经切换连接片接到各自启动重合闸的选相跳闸回路或跳闸不重合的端子上。

综合重合闸中三相电流速断保护共用跳闸连接片，应在各分相回路中串入隔离二极管。

例如，某 220kV 线路发生 B 相接地故障，

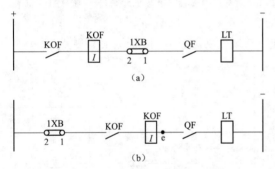

图 3-8 出口触点与连接片的接线图
（a）合理接线；（b）不合理接线

重合闸使用"单相重合闸"方式，如图 3-9 所示。

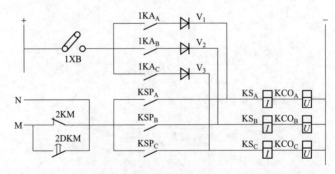

图 3-9 电流速断保护共用一个连接片接线图

图 3-9 中，KSP 为方向阻抗选相元件；1KA 为电流速断保护，在停用位置，该继电器在

出厂时，一次动作电流为 600A；二极管 V1～V3 是后来改造加上去的。

从故障录波图上录得故障时的相电流为：A 相 960A，B 相 2400A，C 相 500A。因此，A、B 两相电流继电器动作，判断为相间故障，故重合闸被闭锁了。如果窜入二极管隔离，则判断为单相故障，重合闸会正确动作成功。

单相故障时非故障相电流的大小，与单相接地短路点、流过保护安装处的零序电流与正、负序电流中哪一个分量大，以及负荷电流的大小、方向和功率因数等有关。

跳闸连接片的开口端应装在上方，接到断路器的跳闸线圈回路，应满足以下要求：①连接片在落下过程中必须和相邻连接片有足够的安全距离，保证在操作连接片时不会碰到相邻的连接片；②检查并确证连接片在扭紧螺栓后能可靠接通回路；③穿过保护屏的连接片导电杆必须有绝缘套，并距屏孔有明显距离；④检查连接片在拧紧后不会接地。

不符合上述要求的连接片须立即处理或更换。

5. 直流电压在 110V 及以上的中间继电器应有满足要求的消弧回路

（1）不得在其控制触点上并以电容电阻回路实现消弧。

（2）用电容或反向二极管在中间继电器线圈上做消弧回路，在电容及二极管上都必须串入数百欧的低值电阻，以防止电容器或二极管短路时将中间继电器线圈回路短接。消弧回路应直接并在继电器线圈的端子上。

（3）选用的消弧回路所用反向二极管，其反向击穿电压不宜低于 1000V，绝不允许低于 600V。

（4）注意因并联消弧回路而引起中间继电器返回延时对相关控制回路的影响。

下面介绍一种选取串接低值电阻的试验方法，如图 3-10 所示。

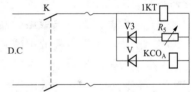

图 3-10　防止 KCO$_A$ 动作，选取 R_5 的试验接线图

图 3-10 中 R_5 可用滑线电阻代替，二极管 V 在试验时起隔离作用，试验结束后应拆除。试验方法及步骤：直流电源电压取运行中可能出现的最高值；改变滑线电阻 R_5 阻值，合入开关 K，观察 KCO$_A$ 触点是否抖动，如果 KCO$_A$ 触点不抖动，则可稍增大 R_5 阻值，反之减小 R_5 阻值，直至 KCO$_A$ 刚好不动作为止，然后用绝缘电阻表测量滑线电阻值，选用固定电阻置于 R_5 位置。这一点主要是考虑不要引起对相关控制回路的影响，如由于中间继电器并联消弧回路后，返回时将带有延时，不应出现触点竞赛而保持不返回等现象。

因此，必须通过整组试验来确定回路是否完好。

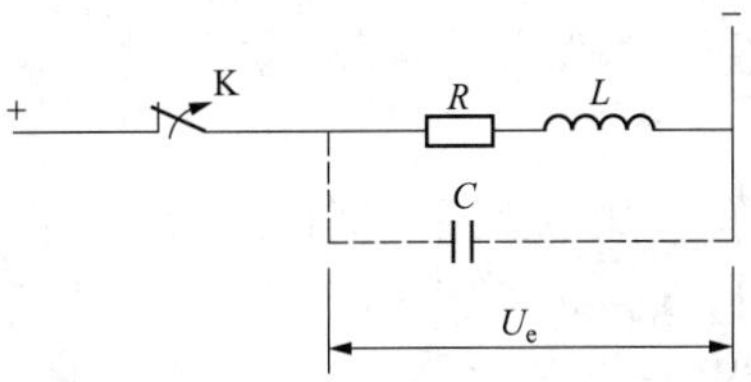

在直流逻辑回路中，当断开直流控制回路中的电感线圈时，会产生高频过电压，如图 3-11 所示的等效回路。

图 3-11 中 R 为线圈的电阻，L 为线圈电感，C 为杂散电容。

开关合闸时，电感线圈通过电流，储能为 $\frac{1}{2}Li^2$；开关断开时，断开了线圈的电流，但储积在线圈中的反电动势不能突然释放，通过与杂散电容形成的串联高频谐振回路，产生高频电流，将电容充电到高电压，其理论值为

图 3-11　断开电感线圈的等效回路图

$$U_e = \frac{E}{R}\sqrt{\frac{L}{C}}e^{-\frac{R}{2l}\tau}\sin\frac{t}{\sqrt{LC}}$$

如果加到间隙上的电容电压与电源电压 E 超过了触点间隙的闪络电压水平，开关触点间隙被重新击穿，电容电压为电源电压。如此反复进行，直至开关触点距离逐步拉大，开关最终确实断开为止。

跨过开关触点的电压，决定开断触点的闪络电压。对于一般继电器触点约为 1~3kV，而接触器则为 5kV，也实测到过 10kV 的数值。电压上升时间极快，不过数十纳秒。

每一次开关触点闪络，都要在回路中产生一次波动过程，多次的断开及再闪络将出现一连串的暂态，直接影响同一电源上的回路。同时，通过电磁耦合将对其他回路产生严重干扰。因此，对消弧回路所用的二极管，其反向击穿电压有不宜低于 1000V 的规定。

6. 交流二次回路

注意继电保护用电压互感器和电流互感器二次回路必须且只能有一点接地，其目的是保证人身和设备的安全。电流互感器二次回路如果出现多点接地，会因分流导致保护不正确动作。电压互感器二次出现多点接地，当系统发生接地故障时，两个接地点之间的电位差会叠加在正常的电压上，造成保护装置感受到的二次电压与实际故障相电压不对应，会导致保护装置不正确动作。

《防止电力生产事故的二十五项重点要求》中（〔2014〕161 号）18.7.3 条规定：公用电压互感器的二次回路只允许在控制室内有一点接地，为保证接地可靠，各电压互感器的中性线不得接有可能断开的开关或熔断器等。已在控制室一点接地的电压互感器二次绕组，宜在开关场将二次绕组中性点经放电间隙或氧化锌阀片接地，其击穿电压峰值应大于 $30I_{max}$ V（I_{max} 为电网接地故障时通过变电站的可能最大接地电流有效值，单位为 kA）。应定期检查放电间隙或氧化锌阀片，防止造成电压二次回路多点接地的现象。

双母线接线的变电站或发电厂的升压站，两条母线的电压互感器的二次"N"应在保护室一点接地。如果各自在就地接地，则两个接地点之间就会产生电位差，变电站的地网各点的点位是不相等的，尤其是在系统发生接地故障时。这个电位差叠加在保护的测量电压上，会造成保护的不正确动作。

因为在双母线接线的厂站，保护装置的电压是靠隔离开关辅助触点的切换获得的，但电压切换只切换交流电压的 A、B、C 相，不切换 N600，如果两母线 TV 二次各自在就地端子箱接地，有可能某一套保护用的是 I 母线的 A、B、C，用的是 II 母线的 N600，当有单相接地短路电流流向地网时，两个 N600 之间的电位差就会叠加在保护装置的测量电压上，造成保护装置不正确动作，如果在保护室将两组电压互感器二次的"N"并在一起一点接地，就消除了电位差。

公用电流互感器的二次绕组是指取"合电流"的保护装置，如 3/2 断路器接线的线路保护或发电机—变压器组差动保护，如果是两个电流并在一起送入保护装置，则应在相关的保护屏上一点接地。其他没有直接电气联系的电流互感器二次绕组，均在各自就地端子箱接地。因目前采用的微机保护（如各种差动保护），各侧的电流互感器二次回路均无直接的电气联系，因此，可以在就地端子箱内接地。

《防止电力生产事故的二十五项重点要求》中（〔2014〕161 号）18.7.4 规定：来自同一电压互感器二次绕组的三相电压线及其中性线必须置于同一根二次电缆，不得与其他电缆共用。

来自同一电压互感器三次绕组的两（或三）根引入线必须置于同一根二次电缆，不得与其他电缆共用。应特别注意：电压互感器三次绕组及其回路不得短路。

电压互感器的二次绕组和三次绕组（开口三角绕组）回路必须分开。电压互感器二次有"Y"形接线和开口三角接线，过去两个绕组的"N"是在开关场端子箱内短接后用一根电缆送至保护盘，现在"反措"明确规定这两个绕组的"N"必须分别送至保护盘。这是因为电压互感器二次三相的负荷不是完全平衡的，负荷不平衡，必然在共用的"N"线中有电流流过，"N"线电缆上存在着电阻，在电阻上就会有压降，当系统发生接地故障时，这个压降就叠加在零序电压上，造成保护的不正确动作（如图 3-12 所示），为此，《防止电力生产事故的二十五项重点要求》中要求两个绕组的"N"必须分开。

过去传统接线，是将二次绕组的中性线与三次绕组的 N 线合用一芯电缆并接地。如果这样，当线路出口发生单相（如 A 相）短路接地，二次绕组电压 U_a 本应为零，但实际不为零。比如三次侧 LN 负载阻抗较小时，由于 $3U_0$ 电压较大，在三次线圈内将流过很大电流，则 N 线上就产生电压降，所以 U_a 不为零，如图 3-13 所示。

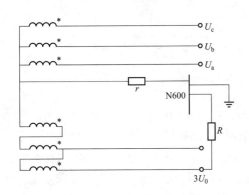 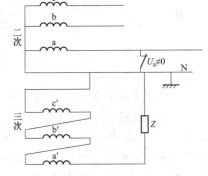

图 3-12 电压互感器二次回路不正确的接法　　图 3-13 出口短路故障相电压不为零说明图

如果电压互感器二次绕组的零相与三次绕组合用一芯电缆线，此时，零序功率方向元件的 $3U_0$ 电压采用从电压互感器的二次绕组取得是不可靠的，所以自产 $3U_0$ 方式并不是万无一失的措施。只有将电压互感器二次绕组的零相电缆线与三次绕组分开（即不合用），才是正确的。因为三次绕组的接线不会影响到二次绕组的电压回路。在这种情况下，采用从电压互感器二次绕组中取出 $3U_0$ 的方法才是可靠的。

例如：某发电机组正常运行中发电机匝间保护动作，机组解列。后查明原因为发电机机端所有 TV 二次绕组的接地点均为 B 相，且开口三角绕组的 N 端与 B 相连接接地。保护用甲TV 一次保险故障，造成甲 TV 开口三角绕组出现零序电压，定子接地保护误动作。由于所有TV 二次的开口三角绕组均有一端接地，甲 TV 开口三角绕组出现零序电压，使"B600"的电位发生变化，特别是从 TV 端子箱至发电机—变压器组保护屏所有"B600"用的是同一根电缆芯，使得匝间保护也感受到零序电压的变化，当这个变化的零序电压幅值超过定值时，保护动作。保护用 TV 与开口角 TV 的"B600"共用一根电缆芯，且"B600"的接地点不在TV 端子箱，也不在保护屏，而是在 6kV 配电室。从 TV 端子箱至发电机—变压器组用的是同一电缆芯，不利于保护的抗干扰及正确判断故障。利用机组大修的机会，对 TV 二次回路进行改造，保护 TV 二次绕组接地点均改为"N"接地，每组 TV 二次回路接地点在 TV 端子箱接地，星形绕组与开口三角绕组的"B600"或"N600"不用同一根电缆芯，而是分别引入保护屏。

例如：某电厂 03 号高压侧备用变压器停电检修操作，拉开 211-1 隔离开关时，220kV Ⅰ 母线 TV 二次小开关 F311 跳闸；操作 211-1 隔离开关合闸时，F311 小开关又跳闸，Ⅱ 母线 TV 柜内 F321 小开关也跳闸；211 断路器合闸后，两条出线断路器跳闸，检查发现母线 TV 柜内 F311、F321 小开关跳闸；合 204-1 隔离开关时，F311、F321 小开关再次跳闸。电厂运行方式接线图如图 3-14 所示。

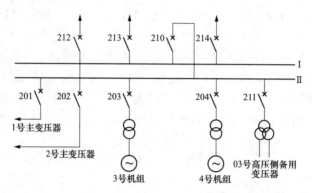

图 3-14　电厂运行方式接线图

经查两条出线断路器跳闸的原因是 Ⅰ、Ⅱ 母线 TV 空气开关 F311 和 F321 跳闸，造成线路保护 TV 失压，线路距离Ⅲ段保护动作，线路保护误动作。

电厂所有 TV 均就地接地，而且接地点之间有连接线，相当于是 TV 二次回路多点接地。并且星形绕组和三角形绕组的接地点在就地连接，采用同一根电缆接入集控室保护屏，没有分开。由于隔离开关操作时，断路器都是断开的，被隔离开关开断的线路一般很短，波的折反射时间就非常短，在进行隔离开关操作时就会产生高频过电压现象。在 TV 二次侧感应到的高频电压由非线性的压敏电阻动作吸收，因此相关的电路中产生了高频电流，该电流作用于 TV 二次小开关跳闸。后来该电厂进行了改造，全厂 TV 回路应只保留一个可靠接地点；将接地点远离升压站，以操作隔离开关、断路器时 TV 二次不跳闸为准。将全厂 TV 的星形绕组和三角形绕组的接地点分开，通过不同的电缆接入保护室，误动现象不再发生。

已在控制室一点接地的电压互感器二次绕组，如认为有必要，可以在开关场将二次线圈中性点经放电间隙或氧化锌阀片接地，其击穿电压峰值应大于$30I_{\max}$ V（$I_{\max}$ 为电网接地故障时通过变电站的可能的最大接地电流有效值，单位为 kA）。

仪用互感器二次绕组中性点在开关场接地，是为了二次绕组本身的安全。主张采用这种方式的某些国外系统认为，当在数百米外的较远处接地时，不能对二次绕组实现可靠的雷击过电压保护；电压二次回路引入控制室后应各不相连，必要时，可采用隔离变压器。

我国有的系统则期望实施只在控制室一点接地的同时，将电压互感器中性点在开关场经放电间隙接地以实现对互感器二次绕组的保护。如果在开关场经击穿熔断器将电压互感器二次绕组中性点在开关场实施保护性接地，则击穿熔断器的启动电压必须同时满足如下要求：①足以充任二次绕组的绝缘保护，即低于对它规定的相应耐压水平。②大于电网发生接地故障时可能出现的开关场两点地电位差的最大值，确保在关键时刻不出现不允许的二次回路两点接地。

对①的要求，在相应的规程中已有明确的规定，保护器件的动作电压水平低于被保护器件允许的相应过电压水平是当然的；对②的要求，主要是明确开关场可能出现的两点地电位差最大数值。

按要求，二次绕组的耐压值为 2kV、1min。考虑可能最大的开关场接地故障电流 50kA，估计的最大开关场两点间的地电位差值为 500V，不难取得前述两项要求的一致性。

关于交流二次回路，还要特别注意：宜取消电压互感器二次绕组 B 相接地方式，或改为经隔离变压器实现同步并列。通常在发电机端侧，安装接成 V 形的两个单相电压互感器，为了安全起见，其二次 B 相需要接地。在母线上装设三个单相电压互感器，利用它连接监视绝缘的仪表和同期装置。因为在共用同期小母线上，发电机及母线侧电压互感器的 B 相接在一起，在母线电压互感器中性点接地的情况下，其 B 相绕组即被短路，如图 3-15 所示。

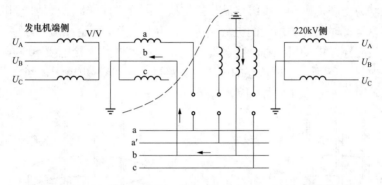

图 3-15　两组电压互感器二次不同接地方式形成的短路接线图

采用二次绕组 B 相接地方式存在的弊端在于：

（1）因为 B 相实现接地，则零相必须经隔离开关辅助触点进行切换。正常情况下，零相无电压，辅助触点接触是否良好无法监视。

（2）实现 B 相接地方式，如图 3-16 所示。如果放电器 P 长期不经检验，当系统或被保护设备发生短路故障，地电位升高时一旦击穿，将造成 B 相二次绕组短路，引起 B 相熔断器熔断，保护装置将得不到正确的电压，而发生不正确动作。

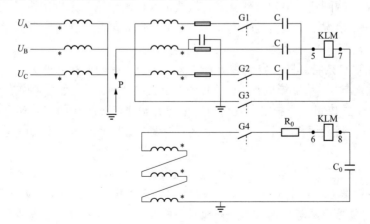

图 3-16　电压互感器二次 B 相接地断线闭锁装置接线图

独立的、与其他互感器二次回路没有电的联系的电流或电压互感器二次回路，可以在控制室也可以在开关场实现一点接地。由于是独立一组，可根据现场情况处理。

二、抗干扰问题

微机保护的抗干扰一直是继电保护专业人员极为关注的问题。多年来颁布的历次反措文件，都提到这个问题并作出了相关规定。〔2014〕161 号《防止电力生产事故的二十五项重点要求》再次提出了新的要求：18.7.7　直接接入微机型继电保护装置的所有二次电缆均应使用屏蔽电缆，电缆屏蔽层应在电缆两端可靠接地。严禁使用电缆内的空线替代屏蔽层接地。

对于屏蔽层接地，需要从技术和管理两个方面重点关注。

（1）一次电缆的屏蔽线接地的要求。一次电缆的屏蔽线两端接地是为了人身及设备的安全，系统故障时，屏蔽线和地网之间可能有环流。正确的接法应该是，如果零序 TA 完全穿过电动机三相动力电缆，则动力电缆屏蔽层接地线应回穿零序 TA 后接地，如图 3-17 所示，这样接法在正常运行时流过屏蔽线的电流一进一出互相抵消，不会感应到零序 TA 的二次侧；如果零序 TA 没有穿过电动机三相动力电缆，则动力电缆屏蔽层接地线不应回穿零序 TA 而是直接接地，如图 3-18 所示，屏蔽层的电流没有流过零序 TA，也就无需回穿零序 TA，当屏蔽线内流过电流时，对零序 TA 也不应该有影响。

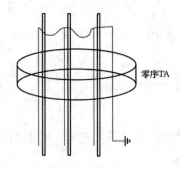 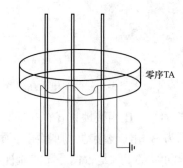

图 3-17　零序 TA 完全穿过动缆的屏蔽层　　　图 3-18　零序 TA 完全穿过动缆的屏蔽层
　　　　　接地线接法　　　　　　　　　　　　　　　　接地线接法

（2）加强对二次回路的检查。建立屏蔽层接地线检测台账，定期用钳形表卡测试屏蔽层接地线电流，正常情况下应该有几个毫安，为 0 时可能是屏蔽层接地线断开了，需要进一步仔细检查。

18.8　应采取有效措施防止空间磁场对二次电缆的干扰，宜根据开关场和一次设备安装的实际情况，敷设与厂、站主接地网紧密连接的等电位接地网。等电位接地网应满足以下要求：

18.8.1　应在主控室、保护室、敷设二次电缆的沟道、开关场的就地端子箱及保护用结合滤波器等处，使用截面积不小于 $100mm^2$ 的裸铜排（缆）敷设与主接地网紧密连接的等电位接地网。

18.8.2　在主控室、保护室屏柜下层的电缆室（或电缆沟道）内，按屏柜布置的方向敷设 $100mm^2$ 的专用铜排（缆），将该专用铜排（缆）首末端连接，形成保护室内的等电位接地网。保护室内的等电位接地网与厂、站的主接地网只能存在唯一连接点，连接点位置宜选择在电缆竖井处。为保证连接可靠，连接线必须用至少 4 根以上、截面积不小于 $50mm^2$ 的铜缆（排）

构成共点接地。

1. 干扰的侵入途径

干扰的侵入途径有很多，常见的有以下几种：①由导线直接侵入，如不同类型的信号线混接；②辐射，如无线通信设备的辐射干扰；③耦合，包括电感耦合（同一回路的两根电缆芯置于不同的电缆中）、电容耦合及传导耦合（一、二次共接地点）；④同一电缆内的电磁感应（利用电缆芯线两端接地代替屏蔽层接地）；⑤地电位不同。

2. 抗干扰采取的措施

目前，电力系统采用的抗干扰措施主要有：①降低干扰源的能量、电压；②加强防护，减少干扰信号的侵入；③吸收干扰信号；④提高设备自身承受干扰的能力。这四项措施相互结合，共同作用。

（1）降低干扰的影响。中间继电器的线圈在回路中接通或断开时，都会对同一电源的回路产生干扰，并对回路中的继电器接点产生电弧，为此，直流电压在 110V 及以上的中间继电器一般应有符合下列要求的消弧回路：

1）不得在它的控制接点上并以电容电阻回路实现消弧。

2）用电容或反向二极管并在中间继电器线圈上作消弧回路，在电容及二极管上都必须串入数百欧的低值电阻，以防止电容或二极管短路时将中间继电器线圈回路短接。消弧回路应直接并在继电器线圈的端子上。

3）选用的消弧回路用反向二极管，其反向击穿电压不宜低于1000V，绝不允许低于600V。

4）注意因并联消弧回路而引起中间继电器返回延时对相关控制回路的影响。

（2）减小地电位差。为了减小地电位差，通常采取合理安排电缆走向、电压互感器和电流互感器二次回路采用合理的接地、构置等电位面、控制电缆采用屏蔽电缆且屏蔽层两端接地、保护屏接地、开关场进保护屏的电缆芯线经电容接地、保护装置直流电源采用逆变电源并采取一定抗干扰措施、保护装置内部采取抗干扰措施等，如双母线的厂站母线电压互感器二次接地选择在控制室内一点接地，是为了减小两互感器二次中性点之间的电位差。除此之外，继电保护专业还采取了敷设等电位接地网和二次电缆采用屏蔽电缆并两端接地的措施。在《防止电力生产事故的二十五项重点要求》要求中规定：在主控室、保护室屏柜下层的电缆室（或电缆沟道）内，按屏柜布置的方向敷设 100mm^2 的专用铜排（缆），将该专用铜排（缆）首末端连接，形成保护室的等电位接地网，保护室的等电位接地网与厂站的主接地网只能存在唯一连接点，连接点位置宜选择在电缆竖井处。为保证连接可靠，连接线必须至少 4 根、截面积不小于 50mm^2 的铜缆（排）构成共点接地。《国家电网公司十八项电网重大反事故措施》规定：在主控室、保护室屏柜下层的电缆室内，按屏柜布置的方向敷设 100mm^2 的专用铜排（缆），将该专用铜排（缆）首末端连接，形成保护室的等电位接地网。应在主控室、保护室、敷设二次电缆的沟道、开关场的就地端子箱及保护用结合滤波器等处，使用截面积不小于 100mm^2 的裸铜排（缆）敷设与主接地网紧密连接的等电位接地网。

开关场至控制室敷设 100mm^2 铜电缆可以有效地降低发生接地故障时两点之间的地电位差，防止地电流烧毁电缆屏蔽层，同时还可以降低变电站母线对与其平行排列电缆的干扰；控制电缆采用屏蔽电缆且屏蔽层在两端接地，目的在于抑制外界电磁干扰，严禁使用电缆内的空线替代屏蔽层接地。

二次电缆处在电厂或变电站的强电磁干扰环境，干扰源为外部带电导线，带电导线所产生的磁通包围着电缆芯线及屏蔽层，并在上面产生感应电动势。如将屏蔽层两端接地，在屏蔽层中将流过屏蔽电流，这个屏蔽电流产生的磁通，包围着电缆芯和屏蔽层，将抵消一部分外部带电导线产生的磁通，从而起到了抗干扰作用。

由于发生接地故障时开关场各处地电位不等，两端接地的备用电缆芯会流过电流，对不对称排列的工作电缆芯会感应出不同的电动势，从而对保护装置形成干扰。

此外，屏蔽层的材质与抗干扰效果有一定关系，电阻率高，电阻小，效果越好。

对发电厂和变电站（升压站）的接地网必须着重解决的问题：①接地网的接地电阻，必须满足规程要求。②接地网的均压，要防止可能导致电缆沟电缆反击过电压。③设备接地，如某变电站，在做地网连通试验时，发现110kV电压互感器、避雷器间隔与地网不通，结果在连续几年雷雨时都打坏设备。④接地线的热稳定，某变电站由于设备接地线烧断，使设备外壳带电。⑤接地网的腐蚀，注意做好防腐措施。

（3）加装大功率继电器。微机继电保护装置的开入、开出量一般均采用光电耦合器，而光电耦合元件导通电流非常低，即动作功率非常小，等效电阻相当大，一般几个毫安即可导通。一旦直流回路上受到干扰，很容易引起误导通，使保护装置误动作。这些干扰主要来自直流接地、交直流混线及其他方面的干扰。采用电缆屏蔽层在两端接地，电缆芯与屏蔽层之间就形成一个电容，电缆越长，电容就越大。如果电缆芯所在的直流系统发生接地，在这个电容上就会有充、放电的现象，电缆越长，电容相对越大，这个充、放过程会使"光耦"导通，或动作功率很小的继电器动作。《防止电力生产事故的二十五项重点要求》（〔2014〕161号）规定：

18.7.8 对经长电缆的回路,应采取防止长电缆分布电容影响和防止出口继电器误动的措施。在运行和检修中应严格执行有关规程、规定及反事故措施，严格防止交流电压、电流串入直流回路。

为此，在微机保护的"直跳"回路（瓦斯、母差、失灵直跳）加装大功率继电器作为重动继电器，防止在上述干扰情况下保护误动。这个继电器要求动作功率不小于5W，而且动作时间不宜太短，一般要求大于10ms（正负半周各10ms）。

例如：某电厂启动备用变压器运行中本体重瓦斯保护动作，将高低压两侧断路器全部跳开。当时启动备用变压器带着厂用公用段母线运行，由于厂用公用段电源断路器及公用段进线断路器未跳闸，导致公用段母线停电。经过对变压器本体检查和试验，未发现异常，确认是二次回路问题。对变压器保护装置及二次回路检查和分析，装置中的非电量保护输入回路采用光电耦合元件构成，瓦斯继电器接点取自变压器本体，经长电缆引入保护屏，电缆芯对地存在着电容，导致变压器保护误动跳闸，保护回路如图3-19所示。

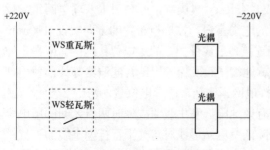

图3-19 瓦斯保护接线原理图

在启动备用变压器跳闸前，一单元频繁发生直流系统接地，而且接地点也在频繁变化，直至变压器跳闸后仍有接地现象，因此，直流系统接地是导致启动备用变压器跳闸的直接原因。当直流系统接地时，由于电缆电容效应的影响，将导致光耦元件导通，从而引起保护装置动作。等效电路如图3-20所示。

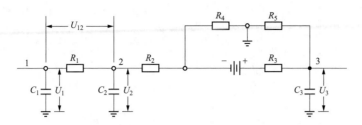

图 3-20 直流接地时的等效电路图

图 3-20 中：C_1 为 L 电缆缆芯对地等效电容，C_2 为直流系统 220V 负极对地等效电容，C_3 为直流系统 220V 正极对地等效电容，考虑直流系统 220V 正、负极所接电缆很多，C_2、C_3 可能大于 C_1，R_1 为继电器 J1 电阻，R_2 为继电器 J1 至直流系统 220V 负极等效电阻，R_3 为直流 220V 电源等效内阻，正常运行时，$U_1=U_2=U_3=-110V$，继电器 J1 两端电压 $U_{12}=0V$。直流系统正、负极接地的暂态过程为一阶电路零输入响应，对于电容电路，电压变化方程为 $U=U_{t=0}e^{-t/RC}$。直流接地造成继电器误动的原因是接地后加在继电器两端不断衰减的电压 U_{12}。由于 R_1 远大于 R_2、R_3，因此，$R_1×C_1$ 的绝对值将很大，当直流系统接地时，对地放电的时间也相对较长，对于动作功率较小的继电器或光耦元件，将导致其误动。

因此，对非电量输入采用光耦元件的回路要求加装大功率继电器（动作功率大于 5W），防止保护受到干扰时误动。

（4）保护装置及二次回路上的抗干扰措施。

1）保护屏。保护屏柜必须有接地端子，并用截面积不小于 4mm² 的多股铜线与接地网直接连通。装置静态保护的保护屏间应用专用接地铜排直接连通，各行专用接地铜排首末端同时连接，然后在该接地网的一点经铜排与控制室接地网连通。专用接地铜排的截面积不得小于 100mm²。

各微机设备都应有专用的具有一定截面积的接地线直接接到地等电位面上，设备上的各组件内外部的接地及零电位都应由专用连线连到专用接地线上，专用接地线接到保护屏的专用接地端子，接地端子以适当截面积的铜线接到专用接地网上，这样就形成了一个等电位面的网，有利于屏蔽干扰。

2）所有隔离变压器（电压、电流、直流逆变电源、导引线保护等）的一、二次线圈间必须有良好的屏蔽层，屏蔽层应在保护屏柜可靠接地；隔离变压器能起到两个作用：隔离直流、隔离工频高电压。

这条规定包含有两层含义：一是必须用屏蔽电缆；二是屏蔽层必须两端接地。

由图 3-21 可以看出，C_{S1} 和 C_{S2} 分别为变压器一、二次线圈对屏蔽层 G 点的分布电容。隔离变压器一次线圈受共模干扰电压 $\dot{U}_{S1}$ 和 $\dot{U}_{S2}$ 的作用，它的等值电路如图 3-21（b）所示，图 3-21 中 $\dot{U}_S$ 是 $\dot{U}_{S1}$ 和 $\dot{U}_{S2}$ 的等值干扰电压源。

在电路中最常见的静电屏蔽是导线上的屏蔽，一般用编织线作为屏蔽层将导线包围起来并且接地，因此能保护线路不受外界电场影响。另外，它也能防止导线产生的电力线向外界泄漏，成为静电感应的干扰源。

一般 C_{S3} 是屏蔽不完全的极少数电力线外泄所形成的分布电容。由于 C_{S3}/C_S 比值很小，所以静电屏蔽之后所耦合的干扰电压也很小，绝大部分的干扰电压在传播中被抑制掉了。

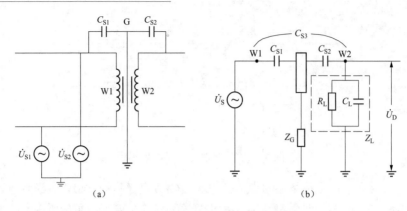

图 3-21 隔离变压器线圈间采取屏蔽层的原理说明图

（a）隔离变压器受共模干扰电压作用图；（b）隔离变压器受共模干扰电压作用的等值电路图

应该看到，取得这样的屏蔽效果是有条件的。所提供的屏蔽体的接地被认为是非常理想、接地阻抗非常小，才能使 C_{S1} 和 C_{S2} 的作用忽略不计。但实际上有时只注意了小的接地电阻，而忽视了起作用的电感成分，结果静电屏蔽的效果不显著。在某种场合，屏蔽体的接地阻抗大，反而成为干扰电压传播的条件。

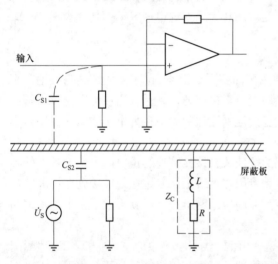

图 3-22 屏蔽接地阻抗大时成为干扰传播的说明图

图 3-22 中，本意是为了对运算放大器与干扰电压源之间进行静电屏蔽，但由于屏蔽接地阻抗 Z_C 大，不但没有起到屏蔽作用，反而导致了其他干扰电压源通过对屏蔽板的分布电容而进入放大器。

（5）用于集成电路型、微机型继电保护的电流、电压和信号触点引入线，应采用屏蔽电缆，屏蔽层在开关场与控制室两端同时接地；各相电流和各相电压线及其中性线应分别置于同一电缆内。

要求控制电缆（包括电流、电压及直流线）屏蔽层两端接地的作用在于：

1）当控制电流为母线暂态电流产生的磁通所包围时，在电缆的屏蔽层中将感应出屏蔽电流，由屏蔽电流产生的磁通，将抵消母线暂态电流产生的磁通对电缆芯线的影响。假定屏蔽作用理想，二者共同作用的结果将使被屏蔽层完全包围的电缆芯线中的磁通为零，屏蔽层形成了一个理想的法拉第笼。类似于带有二次短路线圈的理想变压器，铁芯中的磁通将为零。当然，由于屏蔽层的屏蔽作用的各种原因不可能完全理想，被屏蔽的芯线在母线暂态电流的作用下，仍然会感应出一定的电流。这个电流的大小决定于屏蔽物质的电导率和屏蔽物体与被屏蔽控制电缆之间的相对位置。除此之外，还要给屏蔽物体中的感应电流提供低阻抗的通路。当采用导电金属作为屏蔽层或屏蔽管将控制电缆包围其中的方式，并将屏蔽层或屏蔽管两端接地时，几乎可以完全消除控制电缆外的干扰磁通变化，接近完全的屏蔽。

2）屏蔽层两端接地，可以降低由于地电位升产生的暂态感应电压。当雷电流经避雷器注入地网,使厂站地网中的冲击电流增大时,将产生暂态的电位波动,同时地网的视在接地电阻也将暂时升高,与正常交流电阻相比,低电阻常常增大 10 倍以上。

当低压控制电缆在上述地电位升的附近敷设时,电缆电位将随地电位的波动而受到干扰。因此,接地浪涌电流引起的地电位升将可能对低压控制回路的绝缘配合带来严重影响。

曾做过测定两种电缆屏蔽情况下的暂态电压的试验,一是无金属屏蔽的电缆,二是有金属屏蔽且两端接地的电缆,用感应电压相对应注入地网电流的比值(V/A)表示感应电压测试结果,采用两端接地的屏蔽电缆,可以将暂态感应电压抑制到 10%以下,证明是降低干扰电压的一种有效措施。

3) 屏蔽层接地消除电场对电缆芯的干扰。如图 3-23 所示,干扰源 U_S 导线与屏蔽电缆是两根平行导线,它们之间存在着电容耦合回路,这种电场耦合会产生串联干扰。如果不考虑干扰源导线对电缆芯的耦合,则其干扰电压 U_1 会通过 C_1 耦合到屏蔽层上,再通过 C_2 耦合到电缆芯上。

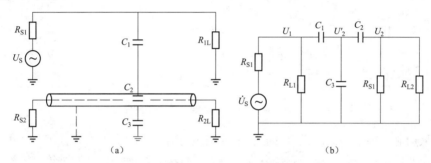

图 3-23 屏蔽电缆受外界电场干扰说明图

(a) 干扰信号示意图;(b) 等效电路图

如果将屏蔽层接地,即 C_3 被短接(图 3-23 中虚线所示),其电容量为无穷大,则 $U_2 = 0$,切断了耦合到电缆芯上的路径,从而起到对电场的屏蔽作用;如果屏蔽层不接地,从平行导线之间的耦合电容作用原理来讲,由于屏蔽电缆的导线半径比普通电缆大,耦合电容量值更大,耦合电压将更高。因此,不仅不能降低电场干扰,反而比采用普通电缆产生更高的电场干扰。

4) 屏蔽层两点接地,消除磁场对电缆芯的干扰。反措对厂站接地网的接地电阻有严格要求,必须定期进行检测。必要时,可并行敷设大截面接地的铜导体,该导体应置于电缆沟的上层,即位于干扰源与屏蔽电缆(或控制电缆)之间。

5) 不允许用电缆芯两端同时接地方法作为抗干扰措施。从原理上讲,电缆中的备用芯线两端接地,也会在芯线中产生与外界电磁干扰电压相反的纵向电动势,有一定的抗干扰作用。但是,开关场与控制室的地电位可能不同,而在备用接地芯线上产生环流,这个环流将在使用的芯线中产生差模干扰,所以不允许用电缆备用芯线两端接地的方式作为抗干扰措施。

3. 交直流串电问题

保证一个电厂长期安全稳定运行的环节有很多,其中直流系统的正常运行、保持直流绝缘良好、防止人为因素引起的绝缘不良是重要环节,特别是正、负极一点接地时可能引起断路器误跳闸的问题必须引起重视,直流系统一点接地及交流窜入直流系统也可引起断路器误跳闸。直流系统接地有两种情况:一种为直流系统正、负极直接接地,另一种为交流混入直流系统引起直流系统接地。

传统理论认为，在直流系统发生一点接地时，仍可继续运行，但必须及时发现、尽早消除，以免在发生两点接地时，可能造成断路器误动或拒动。但根据现场运行经验，由于直流系统正、负极对地分布电容的存在，直流系统正、负极一点接地时，因电容电压不能突变，电容放电，达到出口继电器或线圈的动作电压，同样可能导致断路器误跳闸。

例如：某电厂在调试阶段，400V PC（动力中心）段进线断路器曾经出现自动跳闸，备自投动作，电源切换至备用电源的故障。断路器跳闸回路如图3-24所示。

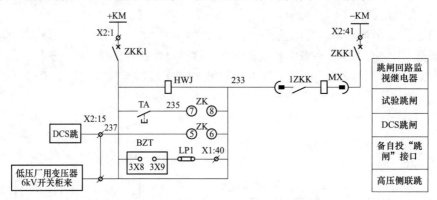

图 3-24　400V PC 段进线开关跳闸回路

该厂采用施耐德断路器，经查 DCS 未发现跳闸信号，就地无人为分闸，变压器高压侧 6kV 电源未断电，该断路器所带系统发生了直流（负极）接地，且是通过绝缘监察装置接地的，交直流发生窜扰，就会形成直流回路一点接地，直流系统接地引起断路器跳闸。

《国家电网公司发电厂重大反事故措施》第 19.2.1 要求：制订并落实防止交流电混入直流系统的技术措施，防止由此造成全厂停电；直流电源端子与交流电源端子应具有明显的区分标志，两种电源端子间为接线等工作留有足够的距离。

《防止电力生产事故的二十五项重点要求》（国能安全〔2014〕161 号）第 22.2.3.22 条规定：现场端子箱不应交、直流混装，现场机构箱内应避免交、直流接线出现在同一段或串端子排上。

通过对大量典型实例分析可知，由于直流回路中电容自放电引起断路器误跳闸的情况在发电厂及变电站较为常见。直流系统的对地分布电容的特点是直流系统越大、回路越复杂、所接设备越多，系统呈现的对地分布电容越大；静态型保护装置越多，分布电容也越大；控制电缆越长，分布电容越大。一般情况下，减小直流回路对地电容是较难实现的，如对于"233"回路若电缆很长，除非改变直流室与开关室的布置，缩短两者距离，否则是没有办法减少对地电容的。提高出口中间继电器或跳闸线圈的动作电压不失为防止误动的最佳措施。根据《电力系统继电保护及安全自动装置反事故措施要点》中 3.3 条要求：跳闸出口继电器的启动电压不低于直流额定电压的 50%，以防止继电器线圈正电源侧接地时因直流回路过大的电容放电引起的误动作；但也不应过高，以保证直流母线电压降低时能可靠动作和正常情况下的快速动作。目前国家及电力行业有关标准规定，断路器跳闸线圈的动作电压为操作电源电压额定值的 30%～65%，直流系统实际运行电压一般在额定电压以上，在此前提下直流系统负极一点接地引起断路器跳闸的理论是成立的，因此有必要将动作电压提高至 50% 及以上。从断路器的设计、制造等方面严格按照反措要求执行，同时制订合理的运行规程，及时处理好直流电源系统接地及绝缘降低等故障，断路器的安全运行才会有保障。

直流系统接地造成断路器误动的原因是多方面的，本质是电缆对地有分布电容，电容电压不能发生突变，电容有放电电流，在跳闸线圈或跳闸继电器上产生电压差，而跳闸线圈动作电压偏低。因此，应根据具体情况实施相应的对策加以防范，可通过适当提高出口继电器及跳闸线圈的动作电压或减小直流回路的电容，以达到防止误动的目的。

第三节 整定计算中的常见问题

一、发电机—变压器组保护

（一）差动保护

变压器差动保护能够反应变压器内部及引出线上的相间短路故障和匝间短路故障，但是在星形接线绕组中尾部的相间短路时灵敏度不够，也不能反应变压器内部匝数很少的匝间短路，启动保护存在死区，要依靠瓦斯保护动作跳开相应的断路器。所以，变压器纵差保护和瓦斯保护是变压器的主保护。

发电机定子每相只有一个绕组，当发生匝间短路故障时，定子绕组两侧电流互感器二次电流 $\Sigma=0$，没有差流，纵差保护不会动作；而变压器当某侧绕组发生匝间短路时，该绕组的匝间短路部分可视为出现了一个新的短路绕组，由于变压器有磁耦合关系且每相不少于两个绕组，匝间短路时 $\Sigma\neq0$，使差流变大，当达到整定值时差动就会动作。所以，变压器纵差保护能够反应匝间短路。

当变压器内部发生严重故障时，故障电流过大，变压器差动保护用的电流互感器将饱和，在电流互感器趋近饱和时，将产生各种高次谐波，其中包含大量的二次谐波分量，而变压器差动保护具有涌流闭锁功能（大部分采用二次谐波闭锁），当电流互感器趋近饱和时，电流中的二次谐波分量将会使差动保护闭锁，不能动作出口或延迟动作。这时，只能靠差动速断保护动作出口，变压器差动速断保护不受励磁涌流闭锁。因此，变压器差动保护中要设置差动速断保护。

根据差动速断保护的特点，要求差动速断保护满足以下两点要求：①保护动作电流的整定应能躲过最大励磁涌流电流。②区内发生最大短路电流故障时，应有足够的灵敏度（一般这种故障都是发生在高压套管引线上）。

根据变压器差动保护的特点，在变压器发生过励磁时差动保护有可能会误动。变压器过励磁时铁芯趋向饱和，使得传变作用下降，高、低压侧电流比例失衡，将引起差动保护误动。通常是利用变压器过励磁时产生 5 次谐波的特点，差动保护中设置 5 次谐波闭锁条件。

变压器励磁涌流产生的原因是由于变压器铁芯中剩磁的存在，影响涌流的大小与合闸角有关，还与充电侧系统电源的容量有关。如果没有铁芯就不存在励磁涌流的问题，也就没有涌流闭锁的问题了。如：自耦变压器高压与中压绕组之间，是直接电的联系，不是磁耦合的关系，因此，高、中压绕组间的分相差动保护即为"电差动"，差动保护可以不用采取涌流闭锁措施。但如果有第三绕组，通常这个第三绕组与其他两绕组是磁耦合的关系，因此，变压器的三侧差动保护仍需要涌流闭锁措施。

差动保护定值整定相对说较简单，现场实际运行情况问题不少。以下根据两起实例说明差动保护定值及电流互感器变比选择的重要性。

例如：某水电厂 1 号机组为常规的水电机组，不具备抽水蓄能的功能，机组容量 150MW，发电机机端带有出口断路器，断路器属于早期安装的少油式断路器。在一次正常的机组解列过程中，由于机端断路器机构存在问题，导致断路器分闸速度变慢，引起断口燃弧放电，且因断路器长时间没有滤油，熄弧效果差，造成因燃弧放电产生较大电流，断路器上口的主变压器差动保护动作将主变压器高压侧断路器跳开。对主变压器而言，属于穿越性故障，差动保护本不应该动作，事后分析跳闸原因时，发现主变压器差动保护启动电流是按 $0.3I_e$ 整定，这样小的启动电流在区外故障时很容易误动。新版《整定计算导则》规定：变压器差动保护启动电流按（0.3～0.6）I_e 整定，现场整定一般均取上限值，至少不低于 $0.5I_e$，有必要的情况下，最小动作电流可大于 $0.6I_e$。

这次主变压器高压侧断路器误跳，差动保护定值整定的过于灵敏是一个主要原因。当然，该厂还存在其他一些生产管理问题也是造成主变压器误跳闸的原因，如少油断路器长时间不滤油等。

例如：内蒙古某 500kV 变电站母线高压侧电抗器除配置了两套纵差保护外，还配置了两套零差保护。投产后不久，零差保护动作报警，因保护装置内部两个 CPU 采用"二取二"出口方式，只有一个动作报警，不会直接出口跳闸。事后经过调查分析，零差保护的两侧电流采用电流互感器二次三相合成的方法获得，即 $\dot{I}_a + \dot{I}_b + \dot{I}_c = 0$，电抗器正常运行时额定电流为 157.5A，首端电流互感器变比为 2500/1，二次额定电流为 0.063A。末端电流互感器变比为 300/1，二次额定电流为 0.252A，零差保护平衡系数 8.333，零差保护启动值按 $0.4I_e$ 整定，对电抗器首端电流互感器二次侧，差动保护启动值为 0.0252A，电抗器末端电流互感器二次启动值为 0.21A，这种情况存在以下几个问题：

（1）如此小的电流，特别是电抗器首端，该电流可能只运行在电流互感器伏安特性曲线的起始部分，属于非线性部分，不能保证其传变的准确性。

（2）在保护装置中，这样小的电流与采样误差或"零漂"值接近，容易发生误动。

（3）由于电抗器首端与末端电流互感器变比相差较大，平衡系数为 8.333，电抗器首端电流互感器采样电流误差折算到末端，误差电流将被放大 8.333 倍，而且零差保护采用三相电流合成零序，影响会更大。

通过现场实例，提醒专业人员需要重视以下问题：

（1）初设时应该根据一次设备和继电保护的实际情况合理选择电流互感器，特别是电流互感器变比。

（2）对于变压器差动保护，因变压器至少有两个绕组，电压等级、额定电流都不一样，两侧电流互感器变比无法一致；而电抗器只有一个绕组，与发电机相似，差动保护两侧电流互感器变比完全可以相同。该事例中设计的电抗器零差保护两侧电流互感器变比差别很大，反而把保护复杂化了。

（3）保护的配置满足标准、反措即可，不是越多越好。该事例中电抗器除配置纵差、零差保护外，还有两套匝间保护，未免多了些。匝间保护是必须有的，差动保护就没必要设置太多。

此事例说明，初设阶段应特别关注设备选型、保护配置、定值整定各方面的工作，提前介入，避免一次系统及设备已成型后用继电保护二次系统无法弥补的过失。

发电机—变压器组纵差保护的整定计算通常都是根据差动保护不平衡电流理论计算的，根据差动保护不平衡电流理论：

发电机额定电流时稳态不平衡电流

$$I_{unb} = K_{cc}K_{er}I_{g.n} = 1 \times 0.06 \times I_{g.n} = 0.06I_{g.n}$$

发电机暂态不平衡电流

$$I_{unb} = K_{ap}K_{cc}K_{er}I_{g.n} = 2 \times 1 \times 0.1 \times I_{gn} = 0.2I_{g.n}$$

式中　　K_{ap}——非周期分量系数，取 $K_{ap} = 1.5 \sim 2$，TP 级 TA 时取 $K_{ap} = 1$；

　　　　K_{cc}——TA 同型系数，取 $K_{cc} = 0.5$，不同型时取 $K_{cc} = 1$；

　　　　K_{er}——TA 综合误差，取 $K_{er} = 0.1$。

变压器额定电流时稳态不平衡电流

$$I_{unb} = (K_{cc}K_{er} + \Delta u + \Delta m)I_{t.n} = (1 \times 0.06 + 0.05 + 0.01) \times I_{t.n} = 0.12I_{t.n}$$

变压器暂态不平衡电

$$I_{unb} = (K_{ap}K_{cc}K_{er} + \Delta u + \Delta m)I_{t.n} = (2.5 \times 1 \times 0.1 + 0.05 + 0.01) \times I_{t.n} = 0.31I_{t.n}$$

自有差动保护以来，一直都这样计算，经多年实践证明，由于 TA 暂态特性千差万别，差动保护不平衡电流 I_{unb} 受各种因素影响，难以用公式准确描述，所以在实际整定中基本上都放弃以上理论计算，而是采用经验公式来计算发电机、变压器的纵差动保护最小动作电流，如：

发电机差动保护最小动作电流：一般取 $I_{cdqd} = (0.25 \sim 0.3)I_{g.n}$。对于正常工况下回路不平衡电流较大的情况，应查明原因；当确实无法减小不平衡电流时，可适当提高 I_{cdqd} 值，如取 $I_{cdqd} = 0.4I_{g.n}$ 以躲过不平衡电流的影响。

变压器差动保护最小动作电流：一般取 $I_{cdqd} = (0.4 \sim 0.8)I_{t.n}$。对于 YN，yn 及 YN，YN，y 接线变压器，可取上限值或适当增大。

这种根据工程经验整定的误区在于：发电机靠近中性点经过渡电阻短路故障时电流可能很小，所以认为应尽可能灵敏，取较小最小动作电流、制动系数斜率，最小动作电流整定值按躲过正常运行最大不平衡电流计算，即

$$I_{cdqd} = K_{rel}K_{cc}K_{er}I_{g.n} = 1.5 \times 1 \times 0.06 \times I_{g.n} = 0.09I_{g.n}$$

或按躲过正常运行实测最大不平衡电流计算，根据现场实测一般不超过 10% $I_{g.n}$，从而得出结论：发电机纵差动保护整定为

$$I_{cdqd} = (0.1 \sim 0.2)I_{g.n}$$

对主变压器纵差保护得到同样的结论：变压器纵差保护整定为

$$I_{cdqd} = (0.3 \sim 0.5)I_{t.n}$$

如按此经验值计算，实际运行中出现过太多的误动。

如：某厂按计划做 2 号主变压器反充电试验，合上 102 断路器后，4 号机端及主变压器高压侧断路器跳闸。经检查，一次系统及设备正常，变压器差动保护二次谐波整定为 0.2，临机冲击合闸电流中的谐波量达不到制动值，造成差动保护误动作，后将制动系数整定到 0.18。

实际上，发电机靠近中性点经过渡电阻短路这是假设，实际几乎不可能发生。

由于 TA 暂态误差受 TA 铁芯特性，特别是剩磁、一次电流非周期性分量的随机性影响，

使各侧 TA 二次电流在幅值、相位、波形出现很大的不一致，差动回路的不平衡电流很难用公式准确的理论计算，过去的理论公式计算是没有实际意义的，一般只能用经验公式计算：

（1）对于单斜率（两折线）比率制动纵差动保护。

发电机：$I_{cdqd} \geq (0.2 \sim 0.4) I_{g.n}$（一般取 $0.3 I_{g.n}$）；

$\qquad S = 0.35 \sim 0.5$；$I_t = (0.5 \sim 0.8) I_{g.n}$（一般取 $0.7 I_{g.n}$）；

主变压器：$I_{cdqd} \geq (0.56 \sim 0.8) I_{t.n}$；$S \geq (0.35 \sim 0.5) I_{g.n}$；$I_t \geq (0.7 \sim 0.8) I_{t.n}$。

（2）对于双斜率（三折线）比率制动纵差动保护。

发电机：$I_{cdqd} \geq (0.27 \sim 0.5) I_{g.n}$；$S_1 = 0.2 \sim 0.35$，$I_{t1} = (1 \sim 2) I_{g.n}$；

$\qquad S_2 = 0.35 \sim 0.6$，$I_{t1} = (5 \sim 12) I_{g.n}$。

主变压器：$I_{cdqd} \geq (0.36 \sim 0.7) I_{g.n}$；

$\qquad S_0 = 0 \sim 0.2$；$S_1 = 0.35 \sim 0.45$，$I_{t1} = 0.5 I_{t.n}$；

$\qquad S_2 = 0.6 \sim 0.8$，$I_{t1} = (5 \sim 12) I_{g.n}$（一般取 $0.6 I_{t.n}$）。

（3）对于变斜率比率制动纵差动保护。

发电机：$I_{cdqd} \geq (0.2 \sim 0.3) I_{g.n}$；起始斜率 $S_1 = 0.05 \sim 0.15$；最大斜率 $S_2 = 0.5$；

主变压器：$I_{cdqd} \geq (0.4 \sim 0.6) I_{t.n}$；$S_1 \geq 0.1 \sim 0.15$；$S_2 = 0.75$。

下面以单斜率比率制动保护为例，说明发电机—变压器组纵差动保护在整定计算时应考虑的问题。

1. 差动电流与制动电流的计算

目前在役的各厂家差动保护的动作方程大多为

差动电流

$$I_d = \dot{I}_1 + \dot{I}_2$$

而制动电流，对应不同厂家设备的不同原理，分别有以下三种表达方式：

（1）制动电流：$\qquad I_{res} = \dfrac{1}{2}(I_1 + I_2)$

（2）制动电流：$\qquad I_{res} = \max(I_1, I_2)$

此时穿越性短路电流 I_K 对应的制动电流为 $I_{res} = I_K$；

（3）制动电流：$\qquad I_{res} = I_1 + I_2$

此时穿越性短路电流 I_K 对应的制动电流为 $I_{res} = 2 I_K$。

相同穿越性短路故障电流 I_K 对应制动电流不同的计算式，保护的制动效果是完全不相同的：

1）$I_{res} = \dfrac{1}{2}(I_1 + I_2)$ 计算式对应 $I_{res} = I_K$；

2）$I_{res} = \max(I_1, I_2)$ 计算式对应 $I_{res} = I_K$；

3）$I_{res} = I_1 + I_2$ 计算式对应 $I_{res} = 2 I_K$ 为强制动。

当单侧电源区内短路故障电流 I_K 时：

1）$I_{res} = \dfrac{1}{2}(I_1 + I_2)$ 计算式对应 $I_{res} = \dfrac{1}{2} I_K$ 弱制动；

2）$I_{res} = \max(I_1, I_2)$ 计算式对应 $I_{res} = I_K$；

3) $I_{res} = I_1 + I_2$ 计算式对应 $I_{res} = I_K$。

当两侧电源区内短路故障电流 I_K 时：

1) $I_{res} = \dfrac{1}{2}(I_1 + I_2)$ 计算式对应 $I_{res} = \dfrac{1}{2}I_{K\Sigma}$ 弱制动；

2) $I_{res} = \max(I_1, I_2)$ 计算式对应 $I_{res} = I_{K.max} < I_{K\Sigma}$；

3) $I_{res} = I_1 + I_2$ 计算式对应 $I_{res} = I_{K\Sigma}$。

从上述分析知：对应不同原理的差动保护制动电流的计算，躲区外穿越性短路故障时的制动电流数值不同，同样区内短路故障的制动电流也不相同；如果相同的整定值 S，则相同情况的区内、区外短路故障时动作电流完全不相同。因此，在整定计算时，要充分注意不同厂家设备的动作原理，不同原理的动作方程，制动系数 S 取值也就不尽相同。

2. 动作特性

动作特性和动作判据不同，整定计算也不相同。目前在役的差动保护的动作特性主要有：单斜率（两折线）、双斜率（三折线）、变斜率。

图 3-25 所示是典型的单斜率纵差动保护动作特性示意图。

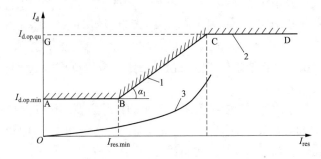

图 3-25　单斜率纵差动保护动作特性示意图

由动作特性示意图可见，其动作方程可描述为

当 $I_{res} \leq I_{res.max}$ 时，$I_d \geq I_{d.op} = I_{d.op.min}$；

当 $I_{res} \geq I_{res.max}$，$I_d \leq I_{d.op.qu}$ 时，$I_d \geq I_{d.op} = I_{d.op.min} + S(I_{res} - I_{res.min})$；

此时，保护由比率制动纵差动保护动作。

当 $I_d \geq I_{d.op.qu}$ 时，$I_d \geq I_{d.op} = I_{d.op.qu}$，此时保护由差动速断保护动作。

被保护设备两侧差动保护用 TA 的特性（包括 P 级、TPY 级）以及误差特性、VA 特性（饱和电压大小）、TA 额定容量、TA 二次负担等，均影响差动保护的不平衡电流，是差动保护动作值最大的影响因素。按照前文所述的理论计算值，实际值与理论计算值相差甚远，所以，理论计算值对于纵差动保护的整定计算没有多大的实际意义。实际工程应用中大多还是采用经验值核算。

实践证明，TPY 级 TA 如 VA 特性（饱和电压）太低、TA 额定容量过小、TA 二次负载过大三者不配合，差动保护可能误动。因此，差动保护用 TA 必须校核误差是否满足要求。

TA 的 VA 特性（饱和电压 U_{max}）、TA 额定容量 $S_{2.n}$、TA 二次负载 $R_L + jX_L$，区外穿越性短路最大短路电流 $I_{k.max}$ 或额定短路电流倍数 n，四者之间应满足以下关系，否则 TA 不符合允许误差。

假设：

（1）TA 二次绕组阻抗 $R_2 + jX_2$（大机组至今无 X_2 数据）；

（2）TA 二次负载 $R_L + jX_L$；

（3）TA 饱和电压 U_{max} 及额定短路电流倍数 n；

（4）TA 额定二次阻抗 $R_{2n} + jX_{2n} = Z_{2n} = \dfrac{S_{2.n}}{I_{2.n}^2}(\cos\varphi_n + j\sin\varphi_n)$。

在上述四种假设条件下，应满足以下要求方可确认 TA 特性满足要求：

要求 1：$U_{max} > K_{rel}I_{k.max}(R_2 + R_L + jX_2 + jX_L)$（式中 $K_{rel} = 1.2$）；

要求 2：$nI_{2.n}(R_2 + R_{2n} + jX_2 + jX_{2n}) \geqslant K_{rel}I_{k.max}(R_2 + R_L + jX_2 + jX_L)$。

综上所述，发电机—变压器组纵差保护的整定需综合考虑差动保护的动作特性（动作判据）、制动电流工作原理、设备两侧保护用 TA 特性以及额定容量、VA 特性（饱和电压）、二次负担等因素。

（二）大型发电机定子绕组单相接地保护

近年来由于对大型发电机定子绕组单相接地故障的重视，生产厂家已研发出多种不同类型发电机定子绕组单相接地保护。如：单相接地零序过电压保护（包括：通用无主变高压侧 $3U_0$ 制动零序过电压保护、带主变压器高压侧 $3U_0$ 制动的零序过电压保护）、注入低频（20Hz）式发电机定子绕组 100%单相接地保护、三次谐波定子绕组单相接地保护（由于原理并不理想，仅动作于报警发信号）。

对于大型发电机定子绕组单相接地保护，整定的误区主要体现在保护的动作时间上，如：定子接地保护动作时间与高压线路单相接地后备保护动作时间配合计算，取 1～2～3～4～5s。这是非常不合理的，将严重损坏发电机绝缘。

发电机定子绕组单相接地保护，虽未明确规定是发电机主保护，但应视作发电机主保护看待。发电机定子绕组单相接地保护基波零序过电压保护 $3U_{0N}$（机端）或 $3U_{0s}$（中性点），保护动作值能躲过主变高压侧单相接地由于主变压器高、低压绕组耦合电容传递至机端的零序电压后，动作时间应尽可能短，一般可取 $t_{op}=0.3～0.5s$。

三次谐波定子绕组单相接地保护，曾在 20 世纪 80～90 年代风云一时，用大量篇幅叙述研究，但投入不久便发现原理上的缺陷，导致发电机中性点接地隔离开关由于不可避免的振动，引起回路接线的松动，保护频繁误动，以致不久（1990 年）国内所有三次谐波定子绕组单相接地保护明确规定其出口方式由"跳闸"改为报警"发信号"。所以由基波零序过电压保护和三次谐波定子绕组单相接地保护组成的100%定子绕组单相接地保护，"100%"是徒有虚名的，只是基波部分保护发电机机端至中性点的 85%～95%的绕组。现在 $3U_{0N}$ 或 $3U_{0s}$ 定子绕组单相接地保护仍是主流，注入低频（20Hz）式发电机定子绕组 100%单相接地保护应该是 $3U_{0N}$ 或 $3U_{0s}$ 保护的较好的补充。双重化配置方案中，单相接地基波零序过电压保护和注入低频（20Hz）式发电机定子绕组 100%单相接地保护相配合，均应动作于跳闸，其动作时间尽可能短。

具有主变压器高压侧零序电压制动特性（制动电压为 40V，一般保护装置内部设置好，无需用户整定）的单相接地基波零序电压保护，一般整定为：

灵敏（低值）段：$3U_{0.op.set} = (0.05 \sim 0.1)U_{g.n}$，动作时间 $t_{0.op1} = 0.4s$

高值段：$\qquad 3U_{0.op.set}=(0.15\sim0.20)U_{g.n}$，动作时间 $t_{0.op1}=0.4$s

无主变压器高压侧零序电压制动特性的单相接地基波零序电压保护，一般整定值略高于具有主变压器高压侧零序电压制动特性的单相接地基波零序电压保护，如：

灵敏（低值）段：$3U_{0.op.set}=(0.1\sim0.15)U_{g.n}$，动作时间 $t_{0.op1}=0.4$s

高值段：$\qquad 3U_{0.op.set}=(0.2\sim0.25)U_{g.n}$，动作时间 $t_{0.op1}=0.4$s

$3U_{0N}$（机端）或 $3U_{0s}$（中性点）零序电压动作值计算方法相同。

以上动作电压整定值应能躲过主变压器高压侧单相接地时经主变压器高、低压绕组电场耦合传递至发电机机端的零序电压，动作时间应尽可能短，应取 $t_{op}=0.3\sim0.5$s。

（三）大型发电机并网断路器断口闪络保护

《防止电力生产事故的二十五项重点要求》〔2014〕161 号规定：300MW 及以上容量发电机应装设启、停机保护及断路器断口闪络保护，在闪络保护定值整定中发生一些问题，例如闪络保护负序或零序电流整定较大，有的启动失灵保护延时较长，还有的认为罐式（卧式）断路器无需装设闪络保护等。主要是对闪络保护的功能和应用还不够了解。断路器断口闪络保护主要用于发电机并网前。发电机并网前，断路器断口两端施加的是系统电压和发电机电压，由于两个电压尚未同步，存在滑差、相位差等，在两个电压相差 180°时，断路器断口两端有可能发生击穿，如不尽快隔离故障，将会使断路器遭受严重损坏，且威胁相关设备的安全，扩大事故范围。

关于断路器断口闪络保护的整定，在 2012 年修订的《大型发电机—变压器继电保护整定计算导则》（DL/T 684—2012）中，对保护的整定作出规定，其动作条件是：断路器处于断开位置，但有负序电流出现。标准上有公式

$$I_2=10\%I_n$$

闪络保护延时需躲过断路器三相合闸不一致时间，一般取 0.1s 足够，标准上是 0.1～0.2s，但是有关标准中要求 220kV 及以上断路器的三相不一致时间合闸为 5ms，分闸为 3ms，所以不必整定为 0.2s，目前大部分电厂均整定为 0.1s，这已足够。

闪络保护仅在发电机并网过程中使用，并网后靠断路器辅助接点自动退出。其定值无需与任何保护配合，所以，可以整定的灵敏些。但为了发电机的安全运行，最好装设硬压板，机组并网后将压板断开，机组正常解列前将其投入。

此外，无论是罐式断路器还是柱式断路器，均应装设闪络保护。

断路器断口闪络保护现场常见的不合理整定为

动作值：$\qquad I_{2.op.set}=0.2I_{gn}$，$I_{op.set}=0.6I_{gn}$

启动失灵的延时整定为：$\qquad t_{op}=0.4$s（个别取 $t_{op}=1$s）

这样整定的结果：上都电厂一台 600MW 机组，500kV 并列断路器出现断口闪络，断路器断口闪络保护启动，由于两侧电压频率不同，出现断路器断口闪络电流周期性变化，由于启动失灵延时过长，引起闪络保护周期性动作和返回，导致保护拒动，造成断路器烧毁的严重事故。建议正确的整定方法为：

1）按保证断路器断口闪络有足够灵敏度整定相电流动作值，即

$$I_{op.set}=(0.2\sim0.4)I_{gn}$$

2）按躲过折算到主变压器高压侧的发电机长期允许负序电流整定负序电流动作值，即

$$I_{2.\mathrm{op.set}} = (1.1\sim1.2)\ I_{2\infty}I_{\mathrm{gn}}\frac{U_{\mathrm{T.LN}}}{U_{\mathrm{T.HN}}} = 0.1I_{\mathrm{gn}}\frac{U_{\mathrm{T.LN}}}{U_{\mathrm{T.HN}}}$$

3）零序电流整定值

$$3I_{0.\mathrm{op.set}} = (0.1\sim0.2)\ I_{\mathrm{t.n}}$$

4）启动失灵的延时整定为

$$t_{\mathrm{op}} = 0.1\mathrm{s}$$

5）保护出口方式：动作于同时跳本断路器、灭磁、启动失灵保护。

接下来用实际的故障型式来分析一下发生闪络时的故障电流情况。

（1）单相（以 A 相为例）闪络时的故障电流值计算。当断路器两侧电势相角差为 180°或两侧电势差的标幺值为 $\Delta E = \dot{U}_{\mathrm{g}} + \dot{U}_{\mathrm{s}} = 2$ 时，阻抗 $Z_{1\Sigma} = Z_{2\Sigma}$ 或 $X_{1\Sigma} = X_{2\Sigma}$，则

单相闪络时正序故障分量：　　$I_{1.\mathrm{fla}}^{(1)'} = 2I_{\mathrm{js}} \times \dfrac{1+\dfrac{X_{0\Sigma}}{X_{1\Sigma}}}{2X_{1\Sigma}+X_{0\Sigma}}$

单相闪络时各序故障分量：　$I_{1.\mathrm{fla}}^{(1)} = I_{2.\mathrm{fla}}^{(1)} = I_{0.\mathrm{fla}}^{(1)} = 2I_{\mathrm{js}} \times \dfrac{1}{2X_{1\Sigma}+X_{0\Sigma}}$

单相闪络时相电流：　　　　$I_{\mathrm{A.fla}}^{(1)} = I_{1.\mathrm{fla}}^{(1)} = 3\times2I_{\mathrm{js}} \times \dfrac{1}{2X_{1\Sigma}+X_{0\Sigma}}$

（2）两相（以 BC 相为例）发生闪络时的故障电流值计算。当两侧电势相角差为 180°或两侧电势差的标幺值为 $\Delta E = \dot{U}_{\mathrm{g}} + \dot{U}_{\mathrm{s}} = 2$ 时，阻抗 $Z_{1\Sigma} = Z_{2\Sigma}$ 或 $X_{1\Sigma} = X_{2\Sigma}\left(\text{设}\ \beta = \dfrac{X_{1\Sigma}}{X_{0\Sigma}}\right)$，则

两相闪络时正序故障分量：　$I_{1.\mathrm{fla}}^{(1.1)} = \dfrac{I_{\mathrm{js}}}{X_{1\Sigma}} \times \dfrac{X_{1\Sigma}+X_{0\Sigma}}{2X_{1\Sigma}+X_{0\Sigma}} = \dfrac{2I_{\mathrm{js}}}{X_{1\Sigma}} \times \dfrac{1+\beta}{1+2\beta}$

两相闪络时负序故障分量：　$I_{2.\mathrm{fla}}^{(1.1)} = \dfrac{I_{\mathrm{js}}}{X_{1\Sigma}} \times \dfrac{X_{0\Sigma}}{2X_{1\Sigma}+X_{0\Sigma}} = -\dfrac{2I_{\mathrm{js}}}{X_{1\Sigma}} \times \dfrac{\beta}{1+2\beta}$

两相闪络时零序故障分量：　$I_{0.\mathrm{fla}}^{(1.1)} = \dfrac{I_{\mathrm{js}}}{X_{1\Sigma}} \times \dfrac{X_{1\Sigma}}{2X_{1\Sigma}+X_{0\Sigma}} = -\dfrac{2I_{\mathrm{js}}}{X_{1\Sigma}} \times \dfrac{1}{1+2\beta}$

两相闪络时 B 相电流：　　　$I_{\mathrm{B.fla}}^{(1.1)} = \dfrac{2I_{\mathrm{js}}}{X_{1\Sigma}} \times \dfrac{-1.5-\mathrm{j}\sqrt{3}(0.5+\beta)}{1+2\beta}$

两相闪络时 C 相电流：　　　$I_{\mathrm{C.fla}}^{(1.1)} = \dfrac{2I_{\mathrm{js}}}{X_{1\Sigma}} \times \dfrac{-1.5+\mathrm{j}\sqrt{3}(0.5+\beta)}{1+2\beta}$

（3）发生断路器断口闪络时电流变化规律分析。

（1）、（2）两种故障型式下的断路器断口闪络故障电流值计算，是基于断路器断口两侧电源电压大小相等、方向相反的条件，计算出来的最大闪络电流值。实际上在发生闪络时，由于两侧电源电压大小、频率不等，从而出现断路器断开闪络相电流及各序电流有效值 $I_{\mathrm{fla}}(t)$ 按频差随时间周期性变化的特点。

当两侧电源电压大小相等、频率不等时，$I_{fla}(t)$ 可由下式计算：

$$K(t) = \frac{I_{fla}(t)}{I_{fla}} = \frac{|\dot{U}_s - \dot{U}_g|}{2U_{js}} = \frac{\sqrt{U_s^2 + U_g^2 - 2U_sU_g\cos[2\pi(f_s - f_g)t]}}{2U_{js}}$$

当 $U_s = U_g = U_{js}$ 时

$$K(t) = \frac{|\dot{U}_s - \dot{U}_g|}{2U_{js}} = \sin\left\{\frac{2\pi(f_s - f_g)}{2}t\right\}$$

故：

$$I_{fla}(t) = K(t) \times I_{fla} = I_{fla} \times \left|\sin\left\{\frac{2\pi(f_s - f_g)}{2}t\right\}\right|$$

当两侧电源电压大小不等、频率不等时，断路器断口闪络相电流及各序电流不同时刻有效值 $I_{fla}(t)$ 按频差随时间变化的规律，由余弦定理计算：

$$I_{fla}(t) = K(t) \times I_{fla} ; \quad K(t) = \frac{\sqrt{U_s^2 + U_g^2 - 2U_sU_g\cos[2\pi(f_s - f_g)t]}}{2U_{js}}$$

由此可知，当两侧电源频差较大时，断路器断口闪络故障电流有效值 $I_{fla}(t)$ 不同时刻是不同的，如断路器断口闪络保护整定值过大，保护启动元件可能周期性地动作、返回，如动作时间整定值再长，保护可能拒动，这是断路器断口闪络保护整定计算必须充分考虑的问题。

由上式分析可知：

当 $2\pi(f_s - f_g)t = \pi$ 时，断路器断口闪络电流最大值为

$$I_{fla}(t) = I_{fla.max} = I_{fla} \times \frac{\sqrt{U_s^2 + U_g^2 + 2U_sU_g}}{2U_{js}}$$

当 $2\pi(f_s - f_g)t = 0$ 时，断路器断口闪络电流最小值为

$$I_{fla}(t) = I_{fla.min} = I_{fla} \times \frac{\sqrt{U_s^2 + U_g^2 - 2U_sU_g}}{2U_{js}}$$

所以，当 $U_s = U_g = 1$，且

$2\pi(f_s - f_g)t = \pi$ 时，$K(t) = 1$，$I_{fla}(t) = I_{fla.max} = I_{fla}$；

$2\pi(f_s - f_g)t = 0$ 时，$K(t) = 0$，$I_{fla}(t) = I_{fla.min} = 0$。

在 $U_s = 1$、$U_g = 0.8$ 时，$f_s - f_g = 2.2H_Z$，此时：

$2\pi(f_s - f_g)t = \pi$ 时，$K(t) = 0.9$，$I_{fla}(t) = I_{fla.max} = 0.9I_{fla}$；

$2\pi(f_s - f_g)t = 0$ 时，$K(t) = 0.1$，$I_{fla}(t) = I_{fla.min} = 0.1I_{fla}$。

经过 $t = 0.4s$，$I_{fla}(t) = 0.34I_{fla}$。

断路器断口闪络保护动作逻辑与动作判据，如图 3-26 所示。

断路器闪络一般为单相闪络，较少为两相闪络，三相同时闪络的几率几乎为 0，由前文所述的单相闪络、两相闪络分析可见，单相闪络、两相闪络时负序电流、零序电流、相电流值是不同的，正确合理的计算才能得到较为灵敏的判断。

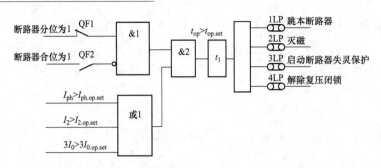

图 3-26 断路器断口闪络保护动作逻辑与动作判据

1）相电流 $I_{\text{ph.op.set}}$ 判据整定。考虑正常运行和停役检修时，保护经连接片断开可退出运行，则相电流保护动作值可以按躲过发电机并列后或解列前负荷电流计算，取

$$I_{\text{ph.op.set}} = (0.2 \sim 0.4) \times I_{\text{gn}} \times \frac{U_{\text{T.NL}}}{U_{\text{T.NH}}}$$

2）负序电流 $I_{2.\text{op.set}}$ 判据整定。按发电机长期允许的负序电流相对值计算，即

$$I_{2.\text{op.set}} = (1.1 \sim 1.15) \times I_{2\infty} I_{\text{gn}} \times \frac{U_{\text{T.NL}}}{U_{\text{T.NH}}} \approx 0.15 I_{\text{gn}} \times \frac{U_{\text{T.NL}}}{U_{\text{T.NH}}}$$

3）零序电流 $3I_{0.\text{op.set}}$ 判据整定。按躲过正常运行零序不平衡电流计算，即

$$I_{0.\text{op.set}} = (0.1 \sim 0.2) \times \frac{I_{\text{T.NH}}}{n_{\text{TA}}}$$

4）动作时间 $t_{\text{op.set}}$ 的整定。按躲过断路器三相不同时合闸时间计算，取

$$t_{\text{op.set}} = 0.1\text{s}$$

5）动作方式：同时动作于跳本断路器、灭磁、启动断路器失灵保护、解除断路器失灵保护出口复压闭锁，切除故障断路器。

由上述计算知，断路器断口闪络保护有电流判据中负序电流元件灵敏度最大，所以其动作是最为关键的，断路器断口闪络保护启动断路器失灵保护不应增加其他无关的动作或返回时间。

6）注意问题。

a. 由于断路器断口闪络保护仅在发电机并网、解列时刻发挥保护功能，正常运行时退出，为防止不必要的误动，发电机正常运行和停役检修时应经连接片将该保护断开退出运行。

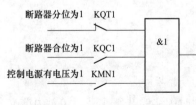

图 3-27 断路器位置判据

b. 图 3-26 所示的动断辅助触点 QF1、动闭辅助触点 QF2 作为断路器位置的判据。现场还有一种判据，如采用图 3-27 所示的断路器分位继电器动断触点 KQT1、合位继电器动闭触点 KQC1（非）"与门&1"作为断路器位置判据，这种判据为防止控制电源失电时继电器没有保持住位置接点而误判断路器位置，应增加有电源监视继电器 KMN1 动闭触点，控制电源有电时 KMN1 为 1（&1 增加有电源监视）。

（四）断路器失灵保护

启动失灵保护是考虑断路器单相或两相跳不开的情况，因在这种情况下会产生负序电流，对发电机的危害最大，原则上不考虑断路器三相拒分，只考虑一相或两相拒分。所以发电机—变压器组保护启动失灵保护要经零序或负序电流闭锁。这个零序或负序电流的定值要保证有灵敏度，要考虑在最不利的情况下能够启动失灵保护，这个最不利的情况就是在机组正常解列时，关闭主汽门之前，负荷已经降至很小，关闭主汽门后逆功率保护动作跳闸，这时如断路器有一相分不开，应该靠发电机的负序电流保护启动，经零序或负序电流判别元件，启动失灵保护，因这时负序或零序电流可能很小，所以要考虑电流元件的灵敏度。此外，双母线接线的发变组保护启动失灵的同时，还要解除复合电压闭锁。

以上所说的问题，包括"非全相"启动失灵保护，实际上按上述启动失灵保护的方法，就是"非全相"启动失灵。但是要经负序电流保护启动，一般都是"反时限"负序过流，当电流较小时可能启动时间较长，非全相启动失灵也要经负序或零序电流判别，但是时间相对较短，对发电机更安全些。

例如，某发电厂一台机组检修完毕准备并网，其发电机—变压器组 A 相断路器在断开时内部拉杆断裂，断路器位置指示为三相断开，实际该相断路器并未断开。运行人员在不知情的情况下合入发电机侧隔离开关，造成发电机在非全相状态下非同步并网。由于失灵保护在发电机并网前未投压板，故障无法在短时间隔离，最终导致汽轮发电机轴系扭断，发电机组因失火烧毁。

发电机组短路故障启动断路器失灵保护动作逻辑如图 3-28 所示。

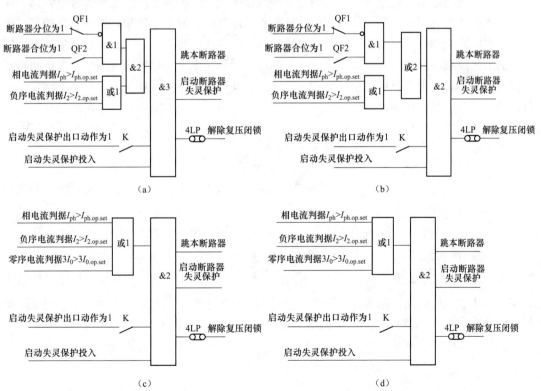

图 3-28 启动断路器失灵保护动作逻辑

图 3-28（a）中，断路器分位判据，由 QF1、QF2 断路器动断和动合辅助触点经"与门&1"与断路器有电流判据（相电流 I_{ph}、负序电流 I_2）经"或 1"再经"&2"组成，当开关量 QF1、QF2 经"与门&1"为 1，有电流 $I_{ph} \geqslant I_{ph.op.set}$ 或 $I_2 \geqslant I_{2.op.set}$ 经"或 1"输出为 1，再经"&2"后输出 1，即判断路器未断开；保护出口 K 动作为 1，经"&3"输出为 1，判故障时断路器失灵，启动断路器失灵保护。

图 3-28（b）中，"&1"和"或 1"经"或 2"输出为 1 时判断路器未断开，其他和图 3-28（a）相同。

图 3-28（c）为主变压器高压侧启动断路器失灵保护的逻辑动作判据，增加了零序电流判据，其他和图 3-28（a）相同。

图 3-28（d）为目前采用最多的断路器有相电流 I_{ph}、负序电流 I_2、零序电流 $3I_0$ 判据，经"或 1"为 1 时判断路器未断开，其他和图 3-28（a）相同。

图 3-28（a）~（d）均为目前使用的发电机组断路器失灵保护启动逻辑图，各有优缺点。

发电机组短路故障断路器失灵保护由时间元件、选择故障所在母线的选择元件、正常闭锁出口的复合电压元件、跳闸出口元件等组成，该动作逻辑比较成熟，不再过多讨论。

对于断路器失灵保护的整定计算，由于高压线路故障类型主要是单相接地和相间短路，故障电流一般均远大于正常运行电流，高压输电线断路器失灵保护有电流判据计算比较简单、统一和成熟。需要特别注意的是，大型发电机组短路故障启动断路器失灵保护的整定计算。

大型发电机组故障类型有：发电机定子绕组或主变压器和高压厂用变压器绕组内部、端部相间短路或匝间短路，绕组的单相接地等严重短路故障，发电机转子回路的各种故障，以及发电机的非全相运行纵向故障等等。不同类型故障或同一类型不同位置的严重故障，保护测量到的故障电流有的远大于额定电流，有的远小于额定电流，这就给大型发电机组断路器失灵保护有电流判据的整定计算带来很大的困难。发电机出口断路器失灵保护由于动作于断开主变压器高压侧断路器，动作后果并不严重。复合电压闭锁对发电机组非全相运行、定子绕组单相接地等故障均不可能动作，所以发电机组故障时，复合电压动作与否也不确定，从而两者的整定计算和作用方式应该有所区别。

1. 发电机出口断路器失灵保护有电流判据的整定

由相电流 I_{ph}、负序电流 I_2 组成"或门"鉴定断路器未断开，与保护出口 K 动作组成"与门"，作为发电机断路器失灵保护启动判据。

（1）相电流判据动作电流整定值 $I_{ph.op.set}$ 计算。动作值按以下原则整定。

1）发电机断路器失灵保护单独采用相电流动作鉴定断路器未断开判据［图 3-28（a）中如无断路器开关量组成合位判据］。对相电流可能小于 $I_{g.n}$ 的某些故障，如发电机定子绕组单相接地、定子绕组匝间短路等，当发生断路器失灵时为保证相电流元件可靠动作，相电流动作判据整定值 $I_{ph.op.set}$ 宜按小于发电机组正常运行最小负荷电流 I_{min} 计算（为提高安全可靠性，相电流元件可采用双重化与门判据），取 $I_{ph.op.set} \leqslant 0.8I_{min}$，一般大型发电机组正常最小负荷电流 $I_{min} \leqslant 0.5I_{g.n}$，为此可取

$$I_{ph.op.set} = 0.8I_{min} = (0.2 \sim 0.4)I_{g.n}$$

2）发电机断路器失灵保护采用相电流动作和断路器辅助触点的断路器合位状态组成"与门"，作为鉴定断路器未断开判据，如图 3-28（a）所示。此时相电流动作判据整定值 $I_{\text{ph.op.set}}$ 宜按小于发电机组正常最小负荷电流 $I_{\min}$ 计算，即

$$I_{\text{ph.op.set}} = 0.8I_{\min} = (0.2 \sim 0.4)I_{\text{g.n}}$$

3）发电机断路器失灵保护采用相电流动作和断路器辅助触点（为提高安全可靠性，辅助触点采用双重化与门判据）的断路器合位状态组成"或门"，作为鉴定断路器未断开判据，如图 3-28（b）所示。此时相电流动作判据整定值 $I_{\text{ph.op.set}}$ 按躲过发电机额定电流计算，取

$$I_{\text{ph.op.set}} = (1.1 \sim 1.2)I_{\text{g.n}}$$

4）发电机断路器失灵保护单独采用相电流动作鉴定断路器未断开判据（图 3-28（a）中如无断路器开关量组成合位判据）。如不考虑相电流可能小于 $I_{\text{g.n}}$ 的某些故障，此时相电流动作判据整定值 $I_{\text{ph.op.set}}$ 按躲过发电机额定电流计算 $I_{\text{ph.op.set}} = (1.1 \sim 1.2)I_{\text{g.n}}$，但这实际是不合理的，尽可能避免采用这一计算原则。

以上四种方式各有优缺点，综合考虑 1）和 2），按式 $I_{\text{ph.op.set}} = 0.8I_{\min} = (0.2 \sim 0.4)I_{\text{g.n}}$ 计算较为合理，现场可根据不同的情况分别采用不同的公式进行整定计算。

（2）负序电流判据动作电流 $I_{2.\text{op.set}}$ 整定。按躲过发电机正常允许的最大负序电流 $I_{2\infty}$ 计算，即

$$I_{2.\text{op.set}} = (1.1 \sim 1.2) \times I_{2\infty}I_{\text{g.n}} \approx 0.1I_{\text{g.n}}$$

（3）动作时间整定值 $t_{\text{op.set}}$ 的整定。取

$$t_{\text{op.set}} = 0.3s$$

（4）保护动作出口方式：跳主变压器高压侧断路器。

2. 主变压器高压侧断路器失灵保护整定

主变压器高压侧断路器失灵保护判据由相电流 I_{ph}、负序电流 I_2、零序电流 $3I_0$ 组成"或门"作为鉴定断路器未断开的判据，与保护出口 K 动作组成"与门"，作为主变压器高压侧断路器失灵保护启动判据，如图 3-28（c）、（d）所示。断路器失灵保护动作于断开所在高压母线全部断路器，动作后果非常严重。

（1）相电流判据动作电流整定值 $I_{\text{ph.op.set}}$ 计算。整定值按以下原则计算：

a. 采用图 3-28（c）时可取

$$I_{\text{ph.op.set}} = 0.8I_{\min} = (0.2 \sim 0.4)I_{\text{g.n}}$$

b. 采用图 3-28（d）时取

$$I_{\text{ph.op.set}} = 0.8I_{\min} = (0.2 \sim 0.4)I_{\text{g.n}}$$

或

$$I_{\text{ph.op.set}} = (1.1 \sim 1.2)I_{\text{g.n}}$$

两者计算完全不同，但各有优缺点，应根据现场实际情况采用不同的计算方法。

（2）负序电流判据动作电流 $I_{2.\text{op.set}}$ 整定。按躲过发电机正常允许的最大负序电流 $I_{2\infty}$ 计算，即

$$I_{2.\text{op.set}} = (1.1 \sim 1.2) \times I_{2\infty} I_{\text{g.n}} \approx 0.1 I_{\text{g.n}}$$

（3）零序电流判据动作电流 $I_{0.\text{op.set}}$ 整定。按躲过正常运行最大不平衡零序电流整定，根据经验取

$$I_{0.\text{op.set}} = 0.2 I_{\text{t.n}}$$

3．失灵保护双母线动作时间整定值 $t_{\text{op.set}}$ 的整定

启动失灵保护跳本断路器同时启动失灵保护（同时解除复合电压闭锁）。

启动失灵保护动作时间，取 $t_{\text{op.set.1}} = 0\text{s}$；

失灵保护动作跟跳本断路器动作时间，取 $t_{\text{op.set.2}} = 0\text{s}$；

失灵保护跳母联断路器动作时间，取 $t_{\text{op.set.3}} = 0.2 \sim 0.25\text{s}$；

失灵保护跳故障断路器所在母线所有断路器动作时间，取 $t_{\text{op.set.4}} = 0.4 \sim 0.5\text{s}$，建议不超过 $t_{\text{op.set.4}} = 0.4\text{s}$。

4．失灵保护 3/2 断路器接线方式动作时间整定值 $t_{\text{op.set}}$ 的整定

启动失灵保护跳本断路器同时启动失灵保护（同时解除复合电压闭锁）。

启动失灵保护动作时间，取 $t_{\text{op.set.1}} = 0\text{s}$；

失灵保护动作跟跳本断路器动作时间，取 $t_{\text{op.set.2}} = 0\text{s}$；

中断路器失灵保护动作时间，取 $t_{\text{op.set.3}} = 0.3\text{s}$；同时跳两侧边断路器；

边断路器失灵保护动作时间，取 $t_{\text{op.set.4}} = 0.3\text{s}$；同时跳相邻中断路器和本边断路器所接母线其他所有边断路器。

5．失灵保护整定计算的注意事项

（1）失灵保护有电流判据和启动失灵的保护出口 K 不应带返回时间（仅有固有时间瞬时返回）。

（2）断路器失灵保护启动判据，启动失灵保护不应增加附加启动时间。

（五）发电机失磁保护

失磁保护整定计算误区主要表现在：由于凸极发电机失磁时一旦进入异步运行，机组滑差可能很大，此时发电机将严重超速，在发电机转子阻尼绕组出现很大滑差电流，导致凸极发电机失磁进入异步状态损坏发电机，所以凸极发电机和隐极发电机统一采用异步边界阻抗圆判据是不合适的。

正确的整定方法是：①凸极发电机失磁保护采用静稳边界阻抗圆；②隐极发电机失磁保护采用异步边界阻抗圆；③采用机端电压判据；④动作时间应躲过系统振荡时保护不误动。

1．高压母线或机端三相低电压元件

低电压判据动作电压值的整定按以下两个条件选取：

（1）按躲过系统母线允许正常最低电压 $U_{\text{h.min}}$ 计算

$$U_{\text{op.set}} = K_{\text{rel}} U_{\text{h.min}} = 0.9 U_{\text{min}}$$

式中　K_{rel}——可靠系数，取 $K_{\text{rel}} = 0.9$。

（2）按躲过发电机正常运行最低电压计算

$$U_{\text{op.set}} = K_{\text{rel}} U_{\text{g.n}} = (0.85 \sim 0.9) U_{\text{g.n}}$$

2. 异步边界阻抗圆的整定计算（隐极发电机）

异步边界阻抗圆需要整定的有 X_a、X_b、圆心坐标和圆半径。
异步边界阻抗圆如图 3-29 所示。

$$X_{\text{a.set}} = -0.5 X'_d Z_{\text{g.n}}$$

方法 1：　　　$X_{\text{b.set}} = -X_d Z_{\text{g.n}}$

方法 2：　　　$X_{\text{b.set}} = -(X_d + 0.5 X'_d) Z_{\text{g.n}}$

方法 3：　　　$X_{\text{b.set}} = -1.2 X_d Z_{\text{g.n}}$

其中：　　　$Z_{\text{g.n}} = \dfrac{U_{\text{G.N}}^2}{S_{\text{G.N}}} \times \dfrac{n_{\text{TA}}}{n_{\text{TV}}} = \dfrac{U_{\text{g.n}}}{\sqrt{3} I_{\text{g.n}}}$

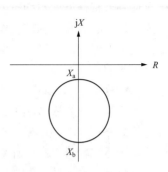

图 3-29　异步边界阻抗圆

异步边界阻抗圆圆心坐标整定值：$\left(0, \text{j}\dfrac{X_{\text{a.set}} + X_{\text{b.set}}}{2}\right)$

异步边界阻抗圆半径整定值：$R_{\text{set}} = \left|\dfrac{X_{\text{a.set}} - X_{\text{b.set}}}{2}\right|$

3. 静稳边界阻抗圆的整定计算（凸极发电机）

$$X_{\text{S.set}} = X_{\text{con}} Z_{\text{g.n}} \; ; \quad X_{\text{b.set}} = -X_d Z_{\text{g.n}} \text{ 或 } X_{\text{b.set}} = -1.2 X_d Z_{\text{g.n}}$$

静稳边界阻抗圆圆心坐标整定值：$\left(0, \text{j}\dfrac{X_{\text{S.set}} + X_{\text{b.set}}}{2}\right)$

静稳边界阻抗圆半径整定值：$R_{\text{set}} = \left|\dfrac{X_{\text{S.set}} - X_{\text{b.set}}}{2}\right|$

（六）变压器非电量保护及配合问题

电力变压器的电量型继电保护，如差动保护、电流速断保护、零序电流保护等，对变压器内部故障是不灵敏的。因为内部故障从匝间短路开始的，匝间短路时变压器内部的故障电流虽然很大，但反映到线电流上却并不大，只有故障发展到多匝短路或对地短路等严重情况时才能启动保护。因此，目前的电量保护对于变压器内部的匝间短路和层间短路存在盲区，而对于变压器内部故障的较为灵敏的主保护是重瓦斯保护及压力释放保护，它们分别能瞬间切除故障设备及释放油箱内部的压力。据资料统计，变压器匝间短路占电力系统中大型变压器故障的 50%～60%。由于匝间短路时短路电流对变压器的导体和绝缘材料有严重危害，同时三相一次电流并未显著增大，这给变压器现有电量型继电保护动作带来很大困难。因此非电量保护对于匝间短路和层间短路的故障有着电量保护无法替代的重要作用。

变压器非电量保护主要是瓦斯保护、压力释放保护、突变压力保护及压力保护，它们感受的参数主要是变压器内由于发热及绝缘油分解导致的压力变化。在变压器中，油既是冷却介质也是绝缘介质，因此当变压器内部故障产生电弧时，故障点附近的油将被高温分解，由液态的高分子电离分解为气态的烃类气体。其主要特征气体有甲烷（CH_4）、乙烷（CH_6）、乙炔（C_2H），约占 70%～80%。少量的气体首先溶于变压器油中，当气化速率大于溶解速率时，就在故障区域产生气泡。由于油是不易被压缩的物质，分解的气体占据了变压器的空间，必定有同等体积的变压器油被挤向储油柜。油流和气体是同时发生的，一定的产气速率必定有一定速率的油流通过气体继电器，而产生的速率则取决于内部发热情况和燃弧功率；油流速率达到一定程度就驱动压力释放动作。因此从非电量保护动作机理上来看，在变压器内部故障时，一般是瓦斯保护动作先于压力释放，压力保护只是达到压力定值点之后进行保护，而突变压力保护是全过程的保护，四者都是针对油箱内部故障导致压力变化的各个时期进行保护动作的。

运行中，总是希望把故障范围限制在尽可能小的区域内，那么通过变压器气体继电器油的流速整定值就应该小于最小故障功率的产气速率。最小故障功率应是一匝短路，一匝短路时的短路功率取决很多因素，比如：匝间电压、弧间电阻、电弧路径，以及线圈的几何尺寸等，这是比较难以准确计算的。变压器内部故障时，故障匝内的电流随匝数的增加而见效，故障匝数小时，故障匝内的电力却很大，而变压器一次侧电流随故障匝数的增加而增加。可以通过变压器保护规程规定的整定流速来反推故障功率。一般在现场变压器瓦斯保护的整定值是根据变压器容量大小的不同取流速 $0.8 \sim 1.2$ m/s，因此可以用故障时气体继电器的流速假设为 1m/s=100cm/s 来反推故障时的故障功率。通常 500kV 电压等级的电力变压器储油柜与气体继电器与主油箱连接的油管道为 $\phi 8$cm，管道截面积 D 为 50cm^2，故 1s 流过气体继电器的油的体积为 $50 \times 100 = 5000$cm^3，即 5L。

按照有关资料数据，变压器油离解为乙炔占 $70\% \sim 80\%$ 的炔类和 $30\% \sim 20\%$ 的烃类气体所需的离解能量约为 $750 \sim 800$kJ/mol，则 5L/s 的产气速度其所需的电功率应为 $(750 \sim 800)$ kJ/mol$\times$5L/s$\div 22.4$L/mol$=(167.4 - 178.6)$kW，即 170kW 左右的电功率（铜的熔解热是 170kJ/kg），因此 170kW 电功率可以在 1s 内熔化约 1kg 的铜。因此通过反推分析，重瓦斯保护的是 170kW 以上的故障功率。

根据上面的分析，在重瓦斯动作临界点上，变压器内部故障时每秒钟会离解大约 5L 的变压器油气，因变压器箱体和储油柜及其液面呼吸空间（或胶囊）与 5L 气体相比，5L 气体可以忽略不计，所以此瞬间产生的气体根本不会导致压力释放动作保护。但在事故情况下，根据数据分析，变压器内部产生 5L/s 气体时，此刻的 $\mathrm{d}p / \mathrm{d}t = (14 \sim 15)$kPa/s。如果故障持续，根据定值，突变压力继电器在这种情况下将会在 1.6s 内动作，压力释放保护会在 3.7s 后释放压力；此时三者的动作顺序为：先重瓦斯保护动作，再突发压力保护动作，最后是压力释放保护动作。

而小于 1m/s 的流量速度，比如在 0.3m/s 的流量速度持续时，瓦斯保护不会动作，突变压力保护仍能够保护一定的灵敏度保护（在 $4.9 \sim 8$s 后动作），压力释放在 11s 后动作。大量事实证明，瓦斯保护切除故障的变压器其损坏程度远不止一匝，而是多匝、多饼，修复难度很高。有数据分析，某厂一台电抗器故障，1s 内电气量保护动作，仅产生 1600mL 气体，只相当于气体继电器的油流速为 0.32m/s，故障时瓦斯保护尚未动作。若要等到瓦斯保护来切除故障，后果不堪设想。因此对主变压器故障的准确、预先判断并及时切除，对于电网的安全稳定是非常重要的，同时非电量保护之间的配合也是需要重视的问题。

非电量保护误动造成的非停事故，大多是二次回路的原因引起的。国网公司《变压器、高压并联电抗器和母线保护及辅助装置标准化设计规范》对保护配置有以下要求：对于装置间不经过附加判据直接启动跳闸的开入量，应经抗干扰继电器重动后开入；抗干扰继电器的启动功率应大于 5W，动作电压在额定直流电源电压的 $55\% \sim 70\%$ 范围内，额定直流电源电压下动作时间为 $10 \sim 35$ms，应具有抗 220V 工频干扰电压的能力。对非电量保护有下列要求：

①非电量保护动作应有动作报告；②重瓦斯保护作用于跳闸，其余非电量保护宜作用于信号；③作用于跳闸的非电量保护，启动功率大于 5W，动作电压在额定直流电源电压的 55%～70%范围内，额定直流电源电压下动作时间为 10～35ms，应具有抗 220V 工频干扰电压的能力；④分相变压器 A、B、C 相非电量分相输入，作用于跳闸的非电量保护三相共用一个功能连接片；⑤用于分相变压器的非电量保护装置的输入量每相不少于 14 路，用于三相变压器的非电量保护装置的输入量不少于 14 路。

目前电厂在非电量保护方面主要存在以下问题：①变压器温度保护投入跳闸，由于温控器的原因造成保护误动；②压力释放保护投跳后未能维护好相关外部回路造成保护误动；③非电量保护中间继电器特性上不满足规程、反措要求，在抗干扰及交流窜入方面存在不足；④对"为防止光耦受到干扰误动，涉及直跳、启动失灵等回路的保护装置光耦需在输入端处加装大功率继电器（动作功率≥5W）转接"重视不够。

另外，国网公司《变压器、高压并联电抗器和母线保护及辅助装置标准化设计规范》要求，在发电机—变压器组保护配置中取消启动通风回路，按负荷启动通风回路在变压器就地控制箱中实现，主要是避免交流回路窜入直流系统。已有电厂发生过此类事故，建议在新建、扩建时按设计规范实现，对于已经投运机组在该回路中增加中间继电器进行交直流系统的安全隔离。

对变压器非电量保护的建议：

（1）降低气体继电器的动作整定值，越小越好，但应考虑不同的变压器整定值应有所区别，以及地震和强迫循环变压器油泵同时全部启动等的影响。

（2）压力释放阀动作应接入信号告警。

（3）气体继电器、压力释放阀、突变压力继电器应利用变压器停役或大、小修的机会（或定期）对其动作值及其灵敏度进行校验和可靠性评估。

（4）对继电器保护回路、电源回路和安装位置严格把关，防止误动。

（5）压力释放阀、重瓦斯保护及突变压力保护应适当配合，如：考虑突变压力保护与重瓦斯保护同时触发闭锁可以避免误动，突发压力保护直接触发闭锁可以提高设备安全保障。

（6）普遍存在压力释放阀释放能力过小与变压器容量不匹配的问题，应与厂家联合进行计算、改造。

继电保护技术人员往往不考虑压力释放阀释放后，气体继电器将会拒动，这样在故障功率小于 170kW/s 时，非电量保护是无法对变压器进行保护的；变压器（组件）制造部门更没有考虑压力释放阀、突变压力继电器与瓦斯保护如何配合；现有的变压器检修、试验、运行规程（导则）在这方面也有待完善。

二、厂用电系统继电保护存在的问题

（一）厂用变压器出线经过渡电阻短路时继电保护灵敏度不够

发电厂高、低压厂用变压器，普遍采用躲过电动机自启动电流的定时限过电流保护作为变压器的后备保护，一次动作电流整定为 $I_{op.set} \geq (3 \sim 4)I_{T.N}$（$I_{T.N}$ 为变压器额定电流）。当发生变压器低压母线经过渡电阻非金属性短路时，故障电流 I_k 在 $1.5I_{T.N} \sim I_{op.set}$ 之间，此时变压器定时限过电流保护不动作，发展成严重故障后由变压器定时限过电流后备保护动作切除短路故障，加重设备损坏程度。

例 1：某厂 2500kVA 公用变压器出线发生瞬时经过渡电阻间歇性短路故障，短路电流为 $I_k = 1.75I_{T.N}$，持续时间约 60ms 消失，后又出现 $I_k = 1.75I_{T.N}$，持续时间约 150ms 故障消失，20min 后发展成配电室着火后三相金属性短路，电流达 $I_k = 8.7I_{T.N}$，过电流保护经 0.6s 跳闸，0.4kV 配电装置全部烧毁。

例 2：某厂 0.4kV 配电装置，在母线与出线断路器之间引线发生过渡电阻短路，厂用变压器 0.6s 定时限过电流保护未动作，0.4kV 配电装置着火，后由反时限过负荷保护经较长延时动作切除短路故障。

以上事例说明，当短路故障电流在定时限过电流后备保护动作电流整定值与 1.5 倍厂用变压器额定电流之间时，厂用变压器保护存在死区，由于微机保护功能较强，建议动作电流整定值按躲过变压器的反时限电流保护整定，以保护经过渡电阻短路故障。

（二）电动机保护

1. 电动机的启动电流、反馈电流

整定低定值速断过电流保护应考虑电动机的反馈电流影响，反馈电流产生原因为，当运行电动机的电源发生短路故障时，由于电动机磁场磁能不能突变，将产生反馈电流阻止突变，一般在工程计算过程中要考虑这个电流的影响，否则会引起运行设备误跳闸，反馈电流一般按电动机额定电流的 6～8 倍考虑。

例如：某 300MW 机组，高压厂用变压器为分裂变压器，A 段给水泵接线端子处短路，造成 A、B 段多台电动机跳闸，速断低定值保护整定为 5 倍额定电流，母线电压下降到 35%U_n，电动机所产生的反馈电流超过 5 倍额定电流，造成了多台电动机保护误动引起停机事故。建议速断低定值保护整定为 7～8 倍额定电流，但是不可以退出，因为退出将失去速断保护功能。

2. 电动机启动时间不能正确确定

继电保护整定计算所用的电动机启动时间应该实测，现场利用停机检修的机会实测电动机启动时间，以确保整定计算、上下级配合关系的准确性；如果是带有电动机启动屏蔽功能的电动机保护装置，电动机过电流保护应该考虑电动机自启动的时间。

例如：某 600MW 机组，一台引风机跳闸后，另一台引风机堵转保护动作造成停机，堵转保护整定 1.5 倍额定电流、动作时间为 1s。在大型锅炉 RB 过程中，一侧设备出现故障跳闸时，锅炉自动将负荷降到额定负荷的 50%～60%的过程中，运行的一侧设备会有短暂的过负荷，这种情况在可承受范围内是允许的。如果保护定值整定动作值过低、时间过短是不符合锅炉运行特点的，建议动作值整定 1.5～2 倍额定电流，动作时间在满足启动条件下整定不小于 10s。

3. 电流速断保护

目前，高压电动机电流速断保护有两种表现形式：电动机启动电流速断保护（投入运行后退出，速断高定值）；电动机运行电流速断保护（转为运行后投入，速断低定值）。按启动定值（高定值）$I_{op.h.set} = 10.5I_{m.n}$，运行定值（低定值）$I_{op.l.set} = 7.8I_{m.n}$（ABB 保护固有动作时间为 20ms）整定，实际运行中曾多次发生自启动过程或相邻设备发生短路故障时，正常运行的电动机群电流速断保护误动的异常情况。

整定计算时注意电动机启动电流与相邻设备短路故障反馈电流的区别。

（1）电动机在额定电压启动时启动电流的特性：

1）非周期分量的影响。电动机在额定电压启动时启动电流初始值由于非周期性分量的影响，启动电流初始值超过或接近 10 倍电动机额定电流，由于非周期分量时间常数 $T_f = 0.048 \sim 0.075\text{s}$ 很小，启动电流初始值很快经 $0.04 \sim 0.06\text{s}$ 延时衰减至周期性分量。

2）周期分量的特点。电动机在额定电压启动时，启动电流周期分量衰减取决于电动机所带机械负荷的性质，一般为数秒至数十秒。

（2）厂用母线出口三相短路时电动机反馈电流的特性：

1）厂用母线出口发生三相短路时，电动机反馈电流初始值的大小基本上和电动机在额定电压启动时的启动电流接近，所以，厂用母线出口三相短路正常运行电动机反馈电流初始值非常大。

2）母线出口发生三相短路时正常运行电动机反馈电流衰减特点。正常运行的电动机反馈电流非周期分量时间常数 T_f、次暂态分量时间常数 T''_{ap}、暂态分量时间常数 T'_{ap} 均很小，厂用母线出口发生三相短路时正常运行电动机反馈电流衰减很快，一般经 $0.04 \sim 0.06\text{s}$ 延时衰减，反馈电流迅速衰减至 6 倍电动机额定电流以下。

由此可以得出结论：电动机启动时电流速断保护动作电流整定值，必须按躲过电动机启动时最大周期性分量计算；电动机启动结束后正常运行时电流速断保护整定值，必须按躲过母线出口三相短路时正常运行电动机反馈电流初始值计算；如保护有固有动作时间 0.06s，或保护固有动作时间小于 0.06s，则应增设动作时间整定值，满足保护出口总动作时间≥0.06s（如保护有固有动作时间为 0.02s，则应设置动作时间定值 $t_{\text{op.set}} = 0.04\text{s}$），在此条件下，电动机启动结束后正常运行速断过电流保护整定值，按躲过电动自启电流和母线出口三相短路电动机衰减后反馈电流 $6I_{\text{M.N}}$ 计算。故直接启动电动机电流速断保护可整定为

相电流速断保护高定值取： $\qquad I_{\text{op.h.set}} = 10.5 I_{\text{m.n}}$

相电流速断保护低定值取： $\qquad I_{\text{op.l.set}} = (7.28 \sim 7.8) I_{\text{m.n}}$

保护的动作时间： $t_{\text{op.set}} = 0 \sim 0.05\text{s}$。

4．电动机热保护

电动机热保护应该考虑冷启动两次进行整定，冷启动两次就是在常温条件下可以连续启动两次，对于电动机冷启动的要求可参照电动机的技术条件相关规定。发热时间常数整定值应该有这方面的考虑。

例如：某 300MW 机组，在 6kV 馈线母线发生短路跳闸后，造成多台电动机热保护误动引起停机事故。在馈线发生短路直至跳闸的过程中，6kV 母线电压降低，在故障线路切除后母线电压恢复，电动机的热保护在电动机自启动过程中引起保护误动作，发热常数整定值太低所致。具体整定方案应该按照厂家说明书提供的发热方程，应满足连续两次冷启动不跳闸进行整定。

5．电动机负序过流保护

电动机运行中出现过大的负序电流是电动机损坏的主要原因之一，负序电流产生的主要原因包括：

（1）由于系统不正常状态造成电压不平衡、电动机断相，电动机启动过程产生的 5 次及 11 次谐波都有可能产生负序电流。

（2）在其他电气设备或系统发生不对称短路引起电源系统不对称所产生的负序电流。

（3）电动机正常运行过程中，电流互感器二次回路断线引起的负序电流。

自微机型保护问世以来，电动机负序过电流保护作为电动机短路故障后备保护，比过电流保护要灵敏的多，是很有效的重要保护，但如果电动机负序过电流保护整定计算出现误区，也将导致正常电动机群保护误动作，甚至被迫停机。该保护的整定计算，需要考虑综保装置是否具有外部短路故障闭锁功能，对于无外部短路故障闭锁功能的保护装置，宜设置两段负序电流保护，Ⅰ段按躲过相邻设备两相短路时流过正常运行电动机的负序电流计算，动作于跳闸；Ⅱ段按躲过正常运行时不平衡电压产生的负序电流整定，并考虑躲过 TA 二次回路断线条件，动作于发信。对于有外部短路故障闭锁功能的负序过流保护，按躲过正常运行时不平衡电压产生的负序电流整定，并考虑躲过 TA 二次回路断线条件，通常Ⅰ段取（70%～80%）I_e，0.2～0.4s 作用于跳闸，相对于正序过电流保护的整定要灵敏很多。根据现场经验，发生三相短路故障的概率很低，大多为单相接地故障、两相短路故障，故电动机配置负序过流保护、零序过流保护后过电流保护几乎没有动作的机会。

现场实际应用中，存在因负序过流保护整定不合理造成无故障电动机群保护误动作跳闸问题。例如：某 220kV 系统发生两相短路故障，造成电厂全厂多台正常运行的电动机负序过流保护误动跳闸导致停机事故，当时整定值为 0.1 倍额定电流、动作时间 1s，建议整定为 0.4～0.6 倍额定电流，动作时间与系统后备保护配合整定 3～5s，如果整定小于 0.33 倍额定电流，TA 断线也会造成电动机跳闸。

类似上述由于整定问题，当相邻设备发生不对称短路或高压线路发生不对称短路、高压线路非全相运行，引起发电厂非故障电动机群负序过电流保护误动的事例屡有发生。作为电动机定子绕组两相短路保护，考虑采用灵敏而快速动作的负序过电流保护，同时防止相邻设备或高压线路发生不对称短路时电动机负序过电流保护不误动之间的矛盾，采用负序功率方向闭锁负序过电流保护作为电动机定子绕组两相短路故障的辅助保护，同时采用不带负序功率方向闭锁的负序过电流保护作为电动机两相运行保护，并根据不同保护功能、装置不同的动作逻辑判据、不同的原则，区别对待分别整定计算，可以达到满意的保护效果。

6. 电动机零序过流保护

零序过电流保护的整定要区别对待系统接地的两种方式。

（1）不接地系统。不接地系统接地电容电流大于 10A 要求投跳闸，如果不投跳闸会出现闪变过电压问题，一般小于 10A 可以投发信号。

（2）电阻接地系统。现在发电厂高压厂用变压器设计一般采用高电阻接地，最大接地电流一般设计为 90～600A 范围，根据各地区习惯要求各不相同。

电动机的零序过电流保护按照额定电流的 10%～20% 整定是不正确的，应按照电动机接地时电动机铁芯所能承受的接地电流能力进行整定，一般整定一次值为 10～15A，动作时间一定要短，整定范围 0～0.3s，建议 0.3s。

例如：某 600MW 机组，给水泵接线盒处发生接地，造成整段厂用电源进线断路器跳闸，导致机组非停事故。其高压厂用变压器低压侧零序过流保护，整定一次值 40A/0.6s 跳闸，而给水泵零序过电流保护整定一次值 60A/0s。该厂 10kV 厂用电系统采用高电阻接地，最大接地电流为 90A，给水泵发生接地故障时，故障电流还没有发展到 60A 高压厂用变压器分支断路器就跳闸了，不满足继电保护选择性的要求，误整定造成事故停机。

7. 正常运行正序过电流（或堵转）保护整定

电动机定子绕组发生过电流的原因之一是机械过负荷。由于机械过负荷允许时间较长，采用过负荷保护可以起到良好的效果。如机械负荷真正的堵转，采用正序过电流或堵转保护可以起到良好的效果；原因之二是机械设备故障。如电动机大轴断裂或轴瓦破裂，造成电动机转子扫膛，采用正序过电流或堵转保护合理的整定值可以起到良好的效果。

火力发电厂输煤系统电动机普遍存在机械过负荷情况，其他重要厂用电动机一般不容易出现机械过负荷，所以发电厂重要厂用电动机正常运行时几乎不会出现过电流，一旦出现过电流，说明已发生严重的机械故障。因此，也可以说，电动机正序过电流或堵转保护是电动机的机械故障保护。

目前，现场大多采用电动机启动时自动退出正序过电流或堵转保护，电动机启动结束后自动投入正序过电流或堵转保护的方式。正序过电流或堵转保护整定为：一次动作电流值 $I_{op.set}=(1.8\sim2)sI_{m.n}$，动作时间整定值 $t_{op.set}=(1\sim2)$ s，按此整定，动作时间整定值由于不能躲过电动机自启动，一旦系统电压突然下降，电动机正常自启动，将引起多台电动机群正序过电流或堵转保护误动，造成被迫停机事故。

该保护正确的计算方法应为：

（1）正常同类型两台电动机运行，考虑其中一台电动机突然跳闸，另一台正常运行电动机短时严重过负荷，并躲过电动机自启动计算：动作电流整定值 $I_{op.set}=(1.8\sim2)sI_{m.n}$，动作时间整定值 $t_{op.set}=(15\sim20)$ s。

（2）正常同类型两台电动机运行，考虑其中一台电动机突然跳闸，另一台正常运行电动机不可能出现短时严重过负荷，按躲过电动机自启动时间及正常过负荷计算：动作电流整定值 $I_{op.set}=(1.3\sim1.5)sI_{m.n}$，动作时间整定值 $t_{op.set}=(10\sim20)$ s。

8. 高压电动机启动时电流速断保护动作电流整定值翻倍原则不合理

电动机启动时电流高达 6～8 倍（个别会高达 10 倍）额定电流，正常运行时电流接近额定电流，电流速断保护动作电流整定值按躲过电动机启动电流计算，其值比较大。为了提高电动机在正常运行时发生相间短路故障时电流速断保护的灵敏度，20 世纪末，国外提出并普遍采用电动机启动时电流速断保护整定值翻倍（或运行中减半）原则，以提高电动机正常运行时发生相间短路故障时电流速断保护的灵敏度。自我国出现集成电路综合保护，尤其是微机型综合保护装置以来，电动机启动时电流速断保护整定值翻倍原则获得广为应用。按照翻倍原则，躲过电动机启动电流计算整定值，经多年运行实践证明，在相邻设备发生短路故障或电动机自启动时，多次发生正常运行电动机群瞬时电流速断保护误动，造成机组被迫停运事故。

现在，大多数生产厂家、发电厂已停止使用电动机电流速断保护启动时翻倍原则，而改为高定值按躲过电动机启动电流、低定值按躲过电动机自启动电流及相邻设备发生短路时电动机反馈电流的计算方法来整定了，这无疑是正确的。

另外，现场还存在一种电动机的电流速断保护整定不合理的情况：电动机运行时电流速断保护低定值未考虑相邻设备发生三相短路时正常电动机反馈电流和自启动电流（未考虑反馈电流衰减时间，保护固有动作时间为 0.02s），运行时低定值 $I_{op.1.set}=(7\sim8)sI_{m.n}$，以致造成电动机相邻设备发生三相短路时，正常电动机群因反馈电流未衰减而全部误动跳闸的情况。

该保护正确算法应为：

（1）电动机启动时电流速断保护整定值应按躲过电动机启动电流计算。启动时高定值

$I_{op.h.set} = 1.5 \times 7 I_{m.n} = 10.5 I_{m.n}$ 。

（2）电动机运行中电流速断保护低定值应按躲过相邻设备发生三相短路时，正常电动机反馈电流和自启动电流计算；动作时间定值，考虑反馈电流经 0.04~0.06s 衰减为 $6I_{m.n}$ ，运行时低定值 $I_{op.l.set} = 1.3 \times 6 I_{m.n} = 7.8 I_{m.n}$ 。

如固有动作时间为 0.02s，则运行中速断过电流保护动作时间可取 $t_{op.l.set} = 0.05s$ ；若固有动作时间为 0.04~0.06s，则运行速断保护 $t_{op.l.set} = 0s$ 。

9. 启动容量核算问题

300~1000MW 机组，启动/备用变压器容量及电动机自启动时母线电压降低的核算存在以下问题：

（1）机组突然停机。600~1000MW 机组一旦发生突然（事故）停机，此时启动/备用变压器作为停机电源，其容量及电压降应满足电动机群整体自启动要求。目前大多启动/备用变压器是按停机/备用变压器设计的，其容量相当于一台高压厂用变压器容量，需要在整定计算时核算遇到异常情况整体自启动时母线电压降落情况，确保异常情况下的可靠启动。如核算容量不能保证整体自启动时的母线电压降落，则需要编制应急处置方案，牺牲一些不致当时立即影响机组运行的设备，待相应的厂用母线系统电压稳定后再人为投入那些被短时牺牲掉的设备。

（2）其中一段厂用母线突然跳闸由厂用电源快切动作切换至备用电源。对于 600~1000MW 机组，当其中一段厂用母线进线断路器突然跳闸，由厂用电源快切动作切换至备用高压厂用变压器供电时，启动/备用变压器容量及电压降应满足电动机自启动要求。同时还要注意厂用电源快速切换动作逻辑的优化，现场的一些设计用的是备用电源进线断路器接点作为备用电源再次切换的闭锁条件，当一段厂用母线由厂用电源快切动作切换至备用电源后，由于工作母线电源断路器接点已断开、备用母线电源进线断路器接点闭合，闭锁快切逻辑，此时，无论启动/备用变压器所带负荷多少，均闭锁掉快切装置动作再投入另一段工作母线负荷了。这样的切换逻辑是不合理的，应考虑用实际负荷条件作为闭锁逻辑。现场经过试验验证，用厂用母线保护设置一个 60%额定负荷电流作为启动"闭锁快切"条件是合理的，这样在一台机组检修（期间其厂用负荷由停机/备用电源带载时，实测不超过 15%额定值），如遇另一台机组或另一段母线突然跳闸的异常情况，仍可以启动快切，将负荷电源切至备用电源母线带载，确保多台机组的厂用电源系统正常运行，充分发挥启动/备用电源的备用作用，但此定值也不宜过高，否则故障电源系统所带负荷整体自启动切至备用电源系统带载时，会发生过流保护动作，从而造成前面已带上的停运机组的厂用负荷也失电。

（3）其中一段厂用母线突然跳闸由厂用电源备自投（慢切）动作切换至备用电源。对于 600~1000MW 机组，当其中一段厂用母线突然跳闸，如果由厂用电备自投（慢切）动作切换带载电源，由于启动/备用变压器阻抗较大，有可能在全部母线段上电动机自启动时电压降过大，不满足电动机自启动要求。

（4）停电不停炉方式时，厂用电源切换方式。对于 600~1000MW 火电机组，特别是具有 FCB（Fast Cut Back，火电机组在电网或线路出现故障而机组本身运行正常的情况下，机组主变压器出现高压侧断路器跳闸，不联跳汽轮机和锅炉系统，发电机带本机组的厂用电负荷运行，汽轮机保持 3000r/min，锅炉快速减少燃烧量，高低压旁路快速开启，实现发电机仅带本机厂用电负荷的"孤岛"运行方式）功能的，当发电机组突然跳闸，同时又允许不停机、不停炉维持继续运行时，厂用电源快切动作,通常启动/备用变压器容量与电压降能满足要求,但如果由厂用备自投（慢切）动作，由于启动/备用变压器阻抗较大，全部电动机自启动时电压降过大，不能满足电动机自启动要求。所以，启动/备用变压器作为停机备用电源时，其容量和电压降能满足要求，但要作为"孤岛"运行机组全部电动机自启动电源，必须充分核算（特别是电动机自启动时电压必须保证不低于70%额定电压的要求），如不能满足自启动电压降落的要求，应加装低电压保护，并切断足够容量的电动机，确保重要负荷电动机的自启动要求。

（三）低压厂用变压器保护

1. 过流保护

低压厂用变压器过流保护作为厂用低压母线的主保护，除满足灵敏度的要求外，动作时间不要过长，一般整定 0.5～0.8s 足够，主要是与低压母线的短路电流承受能力有关，一般设计的承受最大短路电流时间为 1～1.5s；低压断路器接点承受短路电流大小及时间也是有要求的，超过此限制，会造成断路器拉不开而在断路器处发生三相短路故障，严重损坏断路器。

例如：某 300MW 机组，高压厂用母线断路器过电流保护动作时间整定为 2s，低压侧断路器过电流保护动作时间整定为 1.7s，由于二次线发生短路故障，开关柜后面母线短路，但由于故障电流没有达到过电流保护整定值而未动作，造成事故扩大。这是因为保护动作时间过长母线发热短路电流下降所致，灵敏度虽然满足要求但比较小。建议在核算灵敏度不高时，保护动作时间整定 0.5s，放弃部分设备选择性，确保系统运行的安全性。

例如：某 600MW 电厂，高压厂用母线断路器过流保护动作时间整定为 2.3s，低压侧断路器过流保护动作时间整定为 1.8s，由于保护灵敏度较高（2.5 倍额定电流），保护正确动作，但保护动作时间整定过长，超出了断路器的承受能力，最终造成低压断路器被烧坏的严重后果。

2. 低压侧零序过电流保护

根据设计手册，厂用低压侧零序过电流保护整定为变压器额定电流25%，是针对油浸式变压器，而干式变压器没有要求零序电流不能大于25%，按照此原则整定这样会失去选择性，造成保护越级跳闸事故。

例如：某 600MW 机组，汽轮机变压器（2500kVA）低压侧零序过电流保护整定为 0.25 倍额定电流，动作时间 1.1s，运行中一台 50kW 的电动机发生接地故障，塑壳开关的额定电流为 250A，速断过电流保护整定值为空气开关的默认值 3750A，没有零序过电流保护功能；汽轮机变压器零序过电流保护整定值为 902A，由于汽轮机变压器零序过电流保护整定值低于电动机速断过电流保护整定值，引起汽轮机变压器零序过电流保护越级跳闸。仅仅靠时间的配合来保证选择性是错误的，实际保护动作整定值、动作时间都需要配合；整定 $0.25I_r$ 认为是最大值了，实际对干式变压器没有这个要求。

另外，目前现场还普遍存在 0.4kV 各级零序过电流保护无法配合及整定错误问题。

（1）中性点直接接地的低压厂用变压器中性点零序过电流保护错误整定。低压厂用变压器中性点零序过电流保护动作电流整定值不经分析，简单采用动作电流 $3I_{0.op.set} = 0.25I_{T.N}$，定时限动作时间与出线动作时间配合取 0.5～0.7s 的整定方法，当出线发生单相接地故障时，中性点零序过电流保护将无选择性动作。所以不考虑上下级动作电流与动作时间同时配合并满足选择性要求的整定，是不合理的。

（2）300MW 及以上发电机组 0.4kV 第一级（或称末级）未设置单相接地零序过电流保护。由于 0.4kV 第一级设备单相电流速断保护动作电流较大，也不设置单相接地零序过电流保护，以致普遍存在 0.4kV 各级零序过电流保护无法配合的问题，有的发电厂不得已只能将零序过电流保护全部退出运行。

根据多年的运行经验，当 0.4kV 系统第一级设备在相间保护整定值超过某一定值（无法与上一级零序过电流保护配合）时，应考虑设置单相接地零序过电流保护，这样才能满足 0.4kV 系统各级发生单相接地故障时零序过电流保护的选择性。

（3）发电厂 0.4kV 系统电缆截面积较小、距离较长线路的保护问题。0.4kV 系统电缆截面积较小、距离较长线路末端发生单相接地故障时，由于相间短路保护灵敏度不够，最终电缆线路全部烧损。如烟囱信号电源线等，应特别注意这类负荷的零序过电流保护的整定。

（4）0.4kV 系统各级保护存在上下级保护动作电流与动作时限未按选择性原则配合计算的问题。0.4kV 系统零序过电流保护，应上下级动作电流与动作时间都配合，如果下一级无单相接地零序过电流保护，对一类重要负荷，上一级单相接地零序过电流保护必须与下一级相间短路保护动作电流及动作时间配合整定。

例如：某厂的 MCC 电源进线间隔单相接地保护装置最大设置动作电流可整定为 1250A，MCC 出线最大电动机额定容量 $P_N = 37kW$，额定电流 $I_{M.N} = 72A$，断路器额定电流 $I_n = 100A$。该段电动机短延时保护整定为 $I_i = 10.5 \times 72 = 756A$，取装置可设置值 $I_i = 8I_n = 800A$，0s。因下一级负荷无零序过电流保护，MCC 电源段单相接地保护动作电流整定值应与相间短路保护动作电流及动作时间配合，这样，单相接地保护动作电流正确计算的整定值即为 $I_{g.set} = 1.2 \times 800 = 960A$，取装置可设定值为 $I_{g.set} = 1250A$，$t_{g.set} = 0.2s$。

而现场在发生动作电流、动作时间整定值上下级无法按选择性原则配合整定时，实际的整定方法为：电动机相间短路瞬时速断保护动作值：$I_i = 14I_n = 14 \times 100 = 1400A$，0s；单相接地保护整定为 $I_{g.set} = 0.4I_n = 0.4 \times 1250 = 500A$，$t_{g.set} = 0.1s$。这样整定的结果，某厂 MCC 出线 $P_N = 37kW$ 电动机电缆末端发生单相接地故障时，故障电流为 $I_k^{(1)} = 800A$，$500A < I_k^{(1)} < 1400A$，造成 MCC 电源段单相接地保护无选择性动作，切除一类重要负荷。

以上类似情况近年来在多个大型发电机组（重要的工业用电系统）0.4kV 厂用电系统频繁发生，造成不必要的停机事故，应引起继电保护专业人员的高度重视。

3. 低压配电厂用 400V 系统保护

框架断路器的零序过流保护不满足要求应该退出，不应该放到最大值；框架断路器的速断过流保护如果退出可能会自动整定默认值，也要看是否满足选择性的要求等。

框架断路器用于馈线间隔时，不选择零序保护功能，因为低压馈线零序保护整定值与过流保护定值基本相同，而框架断路器零序电流的整定范围只有 0.2～1 倍的额定电流，整定范围不满足选择性的要求。

（四）厂用馈线保护

厂用电馈线保护整定时间不宜过长，建议不要长于 1s，防止在短路过程中引起采用接触器的低压厂用负荷大面积脱扣，造成停机。当然也可以增加差动保护功能来解决这个问题，这样可以增加厂用电系统的可靠性，增加差动保护其定值建议整定为 0.6～0.8 倍额定电流。

近几年发生了多起 0.4kV 母线引下线相间短路严重烧损引下母线的情况。由于 0.4kV 进线断路器短延时保护动作时间不可能太短（大多整定为 0.3~0.4s），可能造成将母线引下线完全烧断的严重后果，恢复施工时间长，严重影响系统的正常运行。如果从"保护的主要功能是隔离故障点、并尽可能减小破坏程度"这一观点出发，只要短延时保护在满足可靠性、选择性、灵敏性要求后保护尽可能缩短动作时间，以达到尽可能减少故障设备的损坏程度即可，过多的要求（如完全不损坏设备）是不可能的。

例如：某 300MW 机组，6kV 工作母线 A 段馈线发生三相短路故障导致停机，检查发现：很多低压电动机跳闸，6kV 馈线过电流保护动作值 5500A、动作时间 2s，保护正确动作，但是由于动作时间过长，母线电压下降很大，造成 380V 系统交流接触器脱扣导致停机。所以建议厂用电馈线保护整定时间不宜过长，实践证明馈线的过电流保护动作时间不宜长于 1s，接触器脱扣还是很少发生。

（五）变频调速电动机问题

电动机采用变频调速有利于厂用系统的节能，但系统电压波动会影响其正常运行。当供电母线电压突然波动影响了电动机变频器的正常运行时，会对重要辅机设备、甚至机组的安全稳定运行产生影响。

目前，在火力发电厂，给煤机变频器的低电压跳闸问题较为突出。机组正常运行中，一旦电网电压发生瞬时波动，电压下降幅度超过变频器低电压跳闸值，给煤机的跳闸，引发机组灭火保护动作。改造方案的选取原则：

（1）低电压穿越系统在投入工作时不应产生较大电流对厂用电系统造成冲击，不能因加装的低电压穿越系统发生故障而导致锅炉辅机变频器停机（设备本身不可成为故障点）。

（2）加装低电压穿越装置不能改变原变频系统的运行，不能影响其他设备的正常运行。

（3）低电压穿越系统必须与机组 MFT 做可靠联锁，当 MFT 信号发出后低电压穿越系统要无条件退出运行。

（4）在电网发生各种故障时，低电压穿越系统都应具备保障电源稳定供电能力，不应导致辅机变频器停机。

（5）低电压穿越系统应安全可靠，不能给原有设备带来新的安全隐患。

三、线路保护问题

1. 距离保护躲弧光电阻和过渡电阻的能力

电力系统中短路一般都不是纯金属性的，而是在短路点存在过渡电阻，包括弧光电阻和接地点的过渡电阻。它的存在，使得距离保护的测量阻抗发生变化，造成保护不正确动作。

在短线路或超短线路上发生短路故障时，弧光电阻相对于整定阻抗的比例将增大，弧光电阻与线路阻抗相加的结果，超出保护的整定范围，造成保护拒动。为了提高保护装置容许弧光电阻的能力，有的保护装置（如南瑞继保）中设置了调整阻抗圆偏移角度的定值，可以使阻抗特性圆偏移，以防止短线路故障时，因弧光电阻造成的保护拒动。设置了调整阻抗圆的距离保护动作特性如图 3-30 所示。

当在距离保护范围外发生一点经过渡电阻接地时，根据

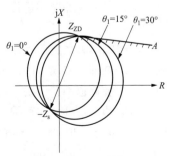

图 3-30　设置了调整阻抗圆的距离保护动作特性

距离保护的特点，保护将会超范围误动，为了防止在这种情况下保护误动，在北京四方的保护中将保护特性的多边形进行了调整，防止发生保护"超越"。做了调整后的阻抗保护动作特性如图3-31所示。

2. 负荷限制特性

对于距离较长、重负荷线路，当轻负荷运行时，保护测量阻抗值接近于动作阻抗值，但负荷阻抗的相位不同于故障时的测量阻抗，所以，用两条直线限制保护动作范围，如图3-32所示，保证在正常运行时负荷阻抗即使再小，由于不会进入到限制线以内，保护也不会误动作。

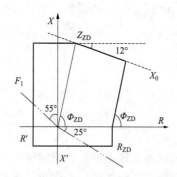

图 3-31 做了调整后的阻抗保护动作特性　　图 3-32 带负荷限制的距离保护动作特性

3. 振荡闭锁

距离保护中设置振荡闭锁功能的作用在于：

（1）如果距离保护在系统发生振荡时误动作，将造成电网结构的变化，使振荡中心转移。当振荡中心落入其他线路的距离保护范围时，距离保护再误动，恶性循环将造成电网事故，所以，距离保护设置振荡闭锁功能有保证系统稳定运行的作用。

（2）保证系统在各种工况下发生区内故障时（包括转换性故障），能快速切除故障点。

以下说明国产保护振荡闭锁与欧美国家的保护振荡闭锁判据的不同特点。

国产继电保护振荡闭锁装置由四部分组成：

第一部分：故障瞬时开放保护160ms，判断振荡时立即闭锁保护；

第二部分：160ms后如再发生区内不对称故障时，有选择性的再开放保护；

第三部分：启动开放160ms后再发生区内对称性故障时开放保护；

第四部分：非全相运行时发生振荡，可闭锁距离元件，健全相再故障可开放保护，保证切除故障。

我国的电力系统出现振荡时，如果有零序或负序元件先动作，即判为先有故障，振荡闭锁开放160ms，如果是区内故障，160ms是足够保证保护动作切除故障的；如果不是区内故障，保护装置也不会误动。这是因为，系统振荡开始的第一个周期相对时间较长，振荡中心两侧的电动势角度从0°转到180°的时间一般要0.4s，距离保护在振荡时误动的条件是：两侧电势角度大于120°以上，而两侧电势角度达到180°需要0.4s，到达120°至少需要0.2s，考虑一点裕度，所以取160ms。

欧美国家的距离保护振荡闭锁装置，是利用两个定值不同的距离继电器特性，依它们动作时间差的大小来区分振荡与故障，即大圆套小圆或大四边形套小四边形原理，如图3-33所示。

这种原理的距离保护主要特点为:

1）从保护可靠切除故障的角度考虑，时差整定值宜长；从系统振荡可靠闭锁角度考虑，时差整定值宜短，保护的整定时间还与两特性阻抗定值及振荡周期有关。故保护的动作时间在系统振荡周期不定的情况下不好处理。

2）发生单相接地故障时，相间故障继电器的测量轨迹可能正好落在大圆到小圆之间的 B 点，如接地故障未能及时消除，经整定时间闭锁距离保护出口，后发展为两相或三相短路故障，将被误判为振荡而拒动。对系统故障而言，拒动的事故远比误动更可怕。

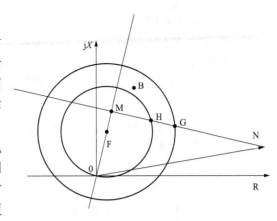

图 3-33 大圆套小圆阻抗特性

3）此原理在理想的稳定破坏的情况下有较好的闭锁性能，但在系统发生解列和大量负荷转移的情况下，由于电网结构发生变化，振荡中心在电网中发生了跳跃，不能可靠地闭锁距离保护出口，发生误动，可能导致系统故障等严重后果。

此外，该原理的振荡闭锁元件也无法躲开小于 0.2s 以下的短振荡。

四、关于整定计算的其他注意事项

1. 需掌握保护装置的动作特性

定值计算前首先要认真阅读保护装置的说明书，掌握保护的动作原理、逻辑判据，掌握保护装置对互感器、直流电源、外部接线、环境温度的要求，并且对于保护装置的每个控制字都要认真对待。

例如：某 600MW 机组，厂用电保护装置零序过流保护用的电流变换器在 5 倍额定电流时基本饱和，不能正确反应一次电流状态，引起保护装置拒动，造成高压厂用电源进线断路器跳闸事故导致停机，零序电流互感器变比选择太小所致，属于设计问题。

另外，某些厂家的保护装置零序过电流保护动作值受相电流制动的影响，如果整定不正确也会引起保护拒动。

例如：采用 F-C 回路时，动作电流闭锁功能实际无法实现，电流互感器变比是按照设备的额定电流选择的，变比很小，短路电流可以达到 TA 额定电流的 200 倍，这种情况下，只能将电流速断保护加延时动作或退出，防止事故扩大。

2. 需掌握一次设备特性

在一次设备特性尚未清晰掌握的情况下，继电保护整定计算等于脱离实际，不能够为一次设备服务，不能真正的反应一次设备的故障；只满足继电保护"四性"而不满足设备系统承受能力、不满足设备现实运行的特点，造成事故扩大，给企业造成严重损失，这样的整定计算不是合格的。一次设备没有掌握主要体现以下几个方面：正常运行特性及基本参数不详或不实；不正常运行方式运行参数不详或不实；设备结构特点及每个部件的作用不清楚；系统正常、不正常运行方式下对保护采样及判据的影响不掌握；发生短路时的暂态、稳态过程不清楚；有磁路联系的设备的电磁原理不了解。

3. 定值整定错误

整定计算方面的错误、调试看错数值、调试看错位置、定值单只出原则定值让调试人员去看着办、定值单不完整、电流互感器变比用错、定值选项过多、定值选项不完整等，都是容易造成定值整定错误的因素。总结其原因主要是工作不够仔细认真，检查过程没有闭环才会造成事故的发生。因此，在现场继电保护的整定计算工作必须认真操作、仔细核对，尤其是把好通电检验定值关，另外，在设备送电前再次进行装置定值的校对，也是防止误整定行之有效的措施。

例如：某 300MW 机组，高压 330kV 系统发生单相接地故障，单跳单重成功，但一台机组却解列停机了，检查发现该机组主变压器差动速断保护动作，差动速断保护定值整定为 2.8 倍变压器额定电流，实际故障时故障电流高达 3.5 倍额定电流。这是因为 TA 在单重过程中留有剩磁所致，所以定值整定过程一定要考虑周全。

例如：某 600MW 机组，在并网过程中断路器出现内部闪络，造成断路器消弧室磁套爆裂。当时整定的闪络保护动作值为 0.3 额定电流，动作时间 0.4s，定值大、时间长。断路器闪络保护为并网前保护，并网后是退出的，所以定值可以整定的灵敏些，0.05～0.1 倍额定电流就可以（导则要求整定为 $0.1I_r$），动作时间整定只要躲过断路器不同期合闸时间也就没有问题了，一般整定 50～100ms（导则要求整定为 100ms）。

例如：某 600MW 机组，发电机定子绕组损坏事故，根据录波图分析，发电机首先出现定子接地后转化成匝间短路故障，发电机定子接地保护定值整定为 8%额定电压、动作时间 5.5s，整定时间过长造成了故障扩大，按照导则要求整定 0.5s 就可以了，防止故障扩大。

4. 定值飘移的影响因素

（1）受温度的影响：芯片的特性易受温度的影响，影响比较明显的需要将运行环境的温度控制在允许的范围内。

（2）受电源的影响：电子保护设备工作电源电压的变化直接影响到给定电位的变化，所以要选择性能稳定的电源作为继电保护设备的电源，保证保护的特性不受影响电源电压变化的影响。

（3）受元器件老化的影响：电子元器件的老化有一个过程，积累的结果必然引起元器件特性的变化，同时影响到保护的定值。

（4）受元件损坏的影响：元器件的损坏对继电保护定值的影响最直接，而且是不可逆转的。

第四节　其他技术问题

继电保护事故的原因是多方面的，有设计不合理、原理不成熟、人为原因、制造上的缺陷、定值问题、调试问题和维护不良等多种原因。当继电保护或二次设备出现问题以后，有时很难判断故障的根源，只有找出事故的根源，才能彻底消除，所以找到故障点是问题的第一步。

从技术的角度出发，结合一些曾经发生过的继电保护事故的实例，将现场的继电保护事故归纳为 15 种，包括：定值所引起的问题；电压、电流互感器所引起的问题；误接线、误碰、误操作、误走错间隔问题；没有执行反措问题；生产厂家保护装置性能问题；保护专业技术管理问题；装置元器件损坏问题；回路绝缘损坏问题；保护装置及回路抗干扰性能差问题；工作电源的问题；设计的问题；组态错误、组屏不符合要求问题；由于自然灾害引起的问题；

继电保护人员过度依赖外单位技术问题；其他因素引起一些问题。继电保护事故分类对现场的事故分析处理是非常必要的。但是分类的标准不易掌握，因为对于运行设备和新安装设备在管理方面的事故划分是不同的，人们理解和运用标准的水平也有差别，因此故障的分类只能是粗线条的。

一、电流互感器的选择问题

作为继电保护装置测量设备的始点，电压互感器 TV、电流互感器 TA 对二次系统的正常运行非常重要。运行中，TV、TA 及其二次回路上的故障并不少见，主要问题是短路与开路，由于二次电压、电流回路上的故障而导致的严重后果是保护误动或拒动、电压互感器铁磁谐振、电流互感器的剩磁问题等。涉及 TV、TA 特性的参数是比差与角差，当比差与角差不满足规定的要求时，将会影响到保护有关的指标，因此在进行继电保护的动作行为分析时，应该作全面的考虑。由于互感器发生问题所造成的异常及事故相对比较多。

例如：某 300MW 机组，6kV 厂用系统 A 段母线上的电动机全部跳开造成停机事故，检查发现 6kV 厂用系统 A 段小母线接地，TV 小开关三相跳开，该母线上所有电动机保护装置低电压保护动作引起跳闸。现场检查试验确认，保护装置 TV 断线闭锁原理不完善；TV 三相小开关上手柄连杆没有拆除（一相有异常会联动三相空开）。需要对 6kV 综合保护装置内的 TV 断线闭锁功能进行逻辑核对，从而保证在各种状态下起到 TV 断线闭锁作用，又不会造成错误的闭锁；TV 三相小开关上的手柄连杆应该拆除。

例如：某 220kV 变电站，母线为 3/2 断路器接线方式，如图 3-34 所示。线路 L1、L2 正常运行，断路器 QF1、QF2、QF3 均在合闸位置。线路 L2 在 K1 点发生 B 相永久接地故障，

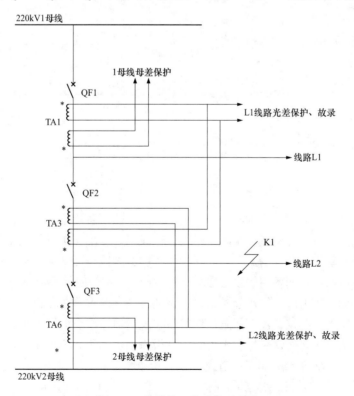

图 3-34　故障的一次系统示意图

QF2、QF3 断路器 B 相跳闸，经重合闸时间实现单相重合，根据定值要求，重合闸先合 QF2 B 相，后合 QF3，因为是永久性故障，QF2 重合后立即跳三相，同时闭锁 QF3 重合使其跳三相。当 QF2 断路器重合跳三相时，引起 L1 线路光纤纵差保护动作跳闸。

经检查分析发现，电流互感器采用 5P 级，5P 级电流互感器对剩磁没有要求，系统发生单相接地故障导致 TA 出现偏磁，一侧电流互感器电流下半周不能正常传变，而另一侧 TA 没有饱和，所以出现半个周波的差流，引起光纤差动保护误动。要求 220kV 及以上系统的差动保护采用 TPY 级电流互感器，两侧型号一致。故障录波如图 3-35 所示。

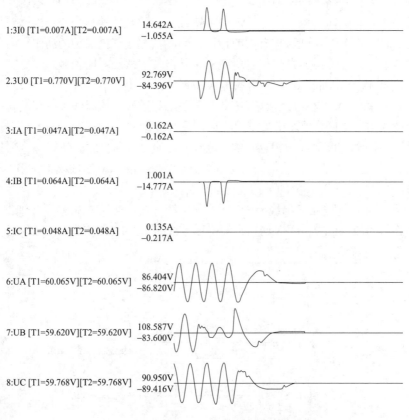

图 3-35　差动保护动作时的故障录波图

例如：某 300MW 电厂，给水泵工作泵因故跳闸，联动备用泵后又跳开，强送一次也没有成功，造成停机事故。检查发现实际给水泵联动成功，差动保护动作又将备用泵跳开，强送后差动保护再次动作。造成给水泵差动保护跳闸的原因同样为一侧 TA 出现偏磁不能正确传变造成。应该定期对长期备用的设备启动试验，或对 TA 消磁就不会发生此类事故。

例如：某 300MW 电厂，给水泵备用泵在定期启动试验过程中，第一次合闸速断过流保护动作跳闸，经检查一次设备没有问题，保护装置及定值也没有问题，再一次合给水泵时高压厂用变压器差动保护动作，全停发电机组。分析原因，高压厂用变压器差动保护定值整定为 0.35 倍额定电流，定值整定偏低，在第一次合给水泵过程中，分支 TA 已经偏磁，在第二次合闸时由于偏磁尚未消除造成差动保护动作。建议高压厂用变压器差动保护定值整定为 0.5～0.6 倍额定电流，差动速断定值应该不小于 6 倍额定电流。另外，需要注意，低压厂用变压器的差动保护误动也比较多，因为低压侧 TA 与高压侧 TA 型号不同，两侧 TA 负载阻抗也不同，建议尽量解决这两个问题外，定值整定不小于 0.8 倍额定电流，防止低压厂用变压器差动保护误动作。

目前电力系统中普遍采用电容式电压互感器，其显著特点是"瞬变响应"，即当电力系统发生短路故障时，如在线路出口处短路，有两种情况，一是在电压波的峰值处短路，二是在电压波过零时短路。相当于电压互感器一次电压从额定突然降至零，二次电压随即出现衰减。二次电压的衰减都会有一个延时，这个延时的长短，对继电保护有着较大的影响。有许多保护反应的是电流的增大同时伴随着电压降低，如果二次电压衰减比较慢，势必影响保护的动作时间。因此，IEC 标准规定，电容式电压互感器一次侧发生短路故障时（单相），在 20ms 内二次暂态电压峰值应衰减至额定峰值的 10%以下。

目前电网中继电保护用的电流互感器主要有两种，一种是"P"类的电流互感器，如 5P20（30、40），这种电流互感器主要用于 220kV 以下的电网中；另一种是"TP"类，主要是 TPY 型的电流互感器，主要用在 220kV 及以上的电网中，具有抗暂态饱和的功能。

5P 系列的电流互感器在电力系统发生短路时，特别是当短路电流较大时极易饱和。主要原因除与电流互感器的二次负荷阻抗有关外，还与这种电流互感器本身的特点有关。

（1）二次负荷阻抗的影响。电流互感器是一个电流源，但也不是理想的恒流源。二次负荷过大，将导致励磁电流增加，一次电流不能完全传变到二次，使二次电流误差增大，电流互感器等效电路如图 3-36 所示。

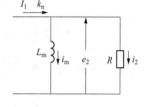

当系统发生短路故障时，由于二次负荷阻抗较大，使铁芯提前饱和，影响保护的正确动作。解决的方法是减小电流互感器的二次负荷阻抗，核对的方法有：10%误差曲线、伏安特性、计算二次等效极限电动势等，具体的可以参考 DL/T 866《电压互感器

图 3-36　电流互感器等效电路

和电流互感器选择及计算导则》。二次电流与一次电流关系如图 3-37 所示，电流互感器 10%误差曲线如图 3-38 所示。

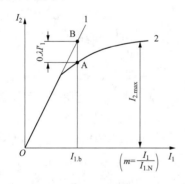

图 3-37　二次电流与一次电流关系曲线

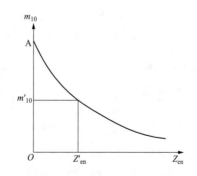

图 3-38　电流互感器 10%误差曲线

（2）剩磁的影响。在电磁式继电保护时代，二次负荷阻抗主要是电感性质的，继电保护装置中的电感线圈所占的比例很大，二次电流以电感分量为主，同时与电流互感器的励磁电流相位基本相同，一次电流也与励磁电流同相，当一次系统的短路电流被切除时，一次电流在过零点消失，因此时励磁电流也位于过零点，铁芯中的磁通处于最小状态，短路电流消失

后，磁通继续衰减到一个自由状态，因此剩磁比较小。

微机保护的应用，改变了电流互感器二次负荷阻抗的性质。因微机保护本身的阻抗很小（一般按 0.2Ω 计算），电流互感器的二次负荷主要是电缆的电阻，整个负荷基本上是纯电阻性质，二次电流以电阻分量为主，一次电流与励磁电流不同相。当一次系统的短路电流被切除时，一次电流在过零点消失，而励磁电流此时可能处于最大，铁芯中的磁通也处于最大；一次电流消失后，励磁电流从最大点逐渐衰减到零，铁芯中的磁通也从最大逐渐衰减到一个自由状态，剩磁可能比较大。剩磁一旦产生，在正常的工况下不易消除。当被保护设备再次运行时，正常的交流磁通就会叠加在这个剩磁上，由于正常运行时电流较小，磁通的变化范围不大，在剩磁周围的小磁滞回线上工作，并不影响正常运行时电流的正确传变，如图 3-39 所示。

当一次系统发生故障时，磁通变化的起始点就在剩磁周围的小磁滞回线上，若磁通向着靠近饱和的方向变化，则互感器在几毫秒内就会迅速饱和。

短路电流中的非周期分量对铁芯饱和的影响很大，非周期分量中含有大量的直流分量，直流分量不会转变到二次，但能够改变铁芯的工况，使铁芯高度饱和，使短路电流全偏移，如图 3-40 所示。非周期分量在短路过程中随时间衰减，这个衰减过程的长短，与一次系统的时间常数有关，220kV 及以下系统一次时间常数较小，500kV 及以上系统由于发电机、变压器容量较大，电压等级较高，一次时间常数较大，非周期分量衰减过程较长，即"暂态饱和"时间长，如采用"P"类电流互感器，则会导致铁芯的饱和时间长，影响保护的动作时间。

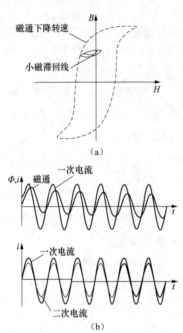

图 3-39 电流互感器有剩磁正确传变负荷电流示意图
(a) 主磁滞回线和小磁滞回线；(b) 一次电流无偏移（有剩磁）

目前我国 220kV 以下系统，大多采用根据《电流互感器》（GB 1208—1997）标准生产的"P"类电流互感器（5P、10P）。这种互感器对剩磁无限制。短路电流切除后，剩磁可能很大，这就是"P"类电流互感器的特点。由于 220kV 及以下系统一次时间常数较小，非周期分量存在的时间较短，使保护最终切除的时间不会影响系统的稳定，因此，还可以接受 P 级电流互感器。但是在 500kV 及以上系统中，因一次时间常数较大，非周期分量存在时间长，使用"P"类电流互感器，将会使保护最终切除故障的时间长，造成系统稳定破坏，所以，500kV 及以上的电网中，继电保护普遍采用了"TP"类电流互感器，"TPY"是"TP"类电流互感器中的一种。

解决电流互感器饱和的办法：尽量减小电流互感器二次负荷电阻，如必要时可以增加电缆截面积；选用"PR"类电流互感器，该类电流互感器对剩磁规定了限制标准，即不超过 10% 的饱和磁通。

目前，有些保护装置厂家对电流互感器的饱和也采取了一些防止保护误动措施，其中之一就是在饱和之前，判断出故障的类型和故障是否在区内，如南瑞继电保护公司的 RCS-985 以及深圳南瑞的 BP-2B 等，在短路开始的 5ms 内就能够判断出故障的类型和性质。饱和需要一个过程，在 TA 尚未饱和前就将故障的性质、类型固定，电流互感器再饱和也不能影响保护动作。

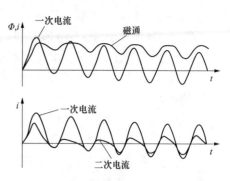

图 3-40 剩磁导致短路电流全偏移的波形

"TPY"型电流互感器用于 500kV 系统的继电保护中，其铁芯中带有小气隙，抗暂态饱和能力强，对铁芯剩磁的要求是小于 10%。但是，"TPY"电流互感器在严重短路后，剩磁的衰减比较慢，延时较长，对某些保护不适用，如失灵保护的电流判别元件。因剩磁衰减慢，导致电流元件返回就必然要慢，为防止误启动失灵保护，失灵保护的电流判别元件就不能用"TPY"型的电流互感器，仍采用"P"类电流互感器。

（一）电流互感器的二次接地

交流电流回路、交流电压回路设置接地点是为了保证人身和设备的安全，但是如果接地点不正确，会造成继电保护装置不正确动作，如电磁式继电保护时代，差动保护的电流回路，只允许在保护盘上一点接地，不能在各自就地端子箱接地，防止区外故障时，电流二次回路的分流导致保护误动。除此之外，在 3/2 断路器接线的厂站中，线路保护取合电流时，有些厂站是在就地端子箱将两组电流互感器合在一起再经电缆送至保护盘，一般这种回路的接地点选择在端子箱一点接地。

目前使用的微机保护，特别是差动保护，保护装置所接入的各侧电流回路都没有直接电的联系，因此，各侧的电流互感器二次接地点应选择在各自就地端子箱接地。但是在 3/2 断路器接线的厂站，如果两个电流互感器取的是合电流，则应该在取合电流之处一点接地。

（二）电流互感器应注意的其他问题

二次绕组直流电阻的检验、测量要用电桥或万用表，不能通入较大的直流电流。这是因为，向电流互感器二次绕组通入较大的直流电流，将使电流互感器铁芯中的磁通单方向增加，而且不会消失，相当于人为的增加铁芯剩磁，甚至使铁芯饱和。剩磁一旦生成是不会自然消失的。设备投运时，将会造成保护不正确动作。

例如：某厂给水泵投运前，用在二次绕组中通入 1A 直流的方法测量电流互感器二次直流电阻，设备投运时，差动保护误动，原因是铁芯饱和了。检查原因时，一次系统无异常，检查差动保护用电流互感器伏安特性试验未发现问题。决定再启动给水泵试投一次，结果投运成功，原因在于做了电流互感器伏安特性，只有做伏安特性试验能够消除剩磁。没有必要通较大的直流电流，普通的万用表或电桥所用的电池只有几伏，就可以测直流电阻。

电流互感器的检验包括所有绕组的极性，所有绕组及其抽头的变比，电压互感器在各使用容量下的准确级，电流互感器各绕组的准确级，容量及内部安装位置，二次绕组的直流电阻（各抽头），电流互感器各绕组的伏安特性。其中：伏安特性试验属于交流特性试验，用专用 TA 校验仪；二次负荷的交流阻抗，即"二次负担"测试同样是交流试验，自 TA 二次端子箱处向负荷端通入交流电流，测定回路的压降，计算电流回路每相与中性线及相间的阻抗，注意每相要单独做，不能三相互差 120°一起做，那样中性线没有电流，测出的交流阻抗与单相做比较相差一半；进行绝缘测试时各回路对地、各回路之间的测试结果，新安装的要求不小于 10MΩ，定期校验时要求对地不小于 1MΩ。

需要注意的是，遥测绝缘时会产生感应电压，必须经过放电，否则无法测试电流互感器二次绕组直流电阻。

某些电厂在设备投运前测 TA 二次绕组直流电阻时测不出来，究其原因是测量之前没有注意一次系统运行方式。电厂升压站或厂用 6kV 开关室都属于强电场，即使检修的线路或母线停电，但还有其他设备在运行，也会受到强电场的感应，仍会在停电的线路或母线上产生感应电压，如图 3-41 所示。

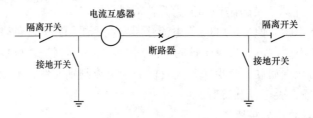

图 3-41　一次系统接线图

图 3-41 中，两个隔离开关断开，如果将断路器及两侧接地开关全部合上，这段线路就形成了一个闭合回路，在感应电压的作用下，这个闭合回路中就有感应电流流过，电流互感器的一次绕组也同样流过感应电流，这时测量电流互感器二次绕组直流电阻是不准确的，因为一次侧有电流，要想测量准确，需将断路器或一个隔离开关断开，切断一次电流，二次也就没有电流了，才能够测量准确。

（三）电流互感器选择

对于电流互感器的选择，需要注意以下事项：

（1）电流互感器对差动保护的影响。随着电力系统容量的不断增大，主设备出口短路电流也相应的大大增加，如大型发电厂 220kV 系统母线出口最大短路电流高达（40～45）kA，如果 TA 变比为 1250/5A，则短路电流倍数可达 30 倍以上。长度为 300m、截面积为 6mm^2 的铜芯二次电缆的直流电阻约为 0.9Ω，此时 TA 的二次等效负荷电阻为 1Ω 左右，最高稳态负荷电压高达 360V。

主设备的短路保护中，原理最完善、构成最简单的继电保护是发电机、变压器比率制动纵差动保护。发电机或变压器比率制动差动保护最小动作电流整定过小时，当发生远区外短路时、区外短路切除后电压恢复时、带有一定负荷的变压器在相邻变压器空载合闸而出现和应涌流时，变压器纵差动保护往往容易误动作。主要原因是变压器或发电机差动保护两侧 TA 暂态传变特性不一致，造成在区外短路或有突变量电流时产生难以计算的不平衡电流，以致造成纵差动保护误动作。在无奈的情况下只能适当提高差动保护的最小动作电流和制动系数斜率，但这样是牺牲发电机—变压器小匝数短路的灵敏度，用提高差动保护定值换取消除因变压器或发电机两侧 TA 暂态传变特性不一致引起的误动，只是权宜之计，而最好的办法是消除误动的根源，解决各侧 TA 暂态传变特性不一致的因素，有条件的各侧尽可能采用暂态传变特性一致的 TPY 级 TA 或其他传变一次电流更理想的新型 TA，以降低差动保护整定值，达到灵敏可靠保护发电机—变压器小匝数短路故障。

（2）差动保护用电流互感器的选择。对 300MW 及以上的大型发电机组差动保护，根据系统短路电流和 TA 的实际二次负荷，严格的遵循 TA 设计选择导则配置 TA，尽可能将变压器各侧稳态和暂态特性选择接近相同的 TA。这对大型发电机—变压器的差动保护工作性能有所改善与提高，TA 暂态过程的误差是造成大型发电机—变压器差动保护误动的主要原因。如果选用 TPY 级电流互感器，对减小 TA 暂态过程的误差，降低差动保护最小动作电流和制动系数斜率，提高主设备内部小匝数短路故障灵敏度，减少差动保护误动等有很大的帮助，能适当兼顾保护的灵敏度和尽可能减少差动保护误动作的概率。

（3）电流互感器对其他保护工作的影响。近年来在 35kV 系统和 6kV 厂用系统中，曾多次出现在电流保护计算灵敏度很高的情况下，发生电流速断保护及定时限过电流保护拒动的实例。这主要是当一次设备发生短路故障时，短路电流大大超过 TA 的饱和倍数，TA 二次传变的电流波形严重畸变，甚至只产生波宽很窄的尖脉冲电流，以致造成过电流保护拒动。大型发电厂 6kV 厂用母线出口处短路电流 $I_K^{(3)}$=20～22kA（对应高压厂用变压器额定容量为 25MVA，U_k =10.5%），如 6.3kV 母线出口短路时，TA 变比为 100/5A，则短路电流倍数高达 200～220 倍，0.4kV 低压母线出口处短路电流 $I_K^{(3)}$=27～28kA（对应低压厂变压器额定容量为 1.25MVA，U_k = 6%），如 TA 变比为 400/5A，此时短路电流倍数高达 68～70 倍。如此高的短路电流倍数，0.4～6kV 的 TA 无论如何难以保证过电流元件能正确可靠地动作，唯一解决的办法是尽可能选用变比较大、饱和倍数较高、容量较大的 TA，保护装置尽可能安装在靠近 TA 就地开关柜上，保护用 TA 一次额定电流也不能按（1/2～2/3）负荷电流的原则选择，有实践及试验数据表明，6.3kV 厂用系统选用 TA 变比为 400/5A，TA 二次饱和电压为 70～100V，保护安装于就地高压开关柜上，这样当发生高压电缆出口三相短路故障时，电流速断保护能可靠动作切断短路故障。所以 0.4～6kV 的出线尽可能按最大短路电流时 TA 稳态特性不要极度饱和的原则选择 TA。

（4）二次负荷测试。TA 相当于一个电流源，理想情况下其输出电流是固定的，不受二次回路电阻影响。但 TA 的允许输出功率是一定的，不能超过最大输出功率，否则影响准确度，还会使 TA 发热、铁芯饱和，二次回路感应电压升高，故障时电流传变误差不满足误差要求。因此，TA 对二次回路电阻是有限制的，不能超过额定值。在验收时必须对 TA 二次负荷进行测试。

1）二次负荷测试方法。现场测量时，选择最大负荷支路进行测量，测量阻抗必须包括二次电缆和所接入的保护等负荷。

如图 3-42 所示，将 TA 的 K1 和 K2 点断开，在靠二次回路侧通入交流正弦电流 I，测得输入点两端之间的电压 U（注意：此方法不适用于运行中的二次设备，否则易导致保护误动作），这样测算下来的阻抗为：$Z_{Fh} =U / I$。

假设测得阻抗 $Z_{Fh} =2\Omega$，将测量计算结果与 TA 伏安特性曲线进行校验，检查 TA 是否满足 10%误差要求。

以图 3-43 所示的 TA（二次额定电流为 5A）伏安特性曲线为例，设在 10 倍额定电流的短路电流下校验该 TA 是否满足 10%误差要求。计算如下：

如测得电流回路的二次负荷为 Z_{Fh}，在 10 倍额定电流的短路电流时按 TA 传变误差刚好为 10%计算，流过电流回路二次负荷 Z_{Fh} 的电流为

$$I_{Fh} =5\times10\times90\% =45A$$

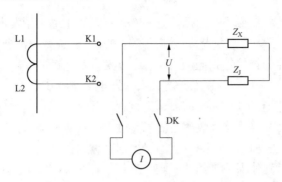

图 3-42 二次负荷测量示意图

Z_X—二次电缆阻抗；Z_J—接入的负荷阻抗

二次负荷 Z_{Fh} 的电压

$$U_{Fh} = I_{Fh} \times Z_{Fh} = 45 \times 2 = 90V$$

二次负荷 Z_{Fh} 的电压 U_{Fh} 与拐点电压 U_0 比较，$U_{Fh} < U_0 = 380V$，说明在 10 倍额定电流的短路电流时励磁电流小于 5A，即 TA 传变误差小于 10%，满足要求。

2）二次负荷测试注意事项：

a．容易忘记将 TA 接线盒内的 K1 和 K2 点断开二次线恢复；

b．现场测量时选择的负荷支路不是最大的，如仅包括二次电缆和所接入的保护等负荷的一部分；

c．在向二次回路侧通入电流测量时忘记退出该回路在运行的设备；

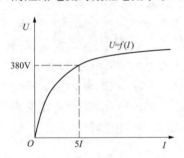

图 3-43 伏安特性曲线示意图

d．当测量二次负荷不满足要求时未采取措施使其满足要求，如更换电缆增加芯线截面积等；

e．在 3/2 断路器接线方式下：线路保护采用的是和电流，实际是两个变流比相同的 TA 并联供给负荷 Z_{fh}，二次回路阻抗上的电压降等于

$$U = 2I \times Z_{fh}$$

对每个 TA 的负荷阻抗为

$$Z_{fhj} = U / I = 2I \times Z_{fh} / I = 2 \times Z_{fh}$$

即：对每个 TA 的负荷阻抗增加一倍，相应的误差也就增大，在该接线方式下必须注意。在完成此项工作后保证二次电缆接线无误后，继续进行如下试验。

（5）电流互感器极性检查。

1）TA 极性检查要求：选定极性端，注意与图纸核对 TA 现场所用的极性方向，先按图纸标注的极性试验，经试验发现不符的再修改。

2）试验方法：现场一般采用直流法。

TA 安装时，应注意极性（同名端），一次侧的端子为 L1、L2（或 P1、P2），二次侧的端子为 K1、K2（或 S1、S2）。L1 或 K1、L2 或 K2 为同极性（同名端），如图 3-44 所示。

接好线后，将隔离开关 K 合上毫安表指针正偏，拉开后毫安表指针负偏，说明 TA 接在电池正极上的端头与接在毫安表正端的端头为同极性，即 L1 与 K1 为同极性即 TA 为减极性。

反之，如指针摆动与上述相反则为加极性。

现场具体方法是将指针万用表接在互感器二次输出绕组上，万用表打在直流电压档，然后将一节干电池的负极固定在 TA 的一次输出导线上，再用干电池的正极去"点" TA 的一次输入导线，这样在互感器一次回路就会产生一个"+"（正）脉冲电流，同时观察指针万用表的指针向哪个方向偏移，若万用表的表针从 0 由左向右偏移，表针正启，说明接入的

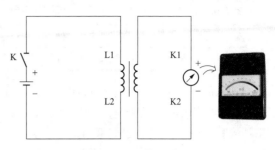

图 3-44　电流互感器极性测试接线示意图

TA 一次输入端与指针式万用表正接线柱连接的 TA 二次输出端不是同名端，而这种接线就称为"加极性"。

3）注意事项。所采用的干电池是否过期，导致电压不够；毫安表指针偏转不明显；使用的毫安表量程过大；毫安表接线正负端接反；试验时将隔离开关 K 合上、拉开速度过慢。

（6）电流互感器绕组伏安特性试验。

1）TA 伏安特性试验技术要求。继电保护要求 TA 的饱和特性高，即在一次大故障电流的冲击下，二次电流仍能反映一次电流的变化（满足 10%误差曲线）。而对仪表来说，正常运行情况下的测量准确性是第一要素，故障情况下如何降低对仪表的冲击是需要解决的主要问题，故要求测量用的 TA 铁芯快速饱和，使 TA 的二次电流值受到限制，测量表计不因巨大的短路电流而受到损坏。因此，不允许将保护级的 TA 使用到测量回路，因为保护用 TA 二次绕组误差大，不能满足测量精度的要求；同样，也不允许将测量级 TA 使用到保护回路，因短路情况下测量用的 TA 铁芯会很快饱和，有可能引起继电保护装置的误动作。

2）试验方法。TA 伏安特性是指互感器一次侧开路，二次侧励磁电流与所加电压的关系曲线，实际上就是铁芯的磁化曲线。试验的目的是检查互感器铁芯质量，通过鉴别磁化曲线的饱和程度，判断电流互感器的绕组有无匝间短路等缺陷，是否满足设计短路电流的要求。

采用一单相调压器 B，调压器 B 输入端接至带有漏电开关的 220V 电源，输出端接至互感器的 K1 和 K2，一次侧开路状态，输出回路串入一电流表监视电流读数，在输出端并联一电压表监视电压读数，如图 3-45 所示。

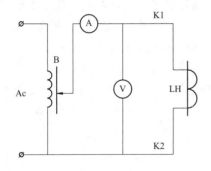

图 3-45　电流互感器伏安特性试验接线图

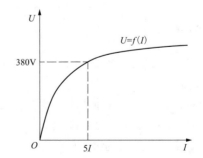

图 3-46　伏安特性曲线示意图

试验前应将 TA 二次绕组引线和接地线均拆除。试验时，一次侧开路，从二次侧施加电压，可预先选取几个电流点，逐点读取相应电压值，记录表格（如表 3-1 所示）。

表 3-1 电流互感器伏安特性试验记录

电流（A）	0.5	1.0	1.5	2.0	2.5	3	3.5	4	4.5	5	5.2	5.5
电压（V）	90	120	160	210	250	320	350	360	370	380	381	382

通入的电流或电压以不超过制造厂技术条件的规定为准。当电压稍微增加一点而电流增大很多时，说明铁芯已接近饱和，应极其缓慢地升压或停止试验。试验后，根据试验数据绘出伏安特性曲线，如图 3-46 所示。

3）注意事项。对保护、测量、计量 TA 二次绕组都要进行伏安特性试验；测得的伏安特性曲线与前一次或出厂时的伏安特性曲线对比，电压不应有显著降低。若有显著降低，应检查二次绕组是否存在匝间短路；电流表宜采用内接法（以调压器侧为准），为使测量准确，可先对 TA 进行退磁，即先升至额定电流值，再降到 0，然后逐点升高。

（7）电流互感器升流变比试验。

1）电流互感器升流变比试验技术要求：

a. 由 TA 的工作原理可知，决定 TA 变比的是一次绕组匝数与二次绕组匝数之比 N_1/N_2。

b. TA 变比的误差试验应由制造厂在出厂试验时完成或在试验室进行，TA 变比的现场试验属于检查性质，不考虑上述影响 TA 变比误差的原因，重点检查匝数比。根据电工原理，匝数比等于电流比的倒数，因此测量电流比可以计算出匝数比。

c. 变比测试依靠正确的接线来保证。对于有多个抽头的二次绕组，如果只取二次绕组的一部分使用，则同一绕组的其余接线端子应悬空不接地，也不要与任何一端短接，必须保证只有使用二次绕组有电流流过，而其余部分绕组没有电流通过，因为短接的部分绕组中的二次电流会对主磁路磁通产生去磁作用，造成变比的错误。

2）试验方法。按照图 3-47 所示接好试验接线，并将所有的二次绕组 K1、K2 均用电流表 A2（测量 TA 二次电流）连接；在一次侧 TA 的 L1/L2 一次绕组加电流，用电流表 A1（测量 TA 一次电流），将一次线圈电流加到一定值，测量二次电流值，将一、二次电流记录进行折算，计算出变比值。

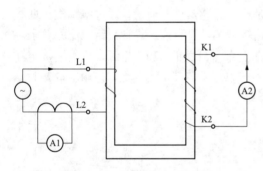

图 3-47 电流互感器变比测量接线示意图

3）注意事项。一次绕组加交流电流试验，切记要将二次绕组短接或用电流表连接；一、二次电流读数要准确，记录要无误；备用绕组也要进行变比试验；试验结束后切记将二次绕组短接的短接线柱恢复；核对 TA 的变比与定值通知单是否一致；试验时要注意 TA 一次绕组是否存在串并联接线情况；应在每次升流试验后进行消磁，避免剩磁影响下次试验的结果。

二、电压互感器的选择问题

1. 电磁式电压互感器

特点：电磁式电压互感器的准确度不受外界因素（包括环境及运行温度、电源频率、环境污染）的影响；一次与二次变换是瞬间发生的，无暂态响应问题（因电磁式电压互感器是电抗元件，不是储能元件）；存在铁磁谐振问题（电压互感器的入端阻抗可能会因电网过电压使其与电网容抗相等）。电磁式电压互感器等效电路如图 3-48 所示。

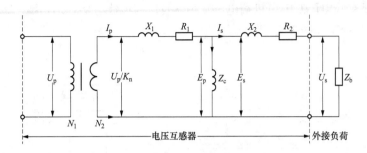

图 3-48　电磁式电压互感器等效电路

2. 电容式电压互感器

电容式电压互感器是经电容分压器与电网连接，不存在非线性电感，与电网不发生铁磁谐振；承受高电压的电容分压器内部电场分布较均匀，具有耐受雷电冲击能力强的特点。但由于环境（特殊气候和污秽条件）的污染情况会在电容分压器的伞裙上形成分布的杂散电容和泄漏电流，此分布电容直接与电容分压器的 C_1、C_2 并联，改变了电容式电压互感器的 X_C 值，从而增大误差；另外，电容式电压互感器的暂态特性比电磁式电压互感器要差一些，在额定电压下电容式电压互感器的高压端子对接地端子短路后，二次输出电压应在额定频率的一个周期之内降低到短路前电压峰值的 10%以下，这一特性对线路的距离保护等继电保护影响较大。电容式电压互感器电路及等效电路如图 3-49 及图 3-50 所示。

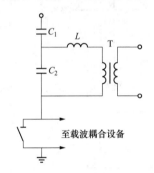

图 3-49　电容式电压互感器电路图

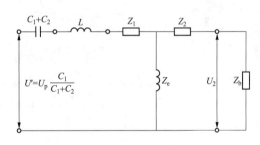

图 3-50　电容式电压互感器等效电路图

3. 电压互感器的二次接地

经过多年的反措贯彻与执行，大多电厂在继电保护反措落实方面做了许多工作，继电保护的反措满足要求，但是，一些容易被忽视的问题还是存在的。

例如：反措要求，公用电压互感器的二次回路只允许在控制室内有一点接地，为保证接地可靠，各电压互感器的中性线不得接有可能断开的开关或熔断器等。已在控制室一点接地的电压互感器二次绕组，宜在开关场将二次绕组中性点经放电间隙或氧化锌阀片接地，其击穿电压峰值应大于 $30 \times I_{max}$ V（I_{max} 为电网接地故障时通过变电站的可能最大接地电流有效值，单位为 kA）。应定期检查放电间隙或氧化锌阀片，防止造成电压二次回路多点接地的现象。

这是对双母线接线方式的升压站或变电站，对于 3/2 断路器接线方式的厂站，因电压互感器二次不存在切换问题，最好是在开关场电压互感器端子箱就地一点接地，特别是氧化锌避雷器，现场技术监督检查时，也曾提出过要经常检查氧化锌避雷器的对地绝缘。但是还有一个问题，就是有些电厂发电机机端电压互感器及厂用母线 TV 二次不是"N"接地，而是"B"接地，如图 3-51 和图 3-52 所示。

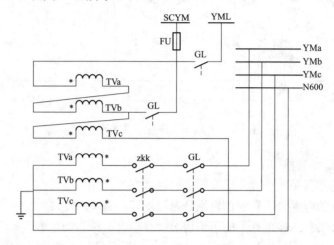

图 3-51　电压互感器二次"N"接地

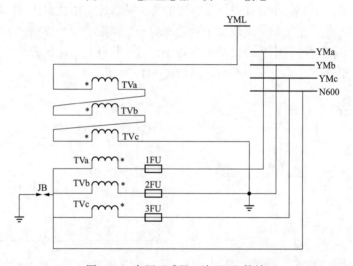

图 3-52　电压互感器二次"B"接地

按照标准设计，电压互感器二次为"B"接地时，在二次中性点与地之间，应加装氧化锌避雷器，这个避雷器应给予重视，在检修时应检查其对地绝缘是否良好，否则该避雷器一旦击穿，会造成"B"相电压互感器二次回路短路，烧毁 B 相电压互感器。此外，发电机机端电压互感器一般都是柜式，柜内有软连接线，注意经常检查软连接线的外观及绝缘，防止连接线磨破或被柜子挤破，造成电压互感器二次短路。

以前大多数人认为"B"接地只对发电机同期回路有一定的用处，对于早期的同期装置，如阿城继电器厂生产的 ZZQ-3A（3B），许昌继电器厂生产的 ZZQ-5 等自动准同期装置，均属于集成电路型的装置。在发电机—变压器组与双母线连接的一次系统中，因主变压器为 YNd11 接线方式，发电机同期并网使用母线电压与发电机机端电压进行比对，而同期装置又要求两个电压必须有公共点。如果两个电压二次均为"N"接地，则必须在同期盘上加装隔

离变压器。如果发电机机端电压互感器二次用"B"接地，则可
以省去隔离变压器。相量图如图 3-53 所示。

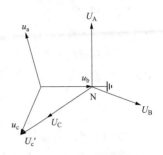

目前使用的自动准同期装置都是微机型的，无论哪种接地形
式，均不用隔离变压器，一些老厂是过去建厂时沿用苏联的技术
和习惯，就这样继承下来的，而新厂都是"N"接地。

对于双母线接线方式的厂站，其两组电压互感器的二次接地
点应选择在控制室内的相关保护屏柜上一点接地。这是由于如果
两组电压互感器二次分别在就地端子箱接地，则当系统发生接地
故障时，两个二次接地点之间就会出现电位差，影响保护的正确
动作。

图 3-53 机端电压互感器
二次"B"接地相量图

变压器在运行过程中，其绕组难免要承受各种各样的电路电动力的作用，从而引起变压
器不同程度的绕组变形，抗短路能力急剧下降，可能在再次承受短路冲击甚至在正常运行电
流的作用下引起变压器的彻底损坏。为避免变压器缺陷的扩大，对已承受过短路冲击的变压
器，必须进行变压器绕组变形测试，即短路阻抗测试。

电压互感器的工作原理与变压器类似，都是用来变换电压的一次设备。考虑电压互感器
和一次系统的安全性，可装设快速开关（或熔断器、空气开关），但目前现场普遍存在空气开
关容量选择过大问题，大多出自设计院的经验设计，并没有结合现场实际回路负荷电流、空
气开关型号及其所对应的熔断曲线等因素，具体细致核算每一个电压互感器所对应的二次空
气开关的遮断容量。因此，现场生产运维需要一种测试电压互感器短路阻抗的试验方法，依
据电压互感器短路阻抗实际测试结果及其二次回路阻抗，核算回路正常运行负荷电流，并据
此确定电压互感器二次空气开关的型号、容量，以达到有效保护电压互感器的目的。

笔者通过专业理论以及现场实践经验，验证出了一种电压互感器测试短路阻抗的方法，
包括以下步骤：

（1）对电压互感器进行试验前检查。首先，判定电压互感器的极性，前文已述；然后对
电压互感器摇测绝缘，均完好后进行下一步。

（2）核算电压互感器二次额定电流。以一个 5VA、380/100V 的电压互感器为例。

核算取基准容量：$S_B = S_e$，$U_B = U_{av（相）}$

则：电压互感器二次额定电流为

$$I_e = \frac{5}{100} = 50mA$$

（3）连接测量回路。如图 3-54 所示接好试验回路，依据上述核算的二次回路额定电流，
确定所需串联的毫安表（量程）。

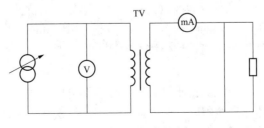

图 3-54 试验测试回路

（4）测量电压互感器二次绕组的短路阻抗。检查接线无错误后，接通调压器电源，缓慢升高调压器的电压，同时观察电压表、电流表数据指示情况，当毫安表指示到 50mA 时，停止对电压互感器一次侧的升压，并记录此时的电压表读数（现场实测某电压互感器为 3.39V）；根据"短路阻抗"定义，计算出短路阻抗值

$$U_k\% = \frac{3.39}{380} = 0.89\%$$

将调压器的电压降为零，并切断其电源。

重复上述步骤试验三次，取平均计算结果，实际三次值应该非常接近甚至是同一数值。

之后，根据实测电压互感器短路阻抗值，核算电压互感器二次回路短路最大短路电流

$$I_{k.max} = I_* \times \frac{S_B}{U_{av}} = \frac{1}{0.89\%} \times \frac{5}{100} = 5.6A$$

据此，依据意向选择的电压互感器二次空气开关型式，并考虑其反时限动作特性，即可选定空气开关额定电流值。例如：

选择西门子 C1 型空气开关，则其起始动作电流为铭牌额定电流的 1.5 倍，达到 10 倍铭牌额定电流时才瞬时动作于跳开，故该空气开关的额定电流应整定为

$$I_n = 5.6/10 = 0.56(A)$$

故：该二次空气开关选取 100～800mA 即可。

通过现场实测每一个电压互感器短路阻抗值，能够精准核算其二次回路最大短路电流，从而精准确定所配置的电压互感器二次空气开关型式与容量，使用较为简单的测量仪器即可获得相对精确的数据，达到保护电压互感器的作用。

三、TV 慢熔问题

"TV 慢熔"是电压互感器 TV 高压侧熔断器的一种故障。TV 绕组根据用途不同，分为励磁绕组、计量绕组（测量绕组）、保护绕组等，励磁绕组是指供励磁调节器使用的发电机 TV，励磁调节器以此测量发电机电压，并与发电机电压给定值进行比较，达到控制、稳定发电机电压之目的。如果运行中励磁绕组故障，出现发电机电压降低或消失，励磁系统会立即强励，直到发电机过电压等继电保护动作跳闸。为此，励磁调节器需要具备 TV 断线、慢熔等异常运行保护功能。

为了减少发电机 TV 内部短路影响发电机运行，一般在发电机 TV 高压侧配置高压熔断器；为了防止 TV 低压侧短路，一般在 TV 输出侧装设空气开关（熔断器），并且配置发电机 TV 控制箱。

熔断器的动作是靠熔体（熔丝）的熔断来实现的，熔体动作电流和动作时间呈反时限特性即熔断器的安秒特性，熔断时间是过载电流的函数，电流越大，熔断时间越短，也就是说，熔体产生的热量增加与电流呈平方的函数关系；熔断器另一个特性是限流特性，在开断故障电流时，对通过自身的故障电流的峰值有一定的限制作用，同时，由于灭弧能力强，在短路电流未达到最大值时就能熄灭电弧；熔丝绕在陶瓷七星柱龙骨上，存在自感，可以限制电流上升速率。

近一段时期以来，多次发生的由于 TV 慢熔导致发电机组非停事故，经过研究及现场实践确认，引起电压互感器高压侧保险熔断的原因很多，如铁磁谐振过电压、低频饱和、电压互感器一、二次绕组绝缘降低、电压互感器 X 端绝缘水平与消谐器不匹配、雷击等情况。另

外，使用了劣质或有瑕疵的熔丝、发电机出口 TV 处机械振动大或电气回路存在某种高频谐波电流，引起熔丝振动并摩擦龙骨造成断裂、TV 存在局部电晕现象，电腐蚀造成熔丝断裂（而非熔断）等也是造成运行中 TV 高压侧熔断器熔断的普遍原因。

励磁调节系统对于发电机、电力系统的安全稳定运行起着不可或缺的重要作用，而 TV 高压侧熔断器慢熔故障越来越成为不容忽视的普遍问题，各种 TV 慢熔逻辑应运而生。

例如：某厂采用东方电机厂生产的 QFSN-200-2 型发电机，励磁调节装置是南瑞公司生产的 SJ-800 励磁调节器，TV 为 JDZ-15 型、$15.7/\sqrt{3}/0.1/\sqrt{3}$，高压侧熔断器为 RN2-20 型、额定电压 20kV、额定电流 0.5A，最大开断电流（有效值）50kA，熔管电阻为 170Ω，当流过 $0.6\sim1.8A$ 电流时 1min 内熔断。

励磁回路如图 3-55 所示。励磁调节器机端电压测量由检 092TV（励磁用 TV）和检 091TV（仪用 TV）承担。正常情况下励磁调节器以 A 套运行，A 套使用励磁用 TV 作为测量和同步使用 TV，当 A 套故障切换至 B 套工作时，B 套使用仪用 TV 作为测量和同步使用 TV。

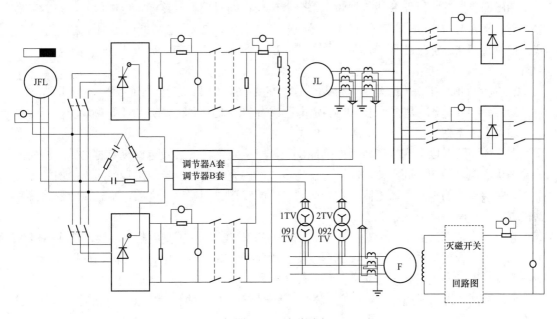

图 3-55　励磁回路

机组带有功负荷 173MW 正常运行中，发电机发过励磁及转子对称过负荷信号，发电机定子、转子电流、电压及无功负荷异常升高。具体参数如表 3-2 所示。

表 3-2　　　　　　　　　　故 障 时 各 项 参 数

参数	异常前工况	异常最大值	异常最小值	稳定工况	跳闸工况
时间	16:40:14			16:41:30	16:42:29
有功（MW）	173.71	172.34	176.18	174.73	173.79
无功（Mvar）	49.35	347.16	118.99	284.85	283.92
定子电压（kV）	15.89	18.4	16.56	17.89	17.89
定子电流（A）	6484.38	12662.5	8115.63	10668.75	10671.88

参数	异常前工况	异常最大值	异常最小值	稳定工况	跳闸工况
转子电压（V）	257.81	566.02	−2.34	549.02	558.2
转子电流（A）	1222.66	2884.77	1357.42	2352.54	2354.49
主励磁转子电压（V）	26.17	54.3	2.15	47.66	48.83
主励磁转子电流（A）	90.23	199.9	0.29	176.37	177.73

2 分 29 秒后发电机跳闸，厂用电联动切换成功，查看 DCS 事故追忆系统，确定导致机组跳闸的原因是转子对称过负荷保护动作。

事件发生后，检查发现励磁 TV（检 092TV）C 相高压侧熔断器电阻值偏大（正常阻值为 170Ω，事后测量阻值约 600Ω，取下熔断器再次测量为 1000Ω），更换新熔断器后，对发电机转子绝缘电阻和直流电阻进行检查，确认正常。

励磁调节器 TV 回路断线判据为：每套调节器均同时采集两路 TV 电压信号，在调节器中分别定义为 UF1、UF2，其中 UF1 为控制量、UF2 为比较量。TV 断线的判断过程为：

1）判断 UF2 是否大于 50%额定电压以及 UF2 是否大于 UF1，如果成立，则进入下一步判断。

2）判断 UF2 和 UF1 的差值是否大于 UF2 的 1/16，如果成立，则进入下一步判断。

3）判断 UF1 电压是否小于 50%额定电压或者 UF1 电压的三相是否不平衡。

如果上述条件均成立，则认为 TV 断线。

在 TV 断线时以上判据能较为准确地反应，励磁装置在安装及定检校验时也做了相应的试验确认，但是当 TV 高压侧熔断器未在规定时间内完全熔断，导致熔管电阻不断增加，使得 TV 二次输出的电压不断下降，在未达到 TV 断线逻辑判据确认之前，励磁调节器将感受到机端电压不断下降。

导致本次事件的主要原因是励磁 TV（检 092TV）C 相高压侧熔断器慢熔，造成 SJ-800 励磁调节器大幅调整励磁电流，以试图改变它所测量到的机端电压虚假下降的情况，造成主变压器过励磁、发电机转子过负荷，最后转子对称过负荷保护动作跳机。

分析熔断器慢熔是由于 TV 柜位于发电机底部 0m，且与两台给水泵距离很近，励磁小室与给水泵的距离不到 3m，熔断器的安装方式为水平安装，机组运行时，TV 柜产生振动，长期振动对熔断器的性能产生影响，因此，对熔断器采取加固措施，使其在运行中能保持良好的接触并减小振动，同时要求每次停机时对 TV 熔断器进行检查测量，以确保 TV 熔断器的性能没有改变。

类似的事件还有：

2017 年 7 月 24 日、2017 年 8 月 11 日、2017 年 9 月 21 日，某电站 18F 出口 TV 高压侧熔断器，连续出现了 3 次"慢熔"故障，即熔丝缓慢熔断，发电机测量电压缓慢下降，历时数小时，甚至数天，最后才彻底熔断。

前两次是保护 TV 慢速熔断，巡检中被发现，及时更换了熔断器。最后一次是励磁 TV 熔断器慢熔，造成发电机电压和无功大幅上升，运行人员及时切换通道，避免了励磁误强励跳机。

解决 TV 慢熔的方法主要有：

1）新建电站，可不配置 TV 熔断器。在 DL/T 5396《水力发电厂高压电气设备选择及布置设计规范》中，并没有规定 TV 必须要配置熔断器。TV 熔断器配置必要性不明确，但是误熔断故障比较多，影响也比较大。特别是分断内部短路电流会引起熔断器爆炸，扩大事故。

2）提高 TV 熔断器的额定电流。为了减少 TV 慢熔故障，TV 熔断器熔丝的额定电流值应适当增加，熔丝的过负荷保护作用不靠谱，其分散性较大的反时限特性不适合作为过流保护。熔丝存在的真正价值是短路熔断保护，强调的是短路分断能力，而不是额定电流。目前，现场所配置的电压互感器用熔断器的熔断件，其最小额定电流只有 0.5A，在 2 倍额定电压作用下实现不了使被保护的电压互感器与系统电源立即隔离的作用，却可能因无法承受系统操作过程中 CVT 一次浪涌电流的作用而熔断。

3）增设 TV 慢熔监视功能。在保留已有 TV 断线监测功能基础上，增加一个低整定值延时报警功能，即 TV 慢熔监测，提醒运行人员检查和处理。励磁调节器都配置有 TV 断线监测，主要针对的是 TV 突然断线，因此动作整定值较大，动作后切换通道或转换调节模式。在 TV 慢熔过程，TV 断线监测不会动作，此时励磁调节器感受到发电机电压虚假降低，就会不断增磁。如果增设了 TV 慢熔监视功能，及时报警，可以有效减轻 TV 慢熔带来的负面影响。

4）增设具有 TV 慢熔报警功能的自动化装置（如上海利乾电力科技有限公司生产的 BPE9601 发电机励磁系统保护装置），或在励磁系统应用继电保护的 TV 断线判别功能。

BPE9601 发电机励磁系统保护装置主要功能：

1）发电机机端 TV 断线和 TV 慢熔判据。解决励磁调节器特别是国外励磁调节器在 TV 一次熔断器慢熔时可能励磁误强励的问题。

2）机端过电压保护。空载过电压保护反映发电机未并网状态下的过电压，取机端两组 TV 中完好的一组 TV 的相间电压最小值，经并网状态闭锁。减轻励磁空载误强励的损坏。

3）转子低电压闭锁过电流保护。转子过流保护经转子低电压闭锁，用于反映滑环短路和跨接器误投。转子电压经 4～20mA 变送器输入，转子电流可采用 4～20mA 变送器或转子分流器输入。

BPE9601 发电机励磁系统保护装置基于拟合电压矢量差的高灵敏 TV 慢熔判据如图 3-56 所示。

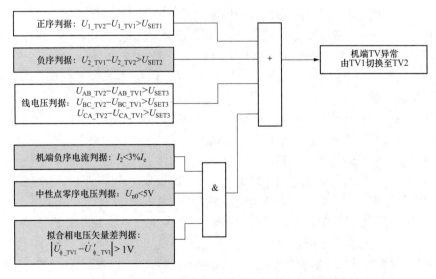

图 3-56 BPE9601 发电机励磁系统高灵敏 TV 慢熔判据

目前该方案已通过了国网电科院的相关检测，并在多台机组上成功应用。

四、TV 消谐问题

电力系统中有大量的电感性元件和电容性元件，如电力变压器、互感器、发电机、消弧线圈为电感元件，补偿用的电容器组、高压设备的寄生电容为电容元件，而线路各导线对地和导线之间既存在纵向电感又存在横向电容，这些储能元件组成复杂的 LC 振荡电路，在一定的能量作用下，特定参数配合的回路就会发生谐振现象。例如在中性点非有效接地系统中发生单相接地时，电压互感器和线路对地电容之间、受电变压器和相间电容之间、空载变压器和空载长架空线电容之间所形成的振荡回路都有发生谐振的可能；再如电压互感器在正常工作条件下，三相基本平衡，电网中性点对地位移电压很小，但遇突然合闸、电网中单相接地突然消失等情况，会造成电磁式电压互感器的三相对地电压也随之变化，出现过电压使电压互感器铁芯饱和，电感量降低，与线路对地电容形成的振荡回路就可能激发起铁磁谐振。

电力系统中的铁磁谐振过电压是一种常见的内部过电压现象，在 35kV 以下中性点绝缘的电网中频繁发生。这种过电压持续时间长，甚至能长时间自保持，因此对电力系统的安全运行威胁极大，会导致高压熔丝熔断、电磁式电压互感器烧损爆炸，是电力系统中某些重大事故的诱发原因之一。

铁磁谐振的产生条件有以下几方面：电压互感器的突然投入；线路发生单相接地；系统运行方式的突然改变；系统负荷发生较大的波动；电网频率的波动；负荷的不平衡变化。

发生铁磁谐振时产生的较高过电压和较大的过电流，极易造成电力设备的绝缘损坏，严重情况下危及人身安全。铁磁谐振的危害性具体体现在以下几个方面：

（1）中性点不接地系统发生单相接地故障时，接地电弧不能自然熄灭就会产生弧光过电压，致使系统中绝缘薄弱的地方放电击穿，在过电压的作用下造成第二点接地而发展成为相间短路，造成电力设备损坏并严重威胁系统安全运行。

（2）发生铁磁谐振时，电压互感器感抗下降，一次励磁电流急剧增加，使高压熔断器熔断。如果电流未达到熔丝的熔断值，使电压互感器长时间处于过电流状态下运行，势必造成电压互感器的损坏。

（3）产生零序电压分量，出现虚幻接地现象，使绝缘监察装置误发接地信号。

为避免铁磁谐振给正常运行带来的危害，目前大部分发供电企业都在厂用母线 TV 间隔加装了消谐装置。装置能够实时监测电压互感器开口三角处电压和频率，当发生铁磁谐振时，装置瞬时启动无触点消谐元件（大功率可控硅），将 TV 开口三角绕组瞬间短接，产生强大阻尼，从而消除铁磁谐振。

当发生铁磁谐振时，装置启动消谐元件，瞬间短接后如果谐振仍未消除，则装置再次启动消谐元件，出于对 TV 安全的考虑，消谐装置共可启动三次，如果在三次启动过程中谐振被成功消除则装置的谐振指示灯点亮，并且谐振报警动作（持续时间 10s）以提示曾有铁磁谐振发生，当操作装置查看记录后谐振灯熄灭；如果谐振未消除则装置的过电压指示灯一直亮，同时过电压报警出口动作，过电压消失后装置才恢复正常。

简而言之，消谐装置的工作原理就是：系统中发生瞬间过电压会造成 TV 饱和感抗降低，过电压消失后，TV 饱和度下降，感抗升高，当系统感抗和容抗匹配就会产生自激电磁共振现象，即 TV 非线性铁磁谐振。消谐装置是通过瞬时短接 TV 开口三角，使 TV 感抗升高，破坏谐振条件，从而达到消除谐振的目的。

老电厂也曾应用自制消谐方法,即在厂用母线 TV 二次开口三角处并联一只 220V、200W 的白炽灯泡,当系统发生谐振时产生的过电压先击穿灯泡,从而达到破坏谐振条件、消除谐振的作用。这种方法简便易行,而且无需判别谐振频率,所有频率都包括,只要达到过电压的数值即击穿灯丝,谐振大多是瞬时的,巡检时发现后更换一灯泡继续运行,在现场实际应用中也不失为一种简单实用的好方法。

五、故障录波图分析方法

日常生产中经常需要通过录波图来分析电力系统到底发生了什么样的故障?保护装置的动作行为是否正确?二次回路接线是否正确?TA、TV 极性是否正确等问题。

分析录波图的基本方法:

(1)拿到一张录波图后,首先要通过专业知识大致判断系统发生了什么故障,故障持续了多长时间。

(2)以某一相电压或电流的过零点为相位基准,查看故障前电流电压相位关系是否正确,是否为正相序?负荷功角为多少度?

(3)以故障相电压或电流的过零点为相位基准,确定故障态各相电流电压的相位关系。注意选取相位基准时应躲开故障初始及故障结束部分,因为这两个区间一是非周期分量较大,二是电压电流夹角由负荷角转换为线路阻抗角跳跃较大,容易造成错误分析。

(4)绘制相量图,进行分析。

下面具体分析各种故障形式的录波图特征及分析方法。

1. 单相接地短路故障

以 A 相发生单相接地故障为例,如图 3-57 所示。

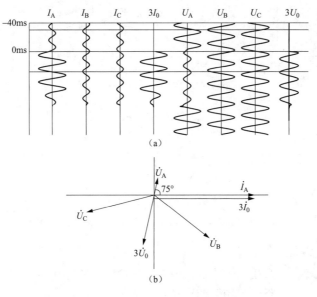

图 3-57 A 相单相接地录波图及相量图

(a)单相接地短路典型录波图;(b)单相接地短路典型相量图

分析单相接地故障录波图要点:

(1)一相电流增大,一相电压降低;出现零序电流、零序电压。

（2）电流增大、电压降低为同一相别。

（3）零序电流相位与故障相电流同向，零序电压与故障相电压反向。

（4）故障相电压超前故障相电流约 80°左右；零序电流超前零序电压约 110°左右。

当看到符合第 1 条的录波图时，基本上可以确定系统发生了单相接地短路故障；若符合第 2 条可以确定电压、电流相别没有接错；再符合第 3 条、第 4 条可以确定保护装置、二次回路整体均没有问题（不考虑电压、电流同时接错的情况，对于同时接错的问题需要综合考虑，比如说可以收集同一系统上下级变电所的录波图，对于同一个系统故障各处录波图反映的情况应该是相同的，那么与其他区域反映的故障相别不同的位置就需要进行现场测试）。若单相接地短路故障出现不符合上述条件情况，需要仔细分析，查找二次回路是否存在问题。

这里需要特别说明一下南瑞公司的 900 系列线路保护装置，该系列保护在计算零序保护时加入了一个 78°的补偿阻抗，其录波图上反映的是零序电流超前零序电压 180°左右。

录波图分析法，第 4 条非常重要，对于单相接地故障，故障相电压超前故障相电流约 80°左右；对于多相故障，则是故障相间电压超前故障相间电流约 80°左右（线路阻抗角）。

2. 两相短路故障

以 AB 两相短路为例，如图 3-58 所示。

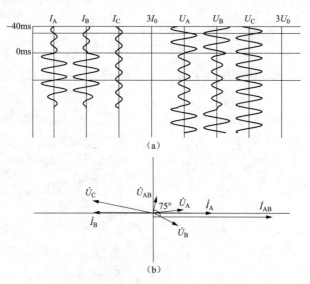

图 3-58　AB 两相短路的录波图及相量图

(a) 两相短路典型录波图；(b) 两相短路典型相量图

分析两相短路故障录波图要点：

（1）两相电流增大，两相电压降低；没有零序电流、零序电压。

（2）电流增大、电压降低为相同两个相别。

（3）两个故障相电流基本反向。

（4）故障相间电压超前故障相间电流约 80°左右。

若两相短路故障出现不符合上述条件情况，需要仔细分析，查找二次回路是否存在问题。比如说有一条线路正常运行时负荷电流基本没有，发生故障后保护拒动。

分析由录波图绘制的相量图，如图 3-59 所示。

对照要点分析录波图，前三条都满足，但第四条不满足，绘制出相量图以后成了故障相间电压滞后故障相间电流约 110°左右。通过分析可以看出，保护的 A 相电流与 B 相电流接反了，但由于装置正常运行时负荷电流基本为零，装置不会报警。将 A、B 两相电流线交换后，第四条变成满足，证明保护装置接线不再有问题。

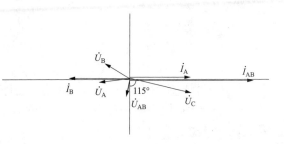

图 3-59 AB 两相短路 K（2）错误的相量图

所以再次强调：对于分析录波图，第 4 条非常重要，对于单相故障，故障相电压超前故障相电流约 80°左右；对于多相故障，则是故障相间电压超前故障相间电流约 80°左右。

3. 两相接地短路故障

以 AB 两相发生接地短路为例，如图 3-60 所示。

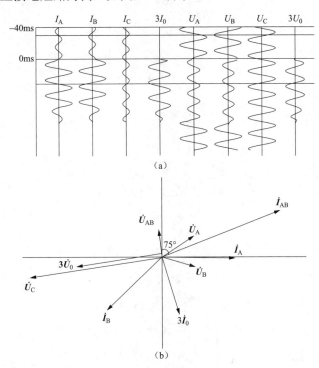

图 3-60 AB 两相接地短路录波图和相量图

（a）AB 两相接地短路典型录波图；（b）AB 两相接地短路典型相量图

分析两相接地短路故障录波图要点：

（1）两相电流增大，两相电压降低；出现零序电流、零序电压。

（2）电流增大、电压降低为相同两个相别。

（3）零序电流相量为位于故障两相电流间。

（4）故障相间电压超前故障相间电流约 80°左右；零序电流超前零序电压约 110°左右。

同样，若两相接地短路故障出现不符合上述条件情况，需要仔细分析，查找二次回路是否存在问题。

4. 三相短路故障

发生三相短路故障的相量图、波形图如图 3-61 所示。

分析三相短路故障录波图要点：

（1）三相电流增大，三相电压降低；没有零序电流、零序电压。

（2）故障相电压超前故障相电流约 80°左右；故障相间电压超前故障相间电流同样约 80°左右。

同样，若三相接地短路故障出现不符合上述条件情况，需要仔细分析，查找二次回路是否存在问题。

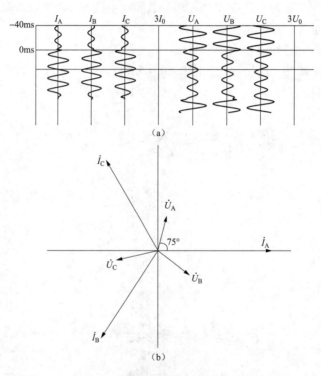

图 3-61　三相短路的录波图及相量图

（a）三相短路典型录波图；（b）三相短路典型相量图

5. Y/△-11 变压器△侧（低压侧）两相短路故障

先以△侧（低压侧）AB 两相短路为例，介绍一下 Y/△-11 变压器△侧（低压侧）发生两相短路故障，Y 侧（高压侧）电流电压的相量情况。

通过前面的分析可知，低压侧 AB 两相短路时保护安装处相量图如图 3-62 所示。

Y/△-11 的变压器△侧（低压侧）电压、电流与 Y 侧（高压侧）电流、电压的关系如下：

$$F_{A\triangle} = F_{AY} - F_{BY}; \quad F_{B\triangle} = F_{BY} - F_{CY}; \quad F_{C\triangle} = F_{CY} - F_{AY}$$

由图 3-62 所示的相量图分析可知，对于正序分量，$F_{A\triangle}$ 超前 F_{AY} 30°；对于负序分量，$F_{A\triangle}$ 滞后 F_{AY} 30°。

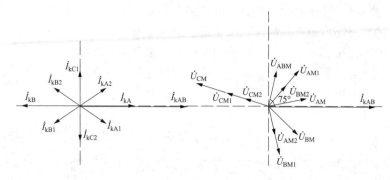

图 3-62　AB 两相短路保护安装处相量图

通过这个关系就可以将△侧（低压侧）各序分量转换至 Y 侧（高压侧），从而求出高压侧的全电压、全电流。

变压器低压侧 AB 两相短路时，高压侧保护安装处相量图如图 3-63 所示。

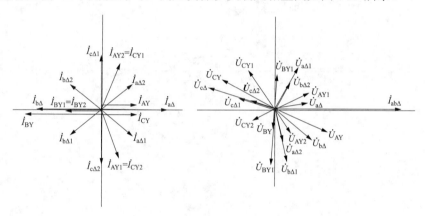

图 3-63　主变压器低压侧 AB 两相短路典型相量图

从图 3-63 所示的相量图可知：变压器低压侧两相短路时高压侧全电压、全电流的特点：

（1）短路滞后相电流与其他两相电流方向相反，且大小为其他两相电流的 2 倍。

（2）短路滞后相母线故障残压非常小，接近为零。

（3）非故障相电压与短路超前相电压大小相等，方向相反。

在构成变压器电压闭锁电流保护时，由于高压侧电压闭锁电流保护要作为低压侧电压闭锁电流保护的后备保护，可是从相量图可知，如果高压侧电压闭锁量采用三个接于线电压的低电压继电器，将不能可靠的开放保护，造成拒动，实现不了对低压侧的后备作用。因此常采用负序继电器加一个接于相间的低电压继电器构成复合电压继电器来实现闭锁作用，从而提高保护的灵敏性。

Y/△-11 变压器低压侧两相短路时的波形如图 3-64 所示。

分析变压器低压侧两相短路故障录波图要点：

（1）低压侧两相电流增大，两相电压降低；没有零序电流、零序电压。

（2）低压侧电流增大、电压降低为相同的两个相别。

（3）低压侧两个故障相电流基本反向。

（4）高压侧短路滞后相电流与其他两相电流方向相反，且大小为其他两相电流的2倍左右。

（5）高压侧短路滞后相母线故障残压非常小，接近为零。

（6）高压侧非故障相电压与短路超前相电压大小相等，方向相反。

变压器△侧（低压侧）为小接地系统，单相接地时故障电流很小，因此一般不会出现△侧（低压侧）有一相电流突然增大的可能，若出现这种情况则应仔细分析。

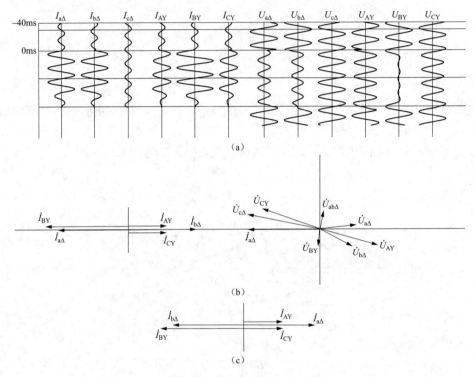

图 3-64　主变压器低压侧 AB 两相短路典型相量图和一次系统相量图

（a）主变压器低压侧 AB 两相短路保护典型录波图；（b）主变压器低压侧 AB 两相短路保护典型相量图；

（c）主变压器低压侧 AB 两相短路一次系统相量图

思考：为什么低压侧故障相间电压超前故障相间电流不是 80°左右呢？难道是低压侧接线错误了吗？其实这是因为录波图看到的是电压、电流的二次值，而变压器差动保护计算的是高、低压侧的差动电流，因此各侧 TA 极性均以母线侧为极性端抽取或均以变压器侧为极性端抽取。

对于图 3-64 来说，各侧极性均以母线侧为极性端抽取，所以低压侧电流反相 180°。微机差动保护装置采用全星型接线，相位、幅值补偿由保护装置实现。正常运行时高压侧电流超前同名相低压侧电流 150°。当发生低压侧 AB 相间差动保护区外故障时，由前面分析可知（设变压器变比为 1，△侧以母线侧为极性端抽取）：

$$I_{A\Delta} = -\sqrt{3}I_{A\Delta 1}e^{j30}; \quad I_{B\Delta} = \sqrt{3}I_{A\Delta 1}e^{j30}; \quad I_{C\Delta} = 0;$$

$$I_{AY} = I_{CY} = I_{A\Delta 1}e^{j30}; \quad I_{BY} = -2I_{A\Delta 1}e^{j30};$$

所以　　$$I_{DA} = (I_{AY} - I_{BY})/\sqrt{3} + I_{A\Delta} = (I_{A\Delta 1}e^{j30} + 2I_{A\Delta 1}e^{j30})/\sqrt{3} - \sqrt{3}I_{A\Delta 1}e^{j30} = 0$$

$$I_{DB} = (I_{BY} - I_{CY})/\sqrt{3} + I_{B\Delta} = (-2I_{A\Delta1}e^{j30} - I_{A\Delta1}e^{j30})/\sqrt{3} + \sqrt{3}I_{B\Delta1}e^{j30} = 0$$

$$I_{DC} = (I_{CY} - I_{AY})/\sqrt{3} + I_{C\Delta} = (I_{A\Delta1}e^{j30} - I_{A\Delta1}e^{j30})/\sqrt{3} + 0 = 0$$

6. 大电流接地系统发生接地故障，主变压器 Yn 侧（其他侧无源）故障

大电流接地系统发生接地故障时主变压器 Yn 侧典型录波图如图 3-65 所示。

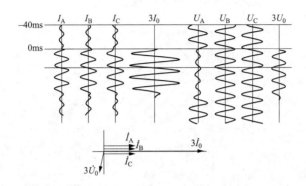

图 3-65　大电流接地系统发生接地故障主变压器 Yn 侧（其他侧无源）典型录波图

分析大电流接地系统发生接地故障主变压器 Yn 侧（其他侧无源）故障录波图要点：

（1）三相电流增大，且三相相位相同；出现零序电流、零序电压；

（2）零序电流超前零序电压约 110°左右。

对于大电流接地系统，接地故障短路回路的形成实际上是通过变压器的中性点构成，当系统中发生接地故障，对于其他侧无电源的接地变压器来说，故障电流仍会通过大地经接地变压器中性点流向星形绕组，并分配到各相流回故障点，形成上述典型故障波形。

7. 三相电压不平衡的波形分析

交流系统正常情况下三相对地电压相量如图 3-66 所示。

引起三相电压不平衡的原因有多种，如：单相接地、断线、谐振等，只有将其原因分析清楚，正确区分开故障原因，才能快速处理。

（1）断线故障。如果一相断线但未接地，或断路器、隔离开关一相未接通、电压互感器熔断器丝熔断均会造成三相参数不对称。上一电压等级线路一相断线时，下一电压等级的电压表现为三个相电压都降低，其中一相较低，另两相较高且二者电压值接近。本级线路断线时，断线相电压为零，未断线相电压仍为相电压。

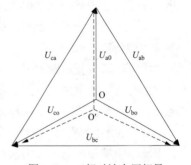

图 3-66　三相对地电压相量

（2）接地故障。当线路一相断线并单相接地时，虽引起三相电压不平衡，但接地后电压值不改变。单相接地分为金属性接地和非金属性接地两种。

1）金属性接地：故障相电压为零或接近零，非故障相电压升高 1.732 倍，且持久不变；

2）非金属性接地：接地相电压不为零而是降低为某一数值，其他两相电压升高但达不到 1.732 倍。

（3）谐振原因。随着工业的发展，非线性电力负荷大量增加，某些负荷不仅产生谐波，

还引起供电系统电压波动与闪变，甚至引起三相电压不平衡。

谐振引起的三相电压不平衡有两种：一种是基频谐振（如图 3-67 所示），特征类似于单相接地，即一相电压降低，另两相电压升高，查找故障原因时不易找到故障点，此时可检查特殊用电负荷（或用户），可能就是谐振引起的三相电压不平衡；另一种是分频谐振或高频谐振（如图 3-68 所示），其特征是三相电压同时升高。

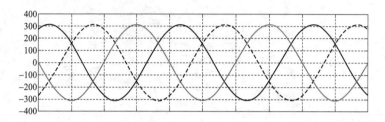

图 3-67　基频谐振引起的三相电压不平衡

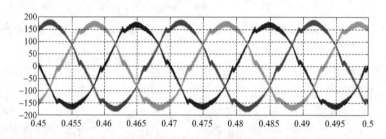

图 3-68　分频谐振或高频谐振引起的三相电压不平衡

另外，还要注意的是，空投母线切除部分线路或单相接地故障消失时，如出现接地信号，且一相、两相或三相电压超过线电压，电压表指针达到底并同时缓慢移动，或三相电压轮流升高超过线电压，遇到这种情况时，一般可断定是发生了谐振。

（4）三相电压不平衡运行的危害和影响。

1）对变压器的危害。在生产、生活用电中，三相负载不平衡时，使变压器处于不对称运行状态，造成变压器的损耗增大（包括空载损耗和负载损耗）。根据变压器运行规程规定，运行中的变压器中性线电流不得超过变压器低压侧额定电流的 25%。此外，三相负载不平衡运行会造成变压器零序电流过大，局部金属件升温增高，甚至会导致变压器烧毁。

2）对用电设备的影响。三相电压不平衡将导致高达数倍电流不平衡的发生，诱导电动机中逆扭矩增加，从而使电动机的温度上升，效率下降，能耗增加，发生振动等影响。各相之间的不平衡会导致用电设备使用寿命缩短，增加设备维护的成本。断路器允许电流的余量减少，当负载变更或交替时容易发生超载、短路现象。中性线承受过大的不平衡电流，会导致中性线增粗。

3）对线损的影响。三相四线制接线方式，当三相负荷平衡时线损最小；当一相负荷重、两相负荷轻的情况下线损增量较小；当一相负荷重，一相负荷轻，而第三相的负荷为平均负荷的情况下，线损增量较大；当一相负荷轻，两相负荷重的情况下线损增量最大。当三相负荷不平衡时，无论何种负荷分配情况，电流不平衡度越大，线损增量也就越大。

4）旋转电机在不对称状态下运行，会使转子产生附加损耗及发热，从而引起电机整体或局部升温，此外，反向磁场产生附加力矩会使电机出现振动。对发电机而言，在定子绕组中还会形成一系列高次谐波，危机发电机的安全。

5）引起以负序分量为启动元件的多种保护发生误动作，直接威胁电网运行安全。

6）不平衡电压使硅整流设备出现非特征性谐波。

7）对发电机、变压器而言，当三相负荷不平衡时，如控制最大相电流为额定值，则其余两相就不能满载，因而设备利用率下降；反之，如果要维持额定容量，将会造成负荷较大的一相过负荷，而且还会出现磁路不平衡致使波形畸变，设备附加损耗增加等。

8. 故障实例分析

下面结合具体的故障实例进行分析，说明故障分析的基本思路。

【实例1】 某220kV站（一次系统如图3-69所示）1号主变压器区外故障，保护误动掉闸。

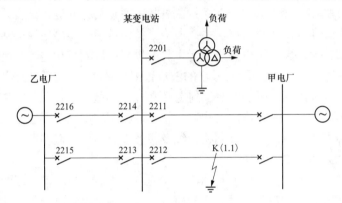

图3-69　某220kV变电站一次系统示意图

（1）首先应该收集尽可能多的资料，综合判断系统故障的类型及故障点所在。2212线路纵联方向保护（LFP-901）报告分析：故障启动后60ms距离 I 段 Z1 动作，沟通三相跳闸 GST 动作，TA、TB、TC 出口动作，故障相别是 A、C 相，故障测距是 20.5km，故障时最大相电流为 29.09A（TA 变比 1200/5），故障时零序电流 I_0 为 11.53A（TA 变比 1200/5）；波形显示 A、C 相电流增大，A、C 相电压降低，产生零序电压、零序电流；开关量波形显示保护装置发信 20ms 后返回，收信接点连续收闭锁信号。

2212线路纵联距离保护（CSL-101B）报告分析：故障后 7ms 高频保护启动，18ms 高频距离保护停信，30ms 距离 I 段出口，33ms 高频距离保护出口，48ms 其他保护（母差保护）停信，故障测距等于 20.75km，故障相别是 CA 相。波形数据显示 A、C 相电流增大，A、C 相电压降低，产生零序电压、零序电流。

1号变压器第一套差动（RCS-978）保护报告分析：保护启动未出口，波形显示高压侧三相电流同相，相电流分别为 $I_A = 2.29A$，$I_B = 2.55A$，$I_C = 2.60A$，$3I_0 = 7.24A$，差动电流分别为 $I_{A.cd} = 0.02I_e$，$I_{B.cd} = 0.02I_e$，$I_{C.cd} = 0.02I_e$，故障电流持续 65ms，$3I_0 = 7.24A$。

1号变压器第二套差动（CST-233B）保护报告分析：保护启动 30ms 差动保护 B 相出口（跳闸电流 2.03A）、差动保护 C 出口（跳闸电流 1.97A），跳闸时各相电流的最大瞬时值：A 相 4.1A，B 相 4.1A，C 相 1.0A。

录波器（ZH-2A）报告分析：故障类型：CAN（C、A 相接地故障），故障线路：I 线（2212断路器），故障距离 21.11km，最大故障电流：A 相 13.72A，C 相 15.22A，最大零序电流 12.04A；

故障后 60ms 断路器跳闸切除故障，三相电流波形同相。

通过上述分析可以判定：系统在 I 线（2212 断路器）线路上发生了 AC 两相接地短路故障，但存在两个疑点：①2212 纵联方向保护为何没有动作；②1 号变压器第二套差动保护为何在保护区外故障时误动作。

（2）疑点分析：对于纵联方向保护未动作问题，本侧反映出的现象是保护装置发信 20ms 后返回，收信接点连续收闭锁信号。发信接点 20ms 后返回说明保护装置判断为正方向故障已停发闭锁信号；收信接点连续收闭锁信号说明通道闭锁信号未消失。这就有两个可能：第一，对侧保护装置未停信；第二，两侧收发信装置远方启信回路未取消。事后证明甲电厂侧保护装置正常，但收发信机的远方启信回路没有取消，导致两侧纵联方向保护连续收到闭锁信号，保护拒动。

对于 1 号变压器第二套差动保护在保护区外故障时误动作问题，结合系统故障类型及故障录波器波形，差动 I 波形可以看出，系统发生了接地故障，零序电流必然要经过故障点和变压器接地点形成闭合回路；所以波形显示 1 号变压器高压侧三相电流大小相等方向相同是正确的（主要是零序分量），但差动 II 显示的波形数据却是 AB 相电流大小相等方向相同，而 C 相电流明显小于其他两相。所以可初步判定 C 相电流因故没有进入保护装置，这又有两个可能：第一，故障时保护装置采样回路异常；第二，C 相二次回路存在分流回路。结合之前变压器投运时的相量报告可以看出，回路接线及极性没有问题。在调取的历史记录中发现差动 II 曾多次发出"差流越限"告警。

但在事故校验中，直接进行电流互感器一次通电，由装置显示窗口读取数据，并未发现异常。测试各相对地绝缘均正常。进一步的检查，当打开电流互感器的二次接线盒时，发现第一组二次线圈 1S2 抽头（差动 I 的 N 相）与第二组二次线圈 2S3 抽头（差动 II 的不接线端子）有相碰的可能。如图 3-70 所示。

图 3-70　电流互感器的二次接线盒

两个绕组之间应该是相互绝缘的，在断路器端子箱用万用表测量两个绕组间的直流电阻为无穷大，用绝缘电阻表测两个绕组间的绝缘指示为 0。第一组线圈的 1S2 接的是差动 I 的 N411，第二组线圈的 2S2 接的是差动 II 的 N421，在端子箱这两端均要接地，也可以说这两个点是同一点。那么当 1S2 与 2S3 短路时相当于将 2S2 与 2S3 短接，相当于将第二组线圈短封。图 3-71 所示是发生区外故障时 C 相二次电流分流情况示意图。

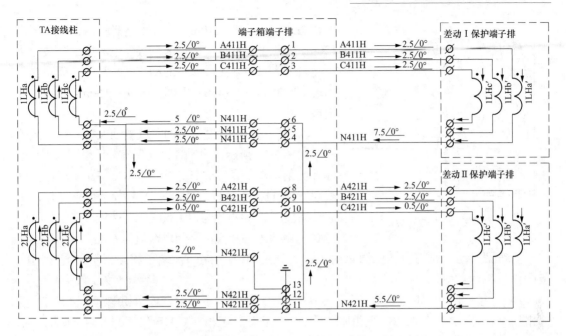

图 3-71 发生区外故障时 C 相二次电流分流示意图

【**实例 2**】 图 3-72 所示为一条 220kV 线路发生 B 相接地故障时的电压、电流录波图，使用的电流互感器型号为 LB7-220W2-5P30。

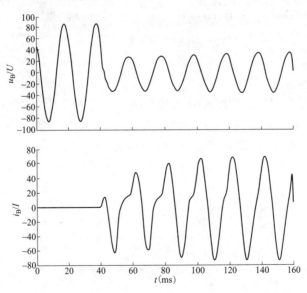

图 3-72 线路发生 B 相接地故障时的电压、电流录波图

（1）根据录波图中的时间刻度，故障是从约 40ms 开始，至 160ms 切除，用时约 120ms。

（2）从图中可见，由于电流互感器的饱和是从不饱和到饱和的一个过渡过程，因此，故障的初始时刻，电流互感器并没有饱和，而是经过 10ms 以后才开始饱和，在故障开始 10ms 以后，电流互感器迅速饱和，从第二个周波开始，电流波形严重畸变，而且，由于电流互感器饱和，铁芯的传变性能降低，因此电流幅值也被限制。随着时间的推移，经过了短路初始

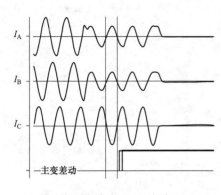

图 3-73　差动 TA 二次波形

的暂态过程后，在 110ms 以后才逐渐的退出饱和区，120ms 后几乎全部退出饱和区，故障电流中的基波分量也随之增大，进入距离保护的动作区。220kV 断路器跳闸动作时间为 30~40ms 之间，因此，160ms 左右，故障被切除。

【实例 3】 一台变压器的纵联差动保护动作，故障波形如图 3-73 所示。动作时天气良好，系统无故障，运行人员无操作，事后检查变压器本体良好。变压器接线组别 Ynd-11。事故报告显示为 A 相差动元件动作，事故录波显示 A 相电流与 B 相电流大小相等方向相同，而与 C 相电流方向相反，A 相电流值为 C 相的一半。

差动保护动作原因为高压侧差动 TA 二次 A、B 两相在 TA 端子箱与保护装置之间的范围内发生两相短路。

TA 是电流源，内阻趋近无穷大。当 TA 二次发生相间短路时，该两相电流不会经 TA 内部相互构成回路，而是两相电流相加之后，经过负载、三相 TA 的零线流回各自 TA 的；由于 TA 二次三相负载基本相等，A、B 两相的和电流在差回路中平均分配，当 TA 二次 A、B 两相短路之后，就会出现如图 3-74 所示的波形，即保护测量电流值。

电力系统中经常发生单相接地故障后，录波图上却显示故障电流三相幅值相等、相位相同。发生这种情况一般是故障前线路的负荷较轻或空载负荷的正、负序阻抗比变压器的零序阻抗大的多，因而负荷侧分到的正、负序电流远小于零序电流（零序电流的分配系数大），故负荷侧的各相电流基本上是零序电流，所以大小基本相等，相位基本相同。

例如：在单侧电源线路上发生 A 相接地短路，假设系统如图 3-75 所示。变压器 T 为 Y_N/Y-12 接线，Y_N 侧中性点接地；变压器 T'采用 $YN/\triangle$-11 接线，Y_N 侧中性点接地，T'变压器空载。

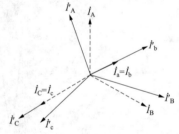

图 3-74　短路故障后的相量图

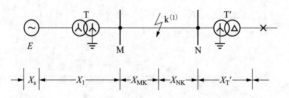

图 3-75　在单侧电源线路上发生 A 相接地短路示意图

在绘制复合序网络图时应注意：由于是单侧电源系统且变压器 T′空载运行，因此可以认为故障的正、负序网络图中 k 点右侧开路，故障点正序综合阻抗和负序综合阻抗只计及 k 点左侧的阻抗。而由于变压器 T 绕组接线为 Y_N/Y-12 接线，尽管中性点直接接地运行，但无法构成零序通路。变压器绕组接线为 $Y_N/\triangle$-11，且中性点接地运行，可以构成零序通路。因此零序综合阻抗只计及 k 点右侧的部分。

例如，某电厂发电机机端一组电压互感器运行中 A 相一次熔断器出现异常。熔断器熔断时间相对较长，出现燃弧、放电现象，导致发电机—变压器组两套基波零序定子接地保护动作出口，机组停机。基波定子接地保护的 $3U_0$ 取自发电机接地变压器二次侧。机组跳闸后，从录波图上看出有谐波出现，而且波形显示出电压互感器铁芯呈饱和状态。

机组跳闸后进行了事故分析：运行中，发电机定子绕组的对地分布电容与电压互感器一次绕组的电感在某个频率下发生了谐振，使电压互感器本身电压升高，回路电流增大，铁芯饱和，最终导致熔断器熔断，且以 A 相最为严重。电压互感器铁芯饱和后，其本身的电感及对地感抗下降，虽然机端电压变化不大，但由于 A 相电压互感器铁芯饱和，其本身的电感、感抗参数发生了变化，使发电机机端三相电压互感器对地阻抗发生了不平衡，与发电机三相绕组对地分布电容及接地变压器构成了谐振回路，造成接地变压器二次电压升高，定子接地保护动作。从录波图可以看出，接地变二次电压 $3U_0$ 幅值较大，已超过定子接地保护定值，保护正确动作。

通过这个事件，提醒电厂其他专业人员，机组检修时，对相关的设备要认真检查、测试，不放过任何应该检查的设备，确保机组健康、安全、稳定运行。

此外，如果有发生谐振的情况，应加装消谐装置。

例如：某电厂厂用 6kV 母线发生三相短路故障，短路后有人怀疑是先有单相接地，而后发展为三相短路。经过对录波图的分析，确定事先没有发生单相接地，是相间短路故障，如果先有单相接地，在相间短路之前就有 $3U_0$，而实际录波图上，三相短路前没有 $3U_0$。

此外，所谓三相短路，并不是三相绝对同时短路，总是会有差异的，差几个毫秒，在这几个毫秒中，零序电压会出现，但这应该是不平衡电压，当彻底的三相短路时，这个不平衡电压就会消失。

六、继电保护专业管理需注意的其他问题

1. 误接线、误碰、误操作、误走错间隔问题

新建的发电厂、变电站或是更新改造的项目中，接线错误的现象相当普遍，由此留下的隐患随时都可能暴露出来。

例如：某厂在机组检修过程中发现同期电压回路端子排两侧回路号不对应，然后改线纠正，在发电机并网时造成发电机非同期合闸事故。这里边暴露了两个问题，其一，虽然回路是正确的应该保持端子排两侧回路号对应，以免发生误会，其二，同期回路有工作应该做核相及假同期试验进行校对，以免发生非同期并网事故。

例如：某厂运行人员在操作过程中走错间隔，TV 空气开关拉错，造成停机。暴露了两个问题，一是没有监护导致走错间隔，另一个是保护装置原理不完善。

例如：某厂运行中 3 台 600MW 机组同时掉闸，甩负荷 1630MW，导致主网频率由 50.02Hz 最低降至 49.84Hz。经过检查，造成此次事故的直接原因是在检修人员处理综合水泵房开关柜信号故障时，误将交流电源接至直流负极，造成交流系统与网控直流系统的混接，从而引发了此次机组全停事故。属于误接线造成事故。

2. 反措执行问题

继电保护的可靠运行，是电网安全稳定运行的重要保证。反事故措施是经验教训的总结，是规程的延伸。多年来，原能源部、国家电力集团公司及国家电网公司先后颁布了多项反事故措施，目的就是为了确保继电保护的安全可靠运行，从而保证电网的安全与稳定，同时也

改善了保护装置的试验方法和手段。但是微机保护的使用，对保护装置的抗干扰提出了新的要求，如加装大功率继电器等。

例如：某 300MW 机组，在整组启动并网过程中发生了非同期并列，造成发电机损坏事故。检查发现 TV 回路接线错误，再查看启动方案，校对同期回路只有假同期试验，没有要求核相。关键在于没有执行"假同期试验不能代替核相"的反措要求。

例如：某 300MW 机组运行中，运行人员投跳闸连接片造成发电机停机。检查发现：所使用的万用表电压测量档损坏，直流系统有不稳定接地现象。建议在投保护连接片前所使用的万用表检查一下是否完好；检查一下直流系统是否有接地等。

例如：某 600MW 机组运行中，发电机差动保护动作，检查发现中性点侧 B 相 TA 电流变小，现场检查发现 TA 上面放着一把凿子，凿子在磁场的作用下产生高温将 TA 绕组绝缘烤坏，使 TA 两侧电流不平衡，造成差动保护动作。

3. 生产厂家保护装置性能问题

保护装置的性能问题包括两方面的内容，一是硬件方面的问题，即装置硬件存在缺陷；二是软件方面的问题，即装置的软件存在缺陷。

变压器差动速断保护躲不过励磁涌流。励磁涌流是变压器送电冲击时所特有的现象，涌流的大小、出现的相别与合闸角有关，励磁涌流的最高值可达到变压器额定电流的 5～10 倍。作为变压器的主要保护，差动保护从性能上躲过励磁涌流的影响是最基本的要求，但是在现场进行的变压器冲击试验时，的确有差动保护动作跳闸的事故发生，大多是定值的原因，从原理上讲，在确保保护区内发生短路故障时能可靠跳闸的条件下，可以适当提高定值。

转子两点接地保护存在死区问题。若一点接地后再发生第二个接地点，则第二个接地点距离越远动作灵敏度越高，距离越近动作灵敏度越低，达到一定程度就成为死区。现场采用转子一点接地保护设置 2 段定值的方法，高值段报警、低值段跳闸，就无需区分一点接地还是两点接地了。

例如：某 600MW 机组，运行中吸风机 A 跳闸，随后吸风机 B 也随之跳闸造成机组非停。经查，吸风机 B 热保护动作，定值整定没有问题，保护装置经过试验，电流在动作值附近持续时间过长就会引起保护误动，此类事故属于保护装置软件问题。在设备选型招投标过程中尽量选择成熟产品，不应一味追求低价格中标，因为保护装置相对机炉设备价格是很有限的，但是造成的损失却不小，应当引起注意。

4. 保护专业技术管理问题

继电保护专业技术管理是大型发电企业安全生产的重要环节，根据相关规定要求主要有以下几个方面：技术标准管理；新技术管理；规划与基建管理；整定计算管理；运行管理；状态评价与风险评估管理；作业管理；定检管理；缺陷管理；统计评价管理；反措管理；技改与维修管理；退役管理。每一项管理出现问题，都会对继电保护工作造成不同程度的影响，都会诱发事故的发生。

例如：某 300MW 燃气机组，新安装投投运不久，主变压器复压过电流保护动作，全停发电机—变压器组造成停机事故，经检查定值单没有问题，保护装置的电压控制字没有投入，变成了纯过流保护，只有 1.2 倍变压器额定电流，在系统侧发生故障情况下电厂侧复压过流保护误动，属于定值管理出现了问题，如果装置整定好定值后，用打印机输出后与定值单再进行认真核对就不会发生这种异常，如果定值单不是全真定值单问题就会更加严重。

5. 装置板件损坏问题

装置板件损坏本身是不可避免的，现在主要设备的保护大多采用双重化配置，一套出现故障还有另一套可以短时运行，关键发生故障的这套会不会造成误动跳闸是关键，这对继电保护人员来说确实没有什么好的办法解决，只有在采购产品过程中使用成熟的产品以降低这种风险，厂用电系统保护只是单套，要求更要注意。

例如：某电厂一台电动机综合保护因故障拒动，在电动机接线盒处发生短路，达不到本段进线断路器保护动作值，等电缆烧到断路器附近分支进线断路器保护才跳开，同时把电缆桥架相邻的电缆烧损坏。保护装置拒动是非常可怕的事情，况且专业要管理很多保护装置，2台1000MW机组厂用综合保护大概200台左右，控制保护器（380V系统的二次保护装置）大概500～600台，保证每台保护装置都无故障运行确实需要下很大力气。

例如：某电厂发电机—变压器组保护没有任何动作信号的情况下保护动作停机，检查发现保护装置电源板故障引起，所以对保护装置电源板的管理也很重要。

6. 回路绝缘损坏问题

跳闸回路接地、电缆绝缘击穿、装置内部出口板件接地、交直流混线等都可能引起保护误动、断路器跳闸。

例如：某1000MW机组运行中发电机差动保护A相动作停机，检查为机端电流互感器A相在保护屏端子排处开路，处理好启机并网正常。随后不久保护装置又出现发电机差动保护差流异常报警信号，经过检查机端A、C相差流大于10%额定电流，反复检查没有找到原因，数小时后B套发电机差动保护A、C相动作停机。停机后检查保护装置、定值、电流互感器都没有问题。保护装置录波图如图3-76、图3-77所示。

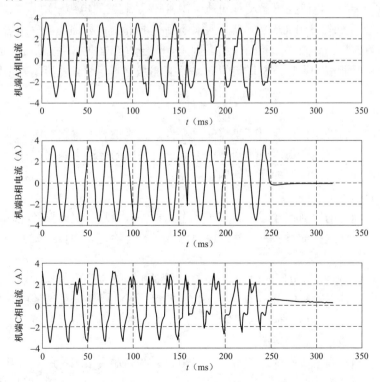

图3-76 发电机差动保护机端相电流

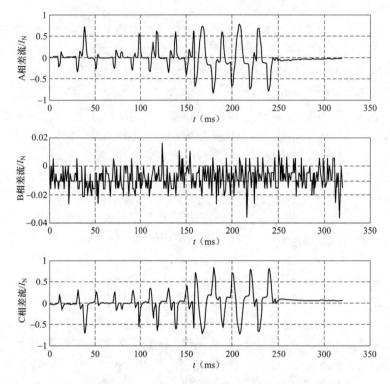

图 3-77　发电机差动保护差电流

经检查保护装置、电流互感器没有问题，TA 到保护装置的电缆出现 A、C 相短路。在 A 相 TA 回路出现开路时，35000/5 的电流互感器开路电压很高，开路点在保护屏端子排处，会造成电缆的绝缘破坏，导致电缆相间短路。因此，对于存在发生 TA 开路的回路，应该对电缆的相间绝缘进行测试；大型发电厂机组对差流应加强监测，应有差流越限报警及紧急处置措施。

7. 工作电源的问题

保护及二次设备的工作电源对其工作的可靠性、正确性有着直接影响。工作电源问题主要注意以下几个方面：逆变稳压电源问题；电池浮充供电的直流电源问题；UPS 供电的电源问题；直流空气开关（熔丝）的配置问题。

8. 设计的问题

现在设计问题也与以前比较越来越多了，个别设计人员想当然地凭经验或是直接套用其他项目做设计，对所选择的设备不清楚或没有深入了解，给建设项目造成不小的损失，如果不消除永远是个隐患。

例如：某 600MW 机组电厂，400V 框架断路器脱扣器的零序电流保护功能只适合电动机保护使用，其他设备不适合使用（PC 进线、PC 段馈线等），结果全厂选择的设备都是全功能的，多花了很多钱没有任何价值，还要请厂家退出，有的电厂不重视更没有退出，直接将定值放到了最大，造成多次越级跳闸。

例如：某些电厂自己没有深入理解，在 380V 系统增加了很多零序电流互感器，由于选择的变比太小现场实际无法使用；设计的中压系统零序 TA 变比太小造成保护拒动；零序 TA

的二次额定值与保护装置二次额定值不对应造成保护拒动；500kV 系统电流互感器设计时 5P 与 TPY 顺序错误；励磁变压器引线设计容量不满足要求；保护配置不合理等问题。为避免继电保护事故发生，应该针对实际的系统及设备、运行方式等情况进行盘点，有哪些设计不合理的地方，主动与设计方讨论尽快消除，避免造成没有必要的损失。

9. 组态错误、组屏不符合要求问题

这类问题多发生在专业人员经验不足、制造厂技术人员误导所致。另外，由于中标价格太低，擅自修改保护装置配置，偷梁换柱、以次充好、蒙混过关，都将给发电企业带来巨大损失。

例如：某 600MW 电厂，使用的国外某厂家的保护装置，没有按发电机匝间保护的原理进行组态，当发生 TV 熔丝电阻增大时发电机匝间保护 $3U_0$ 误动停机，实际上 TV 断线闭锁功能是起不到闭锁匝间保护作用的，因为 TV 断线闭锁的动作值要大于发电机匝间保护动作值。应该用负序功率 P2 的常开接点来闭锁匝间保护 $3U_0$ 才是最可靠的，并且 $3U_0$ 及 P2 接到不同的 TV 上，采取此逻辑才能避免此事故发生。

10. 继电保护人员过度依赖外单位技术问题

现在各发电公司大小安装工程、定检、管理文件，定值计算，缺陷处理等由承包商全部或者部分完成，这样减少了企业的人员配置，相对降低了企业的管理成本，但是技术人员能力参差不齐，售后缺乏技术支持的连续性，当然与社会的恶性竞争也有关系。根据这种情况，电厂的专业技术人员必须针对本职所管辖的外包工程进行严格管理，把住技术关、质量关。

例如：某 600MW 机组，在基建过程中的继电保护定值是委托外单位计算的，结果因为继电保护定值问题多次发生非停事故，给企业造成不小的损失，委托单位使用的是上级推荐的软件整定的，可是软件编程的工程师不懂继电保护整定计算，只提供一个计算平台而已，而电厂的技术人员也没有对定值的结果进行分析核对，必然导致问题的发生。

作为一个发电厂的技术核心区，继电保护专业技术人员、专业管理人员必须怀有高度的责任心、严谨的工作态度和不断提高的技能水平，才能胜任这份核心技术工作。

（1）认真执行规程和反措，建立一整套完善的管理体系，加强对职工的培训，培训一定要有针对性。

（2）设备选择、系统配置不应该一味追求低价，对质量技术水平的要求应该放在首位。

（3）继电保护人员要掌握一次设备原理、熟悉一次系统及各种运行方式，掌握每个参数对继电保护的影响，尤其是一次设备的极限参数，因为保护的目的是保护系统、保护设备，就不可以超越设备极限参数，否则会造成事故扩大。

（4）要掌握所使用的保护装置原理，认真学习领会厂家说明书，必要时请厂家工程师对其进行专项培训，要求专责人对应所管辖的保护装置熟练掌握。

（5）定值整定大多是采用外包方式，参与计算的主要承包人员必须有一定的现场工作经验；对计算用的一次设备参数应该做到图纸、台账、定值单与设备铭牌相对应，在工作完成后应该请业内有相关经验的专家进行评审；调试完成后应该由其他工作人员进行二次核对，防止定值输入错误；把打印机输出的纸质定值单（或下载电子文档）与定值单进行核对，并且履行签字手续落实责任到人。

（6）已经老化的设备根据要求更换，对设备老化程度要进行评估，不应该只根据年限决定是否更换。

（7）电压、电流互感器要有详细统计，统计内容包括安装位置描述，出厂时间、投运时间、参数、检修记录、伏安特性曲线等，在每次大小修过程中要对电压、电流二次回路进行专项检查，出现过开路的电流回路要对相间绝缘进行检查，长期不运行设备的电流互感器要进行消磁等。

（8）对设计应该有相关联的专业共同审核，尤其对司令版图的审核要严格。

（9）对不同性质的事故要有预案，对运行中处理存在较大风险的消缺工作要制订应急处置预案，并且针对每项预案进行演练；对易出故障设备的部位应该进行评估。

（10）作业指导书内容详细实用，该项工作的安全措施票要根据系统变更情况及时修改完善，使其具有可操作性，不要只当作摆设。

第二篇

继电保护及自动装置调试

第四章 发电机—变压器组调试

第一节 单 体 调 试

一、保护装置

（1）对保护装置的要求如下：

1）装置应具有独立性、完整性，装置的功能和技术性能指标应符合相应的国家标准或行业标准的规定。

2）装置的单一电子元件（出口继电器除外）损坏时不应造成装置误动作跳闸，且应发出装置异常信号。数字式装置应具有在线自动检测功能。

3）装置的所有外接端子不允许同装置内部弱电回路有电气联系，针对不同的回路，可以分别采用光电耦合、继电器转换、带屏蔽层的变压器耦合或电磁耦合等隔离措施。

4）装置应设有闭锁回路，只有在电力系统发生扰动时，才允许解除该闭锁。

5）数字式装置应具有自复位能力，在因干扰造成程序进入死循环时，应能自动恢复正常工作。

6）数字式装置的实时时钟信号、装置动作信号，在失去直流电源的情况下不能丢失，在直流电源恢复正常后，应能重新显示。

7）数字式装置应具有自动对时功能。

8）数字式装置的通信接口应满足相应通信规约的信息传输方式和通道的要求。

9）涉及直跳、启动失灵回路的保护装置光耦需要在输入端加装大功率继电器（要求继电器的动作功率大于5W）转接。

（2）保护装置应具备功能的如下：

1）装置应能记录保护动作全过程的所有信息并具有存储5次以上的功能。

2）装置记录的所有数据应能转换为 GB/T 22386—2008《电力系统暂态数据交换通用格式》规定的格式输出。

3）装置应具有显示和打印记录信息的功能，提供了解情况和事故处理的保护动作信息；提供分析事故和保护动作行为的记录。

二、调试的注意事项

（1）试验前应检查屏柜及装置在运输过程中是否有明显的损伤或螺钉松动。

（2）试验过程中，不要插拔装置插件，不触摸插件电路，需插拔时，必须关闭电源。

（3）调试过程中发现有问题要先找原因，不要频繁更换芯片。必须更换芯片时，要用专用起拔器。应注意芯片插入的方向，插入芯片后需经第二人检查无误后，方可通电检验。

（4）使用的试验仪器必须与屏柜可靠接地。

（5）保护装置的图纸、资料齐全，调试定值单已录入装置，并经装置自检通过。

（6）熟悉调试过程中的危险源点、安全措施和带电区域的安全隔离。

（7）用具有交流电源的电子仪器（如示波器、频率计等）测量电路参数时，电子仪器测量端子与电源侧绝缘必须良好，仪器外壳应与装置在同一点接地。

三、绝缘检查

在对二次回路进行绝缘检查前，必须确认被保护设备的断路器、电流互感器全部停电，交流电压回路已在电压切换把手或分线箱处与其他单元设备的回路断开，并与其他回路隔离完好后，才允许进行。

（1）从保护屏柜的端子排处将所有外部引入的回路及电缆全部断开，分别将电流、电压、直流控制、信号回路的所有端子各自连接在一起，用1000V绝缘电阻表测量回路对地绝缘和回路之间绝缘，其阻值均应大于10MΩ。

（2）对使用触点输出的信号回路，用1000V绝缘电阻表测量电缆每芯对地及对其他各芯间的绝缘电阻，其绝缘电阻不应小于1MΩ。

注意：测定绝缘电阻时，把不能承受高电压元件从回路中断开或者将其短接。试验线连接要紧固，每进行一项绝缘试验后，须将试验回路对地放电。

四、二次回路的验收检验

（1）对回路的所有部件进行观察、清扫与必要的检修及调整。这些部件包括与装置有关的操作把手、按钮、插头、灯座、位置指示继电器、中央信号装置及这些部件回路中的端子排、电缆、熔断器等。

（2）利用导通法依次经过所有中间接线端子，检查由互感器引出端子箱到操作屏柜、保护屏柜、自动装置屏柜或至分线箱的电缆回路及电缆芯的标号，并检查电缆清册的填写是否正确、齐全。

（3）当设备新投入或接入新回路时，核对熔断器和空气开关的额定电流是否与设计相符或与所接入的负荷相适应，并满足上、下级之间的配合。

（4）检查屏柜上的设备及端子排上内部、外部连线的标号应正确完整，接触牢靠，并利用导通法进行检验，且应与图纸和运行规程相符合，并检查电缆终端和沿电缆敷设路线上的电缆标牌是否正确完整、与相应的电缆编号相符、与设计相符。

（5）检验直流回路确实没有寄生回路存在。检验时应根据回路设计的具体情况，用分别断开回路的一些可能在运行中断开（如熔断器、指示灯等）的设备及使回路中某些触点闭合的方法来检验。

每一套独立的装置均应有专用于直接接到直流熔断器正、负极电源的专用端子对，这一套保护的全部直流回路包括跳闸出口继电器的线圈回路，都必须且只能从这一对专用端子取得直流的正、负极电源。

（6）了解断路器跳闸及合闸线圈的电阻值及在额定电压下的跳、合闸电流。

五、保护装置外观检查

保护装置外观检查如下：

（1）检查装置的实际构成情况，如：装置的配置、装置的型号、额定参数（直流电源额定电压，交流额定电流、电压等）是否与设计相符合。

（2）检查主要设备、辅助设备的工艺质量，以及导线与端子采用材料等的质量。

（3）屏柜上的标志应正确完整清晰，并与图纸和运行规程相符。

（4）检查安装在装置输入回路和电源回路的减缓电磁干扰器件和措施应符合相关标准和

制造厂的技术要求。在装置检验的全过程应将这些减缓电磁干扰器件和措施保持良好状态。

（5）应将保护屏柜上不参与正常运行的连片取下，或采取其他防止误投的措施。

（6）检查装置的小开关、拨轮及按钮是否良好；显示屏是否清晰、文字清楚。

（7）检查各插件印制电路板是否有损伤或变形，连线是否连接好。

（8）检查各插件上变换器、继电器是否固定好，有无松动。

（9）检查各插件上元件是否焊接良好，芯片是否插紧。

（10）检查装置横端子排螺钉是否拧紧，后板配线连接是否良好。

六、保护装置上电检查

（1）装置上电后测量直流电源正、负对地电压应平衡。

（2）逆变电源稳定性试验。对于微机型装置，要求插入全部插件。直流电源电压分别为80%、100%、115%的额定电压时保护装置应工作正常。

（3）逆变电源的自启动性能。合上装置逆变电源插件上的电源开关，试验直流电源由零缓慢上升至80%额定电压值，此时逆变电源插件面板上的电源指示灯应亮。固定直流电源为80%额定电压值，拉合直流开关，逆变电源应可靠启动。

（4）直流电源的拉合试验。保护装置加额定工作电源，并通入正常的负荷电流和额定电压，监视保护跳闸出口触点，进行拉合直流工作电源各三次，此时保护装置应不误动和误发保护动作信号。

（5）校对时钟。检查装置时钟对码方式是否与 GPS 时钟装置的对码方式一致，信号源是否接入。

七、装置显示、人机对话功能及软件版本的检查、核对

装置上电后，应运行正常，根据主接线整定，显示不同主接线。以南瑞继保 PCS985 为例，装置显示如图 4-1 所示。

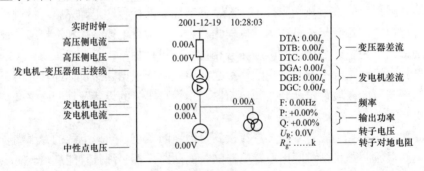

图 4-1　装置显示

（1）保护动作时液晶显示说明。当保护动作时，液晶屏幕自动显示最新一次保护动作报告，如图 4-2 所示。

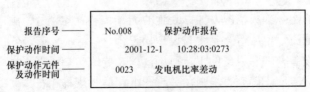

图 4-2　保护动作时显示

（2）保护异常时液晶显示说明。保护装置运行中，液晶屏幕在硬件自检出错或系统运行异常时将自动显示最新一次异常报告，如图 4-3 所示。

报告序号 ——
异常发生时间 ——
异常动作元件 ——

No.004　　　异常记录报告
2001-12-1　10:06:01:002
发电机机端TA异常

图 4-3　保护异常时显示

（3）保护开关量变位时液晶显示说明。保护装置运行中，液晶屏幕在任一开关量发生变位（如屏上保护投入硬压板）时，将自动显示最新一次开关量变位报告，如图 4-4 所示。

报告序号 ——
开关量输入变位发生时间 ——
开关量输入变位元件 ——

No.006　　　保护变位报告
2001-01-13　22:06:01:070
发电机差动保护投入　　　　0->1

图 4-4　保护开关量变位时显示

（4）程序版本的显示说明。在"主菜单"目录下，进入"程序版本"项目，检查并记录装置的硬件和软件版本号、校验码等信息。

八、辅助继电器调试

（1）中间继电器的校验。通过单相或者三相试验仪对继电器加入电压（或电流），记下使继电器衔铁完全被吸合的最低电压（或电流）值即动作值。若动作时出现衔铁缓慢运动或吸合不到底以及声音不清脆等现象，应加大电压（或电流）试验。

继电器动作后逐步减小电压（或电流），测试使继电器的衔铁返回到初始位置的最大电压（或电流），即继电器的返回值。

（2）带电流保持型继电器的校验。通过单相或者三相试验仪，将电压加在继电器的动作线圈上，将电流加在继电器的保持线圈上，先输出电压到继电器动作，记录下动作值，然后通过试验仪输出电流至继电器的额定电流值，再将电压退掉，此时继电器应自保持。

调节使保持线圈的电流逐渐减小到继电器返回，记下返回值。调节电压输出，调节电流略大于返回值，再断开电压输出，若继电器能自保持，则该电流为其最小保持值；否则，再增大电流测出继电器能自保持的最小电流。

（3）过电压继电器的检验。根据整定值及继电器的整定范围，将继电器的线圈按串联或并联连接，将调整杆放在整定值上，将三相试验仪的电压输出接在继电器的输入端子上，慢慢地增加电压输出直至继电器刚好动作为止，停止调节，记下此时的电压数值，即为继电器的动作电压。要求整定点动作电压与整定值不超过 ±3%。

继电器动作后，均匀地减小输出电压直至继电器的触点刚刚分开，记下这时的电压，即为返回电压。

（4）低电压继电器的校验。根据整定值及继电器的整定范围，将继电器的线圈按串联或并联连接，先对继电器施加额定电压，然后均匀平滑地降低电压，直至继电器舌片刚好释放（指示灯刚好亮），记下此时的电压数值，即为继电器的动作电压。

继电器动作后，再调节电压输出，使通入的电压平滑上升至继电器舌片开始被吸持（指示灯刚好熄灭），记录此时的电压，即为返回电压。要求整定的动作电压与整定值误差不超过±3%。其返回系数一般要求不应大于1.2，用于强行励磁时不应大于1.06。

中间、时间、信号等继电器的要求：启动电压不大于$70\%U_n$；出口中间继电器的启动电压$50\%U_n \sim 70\%U_n$；返回电压不小于$5\%U_n$；启动电流不大于$100\%I_n$（其中U_n为继电器的额定电压，I_n为继电器的额定电流）。

电流、电压继电器还应计算返回系数K，一般要求：过电流继电器$0.85 \leqslant K \leqslant 0.95$；过电压继电器$0.85 \leqslant K \leqslant 0.95$；低电压继电器$1.06 \leqslant K \leqslant 1.20$；强励系统低电压继电器$K \leqslant 1.06$。

注意：

（1）对于非电量直跳继电器，还需做该继电器的动作功率，动作值不低于5W。

（2）继电器调试后，应做出标识，整定位置应与继电器铭牌刻度相一致并用记号笔标出。

（3）安装塑料或者玻璃外罩时，应轻拿轻放，勿触动整定把手和整定指针，密封垫应装好，避免灰尘和腐蚀性气体进入，继电器外壳或者玻璃外罩应擦拭干净。

（4）继电器重新装回控制盘后，应检查其接线，特别是电流、电压继电器，应确认其接线乘倍数应与整定试验时乘倍数一致。

九、装置交流电压、交流电流采样准确度检验

退掉保护所有出口连接片，加入电压、电流，装置采样值误差应符合技术参数要求。

（1）零点漂移检验。进行本项目检验时，要求装置在不输入交流电流、电压量的情况下观察装置在一段时间内的零漂值，要求零漂值在$0.01I_n$（或0.05V）以内。

（2）电流、电压采样表。新安装装置验收检验时，按照装置技术说明书规定的试验方法，根据现场图纸，分别输入不同幅值和相位的电流、电压量，观察装置的采样值满足装置技术条件的规定。对于二次额定电流为1A的电流互感器，一般通入0.1、0.5、1.0A，角度为正序角；对于二次额定电流为5A的电流互感器，一般通入1.0、2.5、5A，角度为正序角。二次电压一般输入10、30、57.74V，角度为正序角。

电流在5%额定值时，相对误差应小于5%，或绝对误差应小于$0.01I_n$；电压在额定值时，应小于2%；角度误差不大于3°。

注意：在对电压回路进行采样检验时，需断开电压二次侧回路，防止电压由二次侧反窜至一次侧。

十、开关量检查

（1）在保护屏柜端子排处，按照装置技术说明书规定的试验方法，对所有引入端子排的开关量输入回路依次短接正电源，观察装置的行为变化，保护装置应能正确反映各开入量的0→1或1→0变化。

（2）按照装置技术说明书所规定的试验方法，分别接通、断开连接片及转动把手，观察装置的行为变化，保护装置应能正确反映各开入量的0→1或1→0变化。

（3）具体观察位置在"主菜单"目录下"保护状态"→"保护开入量"项目中。

十一、输出触点和输出信号的检查

结合厂家资料，在装置屏柜端子排处，按照装置技术说明书规定的试验方法，用万用表测量所有输出触点及输出信号的通断状态。

注意：测量输出时要先检查外部回路是否带电，如果有电需将外部电缆解开。

十二、保护装置功能调试

1. 发电机差动保护调试

（1）比率差动试验调试。启动值调试：检查保护功能已投入，在发电机机端侧和中性点侧电流端子侧中任选一侧加入电流以使保护动作。

（2）比率制动试验。不同保护有不同的原理，调试方法也不相同，对于 RCS-985 装置来说，按 Yd11 的主变压器接线方式，采用主变压器高压侧电流 A-B、B-C、C-A 的方法进行相位校正至发电机中性点侧，并进行系数补偿，由于发电机—变压器组差动差至高压厂用变压器低压侧，高压厂用变压器低压侧电流根据高压厂用变压器接线方式相位校正至高压厂用变压器高压侧（即发电机中性点侧），同时进行系数补偿。差动保护试验时分别从高压侧、发电机中性点侧加入电流，高压侧、中性点侧加入电流对应关系：A-ac、B-ba、C-cb。

"发电机—变压器组比率差动投入"控制字置 1，从两侧加入电流试验，对于 DGT801 来说则需加入负序电压已开放保护（注意：试验时 Y 侧电流归算至额定电流时需除以 1.732）。

（3）差动速断试验。退出比率差动元件，加入单侧电流，增大电流以使保护动作。

（4）二次谐波制动系数试验。在一侧电流回路同时加入基波电流分量（能使差动保护可靠动作）和二次谐波电流分量，减小二次谐波电流分量的百分比，使差动保护动作，计算二次谐波系数。

（5）TA 断线闭锁试验。"发电机—变压器组比率差动投入""TA 断线闭锁比率差动"控制字均置 1。两侧三相均加上额定电流，断开任意一相电流，装置发出"发变组差动 TA 断线"信号并闭锁变压器比率差动保护，但不闭锁差动速断保护；如果将"TA 断线闭锁比率差动"控制字置，则不闭锁比率制动差动保护。

"发电机—变压器组比率差动投入"控制字置 1、"TA 断线闭锁比率差动"控制字 0。两侧三相均加上额定电流，断开任意一相电流，发电机—变压器组比率差动保护动作并发出"发电机—变压器组差动 TA 断线"信号。

2. 发电机匝间保护调试

投入相关保护控制字。机端有电流时，对于灵敏段，模拟负序功率方向满足条件时，逐步增加机端专用 TV 开口三角基波电压，使电压值大于灵敏段定值，定子匝间保护动作并做记录。对于高值段，模拟负序功率方向满足条件时，逐步增加机端专用 TV 开口三角基波电压，使定子匝间保护高定值段动作并做记录。

模拟机端无电流，逐步增加机端专用 TV 开口三角基波电压，使电压值大于灵敏段定值，定子匝间保护动作并做记录；做高定值时，可以将负序电压按正方向角度超前负序电流，退出灵敏段，所加电压即为高值动作值。

3. 发电机定子对称过负荷保护调试

（1）定时限告警调试。对称过负荷软压板及硬压板投入，过负荷告警投入，加入单相电流，增大电流以使保护动作，并做记录。

（2）反时限过负荷调试。投入反时限过负荷保护，加入大于反时限启动定值的单相电流以使保护动作，记录下动作值及动作时间，根据厂家说明书提供公式验证动作值及动作时间的正确性。用同样方法再取 3～4 个点，根据实验数据并计算以做验证。

（3）过负荷速断调试。投入过负荷速断保护，加入单相电流，增大电流以使保护动作。

注意：本保护针对不同厂家，保护配置不同，调试时需先核实。

4. 发电机不对称过负荷保护调试

发电机不对称过负荷保护及连接片投入，其他保护及连接片退出。将该保护的所有跳闸出口及信号出口触点分别接至保护测试仪开入量端口，以便监视各输出触点是否正确开出。

（1）定时限调试。保护测试仪通入保护对称负序电流，调试负序过负荷定时限电流在定值 95% 和 105% 时，保护动作情况，并测量动作时间。

（2）反时限调试。保护测试仪通入保护对称负序电流，调试负序过负荷反时限电流在定值 150% 和 200% 时，保护动作情况，并测量动作时间。

5. 发电机失磁保护调试

失磁保护阻抗采用发电机机端 TV1 正序电压、发电机机端正序电流来计算。辅助判据：机端正序电压 $U_1 > 6V$，负序电压 $U_2 < 6V$，机端电流大于 $0.1I_e$。失磁保护共配置三段，阻抗特性相同。异步圆阻抗如图 4-5 所示。

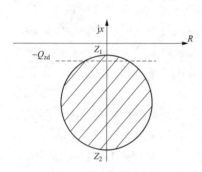

图 4-5 异步圆阻抗

（1）失磁阻抗判据。仅将"Ⅰ段阻抗判据投入"控制字投入，整定Ⅰ段跳闸控制字，Ⅰ段延时整定为 0.1s，其他保护控制字均退出。

首先计算异步阻抗圆半径 $R = (Z_2 - Z_1)/2$，圆心坐标为 $[0, -(Z_1 + R)]$。

Z_1 点的调试：加入机端 TV1 三相电压和机端三相电流，所加电压电流的幅值大小按折算成阻抗值大于 Z_1 来计算，固定电压为 0°正序方向，固定电流 90°正序方向，改变电压大小，使阻抗轨迹自异步阻抗圆上端往下落入动作圆内，记录 Z_1 保护动作值。

Z_2 点的调试：加入机端 TV1 三相电压和机端三相电流，所加电压电流的幅值大小按折算成阻抗值大于 Z_2 来计算，固定电压为 0°正序方向，固定电流 90°正序方向，改变电压大小，使阻抗轨迹自异步阻抗圆下端往上落入动作圆内，记录 Z_2 保护动作值。

（2）失磁保护减输出功率判据。整定"Ⅰ段阻抗判据投入"和"Ⅰ段减出力判据投入"控制字投入，该段保护其他判据退出，延时整定为 0s。

调整阻抗角与正序电压、正序电流于合适位置，使得阻抗轨迹在动作圆内，有功功率标幺值 $P < P_{zd} = 50\%$，调节三相电流大小，使 P 值上升，达 $P_{zd} = 50\%$ 以上则保护动作。

（3）失磁保护母线低电压判据试验。失磁保护"母线低电压判据"可选择"机端电压"或"母线电压"，调试仪的三相电压相应地加在"机端 TV1 电压"或"主变压器高压侧电压"输入端子。

以"失磁保护Ⅱ段"为例进行试验，将"Ⅱ段母线电压低判据投入"控制字投入，"低电压判据选择"选择"机端电压"，整定Ⅱ段跳闸控制字，其他保护控制字均退出。电压联动降低，直至保护动作。

（4）失磁保护无功反向判据试验。以"失磁保护Ⅱ段"为例进行试验，将"Ⅱ段阻抗判据投入"控制字投入，"无功反向判据选择"选择"机端电压"，整定Ⅱ段跳闸控制字，其他保护控制字均退出。

输入电流电压量，大小使 $Q < Q_{zd}$，阻抗轨迹也在动作圆内，保护不动作，三相电流联动增加，直至保护动作。

注意：西门子保护采用的导纳原理，保护装置采用电流和电压的正序分量计算出阻抗的倒数，调试时需根据导纳特性图来取点。

南自保护需注意 TV 断线的逻辑判断：利用负序电压判据和低电压判据判三相电压不正常，利用负序电流判据和相电流判据判三相电流正常。如果电压不正常而电流正常，判为 TV 断线，瞬时闭锁保护，并经内部 t_1（9s）延时发信告警；为了防止 TV 回路异常引起的电压波动，TV 断线经内部 t_{FH}（4s）延时解除闭锁。如果电压不正常且电流不正常，判为系统故障或异常运行状态。

6. 发电机失步保护调试

失步保护阻抗采用发电机机端正序电压、中性点正序电流来计算。交流通入方法与失磁保护相同，发电机—变压器组断路器跳闸允许电流取主变压器高压侧电流。

三元件失步保护继电器特性如图 4-6 所示，将阻抗平面分成 OL、IL、IR、OR 四个区，阻抗轨迹顺序穿过四个区（OL→IL→IR→OR 或者 OR→IR→IL→OL），则保护判为发电机失步振荡。Z_c 电抗线用于区分振荡中心是否位于发电机—变压器组内，阻

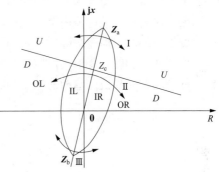

图 4-6　三元件失步保护继电器特性

抗轨迹顺序穿过四个区时位于电抗线以下，则认为振荡中心位于发电机—变压器组内，位于电抗线以上，则认为振荡中心位于发电机—变压器组外。每顺序穿过一次，保护在区内或者区外的滑极计数加 1，达到整定次数，保护动作。

（1）失步保护上端阻抗 Z_a 的调试。Z_a 为阻抗透镜的上端阻抗定值，是区外失步的上端边界，调试时阻抗值按照 $95\%Z_a$ 设定，取 $Z = U/I = 13.8/5 = 2.76$，保持阻抗值不变，调整阻抗角，变化三相电压的相位，使阻抗角从 0°平缓增加，按轨迹 I 穿越阻抗透镜。

在 DBG2000 里，每看到"区外振荡滑次数"增加一次计数，随机反方向变化阻抗角，即先是递增的话，而后就递减；先是递减的话，而后就递增，使得阻抗轨迹沿轨迹 I 往复穿越阻抗透镜，直到保护动作。

三相电压增至正序 15.2V，使得 Z 达到 $1.05Z_a$，阻抗角在 0°~180°范围变化时，"区外振荡滑极次数"无累计，从而验证 Z_a。

（2）失步保护下端阻抗 Z_b 的调试。Z_b 为阻抗透镜下端阻抗定值，是区内失步的下端阻抗，调试时阻抗值按照 $95\%Z_b$ 设定，取 $Z = U/I = 16.3/5 = 3.26$，保持阻抗值不变，调整阻抗角，变化三相电压的相位，使阻抗角从-180°平缓递增，轨迹按轨迹III穿越阻抗透镜。

在 DBG2000 里，每看到"区内振荡滑次数"增加一次计数，随即反方向变化阻抗角，原理同 Z_a 的调试，直至保护动作。

三相电压增至正序 18V，使得 Z 达到 $1.05Z_b$，阻抗角在-180°~0°范围变化时，"区内振荡滑极次数"无累积，从而验证 Z_b。

（3）失步保护上端阻抗 Z_c 的调试。Z_c 为阻抗透镜的电抗线阻抗，是区内失步和区外失步的边界，调试时阻抗值按照 $95\%Z_c$ 设定，取 $Z = U/I = 9.7/5 = 1.94$，保持阻抗值不变，只调整阻抗角，从 0°平缓递增，按轨迹II穿越阻抗透镜。

在 DBG2000 里，每看到"区内振荡滑次数"增加一次计数，随即反方向变化阻抗角，

原理同 Z_a 的调试，"区内振荡滑次数"达到定值，则"区内失步"保护动作。

注意：测试 Z_a、Z_b、Z_c 的边界值不一定都能够测出来，这是因为失步判别的是整个的一个滑极过程，而失步的滑极区域根据定值的不同有很大的不同，各个区域的大小以及相互关系也不同，这种情况下一般可以不测试准确的边界值，只要测试区内和区外的动作特性正确就可以了。根据电网要求，失步保护动作于机组侧时跳闸，动作于系统侧时为报警。

（4）失步保护跳闸允许过电流定值的调试。该保护动作量取的是主变压器高压侧电流，反应主变压器高压侧作为并网断路器因遮断容量不够而须设定的跳闸电流限制。

因此，需从机端电流串接一相电流到主变压器高压侧，电流达到跳闸允许过电流定值则失步保护不跳闸，但在故障量退出的瞬间失步保护仍能动作。

如图 4-7 和图 4-8 所示，国内各厂家关于失步的阻抗图不同，但是大致调试方法大同小异，都是通过对阻抗的滑极次数来判断，这里不再一一讲述。

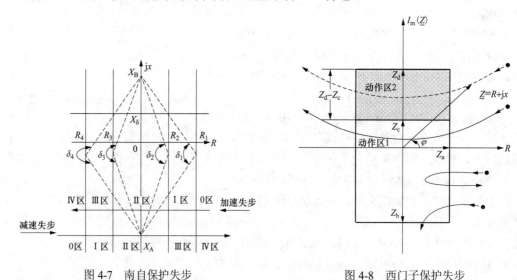

图 4-7　南自保护失步　　　　　　　　图 4-8　西门子保护失步

7. 发电机过电压保护调试

发电机电压保护及连接片投入，其他保护及连接片退出。电压保护取发电机机端相间电压，过电压保护取三个相间电压。将该保护的所有跳闸出口及信号出口触点分别接至保护测试仪开入量端口，以便监视各输出触点是否正确开出。保护测试仪通入保护正序电压，调试电压在定值的 95% 和 105% 时，保护动作情况，并测量动作时间并记录。

8. 发电机频率保护调试

发电机频率保护及连接片投入，其他保护及连接片退出。将该保护的所有跳闸出口及信号出口触点分别接至保护测试仪开入量端口，以便监视各输出触点是否正确开出。

（1）低频保护调试。模拟发电机并网开关为断开位置，保护测试仪通入保护正序电压，发电机机端相电流大于 $0.06I_e$，调试频率在定值的 95% 和 105% 时，分别模拟低频 I 段保护动作、低频 II 段保护动作，测量动作时间并记录。

注意：低频 I 段带累计功能，需通过清除报文来清除累计时间，II 段不带累计功能，无需清除报文。

（2）过频保护调试。过频保护无需模拟并网断路器的位置状态，保护测试仪通入保护正序电压，调试频率在定值的 95%和 105%时，保护动作情况，测量动作时间并记录。

9. 启停机保护调试

投入发电机启停机保护连接片。模拟主变压器高压侧出口断路器为跳闸位置，通过试验仪将所加电压频率递减至 45Hz 以下，启停机保护投入。此时在相应端子排加入差流或定子接地零序电压动作值，启停机保护动作，测量动作时间并记录。

10. 90%发电机定子接地保护调试

投入相应保护连接片。

（1）告警值调试：加入中性点零序电压，增大 $3U_0$ 电压值以使保护告警动作，并做记录。

（2）灵敏段动作值调试：在机端零序电压通道加入小于 40V 的电压，在中性点零序电压通道加入大于零序整定值的电压，保护灵敏段动作出口并做记录。

（3）高定值动作值调试：加入中性点零序电压，增大 $3U_0$ 电压值以使保护高定值段动作并做记录。

11. 100%发电机定子接地保护调试

南瑞保护和南自保护略有不同，下面分别介绍两种保护的调试方法。

（1）南瑞保护：投入相应保护连接片。

模拟发电机—变压器组并网前断路器位置触点输入，机端加入正序电压大于 $0.5U_n$，机端、中性点零序电压回路分别加入三次谐波电压，使三次谐波电压比率判据动作。

模拟发电机—变压器组并网后断路器位置触点输入，机端加入正序电压大于 $0.5U_n$，机端、中性点零序电压回路分别加入三次谐波电压，使三次谐波电压比率判据动作。

模拟发电机—变压器组并网后断路器位置触点输入，机端加入正序电压大于 $0.85U_n$，发电机电流回路加入大于 $0.2I_e$ 的额定电流，机端、中性点零序电压回路分别加入反向三次谐波电压，使三次谐波差电压为 0，延时 10s，三次谐波电压差动判据投入，减小中性点三次谐波电压，使三次谐波电压判据动作。

（2）南自保护：模拟发电机运行工况，在机端电压通道和中性点电压通道分别加入三次谐波电压，机端的三次谐波电压（1V）小于中性点的三次谐波电压（1.2V），整定 K1、K2，并写入装置中，此时保护动作值应接近为零；然后模拟接地故障工况，在机端和中性点分别加入三次谐波电压，中性点的三次谐波电压（1V）小于机端的三次谐波电压（1.2V），整定 K3，使保护动作值略大于制动值，把 K3 写入装置。

注意：南自保护要求外加三次谐波电压时，相应的三次谐波电压通道显示的电压值应等于外加电压，最大误差小于 5%；外加基波电压时，相应的三次谐波电压通道显示的电压值应很小，三次谐波电压计算值应等于零，与外加基波电压的比值应小于 0.1%。

12. 发电机复合电压过电流保护调试

根据需要整定"过电流Ⅰ段经复合电压闭锁""过电流Ⅱ段经复合电压闭锁""经高压侧复合电压闭锁"控制字。

（1）电流调试：退出复合电压元件，加入单相电流使保护动作并做记录。

（2）负序电压调试：单独投入负序电压元件加入动作电流的 1.05 倍，并加入负序电压，增大负序电压值以使保护动作并做记录。

（3）低电压调试：单独投入低电压元件同样加入动作电流的 1.05 倍，加入三相正序电压，减小电压值，以使保护动作并做记录。

13. 发电机逆功率保护调试

投入发电机逆功率保护，模拟主变压器高压侧并网开关合闸位置，加入三相正序电流和三相正序电压，调整电压及电流相位，电压超前电流角度在 90°时开始出现逆功率，逐步增大电压电流相位差角以使保护动作并做记录。

注意：在整定发电机系统参数定值时，"机端 TV 一次侧"与"机端 TV 二次侧"应同为线电压或者同为相电压，否则将造成保护装置功率显示与实际功率相差 1.732 倍。整定逆功率时请输入正值，如要整定"−1%"的逆功率，只需输入定值"1%"即可。

14. 发电机低功率保护调试

投入低功率保护功能。模拟出口断路器为合闸位置，模拟出口紧急停机信号为合位，加入三相正序电流和三相正序电压，调整电压及电流大小，使保护动作并做记录。

15. 发电机程跳逆功率保护调试

投入程跳逆功率保护，退出逆功率保护。模拟主变压器高压侧并网断路器断开位置，模拟主汽门关闭位置信号在合位，加入三相正序电流和三相正序电压，调整电压及电流相位，电压超前电流角度在 90°时开始出现逆功率，逐步增大电压电流相位差角以使保护动作并做记录。

16. 误上电保护

将误上电保护投入，退出闪络保护。

（1）误上电 II 段保护调试。按试验要求整定"低频闭锁投入""断路器位置触点闭锁投入""断路器跳闸闭锁功能投入"控制字，并整定跳闸矩阵定值。模拟表 4-1 中几种状态使"误上电保护"工作状态至 1。

表 4-1　　　　　　　　　　　　　　保 护 状 态 表

低频闭锁投入	断路器位置触点闭锁投入	机端电压		是否并网	误上电保护工作状态
		正序电压是否小于 12V	频率是否小于 45Hz（低频定值）		
1	无关	否	是	无关	1
1	无关	是	无关	无关	1
0	1	无关	无关	否	1

分别对主变压器高压侧，发电机机端电流和中性点电流突加电流，其中主变压器高压侧电流需满足大于 $0.03I_n$ 的条件，而发电机机端电流和中性点电流均需达到误合闸电流定值，保护动作，记录动作值。

注意：若是中性点有两个或两个以上的多分支系统，误上电中性点侧的电流判据取的是中性点一分支 TA 电流，误上电电流定值取的是以发电机机端 TA 为基准的，因此，在机端 TA 与中性点一分支 TA 的二次额定电流不一致，中性点一分支所加电流的动作值需折算成机端电流达到误上电定值。

（2）误上电 I 段保护调试。整定"低频闭锁功能投入"置 1，"断路器位置触点闭锁投入"置 1，"断路器跳闸闭锁功能投入"置 1。模拟主变压器高压侧断路器发生非同期并网状态，采用调试仪的"状态序列"形成两个输出状态：

第一状态，机端正序电压加额定值、频率额定的三相电压，将断路器位置触点置于跳位（即短接高压侧断路器跳位触点），此时误上电工作状态为"1"；

第二状态，电压保持不变，突加三相电流，B、C 相分别在机端 TA、中性点 TA 输入端子加大于误合闸电流定值的单相电流，A 相加至主变压器高压侧电流，若此值大于断路器跳闸允许电流定值，则误上电保护Ⅰ段动作，小于跳闸允许电流定值则误上电保护Ⅱ段动作。

17. 断路器闪络保护调试

断路器闪络保护及连接片投入，其他保护及连接片退出，退出误上电保护。分别将该保护的跳闸出口及信号出口触点接至保护测试仪开入量端口，以便监视各输出触点是否正确开出。三相正序电压通入机端 TV 输入端子。两个电流通道分别通入主变压器高压侧电流、发电机机端电流输入端子。

对于主变压器高压侧只有一侧的主接线方式，模拟并网断路器在断开位置，从变压器高压一侧电流回路加入单相电流，测得保护负序电流动作值并做记录。

对于主变压器高压侧两侧（3/2 断路器接线）的主接线方式，分别模拟 A、B 断路器跳闸位置，分别从变压器高压一次侧、二次侧加入单相电流，测得保护负序电流动作值并做记录。

如果并网断路器是发电机出口断路器，则模拟发电机出口断路器跳闸位置，加入发电机机端单相电流，测得保护负序电流动作值并做记录。

注意：负序电流为所加单相电流的 1/3。

18. 发电机转子接地保护调试

转子接地保护及连接片投入，其他保护及连接片退出。将该保护的跳闸出口及信号出口触点分别接至保护测试仪开入量端口，以便监视各输出触点。

（1）乒乓式转子接地保护调试。合上转子电压输入小空气开关，从相应端子外加直流电压 220V（确认输入端子，严防直流高电压误加入交流电压回路），将试验端子（内含 20kΩ 标准电阻）与电压正端短接，测得一试验值，将试验端子与电压负端短接，测得一试验值。

整定"一点接地灵敏段电阻定值"或"一点接地电阻定值"为 20kΩ 以上（如 20.5kΩ），如上正常加入直流电压，将试验端子与电压正端（或负端）短接即可，相应的"一点接地灵敏段报警"或"一点接地报警"信号发出，无需外加电阻进行试验。

若需要测试准确定值，可以在正端（或者负端）与大轴之间串接一变阻箱，改变变阻箱的电阻值来测试保护的动作值，需注意所接电阻箱的耐压能力。用同样方法，经二时限延时，转子接地保护动作跳闸。

（2）注入式转子接地保护调试。对于双端注入式转子一点接地保护，先合上转子电压输入开关，从相应端子外加直流电压，再将试验端子（20kΩ）与电压正端短接，测得一试验值；将试验端子与转子电压负端短接，测得一试验值。

在静止状态下，将电压正端和电压负端通过一个小阻值的滑线变阻器连接，将试验端子（20kΩ）与电压正端短接，测得一试验值，测得接地位置；将试验端子与电压负端短接，测得一试验值，测得接地位置；将试验端子（20kΩ）与滑线变阻器任一点短接，测得一试验值，测得接地位置。

对于单端注入式转子接地保护，在静止状态下，将试验端子与电压负端短接，测得一试验值。

注意：小阻值电阻是指相对于接地电阻，通常在 $100\sim200\Omega$，不可太小，否则试验仪的电流会太大。转子接地保护按两时段来整定，一时限报警，二时限跳闸。当发电机转子回路发生接地故障时，应立即查明故障点及性质，如系稳定的金属接地且无法排除故障时，应立即停机处理。

19. 主变压器差动保护调试

（1）比率差动试验调试。启动值调试：加入单侧电流以使保护动作，并记录。对于 Yd11 的主变压器接线方式，RCS-985 装置采用主变压器高压侧电流 A-B、B-C、C-A 的方法进行相位校正至发电机机端侧，并进行系数补偿。差动保护试验时分别从高压侧、发电机机端侧加入电流。高压侧、机端侧加入电流对应关系：A-ac、B-ab、C-bc。"主变压器比率差动投入"控制字置 1，从两侧加入电流试验。

注意：

①试验时 Y 侧电流归算至额定电流时需除以 1.732。

②不同保护厂家的装置应注意原理上的区别，如南自保护装置的制动电流计算方法与南瑞继保、北京四方等厂家的就不同，它取最大侧电流为制动电流。

（2）二次谐波制动系数试验。在一侧电流回路同时加入基波电流分量（能使差动保护可靠动作）和二次谐波电流分量，减小二次谐波电流分量的百分比，使差动保护动作，计算二次谐波系数。

注意：最好是单侧单相加，因多相加时不同相中的二次谐波会相互影响，不易确定差流中的二次谐波含量。

（3）差动速断试验。退出比率差动元件，加入单侧电流，增大电流使保护动作。

（4）TA 断线闭锁试验。"主变比率差动投入""TA 断线闭锁比率差动"控制字均置 1。两侧三相均加上额定电流，断开任意一相电流，装置发"主变差动 TA 断线"信号并闭锁主变压器比率差动，但不闭锁差动速断。"主变比率差动投入"控制字置 1、"TA 断线闭锁比率差动"控制字置 0。

两侧三相均加上额定电流，断开任意一相电流，主变压器比率差动动作并发"主变差动 TA 断线"信号。退掉电流，复位装置才能清除"主变差动 TA 断线"信号。

20. 主变压器复合电压方向过电流保护调试

根据需要整定"过电流 I 段经复合电压闭锁""过电流 II 段经复合电压闭锁""经低压侧复合电压闭锁"控制字。

注意："经低压侧复合电压闭锁"不能单独投入。

"电流记忆功能"控制字置 1 时，复合电压过电流保护动作后，电流元件记忆保持 10s。只有在复合电压判据不满足或电流小于 0.1 倍额定电流时，记忆元件返回。

"TV 断线保护投退原则"控制字置 0 时，TV 断线时不闭锁复合电压过电流保护。置 1 时，TV 断线时闭锁复合电压过电流保护。如复合电压取自多侧 TV 时，控制字置 0，某侧 TV 断线时，复合电压判据自动满足，控制字置 1，某侧 TV 断线时，该侧 TV 的复合电压判据退出。

（1）动作电流调试：退出复合电压元件，加入单相电流使保护动作并做记录。

（2）负序电压调试：单独投入负序电压元件，加入上一步动作电流的 1.05 倍，并加入负序电压，增大负序电压值以使保护动作并做记录。

（3）低电压调试：单独投入低电压元件，加入某一相电流超过整定值，加三相电压为额定电压，缓慢降低某组线电压，直至变压器低压过电流保护出口动作并做记录。

21. 主变压器高压侧零序保护调试

根据需要整定"零序过电流Ⅰ段经零序电压闭锁""零序过电流Ⅰ段经谐波闭锁""零序过电流Ⅱ段经零序电压闭锁""零序过电流Ⅱ段经谐波闭锁""主变压器低压侧零序电压报警投入""经零序无电流闭锁"控制字。

保护取主变压器中性点零序 TA 电流、零序电压取主变压器高压侧开口三角零序电压。投入主变压器高压侧零序保护，加入高压侧零序电流以使保护动作并做记录。零序过电流Ⅲ段则固定不经零序电压闭锁。

22. 主变压器间隙零序保护调试

当中性点接地开关不投入时，保护功能投入。在电流端子中通入电流，逐渐增大电流，使保护动作，记录数据。在电压端子中通入电压，逐渐增大电压，使保护动作，记录数据。

突然通入 1.2 倍定值电流或电压，使保护动作，记录动作时间。

23. 发电机、主变压器过励磁保护调试

主变压器和发电机各配置一套过励磁保护，对于电气一次接线发电机出口无断路器的，只投入其中一套即可，一般投入发电机过励磁。

主变压器过励磁保护取主变压器高压侧电压及其频率计算。TV 断线自动闭锁过励磁保护：为防止主变压器高压侧 TV 在暂态过程中的电压量影响，主变压器过励磁经主变压器高压侧或低压侧（中性点）无电流闭锁。

发电机过励磁保护取发电机机端电压及其频率计算（过励磁倍数 U/f 采用标幺值计算，U 为正序电压），发电机过励磁不经机端无电流闭锁。

按定值单核对保护定值，投入相应保护，整定跳闸矩阵定值。调试定时限时，为防止反时限过励磁动作影响试验结果，可将反时限过励磁跳闸控制字改为 0000，退出其跳闸功能。通过试验仪在相应端子排上加入电压，改变电压或频率，使主变压器或发电机过励磁保护动作，记录下 U/f（采用标幺值计算）的动作值及对应的时间。

（1）定时限调试。调试反时限时，为防止定时限过励磁动作影响试验结果，可将定时限过励磁跳闸控制字改为 0000，退出其跳闸功能。试验仪须加动作触点跳闸返回，实测定值中每一个过励磁倍数点的动作时间，通过试验仪在相应端子排上加入电压，改变电压或频率，使主变压器或发电机过励磁保护动作，记录下 U/f（标幺值计算）的动作值及对应的时间。

（2）反时限调试。调试过程中可通过 DBG2000，在"主变高压侧采样"中可看到"主变过励磁 U/f 采样"和"主变过励磁反时限"累计百分比的实时值。在"发电机、励磁采样"里的"发电机综合量"中可看到"发电机过励磁 U/f 采样"和"过励磁反时限"累计百分比的实测值。

注意：过励磁反时限保护每次试验下一点前，短时退出屏上"投过励磁"硬压板，使"过励磁反时限"百分比累计清零。

过励磁反时限曲线上各点整定若相距太近，整定延时又相距较大（如过励磁 1.28 倍时 9s 动作、1.26 倍时 18s 动作），由于调试仪和保护装置的固有误差，会导致时间测量偏差很大。若实际发电机或变压器厂家提供的过励磁反时限曲线，没有达到八个点（包括上限、下限），整定时可以将"反时限定值Ⅱ"至"反时限定值Ⅴ"这四个点中的两个或几个定值整定为一致。每个点都要确保过励磁的倍数不大于前一点倍数，延时定值不短于前一点的延时。启动元件、反时限和定时限应能分别整定，其返回系数不宜低于 0.96。

24. 主变压器通风保护调试

通风保护取自最大相电流作为判据，加入单相电流，增大电流以使启动风冷触点动作。

25. 主变压器复压过电流保护调试

（1）纯过电流保护调试。投入高压侧后备保护、退出高压侧 TV 电压硬压板，退出"TV 断线保护投退原则"控制字置 0，"本侧电压退出"控制字置 1。根据各段（Ⅰ、Ⅱ、Ⅲ）过电流定值加入电流（单相、两相、三相均可）要求 0.95 倍可靠不动、1.05 倍可靠动作并做记录。

（2）过电流保护经复合电压闭锁（相间低电压和负序电压）。投入高压侧后备保护连接片，退出"退出高压侧 TV 电压"硬压板，退出"TV 断线保护投退原则"置 1，"本侧电压退出"置 0。过电流Ⅰ、Ⅱ、Ⅲ段经复压闭锁置 1。相间低电压闭锁过电流保护：首先消除 TV 屏异常再做保护，加电流大于各段定值（即 1.05 倍可靠动作值），相间低电压动作值为 0.95 倍可靠动作，1.05 倍可靠不动。

负序电压闭锁过电流保护：首先消除 TV 屏异常再做保护校验，加电流大于各段定值（即 1.05 倍可靠动作值），负序电压动作值为 0.95 倍可靠不动作，1.05 倍可靠动作。此时要把相间低电压定值调低小于负序电压值，如果不把相间低电压定值调低小于负序电压值，做负序电压闭锁过电流保护试验时就分辨不出是相间低电压动作还是负序电压动作。

（3）方向元件闭锁过电流保护。方向元件采用正序电压，并带有记忆的作用，接线方式为零度接线方式，即 U_A-I_A、U_B-I_B、U_C-I_C，过电流保护Ⅰ、Ⅱ段经方向元件闭锁，过电流保护Ⅲ段不经方向元件闭锁。

投入高压侧后备保护连接片，退出"退出高压侧 TV 电压"硬压板，退出"TV 断线保护投退原则"控制字置 1，"本侧电压退出"控制字置 0。"过电流Ⅰ、Ⅱ段经方向闭锁"控制字置 1。首先消除 TV 屏异常再做保护，加电流大于各段定值（即 1.05 倍可靠动作值），装置后备保护分别设有控制字过电流方向指向来控制过电流保护各段的方向指向。当过电流方向指向控制字为 1 时，表示方向指向变压器；当过电流方向指向控制字为 0 时，表示方向指向系统，灵敏角为 225°。

26. 变压器过负荷保护调试

过负荷保护投入，对应连接片投入，其他保护及连接片退出。将该保护的所有跳闸出口及信号出口触点分别接至保护测试仪开入量端口，以便监视各输出触点是否正确开出。保护测试仪分别通入保护各相电流。分别调试在定值 95% 和 105% 时保护动作情况，测量动作时间并记录。

27. 主变压器非电量保护调试

投入相应的保护连接片，从就地设备源端模拟输入信号，分别对以下非电量保护进行检查：主变压器气体保护、主变压器温度保护、主变压器油位保护、主变压器压力释放保护、主变压器冷却器全停保护、励磁系统故障、灭磁开关联跳保护等。

28. 高压厂用变压器差动保护调试

（1）比率差动试验调试。加入单侧电流以使保护动作，并记录。分别从高压侧、低压侧加入三相正序电流，且高压侧电流相位超前低压侧电流 30°相角（如保护软件中已内部调整则不需要），固定高压侧电流，调整低压侧电流以使差动保护动作并做记录，同样方法再取 3～4 个动作点，根据实验数据计算斜率。

（2）二次谐波制动系数试验。以测试仪的 A、B 相电流并接通入参与该差动保护的任意侧的任意一相电流输入端子。I_a 为 50Hz 基波电流 10A，确保差动保护在无二次谐波情况下比率差动能动作；I_b 为 100Hz 二次谐波电流，初始时通入电流大于 1.5A（即 0.15×10A，0.15 为谐波制动系数定值），此时可靠制动比率差动，而后递减 I_b 直至保护动作并做记录。

（3）差动速断试验。退出比率差动元件，加入单侧电流，增大电流使保护动作。

29. 厂用变压器高压侧复压过电流保护调试

（1）纯过电流保护调试。根据各段（Ⅰ、Ⅱ、Ⅲ）过电流定值加入电流（单相、两相、三相均可）要求 0.95 倍可靠不动，1.05 倍可靠动作并做记录。

（2）过电流保护经复合电压闭锁（相间低电压和负序电压）。此电压为高压侧复合电压，动作后告警并提供开出触点，用于开放后备保护中的复合电压过电流保护。相间低电压闭锁过电流保护：首先消除 TV 屏异常再做保护，加电流大于各段定值（即 1.05 倍可靠动作值），相间低电压动作值为 0.95 倍可靠动作，1.05 倍可靠不动作。

负序电压闭锁过电流保护：首先消除 TV 屏异常再做保护，加电流大于各段定值（即 1.05 倍可靠动作值），负序电压动作值为 0.95 倍可靠不动作，1.05 倍可靠动作。此时要把相间低电压定值调低小于负序电压值，如果不把相间低电压定值调低小于负序电压值，做负序电压闭锁过电流保护试验时就分辨不出是相间低电压动作还是负序电压动作。

30. 厂用变压器分支复压过电流保护调试

（1）纯过电流保护调试。根据各段（Ⅰ、Ⅱ、Ⅲ）过电流定值加入电流（单相、两相、三相均可）要求 0.95 倍可靠不动，1.05 倍可靠动作并做记录。

（2）过电流保护经复合电压闭锁（相间低电压和负序电压）。此电压为厂用变压器低压侧复合电压，动作后告警并提供开出触点，用于开放后备保护中的复合电压过电流保护。相间低电压闭锁过电流保护：首先消除 TV 屏异常再做保护，加电流大于各段定值（即 1.05 倍可靠动作值），相间低电压动作值为 0.95 倍可靠动作，1.05 倍可靠不动作。

负序电压闭锁过电流保护：首先消除 TV 屏异常再做保护，加电流大于各段定值（即 1.05 倍可靠动作值），负序电压动作值为 0.95 倍可靠不动作，1.05 倍可靠动作。此时要把相间低电压定值调低小于负序电压值，如果不把相间低电压定值调低小于负序电压值，做负序电压闭锁过电流保护试验时就分辨不出是相间低电压动作还是负序电压动作。

31. 厂用变压器零序过电流保护调试

单独投入零序一段保护，加入低压侧零序电流以使保护动作并做记录；单独投入零序二段保护，加入低压侧零序电流以使保护动作并做记录。

32. 厂用变压器启动通风保护调试（过负荷保护）

投入厂用变压器过负荷保护。加入单相电流，调整电流大小以使启动通风接点动作并做记录。

33. 厂用变压器有载调压闭锁调试

加入单相电流，调整电流大小以使有载调压闭锁接点动作并做记录。

34. 厂用变压器非电量保护调试

投入相应的保护连接片，从就地设备源端模拟输入信号，分别对以下非电量保护进行检查：厂用变压器气体保护、厂用变压器温度保护、厂用变压器油位保护、厂用变压器压力释放保护、厂用变压器冷却器全停保护等，逐个调试其正确性。

35. 励磁变压器过负荷保护调试

过负荷保护投入，对应连接片投入，其他保护及连接片退出。将该保护的所有跳闸出口及信号出口触点分别接至保护测试仪开入量端口，以便监视各输出触点是否正确开出。

保护测试仪分别通入保护各相电流。分别调试在定值 95%和 105%时保护动作情况，测量动作时间并记录。

36. 励磁变压器速断过电流保护调试

过电流保护投入，对应连接片投入，其他保护及连接片退出。将该保护的所有跳闸出口及信号出口触点分别接至保护测试仪开入量端口，以便监视各输出触点是否正确开出。保护测试仪分别通入保护各相电流。分别调试在定值 95%和 105%时保护动作情况，测量动作时间并记录。

第二节 分系统调试

一、调试前准备工作

（1）资料准备。一般包括设计图纸、厂家资料、分系统检查表、分系统调试传动试验记录、分系统调试验收卡等。

（2）工器具准备。一般包括万用表，指针式电压、电流表，相位表，500～1000V 绝缘电阻表，螺钉旋具，剥线钳，斜口钳，活扳手，绝缘胶带，安全带，有效期内的三相，单相试验仪，现场使用仪器需向专业监理进行报验。

（3）人员准备。调试现场专业组一般配备专业负责人一名，专业安全员一名，至少一名经验丰富的调试人员，配合调试人员一名。调试人员资质需向专业监理进行报验。

二、调试阶段

1. 电流回路检查

在电流回路一次侧加入较大电流或在二次侧加入 0～10A 的电流，用卡钳电流表测量回路中各表计和继电器线圈的电流，应符合设计原理；用电压表测量各相电流回路的阻抗压降，若两阻抗元件相同，但阻抗压降差别较大，则应检查压降大的那相回路，是否有接触不良现象；测量对进、出线极性有要求的电流线圈两端对地电压，其进线端对地电压应较出线端对地电压略高。

注意：电流互感器的二次绕组及回路必须且只能有一个接地点。当差动保护的各组电流回路之间因没有电气联系而选择在开关场就地接地时，须考虑由于开关场发生接地短路故障，将不同接地点之间的地电位差引至保护装置后所带来的影响。来自同一电流互感器二次绕组的三相电流线及其中性线必须置于同一根电缆。

2. 电压回路检查

用三相调压器向电压互感器二次绕组出口处通入三相正序电压进行校验，在控制屏、继电器屏端子排和各电压元件接线端子上测量电压，检查电压相序、相位，各处电压值应与电源端电压值相对应。

注意：通压时，应将互感器根部二次绕组上的电缆解下，防止电压反窜至一次侧。

公用电压互感器的二次回路只允许在控制室内有一点接地，为保证接地可靠，各电压互感器的中性线不得接有可能断开的断路器或熔断器等。已在控制室一点接地的电压互感器二次绕组，宜在开关场将二次绕组中性点经放电间隙或氧化锌阀片接地，其击穿电压峰值应大于$(30I_{max})$V（I_{max}为电网接地故障时通过变电站的可能最大接地电流有效值，单位为 kA）。应定期检查放电间隙或氧化锌阀片，防止造成电压二次回路多点接地的现象。

来自同一电压互感器二次绕组的三相电压线及其中性线必须置于同一根二次电缆，不得与其他电缆共用。来自同一电压互感器三次绕组的两（或三）根引入线必须置于同一根二次电缆，不得与其他电缆共用。应特别注意：电压互感器三次绕组及其回路不得短路。

交流电流和交流电压回路、交流和直流回路、强电和弱电回路，均应使用各自独立的电缆，严格防止交流电压、电流窜入直流回路。

3. 整套传动检查

检验发电机—变压器组保护至故障录波器、DCS 分布式控制系统等设备的信号回路，模拟各类保护动作后，接至 DCS、故障录波器、远动的相应信号应正确。

按电气调试方法来模拟故障量，均应从保护屏柜的端子排上通入，模拟保护动作。各开关均应动作正确（其中跳开跳圈Ⅰ时断开跳圈Ⅱ操作电源，跳开关跳圈Ⅱ时断开跳圈Ⅰ操作电源）。

保护装置跳闸传动：将主变压器高压侧断路器控制和操作电源投入，断路器工作压力正常后才允许操作；6kV 各段工作电源进线断路器确认在试验位置，投入工作电源断路器；投入发电机励磁断路器工作电源。分别投入发电机差动保护、主变压器及高压厂用变压器差动保护、主变压器和高压厂用变压器重瓦斯保护连接片，投入相应跳闸矩阵出口连接片和跳各断路器出口连接片。模拟以上各保护动作，以上各断路器应正确跳闸。同时，相应的其他输出触点，如关主汽门、停炉、启动厂用电源快切触点均应正确闭合，保护至故障录波、DCS、远动、光字牌等各种信号均应正确发出。

保护装置面板相应指示灯均应正确显示，装置内事件记录显示的保护动作记录保护名称、动作值、动作时间应与外部所加模拟量和保护对应正确。其他保护功能跳闸试验方法和步骤同保护装置跳闸传动。

非电量保护跳闸传动：模拟主变压器重瓦斯动作、主变压器轻瓦斯动作、主变压器压力释放动作、主变压器冷却器全停动作、主变压器油温度高动作、主变压器绕组温度高动作、主变压器油位异常动作。高压厂用变压器重瓦斯、轻瓦斯、压力释放、油温度高、油位异常动作。热工保护动作、励磁系统故障、励磁变压器温度高动作。分别投入以上各保护投入连接片和跳闸矩阵出口连接片，模拟相应保护动作时，保护装置显示的以上各开入量应正确闭合，则相应保护跳闸出口、各种信号出口均应正确动作闭合。

三、检验验收

现场工作终结前，工作负责人应会同工作人员检查试验项目有无缺项、漏项，整定值与定值单一致，试验数据完整正确，试验接线已拆除，按照安全措施票恢复正常接线；并检查装置的各种把手、拨轮、连接片的位置在正确状态，全部设备及回路已恢复到工作开始前状态，清扫、整理现场，清点工具及回收材料。验收项目应包括以下内容：

（1）检验中的试验数据符合相关要求。

（2）整组试验及传动断路器试验正确。

（3）继电保护安全措施已恢复到试验前状态。

（4）保护装置运行定值与定值单一致。

（5）继电保护反事故措施已经执行。

（6）检查端子排上接线的紧固情况，备用芯线包扎固定良好。

（7）保护装置及监控系统无异常信号出现。

（8）检查户外端子箱、气体继电器的防雨措施。

工作结束后，工作负责人应向运行人员详细进行现场交代，并将其记入继电保护记录簿，主要内容包括传动断路器试验项目及结果、整定值的变更情况、二次接线更改情况、已经解决及尚未解决的问题及缺陷、运行注意事项和设备能否投入运行等。打印定值并核对，经运行人员检查无误后，双方应在二次回路记录簿上签字，办理工作票终结手续。

投运中用工作电压、负荷电流验证各保护装置电流、电压回路接线正确性。

检验报告整理及存档。继电保护投运后一周内，应整理好检验报告，检验报告的内容应包括检验设备的名称、型号、运行编号，检验类型，检验日期，检验项目及结果，存在的遗留问题，检验人员，使用的仪器仪表、检验记录应包含安全措施、检验试验方法、检验项目等内容，检验结论应明确。书面报告应履行单位负责人签字流程后存档，并保存电子版。应保存继电保护设备从基建投产到退役期间的所有检验报告。对于纸质检验报告，至少应保留基建投产和最近一次的检验报告。

注意事项：

（1）防止直流接地。在初次传动断路器时，必须先通知工作负责人同意，并有人员现场监护，检查断路器正常后，方可传动断路器。

（2）进行传动断路器检验之前，控制室和开关站均应有专人监视，并应具备良好的通信联络设备，如果发生异常情况，应立即停止检验，在查明原因并改正后再继续进行。

（3）试验应通知有关人员，并派人到现场看守，检查回路上确无人工作后，方可传动。

（4）注意断路器的压力、SF_6 压力是否在额定压力，断路器打压电源是否投入。将保护屏周围孔洞及电缆沟用硬质模板遮盖，防止人员踏空跌倒受到伤害。

第三节　保护管理机

变电站或发电厂的电子设备间中除了配置保护、测控、电能表、自动化装置外，还有许多的辅助装置，保护信息管理机就是其中之一。虽然没有系统运行信息重要，但是为了提高保护运行的安全性和可靠性，通常也将保护装置的相关信息收集并上送，以便实现远程监控。大型发电机组在配备保护的同时也会配备保护信息管理机，以便保护信息的收集和监控。以南瑞继保的保护装置为例，其保护管理机典型配置如图4-9所示。

相对其他装置而言，保护管理机简单说来就是一台工控机加上一台显示器，其核心就是工控机里的软件。针对管理机的调试主要也就是对于组态软件和调试软件的安装和测试。

（1）组态软件作为管理和维护的工具，用于实现通信组态、规约选择、参数设置以满足工程的要求，其功能包括：①生成和维护所连装置信息名表；②配置和维护一次间隔信息；③配置和维护板卡和规约信息；④配置和维护对时源；⑤程序文件的下装、配置文件上装和下装。

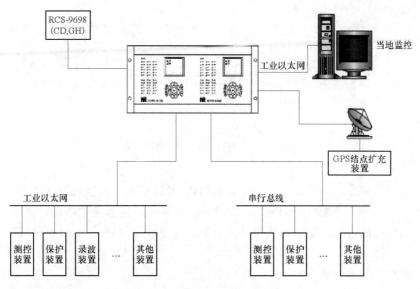

图 4-9　保护管理机典型配置

（2）调试软件可对装置进行维护、监视其内部信息，其功能包括：①各装置数据库查看；②所有通信连接的通信状态查看；③远方命令查询；④历史事件查询；⑤波形列表查看；⑥保护装置的维护等；⑦对磁盘的操作；⑧各通信报文的监视；⑨运行状态监视等；⑩字符串命令；⑪根据现场实际情况，完成软件组态以及调试软件测试，则管理机即可投入使用。

保护管理机在使用过程中一般只作为保护相关信息的查询和调用，不宜用于远方定值修改或执行其他遥控指令。

第五章　升压站保护及调试

第一节　电气主接线

机组接入电网的方式是通过电气主接线图描述和展现的。电气主接线主要指在发电厂、变电站中产生、传输、分配电能的电路，也称为一次接线。电气主接线图就是用规定的图形与文字符号将发电机、变压器、母线、开关电器、输电线路等有关电气设备，按电能流程顺序连接而成的电路图。

电气主接线的基本要求，概括地说应包括可靠性、灵活性、经济性。

1. 电气主接线的作用

电气主接线是整个发电厂和变电站电气部分的主干，它把各电源送来的电能汇聚起来，并进行分配，供给不同的电力用户。主接线能表明一次设备的数量和作用，设备间的连接方式，以及与电力系统的连接情况。在发电厂、变电站的控制室中，经常配备表明主要电气设备运行状态的主接线模拟图。当每次实际操作完成后，都要把图面上的有关部分相应更改成与实际运行情况相符合的状态，以便相关人员随时了解系统实际运行状态。

电气主接线方案，对发电厂和变电站电气设备的选择，配电装置的布置，二次接线、继电保护及自动装置的配置，运行的可靠性、灵活性、经济性，维护检修的安全与方便等都有着重大的影响，并且也直接关系所在电力系统的安全、稳定和经济运行。

2. 电气主接线的基本类型

母线是电气主接线和配电装置的重要环节，当同一电压等级配电装置中的进、出线数目较多时，常需设置母线，以便实现电能的汇集和分配。所以，电气主接线一般按母线分类，常用的形式分为有母线和无母线两大类。

有母线的主接线形式包括单母线和双母线。单母线又分为单母线无分段、单母线有分段、单母线分段带旁路母线等形式；双母线又分为单断路器双母线、双断路器双母线、双母线分段、3/2 断路器（也称一个半断路器接线）双母线及带旁路母线的双母线等多种接线形式。

无母线的主接线形式有单元接线、扩大单元接线、桥形接线和多角形接线等。

一、电气主接线方式的选择及特点

发电厂的电气主接线，因建设条件、能源类型、系统状况、负荷需求等多种因素而异，电气主接线的接线方式多种多样，但又由若干基本接线形式组合而成。

1. 单母线接线

常见的单母线接线分单母线无分段接线、单母线分段接线、单母线分段带旁路母线接线三种方式。其特点是只有一组母线，所有电源回路和出线回路，均经过必要的开关电器连接在该母线上并列运行。

单母线无分段接线的主要优点是接线简单、清晰，所用电气设备少，操作方便，配电装置造价便宜。主要缺点是只能提供一种单母线运行方式，对运行状况变化的适应能力差；母线和母线隔离开关故障或检修时,全部回路均需停运(有条件进行带电检修的例外);任一断路器检修时,其所在回路也将停运。由于这种接线方式的工作可靠性和灵活性较差,只能用于某些出线回路较少,对供电可靠性要求不高的小容量发电厂与变电站中。

单母线分段接线,母线分段的数目,取决于电源的数目、容量、出线回路、运行要求等,一般分为2~3段。应尽量将电源与负荷均衡地分配于各母线段上,以减少各分段的功率交换。这种接线的主要缺点是在一段母线故障检修期间,该段母线上的所有回路均需停电;任一断路器检修时,所在回路也将停电,多应用于6~220kV配电装置中。

单母线分段带旁路母线接线,就是在分段接线方式的基础上增设旁路母线,各出线回路相应的增设旁路隔离开关,分段断路器兼做旁路断路器,并设有分段隔离开关。这种接线方式具有相当高的可靠性及灵活性,广泛应用于出线回路不多、负荷较为重要的中、小型发电厂或35~110kV变电站中。

2. 双母线接线

双母线接线的优点:运行方式灵活,检修母线时不中断供电。

双母线接线的缺点:变更运行方式时,需利用母线隔离开关进行倒闸操作,操作步骤较为复杂;检修任一回路断路器时,该回路仍需停电或短时停电;增加了大量的母线隔离开关及母线的长度,配电装置结构较为复杂,占地面积与投资都增多。

采用双断路器双母线接线可解决以上缺点,但因其投资较大,实际中很少使用。

在发电厂、变电站中,母线发生故障时的影响范围很大。采用单母线分段或不分段的双母线接线时,一段母线故障将造成约半数回路停电或短时停电。大型发电厂和变电站对运行可靠性与灵活性的要求很高,必须注意避免母线系统故障以及限制母线故障影响范围,防止全厂(站)性停电事故的发生,目前常采用双母线分段接线、双母线带旁路母线接线方式、3/2(或4/3)断路器接线。

此外,还有无母线接线方式,包括桥形接线、多角形接线、单元接线方式,具体采用哪种接线方式,与占地、所在系统、容量、经济性等多方面因素有关。

二、1000MW发电机组电气主接线

在1000MW发电机组的设计阶段,电气主接线应充分体现"高速度、高质量、低造价"的基建方针,电气部分应满足对模块化设计的要求,充分借鉴国内外的先进设计思想,采用先进的设计手段和方法,按照建设节约型社会要求,以经济适用、系统简单、备用减少、安全可靠、高效环保、以人为本为原则,按照示范性电厂的思路,进行模块化设计,使总平面的布置占地最小、主厂房体积最小、施工周期最短、工程造价最低,在保证质量的同时,以优化创新的设计来最大限度地降低工程造价。

主接线设计应遵循可靠性、灵活性和经济性三个基本要求,即:①任何断路器检修,不影响对系统的连续供电;②主接线设计满足调度、检修及扩建时的灵活性;③主接线在满足可靠性、灵活性要求的前提下,力求经济合理,满足投资少、占地面积小和电能损失少的要求。

3/2断路器接线和双母线分段接线是超高压配电装置可靠性较高的两种接线形式,都可满足系统对可靠性的要求。

(1)发电机—变压器组—双母线分段接线方式。发电机与主变压器的低压侧直接连接,升压站接线方式为双母线分段接线。电气主接线如图5-1所示。

（2）发电机—GCB—变压器组—双母线分段接线方式。发电机与主变压器的低压侧安装一台断路器，升压站接线方式为双母线分段接线。电气主接线如图5-2所示。

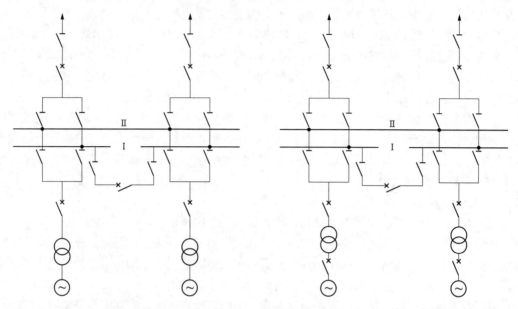

图 5-1 发电机—变压器组—双母线分段接线　　图 5-2 发电机—GCB—变压器组—双母线分段接线

目前，为了提高电气一、二次系统的安全可靠性，节约成本，该断路器均制造成组合式，集出口断路器、隔离开关、接地开关、避雷器、电流互感器为一体。

（3）发电机—变压器—3/2 断路器接线方式。发电机与主变压器的低压侧直接连接，升压站接线方式为3/2 断路器接线。

（4）发电机—GCB—变压器—3/2 断路器接线方式。发电机与主变压器的低压侧安装一台断路器 GCB，升压站接线方式为3/2 断路器接线。其优越性如下：

1）机组正常启动或停机时，厂用电源均由系统通过主变压器供给。机组并网或停机只需操作出口断路器就可完成，缩短了机组启动时间，减少了误操作的概率。由于避免了高压厂用电源的切换，简化了厂用系统的控制和保护接线，从而提高了厂用电系统的可靠性。

2）机组在汽轮机、锅炉或发电机故障引起跳闸时，仅需跳开发电机出口断路器，而不必连同主变压器一同切除，提高了机组保护的选择性，避免了高压厂用电源系统的事故切换，避免了对厂用负荷的冲击，提高了厂用电系统的可靠性。

3）当500kV采用3/2 断路器接线时，机组故障只需跳开发电机出口断路器，不需跳500kV断路器，不影响500kV 接线的完整性，不会导致系统开环，提高了系统的稳定性。

4）保护发电机。在发电机承受不平衡负荷，或发电机出口发生不对称短路时，发电机出口断路器可以迅速切除故障，使发电机免遭负序电流损坏。

5）保护主变压器和高压厂用变压器。变压器内部故障电弧电流由系统和发电机共同提供。系统提供的电弧电流由装在主变压器高压侧的断路器切断，切断时间大约40ms。高压系统断开后，发电机在灭磁前仍连续不断地提供电弧电流，使油箱内部压力继续上升，发电机转子灭磁及定子电流衰减时间通常长达数秒（与励磁系统有关），影响了变压器寿命。而在发电机出口装设断路器可在 3 个频率周期（60ms）内切断故障电流，将发电机和故障变压器迅速隔离，从而避免变压器遭受严重损坏。

第二节 升压站保护调试

一、双母线接线下母线保护调试

调试项目包括：外观及接线检查、绝缘检查、逆变电源检查、上电检查、装置信息核对检查、开入量功能检查、交流采样检查、保护逻辑功能检查、出口回路检查、传动试验。

1. 外观及接线检查

（1）保护屏检查。①检查装置的型号和参数是否与订货一致，其直流电源的额定电压应与现场匹配；②保护装置的端子排连接应可靠，且标号应清晰正确。检查配线无压接不紧、断线短路现象；③检查插件无松动，装置有无机械损伤，切换开关、按钮、键盘等应操作灵活、手感良好。

注意：检查前应先断开交流电压回路，后关闭直流电源。

（2）保护屏上连接片检查。①检查连接片端子接线是否符合反措要求；②检查连接片端子接线压接、接触是否良好；③检查连接片外观情况。

注意：防止直流回路短路、接地。

（3）屏蔽接线检查。①保护引入、引出电缆必须用屏蔽电缆，电缆的屏蔽层应两端接地；②确认装置电流回路有且只有一点可靠接地。

注意：工作中应防止走错间隔。

2. 绝缘检查

根据 DL/T 955—2006《继电保护及电网安全自动装置检验规程》规定，从保护屏柜的端子排处将所有外部引入的回路及电缆全部断开，分别将电流、电压、直流控制、信号回路的所有端子各自连接在一起，用 1000V 绝缘电阻表测量下列绝缘电阻：交流电流回路对地、交流电压回路对地、直流电压回路对地、交直流回路之间、出口继电器出口触点之间，其阻值均应大于 $10M\Omega$。

注意：①断开交流电压、直流电源等外部回路；②测试回路与外回路断开，拆除回路接地点，并通知有关人员暂时停止在回路上的一切工作；③绝缘摇测结束后应立即放电、恢复接线；④新安装测试结束后，要短接母差电流回路并退出。

3. 逆变电源检查

正常及 $80\%U_n$ 电压下拉合直流电源，检查逆变电源自启动功能：①直流电源缓慢上升，逆变电源自启动电压；②正常电压下拉合直流电源；③$80\%U_n$ 电压下拉合直流电源。

注意：有检测条件时，应测量逆变电源的各级输出电压值，测量结果应符合 DL/T 527—2013《静态继电保护逆变电源技术条件》。

4. 上电检查

打开装置电源，装置应能正常工作；按照装置技术说明书描述的方法，检查并记录装置的硬件和软件版本号、校验码等信息；校对时钟。

5. 装置信息核对检查

核对装置的型号、程序校验码以及版本号。若装置中多个 CPU，则应记录下不同功能 CPU 的软件版本号。

6. 开入量功能检查

隔离开关辅助触点及断路器保护失灵触点输入检查：①各个间隔的隔离开关位置输入触点；②各个间隔的倒闸强制输入触点；③分相失灵输入触点；④三相失灵输入触点。在保护屏柜端子排处，按照装置技术说明书规定的试验方法，对所有引入端子排的开关量输入回路依次加入激励量，观察装置的行为；按照装置技术说明书所规定的试验方法，分别接通、断开连接片及转动把手，观察装置的行为。

注意：①屏后短接隔离开关位置开入触点，装置画面应能显示相应位置；②屏上强制隔离开关位置，装置画面应能显示相应位置；③屏后短接单相失灵开入及三跳失灵开入，装置内开入量画面应能正确显示。

保护功能投退连接片输入检查：分别投退"差动保护投入""失灵保护投入""母线分列""母线互联""检修状态"连接片，检查是否正确。

注意：屏柜前投退连接片，装置上应能显示相应的连接片状态。

7. 交流采样检查

试验仪输出一组三相电流、一组三相电压，分别为"0.5A，5V""5A，30V""10A，57.74V"，在装置上"测量"和"启动"两个菜单均要检查到位。要求电压幅值误差小于 5%+0.2V，电流幅值误差小于 5%+0.02A，额定电流、电压下角度误差小于 3°。

注意：继电保护测试仪输出三相电流、三相电压，试验线接至屏后相应回路，模拟量加之前确认试验线插至内侧端子，连接片打开与外回路脱开。

8. 保护逻辑功能检查

（1）无制动时的差动动作值校验及开出量正确性检验。将间隔 L1、L3、L5、L7、L9…奇数单元强制合Ⅰ母；L2、L4、L6、L8、L10…偶数单元强制合Ⅱ母。在出线 L1（L2）加 B 相电流，由小电流升至差动整定值，验证Ⅰ（Ⅱ）母差动动作时的门槛定值。要求和整定值一致。

试验时开放相应的母线复合电压元件；使Ⅰ母动作，检测Ⅰ母上连接单元跳闸触点应闭合，母联断路器跳闸触点闭合，Ⅱ母连接单元跳闸触点不闭合；使Ⅱ母动作，检测Ⅱ母上连接单元跳闸触点应闭合，母联断路器跳闸触点闭合，Ⅰ母连接单元跳闸触点不闭合。

注意：①电流幅值变化至差动保护动作时间不要超过 9s，否则，报 TA 断线、闭锁差动保护；②试验中，不允许长时间加载 2 倍以上的额定电流。查看录波的信息，波形和打印报告是否正确；③试验时开放复合电压元件。母差保护动作时应仔细核对出口触点的对应关系。

（2）检验Ⅰ（Ⅱ）母小差比率。任选同一母线上两条变比相同的支路，在 A 相加入方向相反、大小不同的电流，固定其中一支路电流，调节另一支路电流大小，使母线差动保护动作，记录所加电流，验证小差比率系数。

（3）检验大差高值。母联断路器合位（母联 TWJ 触点无开入，且分列连接片退出），任选Ⅰ母线上两条变比相同支路，在 A 相加入幅值相同、方向相反的电流；再任选Ⅱ母线上一条变比相同支路，在 A 相加入电流，调节电流大小，使Ⅱ母差动保护动作，记录所加电流，验证大差比率系数。

（4）检验大差低值。母联断路器断位（母联 TWJ 触点有开入，且分列连接片投入），任选Ⅰ母线上两条变比相同支路，在 A 相加入幅值相同、方向相反的电流；再任选Ⅱ母线上一条变比相同支路，在 A 相加入电流，调节电流大小，使Ⅱ母差动保护动作，记录所加电流，验证大差比率系数。

（5）复压闭锁低电压定值校验。差动保护低电压闭锁定值固定为 0.7 倍额定相电压，失灵电压闭锁定值可整定，用试验仪在 I 母电压回路加额定三相电压 57V，母差保护屏上"TV断线"灯灭。任选 I 母一支路电流回路加 A 相电流（大于差动保护门槛），差动保护不动，经延时，报 TA 断线告警。在屏后端子排 I 母相应支路加失灵启动开入量（失灵电流条件满足），失灵保护不动，经延时，报"运行异常"告警。复归告警信号，降低试验仪三相输出电压，至母差保护低电压动作定值，保持电流输出不变，"I 母差动动作"信号灯亮。在屏后端子排 I 母相应支路加失灵启动开入量（失灵电流条件满足），"I 母失灵动作"信号灯亮。II 母同上，电压动作值和整定值的误差不大于 5%。

注意：认清母差保护屏内电压端子，将外部 TV 二次电压回路拆开，并做好绝缘处理，防止试验电压与外部 TV 二次电压短路。

（6）复压闭锁负序电压定值校验。

1）差动复合电压：用试验仪在 I 母电压回路加额定三相电压 57V，母差保护屏上"TV断线"灯灭。设置步长逐步改变电压大小、角度（此过程中保证低电压、零序电压闭锁元件不动作，且 TA 断线闭锁不动作），使负序电压逐渐增大至母差保护屏上"TV 断线"灯亮。II 母同上，动作值和整定值的误差不大于 5%。

2）失灵复合电压：试验前将失灵保护零序电压定值改为大于负序电压定值。用试验仪在 I 母电压回路加额定三相电压 57V，母差保护屏上"TV 断线"灯灭。降低单相电压至母差保护屏上"TV 断线"灯亮。II 母同上，动作值和整定值的误差不大于 5%。

（7）复压闭锁零序电压定值校验。

1）差动复合电压：差动零序闭锁电压定值固定为 6V。用试验仪在 I 母电压回路加额定三相电压 57V，母差保护屏上"TV 断线"灯灭。降低单相电压至母差保护屏上"TV 断线"灯亮。此相电压与其他两相电压差值的三分之一为动作值。II 母同上，动作值和整定值的误差不大于 5%。

2）失灵复合电压：试验前将失灵保护负序电压定值改为大于零序电压定值。用试验仪在 I 母电压回路加额定三相电压 57V，母差保护屏上"TV 断线"灯灭。降低单相电压至母差保护屏上"TV 断线"灯亮。此相电压与其他两相电压差值的三分之一为动作值。II 母同上，动作值和整定值的误差不大于 5%。

（8）断路器失灵保护定值校验。

1）线路支路失灵：任选 I 母上一线路支路，在其任一相加入大于 $0.04I_n$ 的电流，同时满足该支路零序或负序过电流的条件；合上该支路对应相的分相失灵启动触点，或合上该支路三相跳闸失灵启动触点；失灵保护启动后，经失灵保护 1 时限切除母联断路器，经失灵保护 2 时限切除 I 母线上的所有支路，I 母失灵动作信号灯亮。任选 II 母上一线路支路，重复上述步骤。验证 II 母失灵保护。

2）主变压器支路失灵：任选 I 母上一主变压器支路，加入试验电流，满足该支路相电流过电流、零序过电流、负序过电流的三者中任一条件；合上该支路主变压器三相跳闸启动失灵开入触点；失灵保护启动后，经失灵保护 1 时限切除母联断路器，经失灵保护 2 时限切除 I 母线上的所有支路以及本主变压器支路的三侧断路器，I 母失灵动作信号灯亮。任选 II 母上一主变压器支路，重复上述步骤。验证 II 母失灵保护；加载正常电压，重复上述步骤，失灵保护不动作；合上该主变压器支路的失灵解闭锁触点，重复上述步骤，失灵保护动作。

在满足电压闭锁元件动作的条件下，分别校验失灵保护的相电流、负序和零序电流定值，误差不大于 5%。

（9）母联失灵保护校验。

1）差动启动母联失灵：任选Ⅰ、Ⅱ母线上各一支路，将母联和这两支路 C 相同时串接电流，方向相同，电流幅值大于差动保护启动电流定值，小于母联失灵保护定值时，Ⅱ母差动动作；电流幅值大于差动保护启动电流定值，大于母联失灵保护定值时，Ⅱ母差动先动作，启动母联失灵，经母联失灵延时后，Ⅰ、Ⅱ母失灵动作。

2）外部启动母联失灵：任选Ⅰ、Ⅱ母线上各一支路，将母联和这两支路 C 相同时串接电流，Ⅰ母线支路和母联的电流方向相同，Ⅱ母线支路的与前两者相反，此时差流平衡；电流幅值大于母联失灵保护定值时，合上母联三相跳闸启动失灵开入触点，启动母联失灵保护，经母联失灵保护延时后，Ⅰ、Ⅱ母失灵保护动作。要求动作值和整定值的误差不大于 5%。

（10）母联死区保护定值校验。

1）母线并列运行时死区故障：母联断路器为合位（母联 TWJ 触点无开入，且分列连接片退出），任选Ⅰ、Ⅱ母线上各一支路，将Ⅱ母线上支路的跳闸触点作为母联 TWJ 触点的控制开入量；将母联和这两支路 B 相同时串接电流，方向相同；电流幅值大于差动保护启动电流定值，Ⅱ母差动保护先动作，母联 TWJ 触点有正电，母联断路器断开，经 150ms 死区延时后，Ⅰ母差动动作。

2）母线分列运行时死区故障：母联断路器为断位（母联 TWJ 触点有开入，且分列压板投入），Ⅰ、Ⅱ母线加载正常电压；任选Ⅱ母线上一支路，将母联和该支路 C 相同时串接电流，方向相反，并模拟故障降低Ⅱ母线电压；电流幅值大于差动保护启动电流定值，Ⅱ母差动动作。

要求动作值和整定值的误差不大于 5%。

9．出口回路检查

模拟各种故障，检查保护装置的动作逻辑。保护装置动作行为应完全正确。

注意：检查动作报文是否正确；不投保护连接片，保护不动作，出口电位没有变化；投入保护连接片，保护动作，不投出口连接片，用万用表测量信号出口，跳闸出口；投保护连接片，保护动作，投出口连接片，用万用表测量信号出口，跳闸出口。

10．传动试验

（1）模拟Ⅰ母保护动作，连接在Ⅰ母上所有单元断路器跳闸，母联断路器跳闸。Ⅱ母所有连接单元断路器不跳闸。

（2）模拟Ⅱ母保护动作，连接在Ⅱ母上所有单元断路器跳闸，母联断路器跳闸，Ⅰ母连接所有单元断路器不跳闸。

（3）模拟主变压器失灵联跳主变压器各侧断路器。

实验前，安排人员去就地现场，及时汇报并记录一次设备的分、合状态，与试验情况一致。

二、3/2 断路器接线下母线保护调试

调试项目包括外观及接线检查、绝缘检查、逆变电源检查、上电检查、装置信息核对检查、开入量功能检查、交流采样检查、保护逻辑功能检查、出口回路检查、传动试验。

1．外观及接线检查

（1）保护屏检查。①检查装置的型号和参数是否与订货一致，其直流电源的额定电压应与现场匹配；②保护装置的端子排连接应可靠，且标号应清晰正确。检查配线无压接不紧、断线短路现象；③检查插件无松动，装置有无机械损伤，切换开关、按钮、键盘等应操作灵活、手感良好。注意：检查前应先断开交流电压回路，后关闭直流电源。

（2）保护屏上连接片检查。①检查连接片端子接线是否符合反措要求；②检查连接片端子接线压接、接触是否良好；③检查连接片外观情况。

注意：防止直流回路短路、接地。

（3）屏蔽接线检查。①保护开入、开出电缆必须使用屏蔽电缆，电缆的屏蔽层应两端接地；②确认装置电流回路有且只有一点可靠接地。注意：工作中应防止走错间隔。

2. 绝缘检查

根据 DL/T 955—2006《继电保护及电网安全自动装置检验规程》规定，从保护屏柜的端子排处将所有外部引入的回路及电缆全部断开，分别将电流、电压、直流控制、信号回路的所有端子各自连接在一起，用 1000V 绝缘电阻表测量下列绝缘电阻：交流电流回路对地、交流电压回路对地、直流电压回路对地、交直流回路之间、出口继电器出口触点之间，其阻值均应大于 10MΩ。

注意：①断开交流电压、直流电源等外部回路；②测试回路与外回路断开，拆除回路接地点，并通知有关人员暂时停止在回路上的一切工作；③绝缘摇测结束后应立即放电、恢复接线；④新安装测试结束后，要短接母差电流回路并退出。

3. 逆变电源检查

正常及 $80\%U_n$ 电压下拉合直流电源，检查逆变电源自启动功能：①直流电源缓慢上升，逆变电源自启动电压；②正常电压下拉合直流电源；③80%电压下拉合直流电源。

注意：有检测条件时，应测量逆变电源的各级输出电压值。测量结果应符合 DL/T 527—2013《静态继电保护逆变电源技术条件》。

4. 上电检查

打开装置电源，装置应能正常工作；按照装置技术说明书描述的方法，检查并记录装置的硬件和软件版本号、校验码等信息；校对时钟。

5. 装置信息核对检查

核对装置的型号，程序校验码以及版本号。若装置中有多个 CPU，则应记录下不同功能 CPU 的软件版本号。

6. 开入量功能检查

依次在保护屏柜端子排处，用开入量正电源与失灵开入端子短接，同时投入间隔失灵启动连接片，在菜单中失灵触点断合状态应与实际状态一致。切换差动、失灵投退开关菜单中差动、失灵保护，投退状态应与实际状态一致。

保护功能投退连接片输入检查：分别投退"差动保护投入""检修状态"连接片，检查是否正确。注意：屏柜前投退连接片，装置上应能显示相应的连接片状态。

7. 交流采样检查

试验仪输出一组三相电流、一组三相电压，分别为"0.5A，5V""5A，30V""10A，57.74V"。在装置上测量和启动两个菜单均要检查到位。要求电压幅值误差小于（5%+0.2）V，电流幅值误差小于（5%+0.02）A，额定电流电压下角度误差小于3°。

注意：继电保护测试仪输出三相电流、三相电压，试验线接至屏后相应回路，模拟量加入之前确认试验线插至内侧端子，连接片打开与外回路脱开。

8. 保护逻辑功能检查

（1）差动电流门槛值检验。加入电流慢慢升至差动保护动作，验证母差保护启动电流定值。

（2）比率制动曲线检验。任选母线上两条支路，在两条支路的同相分别加入相位相同、方向相反的电流，固定一支路电流不变，减少另一支路电流，直至保护动作。连续做 5 个点左右，记录差动电流和制动电流。验证差动比率系数。

（3）断路器失灵保护功能检验。任选母线上一支路，将该支路的"失灵启动"功能投入。对应该间隔加入满足失灵电流判别元件条件的电流，在机柜竖排端子上，将该支路的"失灵启动 1""失灵启动 2"输入端子同时与"开入回路公共端"端子短接。经延时 50ms，失灵保护动作信号灯亮。测量动作时间误差不大于 5%。失灵电流判别元件：

1）零序电流（$3I_0$）判据：零序电流大于 $0.06I_n$ 启动，返回系数 0.95；

2）负序电流（I_2）判据：负序电流大于 $0.1I_n$ 启动，返回系数 0.95；

3）相电流判据：任一相电流大于 $1.2I_n$ 启动，返回系数 0.95；

4）任一支路的零序电流判据、负序电流判据或相电流判据满足，则本支路失灵保护电流判据满足。

9. 短引线保护功能检查

（1）差动保护。投入保护功能连接片，定值控制字"比率差动投入"置 1。输入 1.05 倍差动保护电流定值，保护正确可靠动作，装置报文正确，动作时间正确；输入 0.95 倍差动保护电流定值，保护不动作。

（2）充电过电流保护。投入保护功能连接片，定值控制字"充电 I 段投入"置 1，输入 1.05 倍过电流保护电流定值，保护正确可靠动作，装置报文正确，动作时间正确；输入 0.95 倍过电流保护电流定值，保护不动作；投入保护功能连接片，定值控制字"充电 II 段投入"置 1，输入 1.05 倍过电流保护电流定值，保护正确可靠动作，装置报文正确，动作时间正确；输入 0.95 倍过电流保护电流定值，保护不动作。

10. 出口回路检查

模拟各种故障，检查保护装置的动作逻辑。保护装置动作行为应完全正确。

注意：①检查动作报文是否正确；②不投保护连接片，保护不动作，出口电位没有变化；③投保护连接片，保护动作，不投出口连接片，用万用表测量信号出口，跳闸出口；④投保护连接片，保护动作，投出口连接片，用万用表测量信号出口，跳闸出口。

11. 传动试验

模拟故障，保护装置动作，跳开母线所在断路器。所跳断路器编号及相别应与设计一致，并与连接片一一对应。实验前，安排人员去就地现场，及时汇报并记录一次设备的分合状态，与试验情况一致。

三、线路保护调试

调试项目包括外观及接线检查、绝缘检查、逆变电源检查、上电检查、装置信息核对检查、开入量功能检查、交流采样检查、保护逻辑功能检查、操作箱检验、出口回路检查、通道损耗检查、传动试验。

1. 外观及接线检查

（1）保护屏检查。①检查装置的型号和参数是否与订货一致，其直流电源的额定电压应与现场匹配；②保护装置的端子排连接应可靠，且标号清晰正确，检查配线无压接不紧、断线短路现象；③检查插件无松动，装置无机械损伤，切换开关、按钮、键盘等应操作灵活、手感良好。注意：检查前应先断开交流电压回路，后关闭直流电源。

（2）保护屏上连接片检查。①检查连接片端子接线是否符合反措要求；②检查连接片端子接线压接、接触是否良好；③检查连接片外观情况。注意：防止直流回路短路、接地。

（3）屏蔽接线检查。①保护开入、开出必须用屏蔽电缆，电缆的屏蔽层应两端接地；②确认装置电流回路有且只有一点可靠接地。注意：工作中应防止走错间隔。

2. 绝缘检查

根据 DL/T 955—2006《继电保护及电网安全自动装置检验规程》规定，从保护屏柜的端子排处将所有外部引入的回路及电缆全部断开，分别将电流、电压、直流控制、信号回路的所有端子各自连接在一起，用 1000V 绝缘电阻表测量下列绝缘电阻：交流电流回路对地、交流电压回路对地、直流电压回路对地、交直流回路之间、出口继电器触点之间，其阻值均应大于 $10M\Omega$。

注意：①断开交流电压、直流电源等外部回路；②测试回路与外回路断开，拆除回路接地点，并通知有关人员暂时停止在回路上的一切工作；③绝缘摇测结束后应立即放电、恢复接线；④新安装测试结束后，要短接母差电流回路并退出。

3. 逆变电源检查

正常及 $80\%U_n$ 电压下拉合直流电源，检查逆变电源自启动功能。直流电源缓慢上升，逆变电源自启动电压；正常电压下拉合直流电源；$80\%U_n$ 电压下拉合直流电源。

注意：有检测条件时，应测量逆变电源的各级输出电压值。测量结果应符合 DL/T 527—2013《静态继电保护逆变电源技术条件》。

4. 上电检查

打开装置电源，装置应能正常工作；按照装置技术说明书描述的方法，检查并记录装置的硬件和软件版本号、校验码等信息；校对时钟。

5. 装置信息核对

核对装置的型号，程序校验码以及版本号。线路保护一般有保护功能的 CPU1 和启动功能的 CPU2。保护 CPU 用来完成 AD 采样、模拟量数据转换为数字量数据功能，在采样之前的滤波回路可滤除高次谐波以减少对保护的影响；其专用于保护算法处理，具有完善的自检功能，为保护运算提供高可靠、高速度的支持。

启动 CPU 与保护 CPU 构成双 AD 回路。启动 CPU 中的 AD 模件以"逻辑与"的方式和保护 CPU 的启动回路构成启动继电器的开放回路，只有两块 AD 同时启动，保护才能出口。因此核对时应记录下两块 CPU 板的型号及相应软件版本号。

6. 开入量功能检查

操作键盘进入"装置状态→开入状态"菜单，投退功能连接片；或用外部 80% 的 DC 110V 点其他开入量，检查其他开入量状态；压板状态和开关量能正确变位。

线路保护一般包含以下开入量：对时、打印、投检修状态、信号复归、通道 A（1）差动保护、通道 B（2）差动保护、距离保护、零序保护、闭锁重合闸、远控投入、定值区号切换1、定值区号切换 2、分相跳闸位置、低气压闭锁重合闸、发远跳、发远传 1、发远传 2。

注意：对于开入，检查前，先将装置开入公共负端子与 DC 110V 电源负端短接，依照端子图，将80%的DC 110V电源正端依次与各开入端子短接，同时进入"装置状态→开入状态"菜单，观察对应开入位由"0"变为"1"，当断开电源正端相应开入的连接时，相应开入位应由"1"变为"0"。

保护功能投退连接片输入检查：分别投退"纵联差动保护投入""检修状态"连接片，检查状态是否正确。注意：屏柜前投退连接片，装置上应能显示相应的连接片状态。

7. 交流采样检查

试验仪输出一组三相电流、一组三相电压，分别为"0.5A，5V""5A，30V""10A，57.74V"。在装置上测量和启动两个菜单均要检查到位。要求电压幅值误差小于（5%+0.2）V，电流幅值误差小于（5%+0.02）A，额定电流电压下角度误差小于3°。

注意：继电保护测试仪输出三相电流、三相电压，试验线接至屏后相应回路，模拟量加入之前确认试验线插至内侧端子，连接片打开与外回路脱开。

8. 保护逻辑功能检查

（1）纵联电流差动保护。①做线路纵联电流差动保护前将"禁止重合闸"控制字置"1"；②投"通道A（1）[或B（2）]差动保护"的软/硬压板，"通道A（1）[B（2）]纵联差动保护""通道A（1）[或B（2）]通信内时钟"控制字置"1"，"电流补偿"控制字置"0"。将通道A（1）[或B（2）]自环，并将"本侧识别码"和"对侧识别码"整定成一致。

验证稳态相差动保护定值：

1）差动保护动作电流定值（用电流差动II段校验）：通入的电流取1.05倍和0.95倍的"0.5×差动动作电流定值"，模拟单相（或多相）故障，验证"差动动作电流定值"（所加入的故障电流必须保证装置能启动），通入的电流取1.2倍"0.5×差动动作电流定值"，测得差动保护动作时间约45ms左右。

2）电流差动保护I段校验：通入的电流取1.05倍和0.95倍的"0.5×1.5×差动动作电流定值"，模拟单相（或多相）故障（所加入的故障电流必须保证装置能启动），通入的电流取1.2倍的"0.5×1.5×差动动作电流定值"，测得动作时间约25ms左右。

注意：在保护DSP插件上将A（1）通道[或B（2）通道]的接收"Rx1（Rx2）"和发送"Tx1（Tx2）"用尾纤短接，构成自发自收方式。

验证零序差动保护逻辑：

1）加入三相对称电流，大小为0.4倍"差动动作电流定值"，三相电压正常。

2）故障相电流增加到0.55倍"差动动作电流定值"，两非故障相电流为零（故障电流满足装置启动条件）零序差动保护应选相动作，时间60ms左右。

验证"TA断线闭锁差动"控制字及"TA断线差流定值"：

1）当"TA断线闭锁差动"控制字为1，在TA断线时，差动保护应正确不动作。

2）当"TA断线闭锁差动"控制字为0（TA断线差流定值需大于差动保护动作定值），在TA断线时，通入的电流取1.05倍和0.95倍的"TA断线差流定值"一半，模拟单相故障，验证TA断线差流定值。

（2）距离保护校验。相间距离定值校验：相间故障满足公式：$U=m\times2I\times Z_{set}$（I～III段整定定值），当$m=0.95$时，应动作；$m=1.05$时应不动作。

1）加故障电流$I=I_n$，故障电压$U=0.95\times2I\times Z_{set}$（I～III段定值），模拟相间正方向瞬时故障，保护应动作。

2）加故障电流 $I=I_n$，故障电压 $U=1.05\times2I\times Z_{set}$，模拟相间正方向瞬时故障，保护应不动作。

3）加故障电流 $I=I_n$，故障电压 $U=0.7\times2I\times Z_{set}$，模拟相间正方向瞬时故障，测量保护的动作时间。

动作行为正确，延时段的动作时间在时间定值 40ms。

注意：投"距离保护"的软/硬压板，并分别将"距离保护 I（II/III）段"相应控制字置"1"。

接地距离保护定值校验：接地故障满足公式：$U=m\times（1+K）I\times Z_{set}$（I～III段整定定值）。

1）加故障电流 $I=I_n$，故障电压 $U=0.95\times（1+K）I\times Z_{set}$（I～III段定值，设置试验仪 $K=$零序补偿系数定值项，分别模拟单相接地正方向瞬时故障，保护应正确动作。

2）加故障电流 $I=I_n$，故障电压 $U=1.05\times（1+K）I\times Z_{set}$，设置试验仪 $K=$零序补偿系数定值项，分别模拟单相接地正方向瞬时故障，保护应不动作。

3）加故障电流 $I=I_n$，故障电压 $U=0.7\times（1+K）I\times Z_{set}$，设置试验仪 $K=$零序补偿系数定值项，分别模拟单相接地正方向瞬时故障，测量保护的动作时间。

动作行为正确，延时段的动作时间为 40ms。

（3）零序保护定值校验。零序定时限过电流保护校验：控制字"零序电过流保护"置"1"。

1）加故障电压 30V，故障电流 $I=1.05\times I_0$（其中 I_0 为零序过流 II～III段定值），模拟单相正方向故障，保护应正确动作。

2）加故障电压 30V，故障电流 $I=0.95\times I_0$，分别模拟单相接地正方向瞬时故障，保护应不动作。

3）加故障电压 30V，故障电流 $I=1.2\times I_0$，模拟单相正方向故障，测量保护的动作时间。

动作行为正确，延时段的动作时间小于时间定值 40ms。

零序反时限过电流保护校验：对于 500kV 升压站线路保护有此保护功能，220kV 没有配此保护。控制字"零序反时限"置"1"，"零序电流保护"置"0"，"零序反时限最小时间"整定到最小。

1）加故障电压 30V，故障电流 $I=1.5\times I_{0FZD}$（其中 I_{0FZD} 为零序反时限电流定值），模拟单相正方向故障，零序反时限过电流保护应能正确动作；保护动作时间应与反时限曲线计算值接近。

2）加故障电压 30V，分别改变故障电流为 $3\times I_{0FZD}$、$5\times I_{0FZD}$，模拟单相正方向故障，零序反时限过流保护应能正确动作；保护动作时间应与反时限曲线计算值接近。

（4）方向性校验。分别模拟单相、相间反方向故障，模拟阻抗保护时为 0.95 倍 I 段阻抗定值，模拟零序电流保护时为 1.05 倍 II 段零序定值，带方向的保护不应动作，所有不带方向的保护正确动作。

注意：投入"距离保护""零序过电流保护"的软/硬压板，将"距离保护 I（II/III）段""零序电流保护""零序反时限""零序过流III段经方向"控制字置"1"，时间应不大于III段距离保护延时。

（5）TV 断线保护。保护屏显示交流电压回路断线后进行。

1）TV 断线相过电流定值：模拟相间故障，故障电流为 1.05 倍定值时应可靠动作，为 0.95 倍定值时可靠不动作，并在 1.2 倍定值下测量保护动作时间。动作行为正确，延时段的动作时间小于时间定值 40ms。注意：投入"距离保护"软/硬压板。

2）TV断线零序过电流保护：模拟单相故障，故障电流为1.05倍定值时应可靠动作，为0.95倍定值时可靠不动作，并在1.2倍定值下测量保护动作时间。动作行为正确，延时段的动作时间小于时间定值40ms。注意：投入"零序过电流保护"软/硬压板，并将"零序电流保护"和"零序反时限"控制字置"0"。

9. 过电压及故障启动装置功能检查

（1）过电压保护。注意：控制字"电压三取一方式""过电压远跳经跳位闭锁"置"1"，同时给上位置TWJ开入。任一相上通入单相电压，电压值需大于定值单中"过电压定值"。加故障电压$U=1.05U_d$（U_d为保护定值），过电压保护应正确动作，并启动远跳触点输出；加故障电压$U=0.95U_d$，保护应可靠不动作。

（2）远跳判据。

1）零/负序电流判据：控制字"故障电流电压启动"置1，将"负序电流定值"整定成最大值。通入单相电流，电流值需大于定值单中"零序电流定值"，同时给上通道收信开入，时间大于"远跳经故障判据时间"。加故障电流$I=1.05I_d$（I_d为保护整定值），保护应正确动作；加故障电流$I=0.95I_d$，保护应可靠不动作。同理可校验负序电流判据。

2）零/负序电压判据：控制字"故障电流电压启动"置1，将"负序电压定值"整定成最大值。通入三相正序电压U_n，任降一相电压值，使得自产零序电压大于"零序电压定值"，同时给上通道收信开入，时间大于"远跳经故障判据时间"。降故障电压至$U=U_n-1.05U_d$（U_d为保护整定值），保护应正确动作；降加故障电压$U=U_n-0.95U_d$，保护应可靠不动作。同理可校验负序电压判据。

3）低电流判据：控制字"低电流低有功启动"置1。任意通入一相电流，电流值需小于"低电流定值"，同时给上通道收信开入，时间大于"远跳经故障判据时间"。加故障电流$I=0.95I_d$（I_d为保护整定值），保护应正确动作；加故障电流$I=1.05I_d$，保护应可靠不动作。

4）低有功功率判据：控制字"低电流低有功启动"置1。加三相额定电压57.74V，待TV断线消失后加5A电流，电压超前电流的角度大于"低功率因数角"定值（电压电流角度差不大于90°），同时给上通道收信开入，时间大于"远跳经故障判据时间"。加故障电流$I=0.95\times$（低有功功率定值/57.74），保护应正确动作；加故障电流$I=1.05\times$（低有功功率定值/57.74），保护应可靠不动作。

5）低功率因数判据：控制字"低电流低有功启动"置1。加三相额定电压57.74V，待TV断线消失后加5A电流，电压超前电流的角度大于"低功率因数角"定值（电压电流角度差不大于90°），同时给上通道收信开入，时间大于"远跳经故障判据时间"。当电压超前电流的角度=低功率因数角定值+2°，保护应正确动作；当电压超前电流的角度=低功率因数角定值-2°，保护应可靠不动作。

10. 操作箱检验

操作箱出口继电器检验，进行动作电压范围的检验，其值应在55%～70%额定电压之间。操作箱的传动试验见线路保护的传动试验部分；操作箱的回路试验见升压站二次回路调试部分。

11. 出口回路检查

模拟各种故障，检查保护装置的动作逻辑。保护装置动作行为应完全正确。

注意：①检查动作报文是否正确；②不投保护连接片，保护不动作，出口电位没有变化；

③投保护连接片，保护动作，不投出口连接片，用万用表测量信号出口，跳闸出口；④投保护连接片，保护动作，投出口连接片，用万用表测量信号出口，跳闸出口。

12. 通道损耗检查

通道损耗符合要求：发光功率大于-16dBm 并稳定在某一值上，接收光功率不小于-28dB，通道传输良好。

注意：①光通道用光功率计 1310nm（<50km）或 1550nm（<80km）波段检测；专用通道要求光配屏至保护屏采用尾缆连接，不得使用尾纤；②须作远跳功能检查。若有 A/B 两个通道则双通道都应测试。

13. 传动试验

（1）保护跳闸相别检查。分别模拟保护 A、B、C 单相瞬时故障，观察保护动作行为，断路器的跳合闸相别应与模拟的故障相别一致。

注意：两组跳圈应分别验证。试验时，现场有人监视断路器的实际跳、合闸相别与故障相别一致。

（2）防跳功能。合上断路器，储能完毕后，强制手合触点常通，并模拟瞬时区内故障断路器跳闸，防跳继电器动作，断路器不合闸。释放手合触点后，再一次手合应能合上。

注意：①检查本线路防跳采用保护防跳或是断路器本体防跳；②检查同一电压等级防跳回路是否一致；③必须保证线路保护正常运行只有一个防跳回路。

（3）手合加速距离。在手合断路器的情况下，模拟区内故障，取距离三段定值距离加速动作。注意：投入"距离保护"软/硬压板。

（4）手合加速零序。在手合断路器的情况下，模拟区内故障，取零序加速定值。零序加速带 100ms 延时出口跳闸。

注意：投入"零序过电流保护"软/硬压板。

（5）操作箱检验。利用操作箱对断路器作如下实验：断路器就地分闸、合闸传动；断路器远方分闸、合闸传动；防止断路器跳跃回路传动；断路器三相不一致回路传动；断路器操作闭锁功能检查；断路器操作油压或空气压力继电器、SF$_6$ 密度继电器及弹簧压力等触点的检查，检查各级压力继电器触点输出是否正确，检查压力低闭锁合闸、闭锁重合闸、闭锁跳闸等功能是否正确；断路器辅助触点检查，远方、就地方式功能检查。

四、断路器保护调试

调试项目包括外观及接线检查、绝缘检查、逆变电源检查、上电检查、装置信息核对检查、开入量功能检查、交流采样检查、保护逻辑功能检查、出口回路检查、传动试验。

1. 外观及接线检查

（1）保护屏检查。检查装置的型号和参数是否与订货一致，其直流电源的额定电压应与现场匹配；保护装置的端子排连接应可靠，且标号应清晰正确。检查配线无压接不紧、断线短路现象；检查插件无松动，装置有无机械损伤，切换开关、按钮、键盘等应操作灵活、手感良好。注意：检查前应先断开交流电压回路，后关闭直流电源。

（2）保护屏上连接片检查。检查连接片端子接线是否符合反措要求；检查连接片端子接线压接、接触是否良好；检查连接片外观情况。注意：防止直流回路短路、接地。

（3）屏蔽接线检查。保护开入、开出电缆必须用屏蔽电缆，电缆的屏蔽层应两端接地；确认装置电流回路有且只有一点可靠接地。注意：工作中应防止走错间隔。

2. 绝缘检查

根据 DL/T 955—2006《继电保护及电网安全自动装置检验规程》规定，从保护屏柜的端子排处将所有外部引入的回路及电缆全部断开，分别将电流、电压、直流控制、信号回路的所有端子各自连接在一起，用 1000V 绝缘电阻表测量下列绝缘电阻：交流电流回路对地、交流电压回路对地、直流电压回路对地、交直流回路之间、出口继电器出口触点之间，其阻值均应大于 10MΩ。

注意：①断开交流电压、直流电源等外部回路；②测试回路与外回路断开，拆除回路接地点，并通知有关人员暂时停止在回路上的一切工作；③绝缘摇测结束后应立即放电、恢复接线；④新安装测试结束后，要短接母差电流回路并退出。

3. 逆变电源检查

正常及 80%U_n 电压下拉合直流电源，检查逆变电源自启动功能。直流电源缓慢上升，逆变电源自启动电压；正常电压下拉合直流电源；80%U_n 电压下拉合直流电源。

注意：有检测条件时，应测量逆变电源的各级输出电压值。测量结果应符合 DL/T 527—2013《静态继电保护逆变电源技术条件》。

4. 上电检查

打开装置电源，装置应能正常工作；按照装置技术说明书描述的方法，检查并记录装置的硬件和软件版本号、校验码等信息；校对时钟。

5. 装置信息核对

核对装置的型号，程序校验码以及版本号。

6. 开入量功能检查

操作键盘进入"装置状态→开入状态"菜单，投退功能连接片；或用外部 80%的 DC 110V 点其他开入量，检查其他开入量状态；连接片状态和开关量能正确变位。

断路器保护一般包含以下开入量：对时、打印、检修状态、信号复归、充电过电流保护、停用重合闸、保护三跳、保护分相跳闸输入、分相跳闸位置、低气压闭锁重合闸。

7. 交流采样检查

试验仪输出一组三相电流、一组三相电压，分别为"0.5A, 5V""5A, 30V""10A, 57.74V"。在装置上测量和启动两个菜单均要检查到位。要求电压幅值误差小于（5%+0.2）V，电流幅值误差小于（5%+0.02）A，额定电流电压下角度误差小于 3°。

注意：继电保护测试仪输出三相电流、三相电压，试验线接至屏后相应回路，模拟量加入之前确认试验线插至内侧端子，连接片打开与外回路脱开。

8. 保护逻辑功能检查

（1）跟跳保护。

单相跟跳：①通入单相电流，电流值需大于定值单中"失灵保护相电流值"，同时给出对应相启动失灵触点；②加故障电流 I=1.05I_d（I_d 为保护整定值，下同），保护应正确动作；加故障电流 I=0.95I_d，保护应正确不动作。

两相联跳三相：①通入任意一相电流，电流值需大于定值单中"失灵保护相电流值"，同时给上外部两相跳闸输入触点；②加故障电流 I=1.05I_d，保护应正确动作，显示"两相联跳三相"。加故障电流 I=0.95I_d，保护应正确不动作。

三相跟跳：①通入任意一相电流，电流值需大于定值单中"失灵保护相电流值"，同时给上外部三相跳闸输入触点；②加故障电流 $I=1.05I_d$，保护应正确动作，显示"三相跟跳"。加故障电流 $I=0.95I_d$，保护应正确不动作。

注意：控制字"跟跳本断路器"置"1"（两相联跳三相不受此控制字控制）。

（2）失灵保护。

1）把"失灵保护零序电流定值"和"失灵保护负序电流定值"整定成最小值。通入单相电流，电流值需大于定值单中"失灵保护相电流值"，同时给出对应相启动失灵触点，且使失灵保护零序或负序过流满足。

加故障电流 $I=1.05I_d$，保护应正确动作；加故障电流 $I=0.95I_d$，保护应正确不动作。失灵保护以"失灵三跳本断路器时间"跳本断路器，以"失灵跳相邻断路器时间"跳所有相关断路器。

2）将"失灵保护负序电流定值"整定成最大值。通入单相电流，使得零序电流值大于定值单中"失灵保护零序电流定值"，同时给上保护三相跳闸输入（或 A、B、C 相跳闸同时输入）；加故障电流 $I=1.05I_d$，保护应正确动作；加故障电流 $I=0.95I_d$，保护应正确不动作。失灵保护以"失灵三跳本断路器时间"跳本断路器，以"失灵跳相邻断路器时间"跳所有相关断路器。

3）将"失灵保护零序电流定值"整定成最大值。通入单相电流，使得负序电流值大于定值单中"失灵保护负序电流定值"，同时给上保护三跳输入（或 A、B、C 相跳闸同时输入）；加故障电流 $I=1.05\times3\times I_d$，保护应正确动作；加故障电流 $I=0.95\times3\times I_d$，保护应正确不动作。失灵保护以"失灵三跳本断路器时间"跳本断路器，以"失灵跳相邻断路器时间"跳所有相关断路器。

4）"三跳经低功率因数"置 1，失灵保护零序和负序电流整定成最大值；给上保护三相跳闸输入触点或三相跳闸触点。加 50V 对称电压、1A 的对称电流，电压超前电流的角度=低功率因素角定值+2°（注意：角度差应小于 90°），失灵保护应动作。加 50V 对称电压、1A 的对称电流，电压超前电流的角度=低功率因素角定值-2°（注意：角度差应小于 90°），失灵保护不应动作。失灵保护以"失灵三跳本断路器时间"跳本断路器，以"失灵跳相邻断路器时间"跳所有相关断路器。

5）控制字"三跳失灵高定值"置 1；通入三相电流，电流值需大于"三跳失灵高定值"，同时给上保护三相跳闸输入触点或三相跳闸触点。加故障电流 $I=1.05I_d$，失灵应正确动作；加故障电流 $I=0.95I_d$，失灵应正确不动作；失灵保护以"失灵三跳本断路器时间"跳本断路器，以"失灵跳相邻断路器时间"跳所有相关断路器；加故障电流 $I=1.2I_d$，测"失灵三跳本断路器时间"和"失灵跳相邻断路器时间"，误差小于整定值 40ms；断路器失灵保护的电流判别元件的动作和返回时间均不宜大于 20ms，其返回系数也不宜低于 0.9。

注意：控制字"断路器失灵保护"置"1"。

（3）充电保护。控制字"投充电保护Ⅰ段"置 1，任意通入一相电流，电流值需大于"充电过电流Ⅰ段电流定值"。加故障电流 $I=1.05I_d$（定值），"充电保护Ⅰ段"应正确动作；加故障电流 $I=0.95I_d$，"充电保护Ⅰ段"应正确不动作；加故障电流 $I=1.2I_d$，测保护动作时间，延时段的动作时间误差小于整定值±40ms。同理校验"充电过电流保护Ⅱ段"逻辑；同理校验"充电零序过电流"逻辑。

（4）重合闸功能。

1）"单相重合闸"控制字置"1"，模拟保护单相动作启动重合闸。

2）"单相重合闸"控制字置"1"，模拟单相 TWJ 动作启动重合闸。

重合闸的动作时间误差小于整定值±40ms。

9. 出口回路检查

模拟各种故障，检查保护装置的动作逻辑。保护装置动作行为应完全正确。

注意：①检查动作报文是否正确；②不投保护连接片，保护不动作，出口电位没有变化；③投保护连接片，保护动作，不投出口连接片，用万用表测量信号出口，跳闸出口；④投保护连接片，保护动作，投出口连接片，用万用表测量信号出口、跳闸出口。

10. 传动试验

注意：在传动断路器时，必须先通知有关班组，在得到有关班组工作负责人同意，方可传动断路器，并做到尽量少传动断路器。

（1）重跳检查。分别模拟保护 A、B、C 单相瞬时故障，观察保护动作行为，应同时投入跳闸线圈的三相连接片；模拟充电保护故障，保护动作出口跳闸；模拟过电流保护故障，保护动作出口跳闸。

注意：试验时，现场有人监视断路器的实际跳、合闸相别与故障相别一致，保护联动开关信号正确。

（2）重合闸功能检查。单相重合闸功能投入，模拟单相瞬时故障，断路器单跳单重成功；停用重合闸时，模拟单相瞬时故障，断路器三相跳闸；保护联动开关信号正确。

五、升压站二次回路检查调试

1. 电流及电压二次回路

电力系统二次回路中的交流电流、交流电压回路的作用在于：以在线的方式获取电力系统各运行设备的电流、电压值，并得到电力系统的频率、有功功率、无功功率等运行参数，从而实时地反映电力系统的运行状况。继电保护、安全自动装置等二次设备根据所得到的电力系统运行参数进行分析，并依据其对系统的运行状况进行控制与处理。

（1）电流、电压互感器接用位置的选择。在选择各类测量、计量及保护装置接入位置时，要考虑以下因素：

1）选用合适的准确度级。计量对准确度要求最高，接 0.2 级，测量回路要求相对较低，接 0.5 级，保护装置对准确度要求不高，但要求能承受很大的短路电流倍数，所以选用 5P20 的保护级。

2）保护用电流互感器还要根据保护原理与保护范围合理选择接入位置，确保一次设备的保护范围没有死区。两套线路保护的保护范围指向线路，应放在第一、二组次级，这样可以与母差保护形成交叉，任何一点故障都有保护切除。如果母差保护接在最近母线侧的第一组次级，两套线路保护分别接第二、第三次级，则在第一与第二次级间发生故障时，既不在母差保护范围，线路保护也不会动作，故障只能靠远后备保护切除。虽然这种故障的几率很小，却有发生的可能，一旦发生后果是严重的。

3）当有旁路断路器而且需要旁路代主变压器断路器等时，如有差动等保护则需要进行电流互感器的二次回路切换，这时既要考虑切换的回路要对应一次运行方式的变换，还要考虑切入的电流互感器二次极性必须正确，变比必须相等。

4）按照反措要求需要安装双套母差保护的 220kV 及以上母线，其相应单元的电流互感器要增加一组二次绕组，其接入位置应保证任何一套母差保护运行时与线路、主变压器保护的保护范围有重叠，不能出现保护死区。

（2）常用电流、电压互感器二次回路接线方式。常用电流互感器二次回路接线方式：

1）三相星形联结又叫全星形联结，这种联结由三只互感器按星形连接而成，相当于三只互感器公用零线。这种联结中的零线在系统正常运行时没有电流通过（$3I_0=0$），但该零线不能省略，否则在系统发生不对称接地故障产生 $3I_0$ 电流时，该电流没有通路，不但影响保护正确动作，其性质还相当于电流互感器二次开路，会产生很高的开路电压。三相星形联结一般应用于大接地电流系统的测量和保护回路联结，它能反应任何一相、任何形式的电流变化。

2）三角形联结，这种联结将三相电流互感器二次绕组按极性头尾相接，像个三角形状，极性一定不能搞错。这种联结主要用于保护二次回路的转角或滤除短路电流中的零序分量。由于系统发生接地故障时，零序电流在低压侧三角形联结中形成环路，无法流出，因此在低压侧的线电流中不含零序分量。这时如果高低压两侧的电流互感器二次联结均接成星形，不但在正常运行时两侧测到的负荷电流相差 30°形成差流，当发生接地故障时，由于低压侧不反应零序电流也会产生差流，这样在区外故障时会使差动保护误动。因此必须将高压侧的电流互感器二次接成三角形，联结组别同低压侧一次联结，这样就将高压侧电流向后转角 30°，同样滤除电流的零序分量。

常用电压互感器二次回路联结方式：星形联结与三角形联结应用最多，常用于母线测量三相电压及零序电压。星形联结的变比一般为 $U/100/\sqrt{3}$，对三角形联结，在大接地电流系统中一般为 $U/100$，在小接地电流系统中为 $U/100/3$。对于三角形联结的电压互感器二次侧，因系统正常运行时无电压，所以其输出的引线上不能安装空气开关或熔断器，否则空气开关跳闸或熔断器熔断时无法检测，如果该回路使用中没有负载，开口三角处不能短接，否则在系统发生接地故障时要影响其他次级电压的正确测量，出现长时间接地故障时，可能会造成电压互感器二次绕组烧坏。

（3）电流电压回路接地。电流互感器二次回路必须接地，其目的是为了防止一、二次之间绝缘损坏时对二次设备与人身造成伤害，所以一般宜在配电装置处经端子接地，这样对安全更为有利。当有几组电流互感器的二次回路连接构成一套保护时，宜在保护屏设一个公用的接地点。

在微机型母差保护中，各接入单元的二次电流回路不再有电气连接，每个回路应该单独接地，各接地点间不能串接。该接地点可以接在配电装置处，但以在保护柜上分别一点接于二次接地铜排为好。

在由一组电流互感器或多组电流互感器二次连接成的回路中，运行中接地点不能拆除，但也不允许出现一个以上的接地点，当回路中存在两点或多点接地时，如果地电网不同点之间存在电位差，将有地电流从两点间通过，这将影响保护装置的正确动作。

电压互感器二次回路必须且只能在一点接地，接地的目的主要是防止一次高压通过互感器绕组之间的电容耦合到二次侧时，对人身及二次设备造成威胁；但如果有两点接地或多点接地，当系统发生接地故障，地电网各点间有电压差时，将会有电流从两个接地点之间流过，在电压互感器二次回路产生压降，该压降将使电压互感器二次电压的准确性受到影响，严重时将影响保护装置动作的准确性。

（4）正、副母间电压回路切换。如一次主接线为双母线，为使计量、保护等二次回路输入的二次电压能与一次运行的母线对应，二次电压必须做相应的切换。二次电压切换可以手动进行，由切换开关来选择计量、保护等设备是选用正母电压还是副母电压，也可以根据运行方式的变换自动进行，利用该单元隔离开关的辅助触点启动切换继电器，由切换继电器的触点对电压回路进行切换。

2. 控制及信号二次回路

（1）控制回路。断路器的控制是通过电气回路来实现的，为此，必须有相应的二次设备，在控制屏上应有能发出跳合闸命令的控制开关（或按钮），在断路器上应有执行命令的操作机构，并用电缆将它们连接起来。断路器的控制回路应满足下列要求：

1）能进行手动跳、合闸和由继电保护与自动装置（必要时）实现自动跳、合闸，并在跳、合闸动作完成后，自动切断跳合闸脉冲电流（因为跳、合闸线圈是按短时间带电设计的）；

2）能指示断路器的分、合闸位置状态，自动跳、合闸时应有明显信号；

3）能监视电源及下次操作时分闸回路的完整性，对重要元件及有重合闸功能、备用电源自动投入的元件，还应监视下次操作时合闸回路的完整性；

4）有防止断路器多次合闸的"跳跃"闭锁装置；

5）当具有单相操动机构的断路器按三相操作时，应有三相不一致的信号；

6）气动操动机构的断路器，除满足上述要求外，尚应有操作用压缩空气的气压闭锁；弹簧操动机构应有弹簧是否完成储能的闭锁；液压操动机构应有操作液压闭锁；

7）控制回路的接线力求简单可靠，使用电缆最少。

（2）信号回路。电厂中必须安装有完善而可靠的信号装置，以供运行人员经常监视所内各种电气设备和系统的运行状态。这些信号装置按其告警的性质一般可以分为以下几种：

1）事故信号——表示设备或系统发生故障，造成断路器事故跳闸的信号；

2）预告信号——表示系统或一、二次设备偏离正常运行状态的信号；

3）位置信号——表示断路器、隔离开关、变压器的有载调压开关等设备触点位置的信号；

4）继电保护及自动装置的启动、动作、呼唤、告警等信号。

3. 装置间二次回路连接

（1）线路保护。对电流同路，为保证两套保护的相对独立，应该接入电流互感器的两个次级；对于电压回路，不同的电压等级及不同的主接线有所不同，在双母线等主接线的220kV保护上，由于电压需要进行正、副母切换，双重化后电压回路的接线过于复杂，加上目前该电压等级及以下的电压互感器一般未配置两个主次级，所以目前220kV及以下的保护还共用同一组电压互感器次级。从这一点上讲，电压互感器没有两组星形接线次级输入保护还不是真正意义上的双重化。330kV及以上电压等级的系统，常采用3/2断路器的主接线，保护用接在线路侧的电压互感器，一组电压互感器只供本单元及与本单元有关的设备使用，没有电压联络与正、副母切换问题，而且这一电压等级的电网更为重要，对保护装置的可靠性要求更高，一般都有两个主次级绕组，每套分别接一个一次绕组，即电压的二次回路也是双重化的。

（2）母差保护跳闸回路。母差至各断路器的跳闸回路中应有单独的连接片，各断路器的跳闸回路可以单独停用。母差保护动作跳闸后，不允许线路开关的重合闸动作，因此母差保护的跳闸回路必须接入不启动重合闸的跳闸端子。如果所用保护没有专用的不启动重合闸跳闸端子，则应该有母差保护在跳闸的同时，给出一个闭锁重合闸的触点。

4. 升压站二次回路校验

（1）审核图纸。在开展二次回路校验前，应对设计院绘制的回路图纸熟悉。对保护跳闸及开入、开出相关回路应参照保护柜厂家图纸，检查是否与实际接线用途一致；装置的交直流回路不可互窜；电流回路不可开路；电压回路不可短路；双重化保护之间的二次连接回路需检查清楚，不可有寄生回路。

（2）回路校线。图纸审核完毕后进行现场的实际校线。工作时，对线的两端应一人校线，一人监护。多根线接入同一位置时，应将此位置的线一一解开，逐一核对，确保每一根线都清晰明了。对线中，应先用万用表测量接线是否带电，保证人身、设备和系统的安全。

（3）一点接地检查。在对二次回路部分检查完毕后，必须对电流电压回路进行一点接地的检查。从就地端子箱到网控室各个保护柜，确保没有接地线接入回路中，若有多余接地线则拆除。先临时拆除一点接地的接地线，用万用表测量各组回路均不接地；将接地线恢复，此组回路接地，其余组不接地，以此验证该回路有且只有一点接地。

5. 通流通压试验

（1）交流阻抗。电流互感器的额定输出容量是指在满足一次电流、额定变比条件下，在保证所标称的准确级时，二次回路能够承受的最大负载值，其单位一般用伏安（VA）表示。根据 GB 1208—1997《电流互感器》规定，额定输出容量的标准值有 5、10、20、25、30、40、50、60、80、100VA。

对于电流互感器二次回路的负载 S_L，可以用下式来表示

$$S_L = I_e^2(\Sigma K_1 Z_L + K_2 Z_1 + Z_{jc})$$

式中　I_e——电流互感器的额定二次电流；

　　　Z_L——二次设备阻抗；

　　　Z_1——二次回路连接导线的阻抗；

　　　Z_{jc}——二次回路连触点的接触电阻；

　　　K_1——二次设备的接线系数；

　　　K_2——二次回路连接导线的接线系数。

电流互感器二次输出容量必须大于 S_L，并留有适当裕度。

（2）电流回路二次通流试验。TA 二次加额定电流为 5A（如果 TA 二次侧变比为 1A，则所加电流为 1A），测量 TA 根部电流是否为 5A，并测量此时回路电压，计算其交流阻抗，除特别注明外，所通电流回路包括装置内部回路。用直流法确定 TA 极性的正确性，所加直流电压建议不超过 5V。

（3）电压回路二次通压试验。TA 二次加压试验中，所加电压为正序三相电压，有效值均为 57.74V，N 对地电压为 0。查相序时 A、B、C 三相分别加 10、20、30V，开口三角加 10V 的直流电。

6. 升压站保护整组传动试验

（1）双重化配置的两套保护与失灵屏上的重合闸配合试验。将两套保护的电流串接、电压并接起来加入故障量，试验两块保护屏与失灵屏上重合闸及相互逻辑配合试验应正确。

（2）失灵启动回路检查。分别模拟单相和多相故障，在启动失灵连接片上测量，应与故

障相别一一对应，不得有交叉现象，检查失灵启动回路至保护屏端子排处。

（3）保护通道联调试验。模拟各种故障时，保护动作情况应正确无误。以 RCS985 光纤差动保护为例,对线路光纤差动保护通道对调,令 M 侧为本侧、N 侧为对侧。

1）通道联调前应具备的条件。

a. 线路两侧保护装置均已调试合格，对光纤通道调试结束，保护与通信机房的通信接口柜连接成功，并且已经接至 PCM 设备，两侧断路器联动试验均已结束；

b. 在线路两侧调试现场应准备好合格的试验设备，有测量通道传输时间的记忆示波器；

c. 线路两侧断路器均可操作，试验前断路器位置为分位，需要合闸时，请值班员进行操作。通道联调前，确认两侧保护装置面板上无通道异常信号，确认保护装置定值"通道自环试验"为 0；当选用专用通道时，定值"专用通道"为 1；两侧主从关系配合正确。

2）电流联调。TA 变比系数：将电流一次额定值大的一侧整定为 1，小的一侧整定为本侧电流一次额定值与对侧电流一次额定值的比值，与两侧的电流二次额定值无关。

基本原则是两侧显示的电流归算至一次侧后应相等。设 M 侧的 TA 二次值为 I_M，N 侧的 TA 二次值为 I_N，若 M 侧的定值中"TA 变比系数"整定为 1，则 M 侧为基准侧，在 M 侧加电流 I_φ，N 侧显示的 $I_{\varphi\tau} = I_\varphi \times (I_N / I_M) /$（N 侧"TA 变比系数"）；在 N 侧加电流 I_φ，M 侧显示的 $I_{\varphi\tau} = I_\varphi \times (I_M / I_N) \times$（N 侧"TA 变比系数"）。

注意事项：主要看两侧的电流相角采样是否正确。

3）本侧差动保护联调。要求本侧断路器在合位，对侧断路器为分位。本侧试验装置接入保护装置。模拟线路差动保护动作，本侧保护动作而对侧保护不动作；要求本侧断路器、对侧断路器均在合位，本次试验装置接入保护装置，加入正序电压且低于额定电压的 60%，对侧试验装置接入保护装置，加入额定正序电压，本侧模拟线路差动保护动作，则线路两侧保护都动作；要求本侧断路器、对侧断路器均在合位，本侧试验装置接入保护装置，加入额定正序电压，对侧试验装置接入保护装置，加入正序电压且低于额定电压的 60%，本侧模拟线路差动保护动作，则线路两侧保护均不动作；要求本侧断路器、对侧断路器均在合位，本侧试验装置接入保护装置，本侧加额定正序电压，对侧加额定电压，待 TV 断线消失后，本侧模拟高阻单相接地，注意报文（保护单跳并且有 100ms 延时，电压降低为 50V）。

对侧试验重复做一遍。试验结果应与本侧试验时相同。

（4）本侧远方跳闸回路联调。要求本侧断路器为合位、对侧断路器为合位，本侧线路保护屏 DTT 远跳开关退出，对侧 DTT 远跳断路器为投入，模拟线路保护本侧断路器保护失灵动作，对侧线路保护收不到远跳信号，且断路器无动作；本侧 DTT 远跳断路器投入，再次模拟断路器保护失灵动作，对侧线路保护收到远跳信号，且断路器三相跳闸。

对侧重复试验，现象与本侧试验时结果一致，数据符合要求。

六、调试中常见问题

（1）母线保护单体调试中，做差动保护启动值，所加故障电流大于保护动作电流定值，保护未动作，报"TA 断线"。

解决方法：电流幅值变化至差动保护动作时间不要超过 9s，否则，报 TA 断线，闭锁差动。或将控制字"TA 断线闭锁差动"置"0"，即退出。

（2）做复压闭锁定值，装置输出额定电压和故障电流，保护动作，未能起到闭锁作用。

解决方法：先给状态"额定电压、无故障电流"数秒，将"TV 断线报警"消除，再增加故障电流，大于保护动作电流定值，保护不动作，电压闭锁。

（3）保护采样精度不够，误差较大。

解决方法：在做单体调试保护校验前，应先和厂家确认当前装置版本是否需要更新。做保护的交流采样试验时，若误差较大，应立刻和厂家确认情况，确定是否需要更换采样板，由于采样关系到保护的测量，在校验逻辑前对采样的试验要确保没有问题，才能继续调试。

（4）双重化保护柜间的二次连接回路。

解决方法：在实际对线前一定要对二次回路进行校图。特别是跳闸出口回路和两套保护间的回路。对照保护原理图，在回路图上标出连接线的用途和去向，从第一套保护出发，检查去往第二套保护的连接回路，确保无寄生回路。

第六章 励磁系统调试

第一节 励磁系统静态调试

一、励磁系统各部件绝缘电阻试验

1. 试验目的

检查励磁设备的绝缘水平是否具备进行介电强度试验的条件。某些情况下可以按照规定以绝缘电阻测试替代介电强度试验。

2. 标准要求

励磁设备各带电回路之间，以及各带电回路对地（外壳）绝缘电阻应满足以下要求。

（1）励磁主回路。

1）型式试验和出厂试验。使用 1000V 绝缘电阻表测得绝缘电阻不低于 1MΩ。

2）交接试验和大修试验。使用 2500V 绝缘电阻表测得绝缘电阻不低于 0.5MΩ。

（2）直流操作回路、交流回路、低压电器及其回路、二次回路。

1）型式试验和出厂试验。使用 500V 绝缘电阻表测得绝缘电阻不低于 20MΩ。

2）交接试验和大修试验。使用 500V 或 1000V 绝缘电阻表测得绝缘电阻均应不低于 1MΩ，比较潮湿的地方可以不小于 0.5MΩ。

为了防止介电强度试验后存在局部绝缘损坏影响设备工作，建议在介电强度试验后再进行一次绝缘电阻测量。

3. 试验条件

（1）装置被试的电气回路表面整洁，空气相对湿度不大于 80%，环境温度不低于 5℃的大气环境下进行。

（2）励磁系统各设备电气回路接线正确。

（3）测试设备。满足被测回路电压要求的绝缘电阻表。

4. 试验准备

（1）将被试验的电气回路内部不是直接连接的端头用导线短接成一点，如：整流桥的输出＋L、－L 和整流桥三相输入 A、B、C 之间短接成一点；直流操作回路的＋、－短接成一点；交流回路（厂用电）A、B、C 短接成一点。

（2）被试验的电气回路的开关（如灭磁开关和励磁备用电源交流开关）应合上，接触器的输入与输出之间短接。

（3）对两个以上柜体的励磁装置，应将每一柜体的外壳连接在一起作为公共接地点。

（4）为了避免高电压静电感应损坏弱电回路器件，所有弱电回路应退出，不可退出的弱电元件应该将其短接。

（5）半导体器件各端子、非线性电阻和电容器短路。

（6）非试验回路接地。断开励磁交流进线柜入口与励磁变压器封闭母线的软连接，合上并将接触器的输入与输出短接，退出可以退出的弱电元件，不能退出将其短接，将半导体器件各端子、非线性电阻和电容器短接，将非试验回路和每个柜体的外壳连接在一起并接地。

5. 绝缘测试

用绝缘电阻表测量被试的电气回路之间以及电气回路与接地点之间的绝缘电阻，试验结果应满足上述标准要求。

二、励磁调节器装置上电试验

（1）逆变电源稳定性试验。直流电源电压分别为 80%、100%、115%的额定电压时装置工作应正常。

（2）上电后软件版本等检查。装置显示正常，人机对话功能应正常，版本号应符合调试定值单。

三、装置交流采样精度检查

（1）调试方法。在调节器端子排上分别加发电机额定有功功率、无功功率下的电压、电流，观察装置的采样精度。A/B 通道应分别采样。

（2）注意事项。加电压时，应注意解除至发电机电压互感器的回路，以防止二次电压反送至电压互感器一次。

四、装置功能试验

1. 功率桥监视功能

模拟熔丝断信号，模拟交流侧阻容保护用熔丝断信号，模拟功率桥主风机及备用风机失效信号，检查功率桥监视回路的所有功能正常。

2. 风机静态试验

使用风扇测试参数对风扇进行投运前的试验，主要检查风机的进风量，两组风机是否合格，风门是否可以正常开闭。

3. 灭磁开关回路试验

试验内容及方法如下：

（1）就地分、合灭磁开关，灭磁开关分、合应正确。

（2）灭磁开关打在远方，用 DCS 进行分合闸操作，灭磁开关应能正确动作，灭磁开关至发电机—变压器组保护、至 DCS、至故障录波器的各个辅助触点能正确送至相应位置；灭磁开关继续打在远方位置，分别用发电机—变压器组保护、紧急按钮启动跳闸，灭磁开关均能正确动作。

（3）灭磁开关两路操作电源的测试：将灭磁开关第一路操作电源合上、第二路操作电源拉开，灭磁开关能正确分合；将第一路操作电源拉开、合上第二路操作电源，灭磁开关是正确跳闸，不能合闸。

4. 发电机启动励磁回路模拟试验（适用于自并励励磁系统）

（1）试验方法。将启动励磁电源开关合上，按励磁投入命令，启动励磁接触器动作，检查并测量输出直流电压的大小和极性，直流输出大小应正常、极性正确。

（2）注意事项。模拟启动励磁回路时，应断开直流输出至发电机转子的回路，以防止发电机转子回路带电。

（3）励磁调节器至 DCS 的相关回路调试。模拟调节器各种信号，DCS 应能收到相应的信号。DCS 发出相应的信号，确认所有命令调节器均能正常接收。

（4）注意事项。控制、保护、监视回路试验时，必须对照图纸检查各回路的实际接线，确认没有接线错误才能接通电源，通电前要确认各开关等元件均处于开路状态，接通电源后要保持警惕，对柜内的主要开关、继电器、变压器等器件进行检查，如有异响、异味、高温等应立即切断电源，进行检查。

五、转子过电压保护试验

1. 试验目的

通过试验验证发电机转子过电压保护装置是否按逻辑要求动作以及实际测试出在过电压情况下的保护动作值。

2. 试验应具备的条件

（1）发电机碳刷完全解开。

（2）灭磁开关已进行就地、远方跳、合试验。

（3）试验所用的升压器带电流保护功能。

（4）试验所用的转子电压录波器具有相应电压录波功能。

（5）发电机转子封母外壳可靠接地。

3. 试验接线

（1）试验方法。试验接线如图 6-1 所示。

1）模拟直接跳灭磁开关条件下的跨接器动作。灭磁开关处于合位，调压器升高电压，使直流输出值接近额定励磁电压，手动分灭磁开关，跨接器应能正确动作，录波仪记录下动作时的波形。

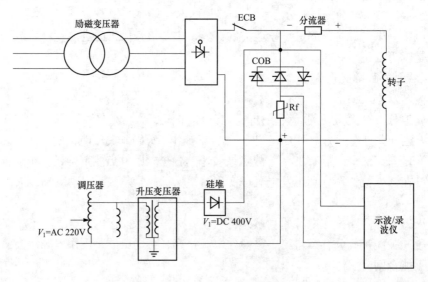

图 6-1　转子过电压保护试验接线

2）模拟转子过电压下跨接器动作。调压器从零开始快速升高电压，直至跨接器动作，录波仪记录下动作时的波形。

（2）试验中应注意的问题。调压器和升压变压器要有足够的容量；要选择正确的转子电压录波档位；对于励磁系统本体设备上安装了接地保护装置的，在试验前必须拔出保护装置的保险；试验时所加电压必须按照额定电压值的大小施加；现场监视所加试验电压幅值不能采用普通的直流电压表，应从示波/录波仪上读取瞬间电压大小。

六、励磁系统小电流试验

励磁系统小电流试验的目的是创造一个模拟的环境检查励磁调节器的基本控制功能，查看调节器的触发脉冲是否正确，晶闸管功率桥是否均能可靠触发。

所用试验仪器为试验电阻一个、示波器一个、三相调压变压器一个、相序表一块、万用表一块、试验导线若干条。

试验前需断开励磁系统与励磁变压器的母排接线，将三相输出电压 U_a、U_b、U_c 分别接至母线整流柜内侧，断开励磁系统与发电机转子的连接线，在整流柜直流输出端并接试验电阻箱、示波器及万用表。

具体的试验方法：

（1）用相序表测量整流柜交流输入电源为正相序。

（2）将其中需试验的整流柜脉冲投切状态为投入，其余为切除状态。

（3）调节器置定控制角方式，进行手动增减磁操作。

（4）用示波器观察负载上的电压波形：每周波内有6个波头，各波头对称一致；增减磁时波形变化平滑，无跳变。

（5）测量控制电压、控制角和整流电压。检查控制电压与控制角关系，检查各相控制角的不对称度（一般小于 3°，要根据使用情况由产品技术条件具体规定），当控制角小于 60°时按照下式验证调节装置触发角的正确性：

$$\alpha = \arccos \frac{U_d}{1.35 U_{ac}}$$

式中　　U_d——输出直流电压（V）；

　　　　U_{ac}——输入交流电压（V）。

（6）将触发脉冲输出到成套的全部整流柜，测量各触发脉冲的电流波形以确认符合要求。

（7）进行调节器切换时的脉冲封锁检查，脉冲封锁的间隔不大于40ms。

（8）不带功率部分的开环调试的自动和手动方式下的检查也可在小电流开环试验时进行。

（9）试验结束后，断开交流输入电源，拆除接线，恢复调节器定值。

小电流试验需注意以下事项：

（1）试验时，需确保交流进线柜进线母线至励磁变压器低压侧的回路断开，以防止交流电压误加至励磁变压器。

（2）直流输出至转子的回路需断开，防止直流电压加至转子。

（3）试验电阻阻值选择不宜太大，负载阻值可选择 $100 \sim 200\Omega$ 之间，同时需使其功率满足试验的要求。

（4）示波器的最大量程应大于试验时最大直流电压输出。

第二节　励磁系统空载试验

一、试验前的准备工作

（1）拆除励磁变压器高压侧 6kV 三相临时电缆，恢复励磁变压器高压侧与发电机定子母线接线，确保相序正确，此项工作适用于自并励励磁系统。

（2）恢复发电机—变压器组保护跳励磁调节器的设计接线，建议将发电机—变压器组保护过电压定值修改为115V，动作序列为瞬时跳灭磁开关，保证试验过程中发电机—变压器组的安全。

（3）确认励磁调节器中各整定值与运行要求相符。

（4）确认发电机—变压器组保护和励磁系统无异常报警。

（5）确认主变压器高压侧断路器在冷备用状态。

二、核相试验

试验采用相位控制方式的整流器件都需要建立正确的主电压和移相控制范围关系，检查励磁系统安装后励磁变压器（副励磁机）、同步信号、触发脉冲，功率整流装置接线的正确性，验证可控整流元件的移相范围。

对于自并励静止励磁系统，通过由电力系统倒送电（或模拟机端电压）让励磁系统带电，用示波器观察小电流试验波形验证相位正确性，也可以采取其他电压向励磁变压器供电，但要确认与其同步变压器的相位关系不变；对于交流励磁机励磁系统，采用试验中频电源检查主电压和移相控制范围关系，开机达额定转速后检查副励磁机电压相序。试验中频电源的电压、相数、相序和频率与副励磁机一致。

自并励静止励磁系统核相试验步骤包括：

（1）设计供电方式，选择小电流整流负载。可以有两种供电方式：一种是厂用电供电方式，另一种是电力系统倒送电供电方式。

（2）电力系统倒送电至励磁系统，让励磁变压器、励磁调节柜、功率整流装置、励磁电压互感器带电。

（3）各相位关系应符合设计。

（4）按照机组正常开机逻辑模拟开机条件，使调节器进入运行，用示波器观察晶闸管输出波形与控制角是否一致，改变移相触发角，（从强减角到强励角）在全程范围内检查输出波形与控制角一致性。当励磁电压高时，整流输出经过分压衰减、隔离后进入示波器，或者测量整流输出电压，用整流的交直流关系式计算控制角。

（5）观察调节器模拟量各项测量值。

试验过程中，功率装置输出波形的控制角应与调节器显示的一致，波形连续变化无间断。调节器测量值准确，检测相序正确。

交流励磁机励磁系统图核相试验要求和方法同自并励静止励磁系统。

三、启励试验

启励试验是发电机空负荷阶段励磁的第一个试验，检查励磁系统基本的接线和控制是否正确，测试励磁控制系统启励特性。

试验内容包括：进行调节器不同通道、自动和手动方式、远方和就地的启励操作，进行低设定值下启励和额定设定值下启励，自动方式额定设定值下的启励也称零起升压。

启动试验前启励控制的静态检查已结束。启励控制的静态检查包括：启励电源接线检查、他励限流电阻配置检查、出厂闭环启励试验完成、TV回路检查结束、TV小开关投入、TV熔丝电阻阻值检查、启励成功和不成功条件设置及模拟试验完成、远方信号检查、自动和手动控制的开环检查、调节器可进入正常工作区域的最小发电机电压检查、自并励静止励磁系统核相试验结束等。

自动方式开环检查方法：调节器临时外加 TV 模拟信号和同步信号，调节器置自动方式。TV 模拟信号置零，电压给定值置 20%额定值，模拟开机操作，调节器输出控制电压 U_c 或控制角 α 应当对应励磁电压最大输出。调大 TV 模拟信号，当大于 20%额定值后，调节器输出的控制电压 U_c 或控制角 α 应当减少，直至对应于负的最大值。再置电压给定值为 100%额定值，做同样的检查。

手动方式开环检查方法：手动控制值一般是励磁电流或电压。调节器临时外加模拟励磁电流或电压信号和同步信号，调节器置手动方式。用励磁电流或电压信号代替 TV 模拟信号，与自动方式一样的步骤进行检查。

零起升压一般在励磁调节器的 PID 参数已经进行了优化之后进行。

零起升压时电压超调量不应大于 15%（DL/T 843—2010 规定为 10%）；振荡次数不大于 3 次；调节时间不大于 10s，DL/T 843—2010 考虑到一般采用微机励磁调节器都可以实现软启励，零起升压仅仅规定了超调量不大于额定值的 5%。

本试验设备为调节器内录波装置或其他录波装置，可以记录发电机电压波形（有效值或瞬时值）。

具体试验方法：

（1）应有发电机过电压保护，试验时动作值可以设 115%~125%额定电压，无延时动作分磁场断路器或灭磁开关，经过模拟试验证明其动作正确。

（2）设置调节器工作通道和控制方式，设置启励电压，设置远方或就地启励控制，确认他励启励电源投入切正常。

（3）第一次启励设置启励电压一般小于 50%发电机额定电压，一般置手动方式。通过操作开机启励按钮，励磁系统应能可靠启励，记录发电机电压建压过程波形。

（4）第一次启励成功后检查调节器各个通道的发电机电压、发电机励磁电流和电压、励磁机励磁电流和电压、同步信号测量值。

（5）第一次自动方式启励一般将电压给定值置最小值。

（6）自动和手动零起升压最终试验在 PID 参数整定后进行，给定值置发电机空负荷额定值。

能够成功启励，发电机电压稳定在设定值，零起升压的指标就满足标准要求。为了避免误解，需要明确计算振荡次数和调节时间截止点的百分值。如果发生超调量过大，其原因可能是积分投入过早，积分投入一般大于 70%额定电压；也可能 PID 参数整定不当，需要先通过发电机空负荷电压阶跃试验调整好参数后再进行本试验。

该试验注意事项：

（1）如果发现发电机电压波动太大或电压不可控制地上升，应立即分灭磁开关。

（2）出厂试验可以在仿真器上进行。此时设置仿真器的发电机和励磁机的参数与实际机组的设计或实测参数相同。

四、电压分辨率检查

数字式励磁调节器对外部模拟量采集后进行 A/D 模数转换，一般 A/D 转换器位数以及调节器对应于发电机电压额定值所设定的二进制位数，将决定调节器的电压分辨率。要求电压分辨率小于 0.2%。

试验方法为：在调节器人机界面窗口中观察发电机对应的测量码值及最小的跳变值，其最小的跳变值除以额定值即为电压分辨率。

观察调节器内发电机电压测量显示值，其最小的跳变值除以额定值即为电压分辨率。

观察的测量码应为实际测量的、未经转换为十进制的测量码。

五、自动和手动调节范围测定

本试验是为测试自动和手动方式下发电机电压和转子电压（电流）的调节范围和稳定情况，以便满足各种情况下发电机并网和输送功率的要求。

自动方式下发电机电压调节范围在发电机空载时进行；手动方式下转子电压（电流）调节范围在发电机空载和负载下进行。

GB/T 7409、DL/T 843 和 DL/T 583 要求自动方式下调节器应能在发电机空载额定电压的70%～110%范围内进行稳定、平滑的调节，手动方式下调节器应能在发电机空载额定磁场电压的20%至额定磁场电压的110%范围内进行稳定、平滑的调节。

当合同有另外规定时，应按合同执行。有的在电网末端的发电机组，以及有的机端有并列机组需要设置无功调差，其合同中规定的电压给定的范围有可能超出标准的要求。

具体的试验方法：

（1）设置调节器通道、自动或手动方式，起励后进行增、减给定值操作，至达到要求的调节范围的上、下限，记录发电机电压、转子电压、转子电流和给定值，同时观察运行稳定情况。

（2）进行发电机负载下的手动方式给定调节范围测定时，为防止定子过电流，有功功率应低于额定值。

（3）自动给定上限可以采用开环测试的方法。在调节器静态时，输入模拟的发电机电压至上限值，逐渐增加自动电压给定值，观察调节器输出自零变化到负载额定值。

自动和手动控制方式下的调节范围应不小于规定的范围。发电机机端电压调节平滑、稳定。

调节范围测定试验需注意：

（1）发电机空载时，手动方式的上限应不小于发电机空载额定励磁电压（电流）的110%。

（2）发电机负载时，手动方式的下限一般应当与发电机有功功率有关，当有功功率增加时自动提高下限值。手动方式的下限应与手动方式下发电机的静稳极限留有一定余量，同时也要防止过高的下限值引起过高的机端电压，给运行操作带来不便。

（3）有的自动电压调节器在发电机空载和负载下的调节范围不同，要分别模拟这两种情况测量其调节范围。

（4）如果发电机电压波动太大或电压不可控制地上升，应立即分断灭磁开关。

（5）有的自动励磁调节器在 70%额定电压以下设有去积分环节，电压高于 70%额定电压时积分环节自动投入，因此 70%额定电压以下为 PD 或 P 调节，以上为 PID 或 PI 调节，两种调节方式所对应的发电机电压调整性能（反应速度）有些差别，特别在此交界点处非常明显。

（6）出厂试验可以采取三种方法：①在仿真器上进行，此时设置仿真器的发电机和励磁机的参数与实际机组的设计或实测参数相同；②小型试验机组上进行；③开环方法，检查给定值的调整范围。

六、自动电压给定调节速度测定

控制自动电压调节器给定调节速度的目的，在于发电机并网后对无功功率调节的速度控制在适当的范围。一般并网后对无功功率调节的速度适合时，发电机同期操作对电压调节的速度也是合适的。为了加快发电机空载时的电压调节速度，使之满足标准和用户要求，有的调节器按照电压大小、并网前后分别设计不同的电压给定值调节速度。

自动电压给定调节速度试验分别在调节器静态下和在发电机空载、负载下进行。标准要求。在发电机空载运行状态下，自动电压调节器的给定电压调节速度应不大于1%额定电压/s，不小于0.3%额定电压/s。

试验方法。预整定自动电压调节器给定调节速度，可以在调节器静态下进行。设置调节器在自动或手动方式进行增减给定值操作，测量、计算和预整定给定值调节速度到标准规定的范围。有的调节器为空载和负载设计两种调节速度，则需要模拟不同情况进行试验。

现场调整试验要求发电机带负荷时，给定调节引起无功功率的变化不至于太快，发电机空载时电压调节速度不至于太慢。因此，最后的整定值在被机组运行人员确认后进行调节速度测量。

有的调节器为了防止给定值调节失控，设计了每次最大调节量的限制，可能对测量给定调节速度带来困难。这里建议发电机空载和负载的调节速度得到运行方面的确认，可以不进行调节速度数据的测量。

给定变化速度的计算

$$v_{ref} = \frac{U_{ref1} - U_{ref2}}{tU_{refn}}$$

式中　U_{ref1} ——试验时一次调节的给定初值（V）；

　　　U_{ref2} ——试验时一次调节的给定终值（V）；

　　　U_{refn} ——额定给定值（V）；

　　　t ——试验时一次调节的时间（s）。

在发电机空载运行状态下，自动电压调节器的给定速度应不大于1%额定电压/s，不小于0.3%额定电压/s。自动电压调节器的给定速度应当为用户所接受，同电厂相同容量机组的自动电压调节器的给定速度基本相同。

七、A/B 通道手动/自动模式下阶跃试验

本试验是为测试并且调整自动调节器的 PID 参数，使得在线性范围内的自动电压调节动态品质达到标准要求，初步检查励磁系统的静态放大倍数。发电机空载电压给定阶跃试验也是励磁系统模型参数确认试验的重要内容。

阶跃试验是一种时域测量方法。直接改变自动方式的电压给定值，或者在调节器的电压相加点加上阶跃量，记录发电机电压波动，分析该波动的品质，与标准要求进行对比。

试验发电机空载运行，转速稳定，调节器工作正常情况下进行。调节器具有方便的参数调整功能，具有合适的试验录波器，具有进行给定值阶跃功能，或者具有外加阶跃量功能。

一般微机励磁调节器具有电压给定阶跃发生功能，如果没有此功能则需要外部用阶跃信号发生器；采用调节器内录波器，如果没有内部录波器则需要外置录波器；记录的发电机电压最好是有效值。对于励磁电压或励磁机励磁电压，需经过隔离再进入录波器。

具体的试验方法：

将机端电压稳定在 90%，进行 5%阶跃试验，记录波形、发电机定子电压超调量、振荡次数和调节时间，并整定有关控制参数。

按照上述方法分别依次进行 A 通道手动模式下 5%阶跃试验、A 通道自动模式下 5%阶跃试验、B 通道手动模式下 5%阶跃试验、B 通道自动模式下 5%阶跃试验。

检验阶跃试验技术标准：

（1）对于自并励励磁系统，电压上升时间不大于 0.5s，振荡次数不超过 3 次，调节时间不超过 5s，超调量不超过 30%。

（2）对于交流励磁机系统，电压上升时间不大于 0.6s，振荡次数不超过 3 次，调节时间不超过 10s，超调量不超过 40%。

正常并列运行的双通道调节器需要设置为单通道运行后进行阶跃试验，检查参数设置无误后再将确认后的参数设置到另一通道，切换到另一通道运行，进行另一通道的阶跃试验。两通道阶跃响应应当一致。

八、A/B 通道手动/自动模式下逆变灭磁试验

手动模式下，进行逆变灭磁试验，试验过程录波（详见灭磁章节）。

九、A/B 通道手动/自动模式下分灭磁开关试验

在手动模式下，进行分灭磁开关试验，录波检查（详见灭磁章节）。

十、A/B 通道自动模式下 U/f 限制试验

本试验的目的是测定励磁控制系统的电压/频率特性，检查发电机转速在一定范围内变化时励磁调节器控制发电机电压准确度的能力。

发电机在空载状态下，通过机组调速系统改变机组转速，按照转速变化范围，每隔 0.5Hz 读数，测定发电机机端电压对于频率的变化曲线。要求机组调速系统能在规定的范围内平稳调节。对汽轮发电机，转速调节范围为额定转速的 0.95～1.03，水轮发电机转速调节范围为额定转速的 0.94～1.05。频率每变化±1%，发电机电压的变化不大于额定值的±0.25%。

试验时注意观察电压—频率记录，任意相连的三点电压的偏差不大于发电机电压额定值的±0.25%。如有超差，原因可能是电压测量受频率影响、同步电压的频率跟踪范围过小、电压分辨率低等。

十一、A/B 通道自动模式和手动模式调节方式相互切换

调节器切换功能用于提高励磁系统运行可靠性。调节器一般具有自动方式和手动方式。自动方式实现定发电机电压运行，手动方式实现定发电机转子电流（或定转子电压或定励磁机励磁电流）运行。手动方式作为自动方式的备用方式，或者在特殊的场合如机组试验阶段使用。定发电机电压控制方式有利于电力系统稳定，为了提高自动方式的投入率，往往采用两个自动通道结构，发生故障时退出故障通道。调节器的通道切换指相同控制方式、不同通道的切换；调节器的控制方式切换指同一通道或不同通道间不同控制方式的切换。

切换试验是检查励磁调节器各调节通道和控制方式间的跟踪、切换条件和无扰动切换。无扰动切换包含稳态的差异很小和动态的波动很小两层意思。

发电机励磁调节器采用两个以上通道时，为保证主从通道之间的无扰动切换，应用了控制角度跟踪或（和）给定值跟踪等方法，以及故障快速判断和快速切换。一般纯切换时间小于 40ms，加上故障判断时间，故障切换时间一般小于 100ms。在自动和手动两种控制方式之

间也实现跟踪和无扰动切换。手动方式的静稳极限远低于自动方式，需要设置手动方式下的最小励磁限制，该值与发电机有功功率和电压有关。为了防止跟踪错误的信号，一般采用延时跟踪方式。

切换执行方式包括人工切换和调节器故障切换。调节器故障导致切换一般有以下几种原因：调节器电源故障、调节器死机、低励磁保护、过励磁保护、TV 断线、丢失脉冲等。切换状态监视包括运行调节器和备用调节器状态监视、跟踪情况监视、切换成功和失败监视。建立切换逻辑，包括严重故障下转入励磁系统故障执行程序，带发电机出口断路器跳闸后分闸灭磁开关。

以下三种状态下均需要进行切换试验：

（1）出厂试验时采用开环方式在整个移相范围检查跟踪情况。

（2）发电机空载运行下的切换。

（3）发电机负载运行下的切换。

具体的试验方法：

在试验条件（1）下，对调节器做通道间和控制方式（自动和手动）间切换试验。设置调节器工作通道和控制方式，输入模拟信号，调整控制角度为包括强励角至强减角在内的几个工况点，检查备用通道或者备用控制方式输出控制角（或控制电压）和给定值，应当基本一致。突变运行调节通道的给定值，检查备用调节通道的跟踪速度，应当滞后 10～20s。检查切换状态监视情况，按照设计的逻辑条件模拟通道故障，如调节器电源消失、TV 断线、励磁保护动作等，进行自动切换逻辑检查。

在试验条件（2）下，调节不同的发电机电压，人工操作调节器通道和控制方式切换，录波记录发电机电压。按照设计条件模拟通道故障，如调节器电源消失、TV 断线等，进行自动切换检查。有的调节器在手动方式运行时无自动跟踪功能，需要人工调整给定值后才能切换到自动控制方式，对此需要在试验中确认。

在试验条件（3）下，调节发电机无功功率，人工操作调节器通道和控制方式切换试验，观察记录机组无功功率的波动。

对于正常运行为双通道的调节器，进行双通道切换到单通道运行，以及单通道切换到双通道运行检查。

励磁调节装置的各通道间应实现自动跟踪，任一通道故障时均能发出信号；运行的通道故障时能进行自动切换；通道的切换不应造成发电机电压和无功功率的明显波动；切换装置的自动跟踪部分应具有防止跟踪异常情况或故障情况的措施。

具体试验内容包括：

（1）A 通道自动模式和手动模式调节方式相互切换。

自动模式切换到手动模式过程中发电机电压和无功功率应无明显扰动，切换过程中录波。

手动模式切换到自动模式过程中发电机电压和无功功率应无明显扰动，切换过程中录波。

（2）通道自动模式和手动模式调节方式相互切换。

自动模式切换到手动模式过程中发电机电压和无功功率应无明显扰动，切换过程中录波。

手动模式切换到自动模式过程中发电机电压和无功功率应无明显扰动，切换过程中录波。

（3）在手动模式下 A、B 通道切换。

调节器 A 通道切换到 B 通道过程中发电机电压和无功功率应无明显扰动，切换过程中录波。

调节器 B 通道切换到 A 通道过程中发电机电压和无功功率应无明显扰动，切换过程中录波。

（4）在自动模式下 A、B 通道切换。

调节器 A 通道切换到 B 通道过程中发电机电压和无功功率应无明显扰动，切换过程中录波。

调节器 B 通道切换到 A 通道过程中发电机电压和无功功率应无明显扰动，切换过程中录波。

发电机空载下自动跟踪后切换时，发电机机端电压稳态值的变化小于 1%额定电压。发电机负载下自动跟踪后切换时无功功率稳态值的变化小于 20%额定无功功率。动态值可略大于上述稳态变动量。切换超差的原因可能是给定值跟踪不良、控制电压或控制角跟踪不良、故障判断时间过长、切换时间过长等。

对于双通道的调节器需要对每个通道进行手动—自动切换试验，以分别验证切换的正确性，调节器手动—自动相互跟踪有一个过程，因此在做切换操作时应该保证其跟踪时间。

十二、TV 断线试验

为验证调节器励磁 TV 或测量 TV 断线后的动作正确性，需要做 TV 断线试验。

试验前先了解调节器的通道和控制方式情况。简单调节器有一组自动、一组手动，正常应处于自动方式运行。当发生 TV 断线时应自动地切换到手动方式运行，同时发出 TV 断线信号和调节器切换信号。大机组有两个自动调节通道，或互为备用或并列运行，正常时均在自动方式运行。

调节器一般接入两组 TV 电压信号：励磁 TV 和测量 TV。TV 断线有多种设计：①每个调节器通道都接入不同的两组 TV，正常以固定一组 TV 参与调节，每个调节器通道自动判断 TV 是否正常。当发现参与调节的 TV 断线时自动将另一组 TV 作为调节信号。这是一种切换信号、不切换运行通道的设计；②每个调节器通道都接入不同的两组 TV，两通道设置不同的 TV 参与调节，每组调节器自动判断 TV 是否正常，当发现参与调节的 TV 断线时，自动将本通道退出运行投入另一通道运行，这是一种切换运行通道的设计。

了解 TV 断线信号检测原理。有的是按照 TV 信号突变大于 10%作为 TV 断线信号，有的是比较两组 TV 有效值或整流输出电压，当差值大于 10%额定值时发出 TV 断线信号。需要注意，第一组 TV 断线后继而发生第二组 TV 断线时仍然应当正确发出 TV 断线信号。

在发电机空载运行、调节器以正常自动方式运行下进行 TV 断线试验。

具体的试验方法：

（1）机组在稳定运行状况下，将调节器 A 设置为主套，在端子排上断开调节器 A 用的 TV 任意一相电压，调节器 A 应能自动切换至调节器 B，调节器 A 报 "TV 断线"，录波检查波形，机端电压应平稳无扰动，然后恢复断线。将调节器 B 设置为主套，在端子排上断开调节器 B 用的 TV 任意一相电压，调节器 B 应能自动切换至调节器 A，调节器 B 报 "TV 断线"，录波检查波形，机端电压应平稳无扰动，然后恢复断线。

（2）机组在稳定运行状况下，将调节器 A 设置为主套，在端子排上断开调节器 A 用的 TV 任意一相电压，调节器 A 应能自动切换至调节器 B，调节器 A 报 "TV 断线"，录波检查波形，机端电压应平稳无扰动，将调节器设置为五套 B 在端子排上断开调节器 B 用的 TV 任意一相电压，此时应由自动切换到手动模式，录波检查波形，机端电压应平稳无扰动，然后恢复断线。

注意事项：

为了降低在试验过程中调节器发生误强励的风险，做 TV 断线试验时，可将空载时最小触发角提高，试验结束后再恢复将定值。

第三节 发电机带负荷试验

一、A/B 通道带负荷调节试验

为本试验检查发电机带不同负荷下的运行稳定情况，发电机带负荷后要进行 A/B 通道调节试验。

当同步发电机的励磁电压和电流不超过其额定励磁电压和电流的 1.1 倍时，励磁系统应保证连续运行；在规定的发电机进相运行范围内和突然减少励磁时，励磁系统应保证稳定、平滑地进行调节。

发电机在不同的有功负荷下调节励磁，无功功率在低励限制值到额定励磁电流的范围内调节平稳、连续，励磁电压无明显晃动和异常信号，校验 U、I、P、Q 采样值与实际值相符。

注意调节励磁时要防止机端电压超出许可的范围。

二、A/B 通道远方增减磁试验

通过远方操作增减磁按钮，检查发电机增加或减少无功量（根据运行要求调整速率）。

三、A/B 通道手动及自动模式切换

手动模式切换到自动模式过程中发电机无功功率及机端电压应无明显扰动，切换过程中录波。

自动模式切换到手动模式过程中发电机无功功率及机端电压应无明显扰动，切换过程中录波。

四、A/B 通道手动/自动模式下切换试验

调节器 A 通道切换到 B 通道过程中发电机无功功率及机端电压应无明显扰动，切换过程中录波。

调节器 B 通道切换到 A 通道过程中发电机无功功率及机端电压应无明显扰动，切换过程中录波。

五、A/B 通道手动/自动模式下阶跃试验

在手动/自动模式下，进行 1%～4%阶跃试验，记录波形、发电机无功功率、定子电压超调量、振荡次数和调节时间，并整定有关控制参数。

发电机带负荷阶跃响应特性：发电机额定工况运行，阶跃量为发电机额定电压的 1%～4%，阻尼比大于 0.1，发电机有功功率波动次数应不大于 5 次，调节时间应不大于 10s。

六、A/B 通道自动模式下低励限制试验

发电机有功稳定，减少发电机无功，当发电机无功减至低励磁限制动作值时，低励磁限制应能正确动作，此时调节器应闭锁减磁；增加发电机无功，使低励磁限制动作返回、报警解除，此时调节器应能正常减磁。

七、A/B 通道自动模式下过励磁限制试验（转子电流限制器）

发电机有功稳定，增加发电机励磁电流，当发电机励磁电流增至过励磁限制动作值时，

过励磁限制应能正确动作，此时调节器应闭锁增磁；减少发电机励磁电流，使过励磁限制动作返回、报警解除，此时调节器应能正常增磁。

八、A/B 通道自动模式下定子电流限制器试验

发电机有功稳定。增加发电机定子电流，当发电机定子电流增至定子电流限制动作值时，定子电流限制器应能正确动作；减少发电机定子电流，使定子电流限制器动作返回、报警解除。

第四节　甩 负 荷 试 验

为测试励磁调节器在发电机甩负荷时对发电机电压的控制能力，进行甩负荷试验。

汽轮发电机并网带额定无功负荷，水轮发电机并网带 50%、100% 额定负荷的条件下进行。

解除发电机断路器联跳灭磁开关，确认甩负荷过程电压给定值维持在原值或正常值。

依据 GB/T 7409.3—2007 要求进行甩负荷试验，在额定功率因数下，当发电机突然甩额定负荷后，发电机电压超调量不大于 15% 额定值，振荡次数不超过 3 次，调节时间不大于 10s；DL/T 489—2006 要求进行有功功率为 50% 和 100%、无功功率为额定值的甩负荷试验；DL/T 843—2010 要求甩额定无功功率时机端电压不大于甩前机端电压的 1.15 倍，振荡不超过 3 次。DL/T 1166—2012 要求发电机甩额定无功功率时，机端电压出现的最大值应不大于甩前机端电压的 1.15 倍，振荡不超过 3 次。

发电机带额定负荷，断开发电机断路器突甩负荷，对发电机机端电压等进行录波，测试发电机电压最大值。一般需要根据机组情况甩负荷量由小到额定分几档进行。

汽轮发电机电压最大值不大于额定值的 115%；水轮发电机电压最大值不大于额定值的 130%，发电机电压不产生连续振荡。

进行甩负荷试验时应注意：

（1）临时调整发电机过电压保护定值，汽轮发电机 120% 额定电压瞬时动作跳灭磁开关，同时调节逆变灭磁；水轮发电机 135% 额定电压瞬时动作跳灭磁开关，同时调节逆变灭磁。

（2）试验出现紧急情况立即减负荷、解列，以至分灭磁开关灭磁。

（3）准备现场灭火设备。

第五节　发电机灭磁试验

发电机的灭磁装置十分重要，它是发电机保护的最后一环，因此对发电机灭磁试验的认识需要明确，试验项目要完整，结果必须正确。

对于灭磁电压，多项标准都作了明确要求：

依据 DL/T 843—2010 要求汽轮发电机励磁系统在强励状态下灭磁时，发电机转子过电压不应超过 6 倍额定励磁电压值，应低于转子过电压保护动作电压。

依据 DL/T 583—2018 要求水轮发电机励磁系统灭磁过程中，励磁绕组反向电压一般不低于出厂试验时励磁绕组对地电压幅值的 30%，不高于 50%。

依据 DL/T 730—2005 要求任何情况下转子绕组两端的过电压不超过转子绕组出厂耐压试验值的 70%。

发电机空载强励的计算：发电机处于空载状态机端电压调到 1.3U_n 时，励磁电流一般只能达到负载额定值，达不到强励值。减低转速 10%相当于机端电压提高 10%，即使相应丁 1.5U_A，也不一定能够达到强励值。

通过比较几种工况下的灭磁电阻消耗能量，从而得到现场可以进行哪种灭磁试验结论。

采用某汽轮发电机参数、自并励静止励磁系统、非线性电阻灭磁，计算非线性电阻消耗的能量，稳态时转子电流为计算初值转子电流，灭磁电阻初始电流为灭磁动作时刻灭磁电阻的电流，灭磁电阻消耗能量为灭磁电阻电流电压乘积的时间积分，各值均以标幺值表示。

表 6-1 所示为某汽轮发电机自并励静止励磁系统不同工况下灭磁电阻消耗能量情况。

表 6-1　　　　　某汽轮发电机自并励静止励磁系统不同工况下灭磁电阻消耗能量情况

工况	空载额定灭磁	空载 1.3U_n灭磁	空载误强励灭磁 1	空载误强励灭磁 2	负载额定灭磁	负载强励灭磁	负载三相短路灭磁
	1	2	3	4	5	6	7
初稳态时转子电流（标幺值）	1.0707	1.8045	1.0707	1.0707	2.821	5.91	2.82
灭磁电阻初始电流（标幺值）	1.0707	1.8045	7.336	4.354	1.0775	1.8846	6.41
灭磁电阻消耗能量（标幺值）	3.274	5.812	15.261	10.93	3.383	6.838	13.53

根据表 6-1 计算结果可见：工况 1 是发电机空载额定下进行灭磁；工况 2 是发电机空载下调节励磁至 130%额定电压，然后进行灭磁，此时转速仍为额定转速；工况 3 是发电机空载误强励。发电机在空载额定下突然增加电压给定值至 300%，模拟失控，由发电机过电压保护分磁场断路器灭磁。GB 14285—2006 的第 2.2.7 条规定，"对晶闸管整流励磁的水轮发电机，动作电压可取 1.3 倍额定电压，动作时间可取 0.3s"，"对于 200MW 及以上的汽轮发电机，一般情况下，动作电压可取为 1.3 倍额定电压，动作时间可取为 0.5s"，此处 130%额定电压延时 0.5s 灭磁；工况 4 是空载误强励，130%额定电压延时 0.3s 灭磁；工况 5 是发电机额定负载运行下甩负荷后延时 0.1s 灭磁情况；工况 6 是发电机负载下增加励磁达到强励值然后甩负荷，延时 0.1s 灭磁的情况；工况 7 是发电机负载额定运行机端发生三相金属性短路，短路阻抗为零时，发电机出口断路器跳开不能切除故障，延时 0.1s 灭磁动作。

由表 6-1 可见：①负载解列时定子绕组电流消失，为了维持灭磁不变，转子电流突减。转移到灭磁电阻上的电流远小于转子电流初值。额定负载甩负荷灭磁电阻上消耗的能量与空载额定相近；②所计算的条件中最大灭磁能量在发电机空载误强励工况，其次是负载额定时发生发电机机端短路，定子侧断路器未能切除短路工况；③按照计算的最大的灭磁电阻电流 I_{Rdmax}，计算值与仿真计算结果比较接近；④减少发电机过电压继电保护延时将大大减少灭磁电阻能量。建议对于汽轮发电机和水轮发电机额定运行时发生出口三相短路时，不必考虑空载误强励情况，此时有 $I_{Rdmax} = I_{fn}k_{dc}$。

表 6-2 列出了某汽轮发电机自励静止励磁系统误强励灭磁情况的计算结果。采用非线性电阻灭磁，1s 发生空载误强励，发电机电压达到 1.3 倍额定电压时过电压保护动作，延时 0.3s 和 0.5s 灭磁。

表 6-2 某汽轮发电机自励静止励磁系统误强励灭磁情况

过电压保护动作条件	1.3 倍延时 0.3s	1.3 倍延时 0.5s
发电机电压（标幺值）	1.628	1.79
灭磁电阻初始电流（标幺值）	4.354	7.336
灭磁电阻消耗能量（标幺值）	10.93	15.261

从计算结果可见，发电机空载误强励 130%电压、延时 0.5s 动作灭磁，灭磁电阻初始电流（7.336 标幺值）略大于发电机近端三相短路延时 0.1s 灭磁时灭磁电阻的初始电流值（6.41 标幺值），发电机最大电压达到 1.79 倍额定电压，灭磁电阻消耗能量是空载额定灭磁能量的 4.66 倍。

对于发电机灭磁现场试验的建议：

（1）现场一般不作为产品灭磁最大能力的形式试验场所。

（2）灭磁装置灭磁最大能力可以通过制造厂 1:1 模拟试验进行检验。

（3）现场需要进行的是检验灭磁功能，即操作正确，动作逻辑正确性、各种灭磁方式（如逆变灭磁、开关灭磁）下灭磁的正确性以及向制造厂索取反映产品灭磁最大能力的形式试验报告。

（4）发电机空载强励灭磁试验，因为转子电流和灭磁电阻消耗能量小于发电机近端三相短路延时 0.1s 灭磁时的数值，小于发电机空载误强励灭磁时的数值，因此该试验一般不作为交接试验和大修试验项目。

（5）现场需要进行发电机空载额定电压下灭磁时，可以结合甩负荷进相模拟保护动作、发电机负载下解列灭磁，至于发电机负载是否额定则无关紧要，主要是检查逻辑动作情况。

进行灭磁试验的目的是检查发电机励磁系统灭磁装置，包括移相逆变、灭磁开关（包括磁场断路器）、灭磁电阻等，在发电机空载和负载工况下灭磁作用。作为形式试验项目，还要进行发电机空载强励灭磁试验。

灭磁试验要在灭磁装置静态检查结束后进行。灭磁装置静止检查包括正常停机逆变灭磁逻辑、事故停机跳灭磁开关和其他设计的逻辑、就地和远方灭磁等，按照设计逻辑逐条检查；对于冗余磁场断路器方式的灭磁系统，进行单磁场断路器动作和双套逻辑控制情况的检查；对于磁场交流电源断路器灭磁系统，检查各种灭磁要求下"封脉冲"和"分断路器"两种动作均按照控制逻辑可靠发生。

具体的试验方法：

（1）发电机空载额定电压下灭磁试验。灭磁试验进行下述 4 种方式：单逆变灭磁——每个通道进行一次；单分灭磁开关灭磁——进行一次；远方正常停机操作灭磁——每个通道进行一次；继电保护动作灭磁——进行一次。

根据灭磁系统特点需要补充进行的试验。例如，对于双重化磁场断路器灭磁系统，除了进行独立灭磁单元的灭磁性能试验外，还要进行通道联动性能、一通道拒动后启动另一通道灭磁的性能。

（2）发电机额定负荷下灭磁试验。灭磁试验应在发电机调速、调压、发电机保护正常投运和较小负荷的甩负荷试验已完成的条件下，与发电机额定负荷试验结合实施，或者单独专项实施。调节器按正常方式设置。继电保护动作时先切断发电机出口断路器，与电网解列甩去额定负荷，自动分磁场断路器进行灭磁。

（3）发电机空载强励灭磁试验。

1）按照发电机空载特性曲线（或趋势线）获得在发电机规定的强励电压或电流下的发电机电压数据，如果发电机电压达到 130%额定电压而转子电流未达到强励电流值，可以降低发电机转速，但是转速应控制在许可的范围内。

2）确认试验时和发电机端相连接的所有电气设备具有承受 130%额定电压的能力。

3）静态模拟对调节器的控制，确认电压给定值可以大于 130%额定值，确认在 130%额定电压下调节电压给定值时控制角可以在整个移相范围内工作。

4）已经完成发电机空载额定灭磁试验，未发现逆变和开关灭磁存在问题。

5）分灭磁开关（磁场断路器）同时或略加延时进行逆变，电压给定值置 0。

灭磁试验需记录和分析数据包括：

（1）灭磁试验记录发电机电压、励磁电压（或励磁机励电压）、励磁电流。需要时可增加灭磁开关（磁场断路器）断口电压、发电机转子绕组电流电压、调节器输出、整流桥触发脉冲、启动灭磁的命令信号、跨接器动作信号以及其他需要的信号等，以便进行详细分析。

（2）测定灭磁时间常数，灭磁时间常数为发电机电压下降到初始值的 0.368 的时间，转子绕组电流灭磁时间为转子绕组电流从初始值下降到 10%初始值所用的时间。

（3）测定转子绕组承受的灭磁过电压。

（4）检查灭磁开关灭弧栅和触点，不应有明显的灼痕，并应清除灼痕。检查灭磁电阻或跨接器，不应有损坏、变形和灼痕。

（5）当采用跨接器或非线性电阻灭磁时，测量灭磁时跨接器动作电压值或非线性电阻两端电压值应符合设计要求。

（6）试验过程中转子过电压保护不应当动作。

根据励磁系统具体设计的不同，在动态或静态下检查其特殊功能。例如，对逆变保护功能的检查：用外部电源模拟电压互感器电压升至额定值，然后投入逆变灭磁控制信号，模拟逆变不成功，经 5s 后，由逆变保护继电器跳灭磁开关，记录延时时间及动作结果。

第六节 单 元 特 性 试 验

一、低励磁限制试验

为检查低励磁限制功能，检查调整有关设定值，需进行低励磁限制试验。

DL/T 843—2010 指出，低励磁限制动作曲线是按发电机不同有功功率静稳极限及发电机端部发热条件确定的；对低励磁保护的设计，要求在励磁电流过小或失磁时，低励磁限制应首先动作，如未起到限制作用，则应切至备用通道，如切到备用通道后仍未能起限制作用，则应由失磁保护判断后动作停机。

DL/T 843—2010 对低励磁限制延时提出要求，"为了防止电力系统暂态过程中低励限制回路的动作影响正确的调节,低励限制回路应有一定的时间延迟"。延迟时间可以考虑为 0.1～0.3s。低励磁限制动作后不应当阻断电力系统稳定器 PSS 的作用。

具体的试验方法：

（1）发电机有功功率稳定。

（2）减少发电机无功功率，当发电机无功功率减至低励磁限制动作设定值时，低励磁限制应能正确动作，此时调节器应闭锁减磁。

（3）增加发电机无功功率，使低励磁限制动作返回、报警解除，此时调节器应能正常减磁。

以上试验应在自动模式下分别进行 A 通道、B 通道的低励磁限制试验。

设计的低励磁限制动作曲线应与发电机电压有关，因为发电机电压降低时稳定裕度降低，为了保持一定的稳定裕度，需要提高最低励磁。具体励磁调节器的低励限制有的与发电机电压有关，有的无关，有的可以由用户选择，试验前应进行了解。一般选择与发电机电压有关的低励磁限制，并且在静态试验时确认该关系。

低励磁限制试验时要求相邻机组运行人员加强监管，及时调整励磁，维持高压母线电压基本不变。备用通道运行在非进相的安全状态，跟踪闭锁，以便紧急切换。

二、过励磁限制试验（转子电流限制器）

为检查过励磁限制功能、过励磁保护功能和强励磁瞬时限制功能，检查调整有关设定值需进行过励磁限制试验。

试验方法：

（1）发电机有功功率稳定。

（2）增加发电机励磁电流，当发电机励磁电流增至过励磁限制动作设定值时，过励磁限制应能正确动作，此时调节器应闭锁增磁。

（3）减少发电机励磁电流，使过励磁限制动作返回、报警解除，此时调节器应能正常增磁。

以上试验应在自动模式下分别进行 A 通道、B 通道的过励限制试验。

交接试验和大修试验时要检查过励限制、保护和强励限制整定值，一般在发电机空负荷或带负荷时通过修改过励限制定值的方法，或增大励磁电流测量值的方法进行过励限制试验。过励保护和强励瞬时限制采用静态的加入模拟信号的方法进行检查。

现场试验时，电厂运行人员需要配合试验及时调整其他发电机励磁控制母线电压。

三、U/f 限制试验

U/f 限制试验是为检查 U/f 限制特性。

试验方法：

（1）静态检查。

1）测量环节检查。分别进行频率不变、改变电压和电压不变、改变频率的 U/f 比值检查，改变电压和改变频率获得的 U/f 比值应当相同。

2）按照用户提供的 U/f 限制特性整定值进行设定。

3）输入模拟发电机电压信号，测定 U/f 限制启动值、限制值和复归值。

4）测定 U/f 限制延时时间。调整模拟发电机电压和频率到 U/f 限制将动作的边沿，突增发电机电压，录波记录模拟发电机电压和 U/f 限制信号，测量 U/f 限制延时时间。如果 U/f 限制采用反时限，则可以调整电压突变量大小，测量不同 U/f 值下的延时，做出反时限曲线。

（2）动态试验。

1）出厂试验时在试验机组上进行试验，调整发电机电压和转速，记录发电机电压、频率和 U/f 限制延时动作时间应基本符合静态测量结果，U/f 限制动作后运行稳定。

2）交接试验和大修试验时在发电机空载下进行试验。先将发电机转速和电压调节到额定值，缓慢将低转速或结合增加电压，记录发电机电压、频率和 U/f 限制动作值，观察 U/f 限制信号。

注意事项：

（1）试验临时将发电机和主变压器过励磁保护只投信号不跳闸（或不投汽轮机跳闸）。

（2）试验时发电机电压控制在预定的最大值之内，转速控制在许可的最小值之上。

（3）当 U/f 限制由反时限特性和瞬时特性两段组成时，需要分别进行试验检查。

四、低频保护

低频试验是为验证调节器低频保护的正确性，检验调节器在低频保护动作前的正常控制作用。

在设定的频率下限进行灭磁，以防止发电机和励磁设备过电流和超出调节器正常控制范围。

试验方法：

（1）静态实验。输入可变频信号自 50Hz 起降低，调整低频保护整定值，使得频率为 45Hz 时低频保护动作，发出低频保护信号，控制角移到最大，电压给定值置零。当模拟发电机并网时，以上操作对低频保护不起作用。

（2）动态试验。改变汽（水）轮机转速，使发电机的电压频率降至低频保护整定值 45Hz，低频保护随即动作，发出低频保护动作信号，发电机电压迅速降至零。

该试验注意事项：

（1）调节器的 U/f 限制对 45Hz 以上做电压校正，45Hz 以下调节器低频保护动作，给定清零灭磁，故此两项试验可结合起来做。

（2）现场试验时，要依据机组可能的调节转速范围进行试验。

五、定子电流限制器试验

定子电流限制器试验是为检查定子电流限制器的功能，检查并调整有关设定值。

试验方法：

（1）发电机有功稳定。

（2）增加发电机定子电流，当发电机定子电流增至定子电流限制动作值时，定子电流限制器应能正确动作。

（3）减少发电机定子电流，使定子电流限制器动作返回、报警解除。

以上试验应在自动模式下分别进行 A 通道、B 通道的定子电流限制器试验。

在增减发电机定子电流时，注意控制增减的步长，防止发生事故。

第七章 安全自动装置调试

第一节 同期装置

电力系统中，为提高供电的可靠性和供电质量并达到经济调度运行的目的，各发电厂内的同步发电机均连接在电网上，并按照一定的条件并列在一起运行。这种运行方式称为同步发电机并列运行。所谓并列运行条件就是系统中各发电机转子有着相同的转速，相角差不超过允许的极限值，且发电机出口的折算电压近似相等。

实现并列运行的操作称为并列操作或同期操作，用以完成并列操作的装置称为同期装置。如果发电机非同期投入电力系统，会引起很大的冲击电流，不仅会危及发电机本身，甚至可能使整个系统的稳定性遭到破坏。

国内、外由于同期操作或同期装置、同期系统的问题发生非同期并列的事例屡见不鲜，其后果是严重损坏发电机的定子绕组，甚至造成大轴损坏。因而，发电机和电网的同期并列操作是电气运行较为复杂、重要的一项操作。

在电力系统中，同步发电机采用的并列方式主要有准同期方式和自同期方式两种。两种并列方式可以是手动操作的，也可以是自动操作的，使用条件与使用情况各不相同。但不论采取哪一种操作方式，应该共同遵循的基本要求和原则是：并列操作时，冲击电流应尽可能小，其瞬时最大值不应超过允许值（1～2 倍的额定电流）；发电机投入系统后，应能迅速拉入同步运行状态，其暂态过程要短，以减少对电力系统的扰动。

一、调试方法和注意事项

（1）机械、外观部分检查。

1）屏柜及装置外观的检查，是否符合本工程的设计要求；

2）屏柜及装置的接地检查，接地是否可靠，是否符合相关设计规程；

3）电缆屏蔽层接地检查，是否按照相关规程进行电缆屏蔽层接地，接地是否可靠；

4）端子排的安装和分布检查，检查是否符合"六统一"设计要求。

（2）屏柜和装置上电试验。

1）上电之前检查电源回路绝缘应满足要求，装置上电后测量直流电源正、负对地电压应平衡。

2）逆变电源稳定性试验。直流电源电压分别为 80%、100%、115%的额定电压时保护装置应工作正常。

3）直流电源的拉合试验。装置加额定工作电源，进行拉合直流工作电源各三次，此时装置不误动或误发动作信号。

（3）同期装置上电后软件版本检查、整定值及系统参数设定。自动准同期装置上电后，装置显示应正常，人机对话功能应正常，并记录装置的型号、软件版本号、管理版本号、校验码以备查验。将切换把手切至"设置"位，从设置菜单进入定值及系统参数设定，按定值单要求对定值及系统参数进行设定。检查定值整定过程中是否存在问题，同时检查定值是否符合设定要求。

（4）辅助继电器检验。自动准同期装置一般都会设计独立的辅助继电器用于相关控制命令的输出，例如调压继电器（包括增磁和减磁）、调速继电器（包括增速和减速）、合闸继电器、中间继电器、同步检定继电器等，因此这些继电器应当分别校验，以保证继电器可靠的工作。

测试内容包括直流电阻测量、动作电压测量、返回电压测量、动作时间测量等。

（5）采样值校验。按实际接线加入待并侧电压 U_g 与系统侧电压 U_s，将电压引入装置，进行采样精度的检查。电压一般取频率 50Hz 下的 $10\%U_e$、$50\%U_e$、$100\%U_e$ 三个测量点；频率一般取额定电压下的 49、49.5、50、50.5、51Hz 五个点进行采样精度测量。

（6）自动准同期装置校验（将切换把手切至"工作"位）

1）装置同期点校验。当待并侧电压 U_g 与系统侧电压 U_s 相位一致时，装置应指示在同期点；当待并侧电压 U_g 与系统侧电压 U_s 相位差为 180° 时，装置应指示两侧电压相位差为 180°。

2）调压功能检查。使待并侧电压频率 f_g 略高于系统侧电压频率，且频差 Δf 小于频差整定值，系统侧电压 U_s 为额定值，使待并侧电压 $U_g<U_s$，同时压差 ΔU 大于压差整定值，则装置应间歇性的发出升压指令，随着 ΔU 的增大，升压脉冲的宽度有变宽的趋势，当 ΔU 小于压差整定值时，装置不再发升压指令，同时在相位一致时将发合闸脉冲。

使待并侧电压频率 f_g 略高于系统侧电压频率 f_s，且频差 Δf 小于频差整定值，系统侧电压 U_s 为额定值，使待并侧电压 $U_g>U_s$，同时压差 ΔU 大于压差整定值，则装置应间歇性的发出降压指令，随着 ΔU 的增大，升压脉冲的宽度有变宽的趋势，当 ΔU 小于压差整定值时，装置不再发降压指令，同时在相位一致时将发合闸脉冲。

3）调频功能检查。保持 U_g、U_s 为额定值，系统侧电压频率 f_s=50Hz，使待并侧电压频率 $f_g<f_s$，并且频差 Δf 大于频差整定值，则装置应间歇性的发出增速指令，随着 Δf 的增大，加速脉冲的宽度有变宽的趋势。当 Δf 小于频差整定值时，装置不再发增速指令，同时在相位一致时将发合闸脉冲。

保持 U_g、U_s 为额定值，系统侧电压频率 f_s=50Hz，使待并侧电压频率 $f_g>f_s$，并且频差 Δf 大于频差整定值，则装置应间歇性的发出减速指令，随着 Δf 的增大，减速脉冲的宽度有变宽的趋势。当 Δf 小于频差整定值时，装置不再发减速指令，同时在相位一致时将发合闸脉冲。

使待并侧电压频率 f_g=f_s，装置应间歇性的发增速指令。

4）低电压闭锁功能检查。使系统电压 U_s 为额定值，待并侧电压 U_g 小于低电压闭锁定值，则装置面板上将显示低电压报警信号，逐步增加 U_g 使其大于低电压闭锁定值，同时复归装置，则低电压报警信号将消失。

5）同步继电器校验。加入待并侧电压及系统电压，检验同步继电器是否有闭锁合闸功能。

（7）交直流回路绝缘检查。

1）交流电压回路绝缘电阻。在端子排处断开所有与外部的接线，用 1000V 绝缘电阻表检查装置交流电压回路对地以及之间的绝缘电阻应大于 10MΩ。

2）控制、信号二次回路绝缘电阻检查。一般仅测量外回路电缆，至 DCS 等设备的回路需在对侧相应端子排上解除，用 1000V 绝缘电阻表检查电缆对地以及电缆芯之间的绝缘电阻应大于 10MΩ。

3）电压二次回路接地点检查。公用的电压二次回路只允许在控制室一点接地。

（8）同期装置系统回路检查。

1）DCS 至同期装置遥控量的检查。一般自动准同期装置都设计有与 DCS 控制系统接口的控制量，即 DCS 控制同期装置上电、启动、复归以及退出的 DO 量，不同型号的同期装置其遥控量开入定义不同，测试安排在 DCS 同期控制逻辑组态以及同期控制画面完成之后，从 DCS 依次模拟 DO 量输出，在同期装置中接收并确认与发出的命令一致。

2）同期装置至 DCS 的信号检查。一般自动准同期装置都设计有与 DCS 控制系统接口的信号量，即同期装置已上电、同期装置报警、同期合闸的 DI 量。测试安排在 DCS 同期控制逻辑组态以及同期控制画面完成之后，从同期装置依次模拟 DI 量输出，在 DCS 同期控制画面中接收并确认与发出的命令一致。

3）同期增减速、升降压回路检查。测试安排在 DCS 同期控制逻辑组态以及同期控制画面完成之后，在同期装置中模拟发出同期增速、减速命令，对应的汽轮机数字电液控制系统（DEH）中能收到该命令并对应的启动增速或减速；在同期装置中模拟发出同期增磁、减磁命令，对应的励磁调节器能接收到该命令并对应启动增磁或减磁。

4）断路器合闸回路检查。测试安排在 DCS 同期控制逻辑组态以及同期控制画面完成之后，且同期装置相关二次回路检查结束，通过仪器模拟并网条件，实际带并网断路器整组测试。

（9）静态条件下同期装置带断路器整组试验。模拟加入待并侧电压及系统侧电压，使其压差和频差满足并网条件；由 DCS 启动同期装置，同期装置将发出合闸脉冲，将并网断路器合上，根据装置显示的时间记录断路器合闸导前时间。

（10）假同期和准同期试验并录波。大型发电机组在同期并列时，为了测试同期装置的功能以及相关参数的设置是否合理（特别是导前时间的设置），一般都采取先模拟并列的假同期试验，同时测录并网时的压差、合闸脉冲、断路器合闸位置以便于分析此时的同期装置是否能满足真正同期并列的要求。由于各个电厂采用的断路器设备以及同期装置的各不相同，其导前时间整定也不尽相同，应具体根据现场的实际测试进行调整。图 7-1 所示为某大型发电机组假同期并列时的录波图，从图中可以看出从合闸脉冲发出到收到断路器位置变位，经历的时间，根据这个时间对应此时的压差是否为最小，来调整同期装置中的导前时间设定。图 7-2 所示为该机组准同期并列时的录波图。

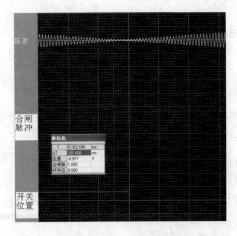

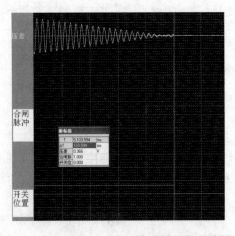

图 7-1　某大型发电厂 1 号机组假同期录波图　　　　图 7-2　某大型发电厂 1 号机组准同期录波图

（11）注意事项。

1）根据国家能源局《防止电力生产事故的二十五项重点要求》〔2014〕161 号文件中第 10.9.1 条规定：微机自动准同期装置应安装独立的同期鉴定闭锁继电器，且该继电器的出口回路必须串接在自动准同期装置出口合闸的回路当中。

2）同期装置在调试前，必须先确定其引入待并侧和系统侧电压（如二次电压是采用 100V 还是 57.7V），根据电压查看其同期装置配置的继电器是否满足要求，例如，某电厂的同期装置引入的待并侧和系统侧电压为 57.7V，其配置的同步检定继电器为 100V（DT-1/200），必须更换成 60V（DT-1/120）才能使用。

3）同期在 DCS 系统中的逻辑必须与 DCS 系统的厂家技术人员沟通，该逻辑是否能在其系统中实现，且必须经运行人员确认后再通过相关方的共同讨论会签、批准后才能实施。

二、发电厂同期装置与快切装置功能的合理匹配

直至今日，我国各类发电厂的同期装置只用于完全解列两电源的同期操作，最典型的应用就是发电机与系统的同期，而发电厂及变电站大量断路器的操作还保持在手动水平。例如出线断路器、母联断路器、分段断路器、旁路断路器、3/2 和 4/3 断路器接线、厂用电系统断路器等，由于它们经常面临当今同期装置不能胜任的合环操作，导致不得不由运行人员手动进行。合环操作的直接结果是新投入的线路要分流合环前运行另半环的负荷，引起潮流的重新分配。显然，新投入线路所分得的负荷过大时可能导致继电保护再次断开合环点的断路器，其原因可能是负荷电流超过电流保护定值，或负荷功率超过该线路的稳定极限，诱发振荡而跳闸。正是因为合环操作可能导致前述后果，而人们又始终没有重视分析这一后果的产生原因，并寻找规避措施，所以几十年来人们一直在采取用一个固定角度定值（一般取 30°）的同期检查继电器来闭锁合环点断路器的合闸回路。当在合环点测得的角度 δ'（此角度在一定程度上反映合环前运行的另半环的功角 δ，此角度与该半环线路的负荷成比例）超过继电器定值时，合闸回路被闭锁，从而避免合环操作引起再跳闸。但至今没有确切的分析同期检查继电器的定值为什么是 30°、40°、50°，甚至更大行不行？于是人们对此不加深究始终说不清道理的措施沿用至今，快切装置也用它来闭锁厂用电源断路器的合闸回路，而且发电厂的厂用电源断路器合环操作的概率极高。

从自动装置合理配置的角度来看，同期装置控制的对象是有同期需要的断路器，这里指的同期应包含两解列电源的并列和开环点的合环操作。快切装置控制的对象是在厂用电源失电时迅速按规定程序控制备用电源断路器投入备用电源。显然，同期装置是解决正常运行时的断路器的操作，而快切装置是解决事故情况时的厂用电源断路器的操作。但是由于厂用电源断路器的操作大多为开环或合环性质，而长期以来同期装置不考虑应对合环操作的需要，因而发电厂和变电站的同期接线设计中，从来都没安排同期装置去控制有合环操作可能的断路器。然而，快切装置的控制对象就是有合环操作可能的厂用电源断路器，于是出现了一个非常不合逻辑但又迫于无奈的分工模式，即同期装置只管差频并网（即两解列电源并网）的断路器，例如发电机出口断路器和发电机—变压器组高压侧断路器等，而把厂用电源断路器的正常切换交给了仅有粗糙检同期功能的快切装置。显然，这一功能的错位是极不合理的。首先，快切装置的性质和继电保护装置一样专司事故状态下故障处理之责，用不着它去作断路器的正常操作；其次，当今的快切装置不具备精确和安全实施正常差频并网及合环操作的品质，特别是当合环操作 $\delta > 30°$ 时必须人工介入，此时它将不再是自动装置了，而是一个可能因人工盲目操作酿成新的事故的隐患。因此，纠正同期装置与快切装置的功能错位已是设计部门及运行部门的当务之急。

以火力发电厂断路器的实际操作为例，分析断路器的操作特征及合环容许角差。

图 7-3 所示为某一 2×600MW 机组火力发电厂的电气主接线，发电机—变压器组高压侧 500kV 为 3/2 断路器接线方式，发电机出口设有断路器，6kV 高压厂用工作分支接入 A、B 两段厂用母线，启动/备用变压器的电源分别取自 500kV 及 220kV 线路，6kV 高压厂用备用分支分别接到两台机的厂用 A、B 段母线作为备用电源。图中共有 20 个断路器，在不同运行方式下将面临不同的操作模式。

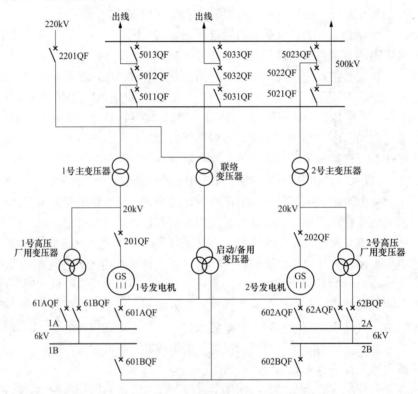

图 7-3　某 2×600MW 火力发电厂电气主接线图

（1）发电机出口断路器 201QF、202QF。这两个断路器在任何情况下都属差频并网性质，即断路器在分位时两端为两个独立的电源，理想的同期操作是在压差及频差满足要求的前提下于相角差为零度时刻实现同期。

（2）500kV 3/2 断路器接线 5012QF、5011QF 和 5023QF、5022QF。在断路器 201QF 及 202QF 已合上的情况下，5012QF、5011QF 二者中及 5023QF、5022QF 二者中先行合闸的与 201QF 和 202QF 同样为差频并网性质，而后来合闸的则将面临合环性操作，因发电机将通过 500kV 出线进入系统，并通过其他发电厂、变电站与该发电机形成合环。

（3）500kV 3/2 断路器接线 5013QF、5033QF、5032QF、5031QF、5021QF。这些断路器在正常运行方式下基本为合环性操作，只有在出线停运后再次充电才会面临单侧无压合闸。

（4）220kV 出线断路器 2201QF。此断路器为合环性操作。

（5）6kV 高压厂用电源工作及备用分支断路器 61AQF、61BQF、601AQF、601BQF、

602AQF、602BQF、62AQF、62BQF。这些断路器合闸时会面临三种情况，即单侧无电压合闸、差频并网、合环操作，现分别列出 1 号机开、停机过程的操作。

发电机开机过程：断开 61AQF 和 61BQF，将 601AQF 和 601BQF 按单侧无电压（1A 及 1B 母线无压）方式合闸，启动/备用变压器向厂用母线供电，发电机进入开机过程。发电机冲转完成后通过 201QF 和 5012QF（或 5011QF）并入系统，通过 61AQF 及 61BQF 按合环操作方式使厂用母线 1A、1B 由发电机供电，断开备用分支断路器 601AQF 及 601BQF。有些电厂为避开 61AQF 和 61BQF 进行合环操作，往往采取发电机冲转成功后先不并入系统，而是使 61AQF 及 61BQF 进行差频并网后，断开 601AQF 及 601BQF 实现厂用工作电源及备用电源的切换，这种操作程序是不规范的，因汽轮发电机组不能长时间低负荷运行，一般应保证负荷不小于 30% 额定功率，而此时厂用负荷还不到 10% 额定功率，所以先在厂用电源切换之后，再实行发电机并网是不可取的。

从上例可以看出，不仅在发电厂，甚至在变电站里绝大部分断路器都有面临合环操作的问题，而合环操作后必将导致潮流的重新分配。因此，合环操作用一个固定角度定值的同期检查继电器闭锁合闸回路的做法是错误的，正确的做法是通过潮流计算，得出合环操作后新投入线路分得的负荷电流，进而确定合环操作是否会失败。当然，不同运行方式下的潮流计算应由调度部门完成，因为他们掌握了所有计算需要的数据及计算工具。由于在合环点断路器两侧可以测量到一个角度 δ'，这个角度反映合环前正在运行的那半环的功角，如图 7-4 所示，当线路 L1 的 B 站端断路器 8QF 合上，而需在 2QF 进行合环操作时，则通过母线 A 及线路 L1 的 A 站电压互感器取得的电压可先测量到一个角度 δ'，这个角度直接反映 L2 及 L3 线路的运行功角 δ，即 A 厂电源电动势 E_A 对 B 变电站母线电压 U_B 的功角，其表达式为

$$\delta = \arcsin\left(\frac{PX_\Sigma}{E_A U_B}\right)$$

式中　P ——L2、L3 传输的有功功率；

　　　X_Σ——E_A 到 U_B 间的电抗。

从式中可以看到：L2、L3 传送的有功功率 P 越大则功角 δ 越大，因 δ 为一正弦函数，在不计及其他因素（例如发电机励磁的变化）的情况下，δ 的最大取值可为 90°，当 δ 超过 90° 时线路两端电源将失步。从上式中还可看出，电抗 X_Σ 越大，即线路越长，δ 也越大。因此，对含有长距离重负荷线路的系统里，功角 δ 是应予以重视的运行参数，其对合环操作的后果具有重要影响。

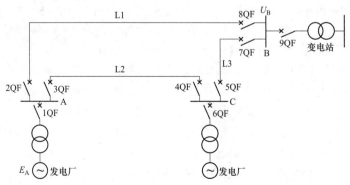

图 7-4　简单环网示意图

不难看出，在图 7-4 中的 2QF 进行合环操作前，由于取用的采样信号是 2QF 两侧的 TV 二次电压，因此继电保护装置和自动装置测量到的 δ' 不是真正的功角 δ，因其没有计及 E_A 电源内阻抗及主变压器阻抗产生的分量，但 δ' 的值在一定程度上反映 L2、L3 的负荷大小，也就是说反映在 2QF 进行合环操作后 L1 将分得负荷的大小，这就为评价合环操作可行性提供了依据。事实上调度部门通过遥信和遥测设备可以获得不同运行方式下的系统结构及潮流分布，加上已知的系统中发电机、变压器、线路等设备的电气参数，完全可以计算出各开环点断路器合环操作后将分流的负荷及与之相应的 δ' 值。显然，在计算出来后，将其下达给各开环点断路器的自动装置（或同期检查继电器 TJJ）作为定值，这样既保证了合环操作的安全，又不致因定值过小（例如传统的 30°）失去合环机会。当然，不排斥在不同运行方式下可能计算出不同的 δ'_{max} 值，为简便计，可取诸值中的最小值，这比千篇一律的 30°要合理得多。

同期装置和快切装置的共同点都是实现断路器的自动操作，但它们的本质区别是同期装置专司有同期需求的断路器的正常操作，而快切装置是在事故情况下进行备用电源取代已出故障工作电源的操作。断路器的正常操作和事故操作混在一起正是当前快切装置设计的重大弊端，而只管差频并网操作，不管合环并网操作也是当前同期装置设计的重大错误。

从当前的快切装置中，暴露出最致命的错误是不论正常切换或事故切换都竭力回避工作电源和备用电源的直接"交锋"，所谓的串联切换、同时切换的引入就是明显的例子，这是因为设计者没有使用严密的数学算法确保不论是差频并网的两电压"交锋"，还是合环操作的两电压"交锋"，都做得既快速又安全，而几乎类似的大部分装置都没有摆脱用固定相角定值闭锁合闸回路的俗套，这就不得不使运行人员在厂用电源断路器正常合环操作相角大于定值时盲目地进行冒险操作，其实完全可以在正常差频并网操作时精确地在相差为 0°时完成，而正常合环操作时使用经过计算的 δ'_{max} 定值确保快速安全地完成操作。同时，快切装置最本质的任务是确保在事故情况下第一时间切除故障工作电源及接入备用电源，这就需要用更为精确的算法去捕捉备用电源与厂用母线电动机群反馈电压的最佳同期时机，以使几乎全部厂用负荷在反馈电压的频率及电压下降不多的情况下安全地重新获得电源。除了算法以外，还需要大大提高执行速度，实现捕捉第一次出现的最佳接入时机。

而对于同期装置来讲，必须具备自动识别差频并网和合环并网特征的能力，确保差频并网时无冲击、合环并网时一次成功。如前文所述，合环并网成功与否取决于装置实测 δ' 是否小于 δ'_{max}，当然，开环点的压差 ΔU 也应在允许值内，在 $\delta' < \delta'_{max}$ 及 $\Delta U < \Delta U_{max}$ 时可保证合环成功，而在 $\delta' > \delta'_{max}$ 或 $\Delta U > \Delta U_{max}$ 时同期装置一方面应闭锁合闸回路，另一方面应将信息通过 RTU 上传到调度中心，以期在调度的指挥下创造 $\delta' < \delta'_{max}$ 和 $\Delta U < \Delta U_{max}$ 的条件，一旦条件满足，同期装置随即安全完成合环操作，这是实现发电厂或变电站操作真正自动化的必由之路，绝不能重复现在流行的不具备合环条件就退出的作法。

发电厂的断路器只有极少数的合闸操作属差频并网性质，其他都存在合环操作问题。显然，应该使用同期装置来控制这些断路器，包括厂用电源系统的断路器，而快切装置放弃现行既粗糙又不安全的正常切换功能，保留并提高事故切换功能是最合理的设计。

大型火力发电厂中机组均实施了分布式控制（DCS），同期装置及快切装置都是 DCS 的现场智能终端，DCS 控制同期装置对各相关断路器进行同期操作，它们之间有相应的握手信号，例如 DCS 在需要同期装置对某断路器进行同期操作时，首先通过现场总线（或以太网）启动同期装置，同期装置自检完毕后向 DCS 回馈"同期装置就绪"信号，DCS 在收到此信号后待同期条件准备成熟即向同期装置发出"同期装置进入工作"命令，直至完成同期操作并退出同期装置；而快切装置与同期装置不同，是 24h 全天候工作，因此，DCS 与快切装置始终保持着通信联系，以便 DCS 在需要的时候获取装置启动前或动作后的信息。由于发电厂内包括厂用电源系统的全部断路器的正常同期操作都由同期装置实施，而且同期装置的每一次操作都受命于 DCS，因此，任一断路器的分闸也应受命于 DCS。

通过以上分析，清楚了对同期装置与快切装置的基本要求及其分工。仍以图 7-3 所示的火力发电厂为例，梳理一下更加趋于合理的同期装置与快切装置功能的匹配方案。

图 7-3 中的 20 个断路器都有差频并网和合环操作问题，可以把它们分为三大类。

（1）涉及每台发电机同期操作的 20kV 及 500kV 断路器，包括两台机的 20kV 及 500kV 断路器，1 号机：201QF、5011QF、5012QF；2 号机：202QF、5022QF、5023QF。

（2）涉及出线同期操作的 220kV 及 500kV 断路器，包括 2201QF、5013QF、5031QF、5032QF、5033QF、5021QF。

（3）涉及两台机组 6kV 高压厂用电源正常切换的断路器，1 号机：61AQF、61BQF、601AQF、601BQF；2 号机：62AQF、62BQF、602AQF、602BQF。

按上述分类可选用如下自动装置：

1 号机的 201QF、5011QF、5012QF、61AQF、61BQF、601AQF、601BQF 共用一台发电机线路复用微机同期装置，作正常同期操作用；

2 号机的 202QF、5022QF、5023QF、62AQF、62BQF、602AQF、602BQF 共用一台发电机线路复用微机同期装置，作正常同期操作用；

出线 2201QF、5013QF、5031QF、5032QF、5033QF、5021QF 共用一台线路微机同期装置，作正常同期操作用。

1 号机厂用电 61AQF、601AQF 用一台微机快切装置，作事故切换用；

1 号机厂用电 61BQF、601BQF 用一台微机快切装置，作事故切换用；

2 号机厂用电 62AQF、602AQF 用一台微机快切装置，作事故切换用；

2 号机厂用电 62BQF、602BQF 用一台微机快切装置，作事故切换用。

这样配置条理清晰，同期装置及快切装置各尽其长，更重要的是保证了自动操作的安全可靠。国内已有制造厂家推出了同期自动选线器，例如深圳市智能设备开发有限公司的 SID-2X 系列同期自动选线器，实现了一台同期装置为多同期点共用时同期信号切换的全部自动化，废除了传统的同期开关及同期小母线。使全厂的同期操作都可由 DCS 指挥，实现真正的断路器操作自动化。

图 7-5 所示为同期自动选线器与同期装置配套使用的示意图。按前述配置方案将需要三台具有 8 个同期点的同期装置及两台 7 个同期点、一台 6 个同期点的同期自动选线器。选线器可由上位机通过现场总线进行选线控制，也可通过上位机 1 对 1 的开关量进行选线控制。选线器接收到上位机的选线指令后立即将相应的同期信号及被控对象（调速、调压及合闸回路）与同期装置联通，并同时启动同期装置。同期操作结束后，同期装置将同期操作结束信号返送到选线器，选线器随即切断同期装置，自身进入扫查上位机新的选线命令状态。

同期装置和快切装置是发电厂的重要自动装置，前者担负着电厂正常运行时断路器的同期操作，后者担负着工作及备用厂用电源断路器的事故切换。基于技术及传统习惯的原因，这两种自动装置的功能存在着严重错位的配置。同期装置应属于断路器正常操作范畴的自动

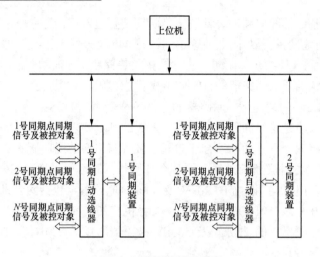

图 7-5　装置连接示意图

装置，快切装置则属于事故情况（厂用电源消失）下进行备用电源快速投入操作范畴的自动装置。然而，目前的现实是该同期装置管的断路器，它没管，例如具有合环操作方式的断路器；而不该快切装置管的断路器，它却在粗糙的管，例如用粗糙的角度闭锁或捕捉同期方式去操作具有合环操作特征的断路器。同期装置管理所有有同期（包括合环）需求的断路器，快切装置专司厂用电源快速事故切换之责，才是最佳的功能匹配。

　　客观分析传统及现行技术措施的可靠性及合理性是非常必要的，以往由于技术水平的限制，使一些问题无法合理解决，用一些显然不完善甚至深藏隐患的方法来应对是可以理解的。然而随着理论及技术水平的不断提高，已经具备解决这些历史遗留问题的条件时，就应该当机立断予以解决，那些盲目保守的做法只会降低电力生产的安全及可靠性，应予以充分重视。

第二节　厂用电源快速切换装置

　　发电厂厂用电母线设有两个电源，即厂用工作电源和备用电源。正常运行时，厂用负荷由厂用工作电源供电，而备用电源处于断开状态。

　　对于 200MW 及以上大容量机组，由于均采用发电机—变压器组单元接线，厂用工作电源从发电机出口引接，而发电机出口一般不装设断路器，为了发电机组的启动尚需设置启动电源，且启动电源兼作备用电源。在此情况下，机组启动时，其厂用负荷由启动备用电源供电，待机组启动完成后，再切换至厂用工作电源供电；而在机组正常停机（计划停机）时，停机前又要将厂用负荷从厂用工作电源切换至备用电源供电，以保证安全停机。此外，在厂用工作电源发生事故（包括高压厂用变压器、发电机、主变压器、汽轮机等事故）而被切除时，要求备用电源尽快自动投入。因此，厂用工作电源的切换在发电厂是经常发生的。

　　对于大型汽轮发电机组的厂用工作电源与事故备用电源之间的切换有很高的要求：其一，厂用电源系统的任何设备（电动机、断路器等）不能由于厂用电源的切换而承受不允许的过载和冲击；其二，在厂用电源切换过程中，必须尽可能地保证机组的连续输出功率、机组控制的稳定和机炉的安全运行。所以，一般将其事故备用电源接在 220kV 及以上电压电网。如果厂内没有装设 500kV 与 220kV 之间的联络变压器，则厂用工作电源与备用电源之间可能有较大的电压差ΔU和相角差Δφ。电压差可以通过备用变压器的有载分接开关来调节，而相角差Δφ则取决于电网的潮流，是无法控制的。按照时间经验，当相角差Δφ<15°时，厂用工作电源切换造成电磁环网中的冲击电流，厂用变压器还能承受，否则，就只能改变运行方式或者采用快速自动切换。

厂用电源快速切换装置是发电厂厂用电源系统的一个重要设备，与发电机—变压器组保护、励磁调节器、同期装置一起，被合称为发电厂电气系统安全保障的"四大法宝"，对发电厂乃至整个电力系统的安全稳定运行有着重大影响。对厂用电源切换的基本要求是安全可靠，其安全性体现在切换过程中不能造成设备损坏或人身伤害，而可靠性则体现在保障切换成功，避免保护跳闸、重要辅机设备跳闸等造成机炉停运事故。

厂用电源快速切换装置主要从以下几个方面进行调试：

（1）机械、外观部分检查。

1）屏柜及装置外观的检查，是否符合本工程的设计要求；

2）屏柜及装置的接地检查，接地是否可靠，是否符合相关设计规程；

3）电缆屏蔽层接地检查，是否按照相关规程进行电缆屏蔽层接地，接地是否可靠；

4）端子排的安装和分布检查，检查是否符合"六统一"设计要求。

（2）屏柜和装置上电试验。

1）上电之前检查电源回路绝缘应满足要求，装置上电后测量直流电源正、负对地电压应平衡。

2）逆变电源稳定性试验：直流电源电压分别为80%、100%、115%的额定电压时保护装置应工作正常。

3）直流电源的拉合试验：装置加额定工作电源，进行拉合直流工作电源各三次，此时装置不误动和误发动作信号。

（3）软件版本及定值检查。检查装置上电后，软件版本号是否符合设计的要求；检查定值单是否适用于该软件版本。

（4）采样精度检查。电压采样精度检查一般在50Hz和45Hz下取10%U_n、50%U_n、U_n三个量；频率采样精度检查一般在U_n和50%U_n下取45、50、55Hz三个量；相位采样精度检查一般取-30°、0°、30°、180°四个量；电流精度检查一般取10%I_n、50%I_n、I_n（如果有电流模拟量输入）三个量。

（5）开入、开出量检查。一般快切装置开入量设有：远方启动手动切换、远方装置复归、远方闭锁装置、母线TV工作位置、保护启动快切、保护闭锁快切、工作进线分支开关位置、备用进线分支开关位置等。依次模拟上述开入量并在装置上的开入量检查中确认。

一般快切装置开出量设有：跳工作进线断路器、合工作进线断路器、跳备用进线断路器、合备用进线断路器、合备用高压侧断路器、切换失败、装置闭锁、切换完成等。依次模拟上述开出量并用万用表在对应端子排上测量。

（6）装置功能检查。

1）并联自动切换下的频差、压差、角差测试。首先满足三个条件中的任两个条件，通过改变另一个条件来测量其是否符合定值单要求。

2）快速切换下的频差、角差测试。满足其中任一个条件，通过改变另外一个条件来测量其是否符合定值单要求。

3）母线低电压测试。通过继保测试仪同时模拟工作电源和备用电源正常运行的条件，缓慢降低母线电压，直至快切装置动作，由工作电源切换至备用电源。

4）母线残压切换测试。通过继保测试仪同时模拟工作电源和备用电源正常运行的条件，将母线低电压功能退出，降低母线电压，直至快切装置动作，由工作电源切换至备用电源。

（7）二次回路检查。根据设计院出具的图纸结合快切装置出厂的原理图，检查整个装置与 DCS 的控制和信号回路，到工作分支和备用分支的电流回路、电压回路、控制和信号回路，到厂用系统母线 TV 柜的电压回路、信号回路，到发电机—变压器组保护的二次回路等。

（8）装置空载带开关整组传动。首先，做好相关安全措施后，将厂用系统的工作分支断路器合上，备用分支断路器热备用，再通过继电保护测试仪在快切装置上同时模拟工作电源和备用电源正常运行的条件，然后按照表 7-1 所列进行空载切换试验。

表 7-1　　　　　　　　　　　　　　空载切换实验参照表

序号	切换方向	切换方式	切换过程
1	工作到备用	手动启动串联	自动跳工作，合备用
2	工作到备用	手动启动并联半自动	自动合备用分支、手动拉工作分支
3	工作到备用	手动启动并联自动	自动合备用分支、跳工作分支
4	工作到备用	母线失压启动	自动跳工作，合备用
5	工作到备用	误动启动	自动跳工作，合备用
6	工作到备用	事故串联	先跳工作，后合备用
7	工作到备用	事故同时	跳工作，合备用
8	工作到备用	保护闭锁	不切换
9	备用到工作	手动启动串联	自动跳备用，合工作
10	备用到工作	手动启动并联半自动	自动合工作分支、手动拉备用分支
11	备用到工作	手动启动并联自动	自动合工作分支、跳备用分支

试验结束后，将厂用系统恢复至试验前状态，并恢复相关安全措施。

（9）机组并网后装置带负荷切换试验。在做带负荷厂用电源切换试验前，一般要先进行工作电源与备用电源的一次核相工作，确认工作电源与备用电源在一次系统上没有错相情况下才能进行切换试验。但鉴于一次核相工作存在一定的安全风险，在厂用系统调试的初期（厂用系统倒送电工作已经完成，但机组调试工作刚刚开始的阶段）可以对备用电源和工作电源进行同电源二次核相，用来代替以后机组并网后的一次核相工作，具体做法如图 7-6 所示。

首先，拉开备用进线断路器 QF2，并将断路器拖至试验位置；在图中"×"的位置断开工作进线分支与工作变压器低压侧的连接，并做好隔离措施，待安全措施检查完成后，将工作进线分支 TV 推至工作位置，再将工作进线断路器 QF1 推至工作位置并合闸；最后将备用进线断路器 QF2 推至工作位置并合闸。待合闸正常后，进行工作电源与备用电源的同电源二次核相。通过同电源二次核相确认 TV 二次回路正确性，待机组整套启动时，通过并网电源二次核相，确认一次系统接线的正确性。

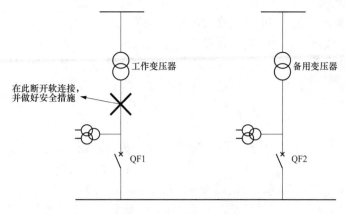

图 7-6　电源切换图

快切装置的带负荷切换试验一般选择在机组并网后负荷带至 15% 时进行。如表 7-2 所示。

表 7-2　　　　　　　　　　　　　　快速切换实验参照表

序号	切换方向	切换方式	切换过程
1	备用到工作	手动启动并联半自动	自动合工作分支、手动拉备用分支
2	工作到备用	手动启动并联半自动	自动合备用分支、手动拉工作分支
3	备用到工作	手动启动并联自动	自动合工作分支、跳备用分支
4	工作到备用	手动启动并联自动	自动合备用分支、跳工作分支
5	备用到工作	手动启动串联	自动跳备用分支、合工作分支
6	工作到备用	手动启动串联	自动跳工作分支、合备用分支
7	工作到备用	事故串联	先跳工作，后合备用

试验结束后，厂用系统的运行方式由运行人员安排。

（10）注意事项。采用快速切换及同期判别的目的，是为了在厂用母线失去工作电源或工作电源故障时能可靠、快速地将备用电源切换至厂用母线上，而从以往快切装置反馈的信息看，往往是快切装置正确动作，而备用电源因速断或过电流保护动作而跳开，从某种意义上说，此时的切换也是失败的。究其原因主要是备用电源速断及过电流保护定值整定的依据往往以躲过变压器励磁涌流及所带负荷中需自启动的电动机最大启动电流之和。根据经验，快速切换及同期判别切换一般在 0.15s 左右完成，如果切换期间母线残压衰减较快，所带负荷中的非重要辅机可能还来不及退出，如此时合上备用电源，所有辅机将一起自启动，引起启动/备用变压器过电流，其值可能超过电流保护定值，甚至达到速断定值。为避免出现上述情况，在快速切换及同期判别时，分别增加了母线电压的判据（可通过控制字投退），当母线电压小于定值时不再进行快速切换或同期判别切换，待切除部分非重要辅机后再进行残压或长延时切换，提高厂用电源切换的成功率。

由于厂用工作和启动/备用变压器的引接方式不同，它们之间往往有不同数值的阻抗，当变压器带上负荷时，两电源之间的电压将存在一定的相位差，这相位差通常称作"初始相角"。初始相角的存在，在手动并联切换时，两台变压器之间会产生环流，此环流过大时，对变压器是十分有害的，如在事故自动切换时，初始相角将增加备用电源电压与残压之间的角度，使实现快速切换更为困难。初始相角在 20°时，环流的幅值大约等于变压器的额定电流，在切换的短时间内，该环流不会给变压器带来危害。因此在厂用工作与启动/备用变压器的引线可能使它们之间的夹角超过 20°时，建议采用手动串联切换方式进行。

当工作电源与备用电源引自不同的电压等级时（如工作电源为 500kV 电压系统，备用电源为 220kV 电压系统），一般不建议采用手动并联切换方式，建议使用手动串联切换方式。

第三节　故障录波装置

故障录波器用于电力系统，可在系统发生故障时，自动地、准确地记录故障前、后过程的各种电气量的变化情况，通过这些电气量的分析、比较，对分析处理事故、判断保护是否正确动作、提高电力系统安全运行水平均有着重要作用。故障录波器是提高电力系统安全运行的重要自动装置，当电力系统发生故障或振荡时，能自动记录整个故障过程中各种电气量的变化。故障录波器的作用主要有以下几点：

（1）根据所记录波形，可以正确地分析判断电力系统、线路和设备故障发生的确切地点、发展过程和故障类型，以便迅速排除故障和制定防范对策。

（2）分析继电保护和高压断路器的动作情况，及时发现设备缺陷，揭示电力系统中存在的问题。

（3）积累第一手材料，加强对电力系统规律的认识，不断提高电力系统运行水平。

从以下几个方面对故障录波器进行调试：

（1）机械、外观部分检查，包括：

1）屏柜及装置外观的检查，是否符合本工程的设计要求；

2）屏柜及装置的接地检查，接地是否可靠，是否符合相关设计规程；

3）电缆屏蔽层接地检查，是否按照相关规程进行电缆屏蔽层接地，接地是否可靠；

4）端子排的安装和分布检查，检查是否符合"六统一"的设计要求。

（2）屏柜和装置上电试验，包括：

1）上电之前检查电源回路绝缘应满足要求，装置上电后测量直流电源正、负对地电压应平衡。

2）逆变电源稳定性试验：直流电源电压分别为 80%、100%、115%的额定电压时保护装置应工作正常。

3）电源检查试验：进行拉合直流和交流工作电源各三次，此时装置不误动或误发动作信号。

4）模拟量通道采样精度检查：根据设计测点，先对故障录波器的模拟量通道进行定义。电压通道采样精度检查一般采取 $10\%U_n$、$50\%U_n$、U_n 三个量；电流通道采样精度检查一般采取 $10\%I_n$、$50\%I_n$、I_n 三个量；频率通道采样精度检查一般采取 45、50、55Hz 三个量；直流通道采样精度一般采取 4、12、20mA 三个量。

5）开关量通道采样精度检查：根据设计测点，先对故障录波器的开关量通道进行定义。依次在对应端子排上模拟开关量输入，同时在故障录波器的开关量检查中确认。

6）模拟量启动功能测试：根据定值单，依次对模拟量启动进行测试。一般模拟量启动分为过量启动、欠量启动、突变量启动。

（3）整组试验：安排在所有二次回路检查结束之后，从开关量的源头进行模拟，同时在故障录波器上观察录波器启动报文，是否与设计相一致。

现场工作注意事项如下：

（1）定值的投放方法和原则。

1）工频电压模拟量每一个通道稳态量启动可以整定为过电压或欠电压启动，原则为±10%的额定值。如额定值为57.7V，过电压可以整定为64V，欠电压可以整定为-50V（欠电压加"-"号）。

2）工频电流模拟量每一个通道稳态量启动可以整定为过电流启动，原则为10%的额定值。如额定值为5A，过电流可以整定为5.5A。

3）突变量启动定值整定为额定值的10%，如额定值为5A，突变量可以整定为0.5A，额定值为57.7V，突变量可以整定为6V。需要注意：录波器主要录制故障状态的电气量，为避免受到正常运行状态值的影响，不要把定值设定的过小。

4）关于零序电压、零序电流突变量定值，考虑到三次谐波成分比较多，定值应该再大一些，约为13%。

5）励磁电压、电流通道（包括100Hz和400Hz）只有稳态量启动，不设突变量定值，定值为额定励磁电压、电流的110%。

注意：额定值是指电压、电流互感器的二次值。

（2）直流通道设置的方法。在录波监控软件调试状态下，同时按下Ctrl+Shift+Windows键+F12，弹出人机对话框，输入直流起始通道号和截止通道号。如果现场接入+对地、-地对，需把相邻的通道号输入到"励磁极间电压通道号"；100Hz电量起始通道号按实际情况输入。

（3）比例系数的制作方法。后台监控软件在调试状态下进行：

第一步：对应通道加入相应的量，例如，做发电机A相电压通道的比例系数，在发电机A相电压模拟量通道施加50V电压，然后选择"录波器调试"菜单下"计算比例系数"子菜单命令。

第二步：出现"系统调试密码"提示框。

第三步：输入密码，单击"确定"按钮，显示"计算比例系数"：

1）当输入量为多路时，选择"成组通道计算"，首先将实际加入的量通过键盘输入到"输入量的有效值"编辑框中，然后在"请选择组通道号"编辑框中选择实际加入量的通道号（最多选择四个通道），设置完毕单击"开始计算"按钮。

单击"保存系数"按钮，即完成成组比例系数制作，返回主界面，查看结果。

2）当输入量为一路时，选择"单个通道计算"，首先将实际加入的量通过键盘输入到"输入量的有效值"编辑框中，然后在"请选择单个通道号"编辑框中选择实际加入量的通道号，设置完毕单击"开始计算"按钮。

第四步：单击"保存系数"按钮，即完成单个通道比例系数制作，返回主界面，查看结果。

注意：重做比例系数通道一定要准确无误，施加量与输入量一致，建议做完比例系数要进行手动启动录波进行核对校验。

（4）判断前置机主板及程序好坏的方法。关掉前置机电源，接上显示器，重新启动前置机，通过显示画面可以监视前置机启动状态，如果黑屏，证明前置机主板坏，需更换；如果上电自检错误，可进入 CMOS 重新配置；如果还不能启动，主板坏，需更换；如出现硬盘 DOS 系统引导失败，有两种情况可供参考：一是小硬盘 DOM、CF 卡找不到；二是小硬盘 DOM、CF 卡程序存在病毒一般为 boot 字样的病毒，处理方法是将小硬盘 DOM、CF 卡重新分区格式化，再写入相应的程序。如程序不能分区或格式化，则确认小硬盘 DOM 坏，需更换。

（5）频繁启动的制止方法。频繁启动时可按下列方法处理：首先将后台录波主画面转到"调试"状态；选择"录波系统设置"下"后台机运行参数"出现子菜单；选择前置机开机初始转台（运行/调试）运行状态，去掉"对勾"；确定；输入密码确定；复位三个前置机按"复位键"，待前置机启动正常后，应为调试状态，再修改定值确定；改完定值后，将录波软件重新启动一次。

（6）信号变换箱电源的更换方法。卸下信号变换箱电源的连接电缆插头，拆下电源插板，更换相应的备件或电源模块。

（7）机组大修后录波器用户自己做精度和启动试验的方法。首先将录波器调到"调试"状态下，去掉原来的所有定值（主要是欠量定值对启动有影响）；校通道精度，对应每一路模拟量施加电压或电流，观察有效值，如果误差超出范围，可以调整比例系数；启动试验，对应一路模拟量施加电压或电流设定值，将录波器转到运行状态，施加电压或电流，观察启动值。

（8）主机系统不启动时处理方法。首先按工控机箱相对应的复位键，观察对应的主机系统是否可以正常运行，一般可以解决；或是接上显示器，重新启动前置机，通过显示画面可以监视前置机启动状态，如果黑屏，证明前置机主板坏，需更换。

（9）GPS 脉冲对时使用方法。GPS 脉冲对软件启机后自动运行 GpsSyn.exe 文件，图标在右下角任务栏托盘中，双击所指图标即可设置对时方式，设置完毕，点击"应用"按钮。现场为无源信号时，24V 接录波器装置电源输出的 24V。

第四节 继电保护及故障信息子站

继电保护及故障信息处理系统简称保护及故障信息子站，是通过数据采集、数据处理和通信旁路等新一代信息子站技术，根据电网公司关于继电保护及故障信息处理系统最新技术规范和在满足实际应用的基础上，快速准确地接收和处理继电保护故障信息，帮助电网运行人员和继电保护技术人员快速了解电网故障性质和继电保护装置的动作情况，进而达到快速处理事故，快速恢复供电的目的。

一、现场试验的条件与基本要求

（1）试验前的必要条件。技术资料及安装接线图纸齐全。

（2）试验设备及试验接线的基本要求。为了保证检验质量，应使用合格的继电保护微机型试验装置，其技术性能应符合 DL/T 624—2010《继电保护微机型试验装置技术条件》的规定，计量精度应符合计量法规要求。

试验回路的接线原则，应使加入保护装置的电气量与实际情况相符合，保护装置应按照保护正常运行的同等条件下进行，加入装置的试验电流和电压。

（3）试验电源的要求。交、直流试验电源质量和接线方式等要求参照《继电保护及电网安全自动装置检验条例》有关规定执行。

二、试验过程中应注意的事项

按某保护退出运行（旁带或退保护）一天考虑，以检查 POFIS 系统与保护的连接及检验保护相关信息的正确性；其他相同类型保护带电接入，只检查开关量、模拟量和定值正确性。

检验需要临时短接或断开的端子，应按照安全措施要求做好记录，并在试验结束后及时恢复。

三、继电保护故障信息现场调试

保护装置整定值（含控制字的设置）与采样值校核。

1. 校核保护定值

（1）打印当前运行的保护定值并做好记录。

（2）从 POFIS 故障信息系统调出保护装置定值，应同打印的装置定值相一致。

2. 校核模拟量采样值

（1）用微机实验装置从保护屏端子逐一加入单相电压和单相电流；

（2）检查 POFIS 故障信息系统所调采样值应与保护装置一致（包括幅值和相角，检查 I_A、I_B、I_C、$3I_0$、U_A、U_B、U_C、$3U_0$ 和 U_X 是否齐全）。

3. 校核开关量采样值

（1）进入保护装置的采样运行环境；

（2）根据现场情况，对开关量进行逐一变位；

（3）检查 POFIS 故障信息系统中保护开关量应一致（包括开关量的名称和状态）。

4. 本地与调度数据网联调

（1）本地保护及故障信息子站按调度下达参数进行配置，并通信成功；

（2）本地模拟信息（故障、开关量），调度端应能正确调用、接收本地上传信息。

四、保护报文与故障录波图形的校核

1. 模拟保护区内单相瞬时故障

（1）投入保护功能连接片，退出跳闸连接片（同时退出失灵启动及失灵总投入连接片），加故障量模拟单相瞬时性故障；

（2）打印保护报文及录波图；

（3）从 POFIS 故障信息系统调保护报文信息核对保护动作类型、动作时间、故障电流、故障测距、故障选相是否与保护报文一致，并做好记录；

（4）从 POFIS 故障信息系统调录波图信息和保护打印的录波图核对，检查 I_A、I_B、I_C、$3I_0$、U_A、U_B、U_C、$3U_0$ 和开关量是否齐全、瞬时值和有效值是否正确、故障波形中开关量动作情况是否与实际相一致，并做好记录。

2. 模拟保护区内单相永久性故障

（1）投入保护功能连接片，退出跳闸连接片（同时退出失灵启动及失灵总投入连接片）加故障量模拟单相永久性故障；

（2）打印保护报文及录波图；

（3）从 POFIS 故障信息系统调保护报文信息核对保护动作类型、动作时间、故障电流、故障测距、故障选相是否与保护报文一致，并做好记录。

（4）从 POFIS 故障信息系统调录波图信息和保护打印的录波图核对，检查 I_A、I_B、I_C、

$3I_0$、U_A、U_B、U_C、$3U_0$ 和开关量是否齐全、瞬时值和有效值是否正确、故障波形中开关量动作情况是否与实际相一致，并做好记录。

第五节　同步相量测量装置（PMU）

随着全球经济一体化发展，能源分布和经济发展的不平衡，电网互联运行的巨大效益，使大电网互联、跨国联网输电的趋势不断发展。电网互联产生电网稳定运行问题日益突出，提出构建 WAMS 系统。目前国内大多数区域已将其作为除保护/安控装置外的第三道防线。

电力系统稳定按性质可分为功角稳定、电压稳定和频率稳定三种。PMU 系统可为功角稳定提供最直接的原始数据。

在电力系统重要的变电站和发电厂安装同步相量测量装置（PMU），构建电力系统实时动态监测系统，并通过调度中心站实现对电力系统动态过程的监测和分析。该系统已成为电力系统调度中心的动态实时数据平台的主要数据源，并逐步与 SCADA/EMS 系统及安全自动控制系统相结合，以加强对电力系统动态安全稳定的监控。

同步相量测量系统也称广域测量系统（WAMS），是相量测量单元（PMU）、高速数字通信设备、电网动态过程分析设备的有机组合体。它是一个实时同步数据集中处理平台，为电力部门充分利用同步相量数据提供进一步支持，它逐级互联可以实现地区电网、省电网、大区域电网和跨大区电网的同步动态安全监测。

电力系统同步相量测量装置（PMU），用于进行同步相量的测量和输出以及进行动态记录的装置，其核心特征包括基于标准时钟信号的同步相量测量、失去标准时钟信号的守时能力、PMU 与主站之间能够实时通信并遵循有关通信协议等。

装置出厂前需要进行全面的功能测试，包括模拟量刻度整定、模拟量通道测试、开入量通道测试、开出传动测试、72h 高温烤机、参数设置等，测试时用交叉以太网线连接，不仅可以完成常规功能测试，还可以监视装置上报送的各种故障报文，在异常情况下协助诊断具体故障点。

每台装置均有自己的 IP 地址和装置 ID，作为一个以太网结点与数据集中处理单元通信，一个站内的装置 IP 地址与装置 ID 不允许重复。装置内部不存在可调节电位器，在出厂前采用高精度基准源整定了模拟量通道刻度，因此在工程现场无须对刻度进行重新整定。

1. 装置校验

（1）零漂检查。装置各交流回路不加任何激励量（交流电压回路短路、交流电流回路开路），人工启动采样录波；交流二次电压回路的零漂值应小于 0.05V，交流二次电流回路的零漂值应小于 0.05A。

（2）交流电压幅值测量误差测试。将装置各三相电压回路加入频率 50Hz、无谐波分量、对称三相测试信号，检查装置输出的三相电压和正序电压幅值。测试电压范围为 $0.1U_n \sim 2.0U_n$（U_n 指 TV 二次额定电压，下同），电压幅值测量误差应不大于 0.2%。电压幅值测量误差的计算公式为

$$电压幅值测量误差 = \left| \frac{幅值测量值 - 实际幅值}{电压基准值} \right| \times 100\%$$

注：相电压幅值的基准值为 1.2 倍的额定电压值，即 70V。

（3）交流电流幅值测量误差测试。将装置各三相电流回路加入频率 50Hz、无谐波分量、对称三相测试信号，检查装置输出的三相电流和正序电流幅值、测试电流范围为 $0.1I_n \sim 2.0I_n$（I_n 指 TA 二次额定电流，下同），电流幅值测量误差应不大于 0.2%。电流幅值测量误差的计算公式为

$$电流幅值测量误差 = \left| \frac{幅值测量值 - 实际幅值}{电流基准值} \right| \times 100\%$$

注：相电流幅值的基准值为 1.2 倍的额定电流值，即 1.2A（额定 1A）或 6A（额定 5A）。

（4）交流电压电流相角误差测试。将装置各三相电流和电压回路加入 50Hz、无谐波分量、对称三相测试信号，检查装置输出的三相电压、电流相角和正序电压、电流相角。

（5）频率误差测试。将装置各三相电压回路加入 $1.0U_n$、无谐波分量、对称三相测试信号，在 45～50Hz 范围内，频率测量误差应不大于 0.002Hz。

（6）交流、电压电流幅值随频率变化的误差测试。将装置各三相电流和电压回路加入 $1.0I_n$ 和 $1.0U_n$、无谐波分量、对称三相测试信号，频率范围为 45～55Hz。检查装置输出的三相电压、电流和正序电压、电流的幅值。

基波频率偏离额定值 1Hz 时，电压、电流测量误差改变量应小于额定频率时测量误差极限值的 50%；基波频率偏离额定值 5Hz 时，电压、电流测量误差改变量应小于额定频率时测量误差极限值的 100%。

（7）交流电压电流相角随频率变化的误差测试。将装置各三相电流和电压回路加入 $1.0I_n$ 和 $1.0U_n$、无谐波分量、对称三相测试信号，信号频率范围为 45～55Hz。检查装置输出的三相电压、电流和正序电压、电流的幅值。

基波频率偏离额定值 1Hz 时，相角测量误差改变量应不大于 0.5°；基波频率偏离额定值 5Hz 时，相角测量误差改变量应不大于 0.5°。

（8）电压幅值不平衡的测试。将装置各三相电流和电压回路加入 $1.0I_n$ 和 $1.0U_n$、无谐波分量、对称三相测试信号。A 相电压幅值变化范围为 $0.8U_n \sim 1.2U_n$，检查装置输出的三相电压和正序电压的幅值和相位。电压幅值测量误差应不大于 2%，相角误差应不大于 0.2°。

（9）电压相位不平衡的测试。将装置各三相电流和电压回路加入 $1.0U_n$、$1.0I_n$、50Hz、无谐波分量、三相测试信号。保持 A 相电压相位 0°，B 相电压 −120°，C 相电压相角变化范围为 120°～300°，检查装置输出的三相电压和正序电压的幅值和相位。电压幅值测量误差应不大于 0.2%，相角误差应不大于 0.2°。

（10）电流幅值不平衡的测试。将装置各三相电流和电压回路加入 $1.0U_n$、$1.0I_n$、50Hz、无谐波分量、三相测试信号。A 相电流幅值变化范围为 $0.8I_n \sim 1.0I_n$，检查装置输出的三相电流和正序电流的幅值和相位。电流幅值测量误差应不大于 0.2%，相角误差应不大于 0.5°。

（11）电流相位不平衡的测试。将装置各三相电流和电压回路加入 $1.0U_n$、$1.0I_n$、50Hz、无谐波分量、三相测试信号。保持 A 相电流相位 0°、B 相电流 −120°，C 相电流相角变化范围为 120°～300°，检查装置输出的三相电流和正序电流的幅值和相位。电流幅值测量误差应不大于 0.2%，相角误差应不大于 0.5°。

（12）谐波影响测试。输入装置额定三相电压，信号基波频率分别为 49.5、50Hz 和 50.5Hz，在基波电压上叠加幅值为 20% 的二次谐波至 13 次谐波，测量误差为实际测量值与基波（无

失真）之差，幅值和角度的测量误差的改变量应不大于 100%。

（13）幅值调制。输入装置的额定三相对称电压，基波频率分别为 49.5、50Hz 和 50.5Hz。幅值调制量为 $10\%U_n$，调制频率范围 0.1~4.5Hz。波谷、波峰时刻的基波幅值测量值误差应不大于 0.2%，相角误差应不大于 0.5°。

（14）频率调制。输入装置额定三相对称电压，基波频率分别为 49.5、50Hz 和 50.5Hz。调制周期分别为：10、5、2.5、1、0.5s，调制信号的幅度为 0.5Hz。频率的测量误差应不大于 0.002Hz。

（15）有功功率及无功功率误差测试。将装置三相电压和电流回路加入 $1.0U_n$ 和 $1.0I_n$，改变功率因数角分别为 0°、30°、60°、90°，装置在 49~51Hz 频率范围内，有功功率和无功功率的测量误差应不大于 0.5%。功率测量误差的计算公式为

$$功率测量误差 = \left| \frac{功率测量值 - 实际功率值}{功率基准值} \right| \times 100\%$$

注：功率基准值为电压基准值与电流基准值乘积的 3 倍。

（16）实时记录功能检查。动态数据应能准确可靠地进行本地储存。装置运行 1min 后应能正确记录动态数据。时间同步异常、装置异常等情况下应能够正确建立时间标识。

2. 整组试验

与热控专业的联调应根据设计院设计的要求，联系热控专业进行联调对点；与调度自动化的联调应根据调度下达的调度信息表，联系调度自动化专业进行联调对点。

第六节　自动电压控制装置（AVC）

电力系统自动电压控制系统（AVC）是电网调度自动化的组成部分。运用网络技术和自动控制技术，对发电机的无功进行实时跟踪调控，对变电站的无功补偿设备及主变压器分接头进行调整，有效控制区域电网的无功潮流，改善电网供电水平。

电厂自动电压控制系统是电网自动电压控制系统的子系统，一方面配合电网自动化调度系统，实现电网无功优化，另一方面，通过独立控制各机组的无功出力，改善母线电压水平，实时调节电厂高压侧母线电压和优化分配控制，以满足电力系统的需要。

1. 调试项目

（1）设备间接口调试。AVC 系统内部主控单元与执行终端接口调试；AVC 系统与 DCS 接口调试；AVC 系统与远动系统接口调试；AVC 系统与调度主站接口调试。

（2）AVC 子站系统运行调试。AVC 子站系统与调度主站闭环运行常态试验；AVC 子站系统本地开环运行常态试验；AVC 子站系统调控精度试验；AVC 子站系统调控速度试验；AVC 子站系统安全性能试验。

2. 调试方法

（1）硬件检查。AVC 电源控制模块的工作电源选用与控制板相同的电源模块，即二者必须同电源。AVC 输出驱动模块，适用于现场采用脉冲调节方式和脉宽调节方式情况下，AVC 系统增磁和减磁调控命令的输出。AVC 输出驱动模块与控制板相配套使用，遥调量采用电压型的 0~5V DC 信号输出来驱动 AVC 输出驱动模块。

现场所用的 AVC 输出驱动模块数量应与现场参与调节的发电机组的数量一致，即每台发

电机组配备一块 AVC 输出驱动模块。

（2）AVC 装置的仿真运行测试。AVC 整套装置（上位机和下位机）通电长时间运行，检查系统硬件有无异常，PLC 是否正常工作，工控机操作系统的运行有无异常。检查内容包括：①屏柜上电，无电源电压跌落或设备损坏；②允许 PLC 模块有异常出现，PLC 程序更改后异常消失；③屏柜操作面板指示灯无异常，明确故障灯亮的原因；④工控机上电，显示器显示工作正常；⑤PLC 断电，开入量模块应能显示接入的信号；⑥PLC 断电恢复后，程序能自动运行、无异常。

运行上位机和下位机中 AVC 的控制程序，上位机所需的输入信号以模拟方式（强制）实现，实际信号没有接入，运行 AVC 程序，各个程序能实现基本功能，界面操作无异常或退出，能实现预定各项功能。上位机程序检查内容包括：①查看调节程序界面，输入信号是否有效；②对程序界面、图形文字显示部分测试，是否有异常；③运行的程序无异常中止或退出现象；④查看运行中程序，检验调节程序无功优化的功能。

（3）主站至 RTU 和 AVC 装置的通道信号调试。主站发送主站投入、主站退出命令，AVC 装置接收；主站发送目标电压值，AVC 装置接收；上传 AVC 装置状态信息，主站接收。

（4）AVC 与 DCS 接口试验，如图 7-7 所示。

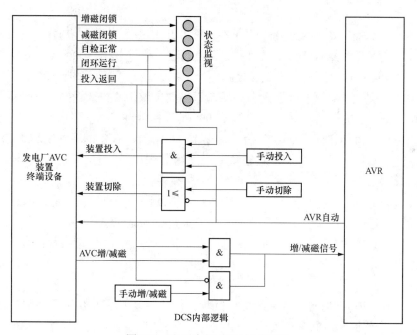

图 7-7 DCS 内部 AVC 相关逻辑

1）DCS 接收状态信号试验。AVC 软件处于运行状态；DCS 系统处于运行状态。试验步骤（各机组试验步骤相同）：①在 AVC 系统软件运行时，进入"开入开出试验"状态；②在机组 DCS 进入 AVC 画面，监控状态信号；③选择"自检正常"，设置长输出；④选择"闭环运行"，设置长输出；⑤选择"增磁闭锁"，设置长输出；⑥选择"减磁闭锁"，设置长输出。

2）DCS 手动投切 AVC 试验。AVC 软件处于运行状态；DCS 系统处于运行状态。试验步骤（各机组执行终端步骤相同）：①在机组 DCS 画面手动投入 AVC，观察机组执行终端和中控单元界面；②在机组 DCS 画面手动切除 AVC，观察机组执行终端和中控单元界面。

3）AVC 与 DCS 增/减磁互锁试验。

①DCS 增/减磁试验。

试验目的：检验 AVC 增/减磁与 DCS 原手动增/减磁互锁。AVC 投入时，DCS 的手动升压降压是否被闭锁；AVC 切除后，DCS 是否能增减磁。

试验条件：AVC 软件处于开入、开出试验状态；DCS 系统处于运行状态。

试验步骤（各机组试验步骤相同）：①在"开入开出试验"画面上选择"投入返回"信号设置长输出，DCS 输出"增磁"信号，在 AVR 侧观察/记录增磁灯是否亮；DCS 输出"减磁"信号，在 AVR 侧观察/记录减磁灯是否亮；②在"开入开出试验"画面上取消"投入返回"信号输出，DCS 输出"增磁"信号，在 AVR 侧观察/记录增磁灯是否亮；DCS 输出"减磁"信号，在 AVR 侧观察/记录减磁灯是否亮。

注意：机组不停机试验时，增/减磁试验应严密监视机组运行情况，发现异常立即停止试验。

②AVC 增/减磁试验。

试验目的：检验各机组执行终端增减磁信号输出是否正常。

试验条件：AVC 软件处于开入开出试验状态；各执行终端上电；投入各执行终端 AVC 连接片。

试验步骤（各机组试验步骤相同）：①在"开入开出试验"画面上选择"投入返回"信号设置长输出，在"开入开出试验"画面上选择"增磁"信号输出 1000ms，在 AVR 侧观察/记录增磁灯是否亮；在"开入开出试验"画面上选择"减磁"信号输出 1000ms，在 AVR 侧观察/记录减磁灯是否亮；②在"开入开出试验"画面上取消"投入返回"信号输出，在"开入开出试验"画面上选择"增磁"信号输出 1000ms，在 AVR 侧观察/记录增磁灯是否亮；在"开入开出试验"画面上选择"减磁"信号输出 1000ms，在 AVR 侧观察/记录减磁灯是否亮。

注意：机组不停机试验时，增/减磁试验应严密监视机组运行情况，发现异常立即停止试验。

（5）AVC 与远动系统接口试验。接收远动系统转发遥测数据试验，是该试验在检验 AVC 是否能正确接收远动系统转发的遥测数据。AVC 软件处于运行状态、远动系统处于运行状态下进行。具体试验步骤为：①切除所有执行终端，拔下各执行终端连接片；②远动厂家人员配置、调试远动装置，并转发电厂母线及机组遥测数据；③在中控单元界面观察/记录接收到的遥测数据。

（6）AVC 子站与调度端主站系统接口试验。包括调度下发的指令［220kV（500kV）母线电压指令］；上传调度主站要信数据试验（包括：AVC 系统上传遥信信息【AVC 投入/退出、机组投/退、AVC 增磁闭锁、AVC 减磁闭锁】；AVC 系统上传遥测信息【电压调控目标】）。

（7）AVC 增/减磁脉宽整定试验。为得出近似的脉冲调控斜率，需在 AVC 软件处于运行状态，其他接口设备运行正常条件下进行 AVC 增/减磁脉宽整定试验。具体试验步骤为：操作软件进入"开入开出试验"界面，投入执行终端增减磁连接片，投入机组 AVC，设置机组增磁、减磁脉宽，并记录无功变化，切除机组 AVC，解开连接片。

（8）AVC 投入离线调试（输出连接片不投入）。①AVC 装置所有模拟量信号通道的精度、开关量输入信号通道准确度、开关量输出信号通道的准确度测试；②输入信号全部输入，且接入正确，反应母线、机组和调节器的当前状态，模拟量输入正确有效；③启动上位机调节程序，程序能正确显示输入量，程序预测与分配无功正确。

（9）AVC投入在线调试（输出连接片投入）。

1）"手动调节"设定电压目标值。在AVC装置上位机的AVC调节程序（无功优化调节）画面中，手动设定目标电压值，观察电厂母线的无功预测及机组无功分配、各在线机组无功调节状况。

2）"本地计划"设定电压目标值。调节程序画面中，根据运行日志预先设置调试当天的AVC电压计划曲线，单击"本地预设"，目标电压取自程序文件数据库中的电压点的电压值，观察电厂母线的无功预测及机组无功的分配、各在线机组无功调节状况。

3）"RTU远方调节"设定电压目标值。当主站发送投入命令后，单击"RTU远方调节"，主站发送目标电压值，观察电厂母线的无功预测及机组无功的分配、各在线机组无功调节状况。

注意事项：①进行装置性能和接入信号的离线测试（不投入增减励磁回路连接片）时，不影响在线机组的工作状态。②进行在线方式调试（投入增减励磁回路连接片）时，要监视机组无功功率变化，考虑受试机组有进相运行的可能，如励磁系统告警产生应停止试验。③在本地闭环控制时，应允许机组无功功率有较大的调节范围，调节母线电压时，应关注厂用母线电压变化，保证在厂用电系统电压调整范围内调压，运行人员应监视机组相关数据/状态变化。④试验前必须得到调度的许可或批准，且调试时间在许可或批准时间内，超出则提早向调度申请。⑤试验过程中若出现机组或系统某一线路跳闸或其他事故，应立即停止试验，并根据事故情况迅速按运行规程规定及时进行处理。⑥试验过程中，如发生振荡发散应立即切换到手动调节方式运行，如仍然振荡应立即增加励磁，并同时减小有功负荷，必要时解列机组。⑦参加试验的工作人员要服从电厂统一安排，试验开始与终止都应由电厂运行当班值长向调度汇报。

3. AVC系统常态试验

（1）电压控制试验。验证远方电压控制时，AVC子站运行是否正常。AVC软件处于运行状态，其他接口设备运行正常条件下，进行电压控制试验，具体的试验步骤：投入执行终端增减磁连接片，投入机组AVC，申请调度分别下发增电压指令和减电压指令，观察/记录机组AVC运行，记录电压、无功功率变化。

（2）电压死区测试试验。在检验AVC在电压进入调节死区时是否能够控制。AVC软件处于运行状态，其他接口设备运行正常条件下，进行电压死区测试，具体试验步骤：设置AVC为远方，解除机组执行终端增减磁连接片，投入机组AVC，申请调度主站下发母线电压设定值为当前电压，观察/记录AVC中控单元。

4. AVC子站系统安全性能试验

（1）中控单元与执行终端通信中断试验。在AVC软件处于运行状态，其他接口设备运行正常条件下进行中控单元与执行终端通信中断试验。检验中控单元在与执行终端通信中断时，是否放弃对该执行终端的控制。具体试验步骤：解除机组执行终端增减磁连接片，投入机组AVC，解开屏柜端子排上对应机组执行终端与上位机的通信线，在中控单元侧观察/记录机组执行终端状态。

（2）中控单元与远动系统通信中断试验。在AVC软件处于运行状态，其他接口设备运行正常条件下进行中控单元与远动系统通信中断试验，检验AVC与远动通信中断时，是否正确控制。具体试验步骤：解除机组执行终端增减磁连接片，投入机组 AVC，设置 AVC 为远方控制，切换模式为自动，从主机屏端子排处解开对应 AVC 与 RTU 通信线，观察/记录 AVC系统运行状态，5min 后恢复 AVC 与 RTU 通信线，观察/记录 AVC 系统运行状态。

（3）母线电压越限试验。在 AVC 软件处于运行状态，其他接口设备运行正常条件下进行母线电压越限试验，检验 AVC 在母线电压越限时，是否正确控制。具体试验步骤：解除机组执行终端增减磁连接片，投入机组 AVC；设置母线电压高限制值在当前电压之下，观察/记录 AVC 系统运行；设置母线电压有效高限制值在当前电压之下；观察/记录 AVC 系统运行；设置母线电压低限制值在当前电压之上，观察/记录 AVC 系统运行；设置母线电压有效低限制值在当前电压之上，观察/记录 AVC 系统运行；恢复母线电压限制值设定。

（4）机组有功越限试验。在 AVC 软件处于运行状态，其他接口设备运行正常条件下进行机组有功越限试验，检验 AVC 在机组有功越限时，是否正确控制。具体试验步骤：解除机组执行终端增减磁连接片，投入机组 AVC；设置机组有功高限制值在当前有功之下，观察/记录 AVC 系统运行；设置机组有功有效高限制值在当前有功之下，观察/记录 AVC 系统运行；设置机组有功高限制值在当前有功之上，观察/记录 AVC 系统运行；设置机组有功有效高限制值在当前有功之上，观察/记录 AVC 系统运行；恢复机组有功限制值设定。

（5）机组无功越限试验。在 AVC 软件处于运行状态，其他接口设备运行正常条件下进行机组无功越限试验，检验 AVC 在机组无功越限时，是否正确控制。具体试验步骤：解除机组执行终端增减磁连接片，投入机组 AVC；设置机组无功高限制值在当前无功之下，观察/记录 AVC 系统运行；设置机组无功低限制值在当前无功之上，观察/记录 AVC 系统运行；设置机组无功有效高限制值在当前无功之下，观察/记录 AVC 系统运行；设置机组无功低限制值在当前无功之上，观察/记录 AVC 系统运行；恢复机组无功限制值设定。

（6）机组机端电压越限试验。在 AVC 软件处于运行状态，其他接口设备运行正常条件下进行机组机端电压越限试验，检验 AVC 在机组机端电压越限时，是否正确控制。具体试验步骤：解除机组执行终端增减磁连接片，投入机组 AVC；设置机组机端电压高限制值在当前机端电压之下，观察/记录 AVC 系统运行；设置机组机端电压低限制值在当前机端电压之上，观察/记录 AVC 系统运行；设置机组机端电压有效高限制值在当前机端电压之下，观察/记录 AVC 系统运行；设置机组机端电压有效低限制值在当前机端电压之上，观察/记录 AVC 系统运行；恢复机组机端电压限制值设定。

（7）机组机端电流越限试验。在 AVC 软件处于运行状态，其他接口设备运行正常条件下进行机端电流越限试验，检验 AVC 在机组机端电流越限时，是否正确控制。具体试验步骤：解除机组执行终端增减磁连接片，投入机组 AVC，设置机组机端电流高限制值在当前机端电流之下，观察/记录 AVC 系统运行；设置机组机端电流低限制值在当前机端电流之上，观察/记录 AVC 系统运行；设置机组机端电流有效高限制值在当前机端电流之下，观察/记录 AVC系统运行；设置机组机端电流有效低限制值在当前机端电流之上，观察/记录 AVC 系统运行；恢复机组机端电流限制值设定。

（8）增/减磁调节无效试验。在 AVC 软件处于运行状态，其他接口设备运行正常条件下进行增/减励磁调节无效试验，检验 AVC 在增/减磁调节无效时，是否正确控制。具体试验步骤：解除机组执行终端增减磁连接片，投入机组 AVC；分别输入增/减电压指令，观察/记录AVC 系统运行。

第八章 厂用电系统调试

火力发电厂厂用电系统调试分单体调试和分系统调试；按系统分为高压厂用系统调试和低压厂用系统调试两部分。

单体调试是指设备在未安装前或安装工作结束而未与系统连接时，按照电力建设施工及验收技术规范的要求，为确认其是否符合产品出厂标准和满足实际使用条件而进行的单机试运或单体调试工作。

分系统调试是指厂用电系统带电后、单体调试完成、单机试运合格、设备和系统完全安装完毕、经检查确认具备试运条件后开始，直至机组进入整套启动前结束。分系统调试的主要目的是检查每个系统的设备、系统、测点、联锁保护逻辑、控制方式、安装等是否符合设计要求，以及设计是否满足实际运行要求，发现问题和解决问题，确保各个系统完整地、安全地参与调试运行，最终满足机组能够安全可靠地投入运行要求，按照《火力发电建设工程机组调试质量验收及评价规程》的要求，达到合格等级。

分系统调试方案总的原则，是根据各个系统之间的相互制约关系来安排调试的先后顺序，一环扣一环，有些同时具备调试试运条件又相互不干扰的系统，可以同时进行。

单个系统调试顺序为调试人员与运行人员一起检查该系统和设备的测点是否已全部在控制室 CRT 画面上正确显示，热控人员配合对该系统和设备的阀门及联锁保护、控制系统进行传动试验监理、安装、运行人员一起共同检查是否具备调试试运条件，并办理签字手续。

第一节 调 试 措 施

一、调试条件

1. 具备条件

（1）设备已全部安装完毕，符合设计及启动规程要求，按国家、行业标准和相关反事故措施验收合格。

（2）所有电气设备名称编号清楚、正确，带电部分设有警告标志。

（3）保护小室地面平整、整洁。

（4）建设单位已下达调试整定通知书，调试整定通知书中应至少包含定值、逻辑、版本号。

（5）DCS 设备提供商根据设计院图纸完成数据库调试，并已完成 DCS 画面制作。

2. 准备工作

（1）所有调试仪器设备已就位，调试仪器均在校验有效期内。

（2）所有与本次校验有关的图纸、资料已齐全。

（3）与本次校验相关的作业人员已学习相关作业指导书，全体作业人员熟悉作业内容、危险源点、安全措施、进度要求、作业标准、安全注意事项。

（4）已根据现场工作时间和工作内容填写工作票。

（5）配备一定数量的备品。

二、调试步骤

1. 单体调试

（1）继电器校验。

（2）保护装置静态性能调试检查。包括：①安全措施；②各保护装置的常规绝缘检查；③装置上电检查；④各保护装置的输入通道及对称性检查；⑤各保护装置的保护装置自检检查；⑥各保护装置的开关量检查；⑦各保护装置的出口信号检查；⑧实时时钟的整定检查；⑨模拟故障试验调试检查；⑩保护整定值整定检查。

（3）多功能电能表检验。

（4）变送器检验。

2. 分系统调试步骤

（1）外观检查及紧固端子。

（2）二次回路。①各保护控制、信号二次回路检查正确，接触良好；②各电流二次回路检查正确、端子接触可靠，无开路，对有差动保护的电流回路只能有一点接地；③各电压二次回路检查正确、端子接触可靠，无短路，所有电压互感器二次回路只能有一点接地。

（3）绝缘检查。

（4）直阻测量。

（5）保护装置整组调试。包括：①检查各输入回路连线的正确性；②检查各输出回路连线的正确性；③检查各保护出口继电器完好，其触点接触良好；④对保护整组试验检查，要注意测定保护总动作时间。试验用电源应符合试验要求，其电流、电压输出范围、精度、移相及谐波等应满足相应的规程要求。

（6）保护装置传动检查。根据各保护设计要求及规程要求，在额定工作直流电压下分别对各套保护动作的出口跳闸、信号及音响、开关动作状态进行检查，各项动作应正确可靠。

1）DCS就地信号检查。就地开关或设备点对点模拟至DCS后台画面，保证就地信号与后台信号一致。

2）DCS远方操作试验。DCS画面分别发断路器分、合闸脉冲命令，在屏后对应端子排确认装置已发出命令；在就地开关柜内对应端子排测量分、合闸脉冲信号；DCS画面远方分、合闸对应断路器，现场确认断路器分、合闸行为是否正确。

3）DCS画面模拟量检查。就地采集柜内变送器模拟三相电流、三相电压，检查DCS画面显示是否正确。

4）保护及自动装置整组试验。在保护屏及自动装置加入电压、电流模拟故障，检查跳闸逻辑及保护屏间二次回路。

5）保护及自动装置传动试验。在保护及自动装置屏内加入电流、电压模拟故障，现场检查断路器跳闸行为是否正确。

6）断路器间硬闭锁逻辑检查。根据闭锁逻辑，检查屏间硬闭锁回路是否正确。

7）保护及自动装置信号回路检查。模拟保护及自动装置信号，在DCS画面中检查信号是否一一对应。

8）录波回路检查。按定值单要求设置各单元数字信号的名称、触发条件，模拟就地、保护及自动装置信号，在录波器画面中检查录波信号是否正确。在保护输出至故障录波器触点处模拟动作情况，分析实际录波图形。

9）电流回路二次通流和极性试验。TA 二次加额定电流为 5A（如果 TA 二次侧变比为 1A，则所加电流为 1A），测量 TA 根部电流是否为 5A，并测量此时回路电压、计算其交流阻抗，除特别注明外，所通电流回路包括装置内部回路；用直流法确定 TA 极性的正确性，所加直流电压建议不超过 5V。

10）电压回路进行二次通压试验。TV 二次加压试验中，所加电压为正序三相电压，有效值均为 57.7V；查相序时 A、B、C 三相分别加 10、20、30V，开口三角电压加 10V 的直流电。

注意事项：加电压前，需检查 TV 二次回路的正确性，并将 TV 根部二次线解开，以防止电压反送至 TV 一次侧，仅对 TV 二次回路进行加压。

第二节 高压厂用电系统调试

高压厂用电系统主要由开关柜、变压器、电动机和少量的变频器组成。

600、1000MW 机组发电厂的 6kV（10kV）厂用部分一般分为三段或四段母线，每一段母线将由十几个开关柜到二十几个开关柜组成，开关柜的电源包括电压都是由小母线提供，因此在调试开始前需要对小母线进行彻底的检查。小母线检查工作首先是绝缘的测量，包括小母线间的绝缘和小母线对地的绝缘，用 2500V 的绝缘电阻表测量小母线之间以及小母线对地的电阻，电阻应不低于 10MΩ。由于小母线在每个柜子都有引出支路，很容易发生小母线支路电线破皮接地等情况，小母线各支路校对也是很重要的工作，校对方法为：首先测量所有小母线均不接地，然后找一个柜子作为接地点（最好选择最边上的），在柜子中将小母线的一根接地，接地点可选择为相应空气开关的上口，在本柜先测量小母线的其他接线有无接地，确保接地的唯一性，然后就是在下一个柜子依次测量，直到最后一个柜子，之后再到第一个柜子更换接地点再依次测量下去。由于小母线非常复杂，通常都会有很多的问题，因此前期的小母线检查虽然繁琐但非常重要，一旦检查不彻底，在后期开关柜的调试过程中很容易出现交直流串线、直流接地等情况，严重影响后续调试的进行。

一、高压厂用电系统

厂用电主接线有高、低压之分，高压指 6kV 及 10kV 接线，低压指 400V/380V 和 220V 接线。高压有三种接线方式：母线分段接线、分裂变压器接线和分裂变压器公用变压器联合接线。经大阻抗接地，有可能产生过电压，需要安装消谐装置。发电厂厂用电系统通常采用单母线分段接线形式，并多以成套配电装置接收和分配电能。

火电厂的厂用电负荷容量较大，分布面较广，尤以锅炉的辅助机械设备耗电量大，如吸风机、送风机、排粉机、磨煤机、给粉机、电动给水泵等大型设备，其用电量约占厂用电量的 60% 以上。为了保证厂用电系统的供电可靠性与经济性，且便于灵活调度，一般都采用"按炉分段"的接线原则，即将厂用母线按照锅炉的台数分成若干独立段，既便于运行、检修，又能使事故影响范围局限在一机一炉，不至于过多干扰正常运行的完好机炉。当锅炉容量较大（如大于 4t），辅助设备容量大时，每台锅炉可由两段厂用母线供电，厂用电负荷在各段应尽可能分配均匀，且符合生产程序要求。全厂公用性负荷应适当集中，可设立公用厂用母线段。低压 380/220V 厂用电的接线，对于大型火电厂及大容量水电厂，一般采用单母线分段接线，即按炉分段或按水轮发电机组分段；对于中、小型电厂和变电所，则根据工程具体情况、厂用低压负荷的大小和重要程度，全厂可只分为两段和三段，仍采用低压成套配电装置。

二、高压厂用电系统单体调试

1. 电源进线（备用、工作）间隔保护调试

（1）继电器校验。校验方法：拔下继电器，用万用表测量继电器线圈的直阻和辅助触点的状态。在继电器线圈上加上直流电压，一对常开辅助触点接到试验仪器的开关量输入。缓慢地升高输入电压直到继电器动作，测试继电器动作电压，并检查辅助触点变位情况；缓慢的降低输入电压直到继电器返回，测试继电器的返回电压，并检查辅助触点变位情况；直接加入全电压，测量继电器的动作时间。将校验数据进行记录。对其他的继电器进行同样的测试。

（2）保护装置调试。在加入模拟量之前要可靠断开电流端子连接片和电压回路空气开关，防止反充电。

保护装置上电检查：①核对记录装置的硬件和软件版本号、校验码；②校对装置时钟；③快速拉合装置电源，检查装置是否有保护出口；④检查定值固化是否正常。

保护装置内部动作灯定义检查。检查保护装置速断保护、定时限过电流保护、电流平衡监视、回路故障监视动作灯是否正确并记录。

保护装置精度校验：①在保护电流端子加入三相正序电流，调整三相电流幅值，相角不变，检查装置采样值并进行记录；②在保护电压端子加入三相正序电压，调整三相电压幅值，检查装置采样值并进行记录。

综合保护装置功能调试：

1）速断保护校验。在保护 A 相电流端子排上通入电流，使保护动作，记录动作值；在保护 A 相电流端子排上通入过电流整定值的 1.2 倍，测试保护动作时间。用同样的方法测试 B 相、C 相。

2）复压过电流保护校验。过电流保护投入，将过电流保护动作时间改为零，在 A 相电流端子排上通入电流，使保护动作，记录动作值；恢复过电流保护动作时间，在保护 A 相电流端子排上加入过电流整定值的 1.2 倍，通入小于 60%的额定电压或者大于 8%额定电压的负序电压，测试保护动作时间；在 A 相电流端子排上加入过电流整定值的 1.2 倍，通入 100%额定电压，缓慢降低电压值，直到保护动作，记录低电压动作值；在保护 A 相电流端子排上加入过电流整定值的 1.2 倍，通入负序电压，从零开始不断增加电压值，直到保护动作，记录负序电压动作值。

（3）多功能电能表检验。

1）外观检查。检查电能表的编号、型号等是否与台账相符，检查电能表检测标记是否有效，输入数据或操作的按钮是否受到破坏。

2）接线检查。

a. 将标准表按相序接上连接导线，用万用表测量标准电能表侧的电压、电流回路、连接导线测量确认无误后接入应测量的电能表回路，电流回路串联，电压回路并联。接通标准表电源，打开电流试验端子，用标准表监视情况，标准表和试验端子之间的连接导线应有良好

的绝缘，中间不允许有接头，并应有明显的极性和相别标志。

b. 检查电能表相序是否正常。

c. 检查电能表接线是否正确。

d. 检查电能表电池电压是否维持正常工作。

3）电流采样精度校验。分别在电流端子加入三相正序电流，调整三相电流幅值，检查装置采样值并进行记录。

4）电能表误差检验。用三相电能表检定标准装置按照规程要求对电能表进行检定，检定结果按照修正后的误差判断是否合格。

（4）电压变送器检验。

1）外观检查。外形结构完好，面板指示、读数结构、制造厂、仪表编号、型号等标记明晰、齐全，仪器各附件不应有碰伤或松动现象。

2）通电检查。按被检表的量程和测量范围，输入适当的交流信号，检查仪器工作是否正常，改变输入信号，观察显示读数是否连续，有无叠字、不亮现象。

3）电压采样精度校验。在电压端子加入三相正序电压，调整三相电压幅值，检查装置采样值并进行记录。

4）变送器误差检验。用指示仪表变送器检定装置按照规程要求对变送器进行检定，检定结果按照修正后的误差判断是否合格。

（5）定值检查。依据最新的定值通知单，进行定值核对，保证装置内部定值与定值单通知单一致。

2. 母线 TV 间隔保护调试

（1）继电器校验。拔下继电器，用万用表测量继电器线圈的直阻和辅助触点的状态。在继电器线圈上加上直流电压，一对动合辅助触点接到试验仪器的开关量输入。缓慢地升高输入电压直到继电器动作，测试继电器动作电压值，并检查辅助触点变位情况；缓慢的降低输入电压直到继电器返回，测试继电器的返回电压值，并检查辅助触点变位情况；直接加入全电压，测量继电器的动作时间。将校验数据进行记录。对其他的继电器进行同样的测试。

（2）装置采样精度检查。在加入模拟量之前要可靠断开电流端子连接片和电压回路空开，防止反充电。

保护装置上电检查：①核对记录装置的硬件和软件版本号、校验码；②校对装置时钟；③快速拉合装置电源，检查装置是否有保护出口；④检查定值固化是否正常。

保护装置内部动作灯定义检查。检查保护装置低电压Ⅰ段、低电压Ⅱ、母线低电压报警、零序电压偏移、TV 断线动作灯是否正确并记录。

保护装置采样精度校验。在电压端子加入三相正序电压，电压幅值为 10%额定电压，检查装置电压采样值；将电压幅值分别增加到 50%额定电压、100%额定电压，检查装置电压采样值。

保护回路采样精度校验。在试验电压端子加入三相正序电压，电压幅值为 10%额定电压，检查装置电压采样值；将电压幅值分别增加到 50%额定电压、100%额定电压，检查装置电压采样值。

电压表采样精度校验。在电压端子加入三相正序电压，电压幅值为 10%额定电压，检查装置电压采样值；将电压幅值分别增加到 50%额定电压、100%额定电压，检查装置电压采样值。

（3）保护装置校验。

1）低电压保护Ⅰ段投跳，将低电压保护Ⅰ段延时整定为 0，在电压端子排输入三相正序电压，降低电压幅值，直至低电压保护Ⅰ段动作，记录Ⅰ段保护动作值；升高电压幅值，直至低电压Ⅰ段返回，记录Ⅰ段保护返回数据。恢复低电压Ⅰ段延时，测试低电压Ⅰ段动作时间。

2）同上述方法测试低电压保护Ⅱ段动作值、返回值及动作时间。检查 TV 断线闭锁功能是否正常。

3）母线过电压校验。将母线过电压保护延时整定为 0，在电压端子排输入三相正序电压，增加电压幅值，直至过电压保护动作，记录过电压保护动作值；恢复母线过电压延时，测试母线过电压保护动作时间。

4）母线低电压报警。将母线低电压报警延时整定为 0，在电压端子排输入三相正序电压，降低电压幅值，直至母线低电压保护动作报警，记录低电压报警动作值；恢复母线低电压报警延时，测试母线低电压报警动作时间。

5）零序过电压校验。零序过电压保护投信，将零序过电压保护延时整定为 0，在电压端子排输入电压，升高电压幅值，直至零序过电压保护动作，记录零序过电压保护动作值；恢复零序过电压保护延时，测试零序过电压保护动作时间。

（4）微机消谐装置校验。

1）装置采样检查。在装置上分别加入 17、25、50、150Hz 的电压 10、20、30、60、100V，记录装置采样。

2）装置报警功能检查。在装置上加入 50Hz 的电压，幅值由 0V 逐渐增大，记录装置的报警类别以及报警电压区间。

（5）电压变送器检验。

1）外观检查。外形结构完好，面板指示、读数、制造厂、仪表编号、型号等标记明晰、齐全。仪器各附件不应有碰伤或松动现象。

2）通电检查。按被检表的量程和测量范围，输入适当的交流信号，检查仪器工作是否正常，改变输入信号，观察显示读数是否连续，有无叠字、不亮现象。

3）变送器误差检验。用指示仪表变送器检定装置按照规程要求对变送器进行检定，检定结果按照修正后的误差判断是否合格。

（6）定值检查。依据最新的定值通知单，进行定值核对，保证装置内部定值与定值单通知单一致。

3. 辅助厂房电源进线间隔保护调试

（1）继电器校验、装置采样精度检查、综合保护装置保护功能检验、多功能电能表检验、定值检查，同"电源进线间隔调试"。

（2）差动保护装置功能校验。试验电路如图 8-1 所示。利用该线路的辅助导线备用芯（2芯）构成本线路试验的联调回路，升流设备容量大于等于 2kVA。

图 8-1 所示试验电路是模拟内部故障的情况。若模拟外部故障情况，则在辅助厂房 A 段侧的 C、H 端接线对调。

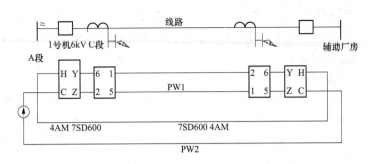

图 8-1 试验电路

为了能够单相升流，将线路综合保护装置的溢出电流闭锁保护功能退出。将定值 10I-Spc 调整为∞，10T-Spc 调整为 60s，调整线路差动保护整定值与升流设备升流能力相当，一般为调小。升流时，注意观察保护装置上差流 I_d、制动电流 I_r 的比例关系，以验证实际接线关系。正确的试验结果是：

1）模拟区外故障，升电流至差动保护电流值（本侧电流表值），保护不动作。

2）模拟区内故障，升电流至差动保护整定电流值一半（本侧电流表值）时，保护应动作。

3）模拟区内故障的电流回路，对调一侧的辅助导线接头，则成为区外故障试验电路，试验结果同 1）。

升电流的相别不同，电流表值不同，这是由于综合变流器各相匝数不同。

试验结束后，恢复保护接线至正确接线，恢复定值，保护投入正常运行。

（3）数显表检验。

1）外观检查。外形结构完好，面板指示、读数、制造厂、仪表编号、型号等标记明晰、齐全。仪器各附件不应有碰伤或松动现象。开关、旋钮应能正常转动。

2）通电检查。按被检表的量程和测量范围，输入适当的交流信号，检查仪器工作是否正常，改变输入信号，观察显示读数是否连续，有无叠字、不亮现象。

3）基本误差的检验。选取本次检验的频率为 50Hz，检验点一般选取 10 个，但最少不得低于 5 个，且均匀选取。读取各点被检表与标准表示值。

计算误差：误差=（被检表示值–标准表示值）/被检表测量范围上限。

4. 高压厂用辅机设备保护调试

高压厂用辅机保护配差动、带速断保护的有循环水泵、凝结水泵、引风机、一次风机、电动给水泵，单体容量都在 2000kW 及以上。

（1）继电器校验。同前。

（2）装置采样精度检查。在加入模拟量之前要可靠断开电流端子连接片和电压回路空气开关，防止反充电。

保护装置上电检查：①核对记录装置的硬件和软件版本号、校验码；②校对装置时钟；③快速拉合装置电源，检查装置是否有保护出口；④检查定值固化是否正常。

保护装置内部动作灯定义检查：①综合保护装置动作灯检查。检查保护装置负序过电流保护/速断保护，接地保护/热过负荷保护/启动时间监视、低电压保护、回路故障监视动作灯是否正确并记录。②差动保护装置动作灯检查。检查差动总跳闸、比率差动、差动速断、A相差动、B相差动、C相差动、电流回路异常等动作灯是否正确并记录。③综合保护装置回路采样精度校验。分别在保护电流端子加入三相正序电流，调整三相电流幅值，检查装置采样值并进行记录。④零序保护采样精度校验。在保护电流端子加入单相电流，调整电流幅值，检查装置采样值并进行记录。

（3）综合保护装置保护功能检验。

1）速断保护校验。速断保护投跳，在保护 A 相电流端子排上通入整定值的 0.95 倍电流，测试时间设定为 0.5s，保护不动作；在保护 A 相电流端子排上通入整定值的 1.05 倍电流，测试时间设定为 0.5s，保护动作；在保护 A 相电流端子排上通入过电流整定值的 1.2 倍，测试保护动作时间。用同样的方法测试 B、C 相。

2）负序保护校验。负序过电流保护投跳，将负序过电流动作时间改为 0。

单项法：在保护 A 相电流端子排上加入单相电流，产生的负序电流为加入单相电流的三分之一，使保护动作，连续进行 3 次，记录保护动作值。

三相法：在保护装置 A、B、C 三相通入负序电流使保护动作，连续进行 3 次，记录保护动作值。

恢复负序过电流保护动作时间，在保护 A 相电流端子排上加入单相电流，使之产生的负序流（相电流的 1/3）为负序过电流整定值的 1.2 倍，测试并记录保护动作时间。

3）启动时间监视保护。启动时间监视保护投跳，在保护电流端子排上加入三相电流，分别加入电流值为启动门槛值的 2、3、4 倍，测量保护动作时间并记录。

4）热过负荷保护（不带记忆型）由发信改为跳闸，在保护电流端子排上加入三相电流，分别加入电流值为启动值的 2、3、4 倍，测量保护动作时间并记录。将热过负荷保护由跳闸改为发信。

5）零序过电流保护校验。零序过电流保护投跳，将零序过电流动作时间改为 0。在保护零序电流端子排上加入电流，使保护动作，记录保护动作值；恢复零序过电流保护动作时间，在保护电流端子排上加入零序过电流整定值的 1.2 倍，测试保护动作时间并记录。

（4）差动保护装置功能校验。

1）差动保护装置回路采样精度校验。分别在保护的电源侧、中性点侧电流端子加入三相正序电流，调整三相电流幅值，检查装置采样值并进行记录。

2）比率差动保护启动值校验。比率差动保护投跳，在电源侧 A 相电流端子排上通入启动电流值，使差动保护动作，记录动作值；在电源侧 A 相电流端子排上通入 1.2 倍启动值，使差动保护动作，测试保护动作时间，并做好记录。同样的方法检查电源侧 B、C 相保护动作值及中性点侧 A、B、C 相保护动作值及动作时间。

3）差动速断保护校验。差动速断保护投跳，只在电源侧 A 相电流端子排上通入整定值的 0.95 倍电流，测试时间设定为 0.08s，保护不动作；只在电源侧 A 相电流端子排上通入整定值的 1.05 倍电流，测试时间设定为 0.08s，保护动作；在电源侧 A 相电流端子加入 1.2 倍差动速断整定值的电流，使差动速断保护动作，记录动作时间。同样的方法检查电源侧 B、C 相保护动作值及中性点侧 A、B、C 相保护动作值。

4）比率制动特性测试。退出启动自动加倍保护（如有），根据定值，选取差动电流为 0.4A，制动电流为 1A，即在机端 A 相加 0.7A 电流，在机尾 A 相加 0.3A 同向电流，缓慢改变机端 A 相的电流幅值，直至差动保护动作，记录机端 A 相保护动作值。同理，选取差动电流为 0.8A，制动电流为 2A，以及差动电流为 1.2A，制动电流为 3A，计算比率制动系数并记录。测试比率差动动作时间。同样的方法测试 B、C 相。

5）启动时间内门槛值及斜率自动加倍特性测试。投入启动时间自动加倍保护，将电动机启动时间改为最大。根据定值，按照 2）和 4）的方法检验（定值加倍）。

6）电动机启动时间定值测试。在电源侧通入 1.5 倍的启动门槛电流，测试动作时间。

（5）多功能电能表检验。

1）外观检查。检查电能表的编号、型号等是否与台账相符；检查电能表检测标记是否有效；检查输入数据或操作的按钮是否受到破坏。

2）接线检查。将标准表按相序接上连接导线，用万用表测量标准电能表侧的电压、电流回路、连接导线测量确认无误后接入应测量的电能表回路，电流回路串联，电压回路并联。接通标准表电源，打开电流试验端子，用标准表监视情况。标准表和试验端子之间的连接导线应有良好的绝缘，中间不允许有接头，并应有明显的极性和相别标志。检查电能表相序、接线是否正确。检查电能表电池电压是否维持正常工作。

3）电能表误差检验。用三相电能表检定标准装置按照规程要求对电能表进行检定，检定结果按照修正后的误差判断是否合格。

（6）定值检查。依据最新的定值通知单，进行定值核对，保证装置内部定值与定值单通知单一致。

5. 高、低压厂用变压器保护调试

需进行继电器校验、保护装置检验、综合保护装置保护功能检验、多功能电能表检验、定值检查，方法同前文所述。

6. 开关柜本体的调试

首先检查开关柜安装是否牢固，接地是否可靠，元器件是否完好，合格证、说明书、出厂资料（出厂试验记录）是否齐全，开关柜小车是否灵活，五防措施是否可靠等。由于电厂的建设工期较长，在开关柜调试的时候，开关柜至 DCS 的电缆如果还没有接好，调试时需将每一个信号对应到端子排，保证开关柜内部接线的正确性。开关柜中的 TA 回路需仔细检查，包括接线的正确性和接线的紧固性，部分 TA 的安装位置使得接线比较困难，往往会出现螺钉松动或线鼻接触等情况，需重点仔细检查。

7. 弧光保护调试

现在大部分电厂的 6kV（10kV）开关柜母线都采用了弧光保护，弧光保护装置一般安装在母线进线和启动备用变压器进线间隔，因此其调试应在启动备用变压器调试时进行，弧光保护在每一个开关柜的母线间隔安装有感光口，调试时在进线或启动备用变压器进线间隔加电流，同时在每一个开关柜的感光口用强光照射，每一次照射进线或启动备用变压器进线都能够可靠跳闸。

8. 变压器保护调试

现在电厂的 6kV 变压器均为干式变压器，其非电量保护主要为超温跳闸，辅助装置为温控器以及风冷装置。6kV 变压器按其容量的大小，配置有不同的保护装置，当变压器容量大于 2MVA 时，应配置差动保护，并以过电流保护作为后备保护；容量小于 2MVA 时，以速断保护作为主保护，以过电流保护作为后备保护。

9. 电动机保护调试

发电厂有大量的 6kV 电动机，其容量的大小、距离的远近都不一样，小功率电动机主要配置有过电流、过负荷以及电动机启动保护，大功率的电机（比如一次风机）配备有差动保护，大功率远距离电动机（比如循环水泵）还会配备光纤差动保护。电动机的差动保护接线一般为 Y-Y 接线，对于某些风机的电动机为反转运行时，需现场确认电动机相位的一次接线，确保差动保护二次接线的正确性。

10. 变频器调试

在大机组中，凝结水泵等对转速有要求的电动机一般配备有变频器，正常情况下会配置两路工频电源和一路变频电源，正常运行方式为变频器带其中一台凝结水泵运行，变频器故障情况下凝结水泵转为工频运行。在调试凝结水泵时，需注意凝结水泵的 3 台断路器和两台负荷开关以及变频器本体之间有较为复杂的电气闭锁，闭锁一般为：（合中压）变频柜允许变频器断路器合闸，（跳中压）变频柜允许变频器断路器分闸，旁路 A 合位闭锁凝结水泵 A 开关合闸，旁路 A 合位闭锁凝结水泵 A 接地开关合闸，旁路 B 合位闭锁凝结水泵 B 开关合闸，旁路 B 合位闭锁凝结水泵 B 接地开关合闸，旁路 A、凝结水泵 B 开关、凝结水泵 B 接地开关合位闭锁旁路 B 合闸，旁路 B、凝结水泵 A 开关、凝结水泵 A 接地开关合位闭锁旁路 A 合闸。这些闭锁在 DCS 后台里面一般不会有逻辑闭锁，因此调试时需格外注意。

11. 消谐装置调试

电力系统中有大量的电感电容储能元件，它们组成了许多串联或并联振荡回路，在正常的稳定状态下运行时，不会产生严重的振荡，但当系统发生故障或由于某种原因电网参数发生变化引起冲击扰动时，就很可能发生谐振，引起持续时间很长的过电压；电压互感器（TV）一类的电感元件在正常工作电压下，通常铁芯磁通密度不高，铁芯并不饱和，但在过电压下铁芯饱和了，电感会迅速降低，从而与系统中的电容产生谐振，这时的谐振称作铁磁谐振。铁磁谐振不仅可在基频（50Hz）下发生，也可在高频（150Hz）、低频（17、25Hz）下发生。谐波电压中 17、25、150Hz 谐波分量叠加在 50Hz 的基波上，将使基波波形发生严重畸变，就很容易造成 TV 不安全的运行，并且出口在谐波的过零点时就没有意义。

消谐装置通过实时监测 TV 开口三角电压，运用 DFT 算法计算出零序电压 17、25、50、150Hz 四种频率的电压分量，启动压敏元件或大功率消谐元件破坏 TV 铁磁谐振的产生条件，达到了实时在线消除运行过程中瞬态谐振的目的，极大地降低了谐振产生的可能性。消谐选点示意如图 8-2 所示。

（1）动作判据。

1）谐振判据：17Hz 谐波电压大于等于 17V；25Hz 谐波电压大于等于 25V；150Hz 谐波电压大于等于 33V。满足任意一个条件，则瞬间启动大功率消谐元件对铁磁谐振的谐波进行消除，同时装置"谐振"指示灯点亮，闭合谐振告警继电器，给监控系统发"谐振"告警信息。

2）接地判据：基波电压大于等于 30V。满足上述条件，则"接地"指示灯点亮，闭合接

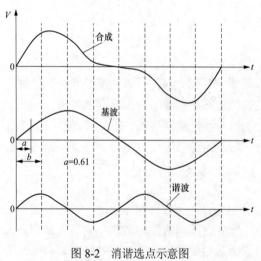

图 8-2 消谐选点示意图

地告警继电器，给监控系统发"接地"告警信息。

3）过电压判据：基波电压大于等于120V。满足上述条件，则"过电压"指示灯点亮，闭合过电压告警继电器，给监控系统发"过电压"告警信息。

（2）调试模拟试验。

1）接地。用继电保护测试仪或调压器给消谐装置零序电压端子排加电压，由低于30V缓慢升到30V，装置动作，点亮接地指示灯，闭合接地告警继电器（用万用表测量其输出触点，应处于导通状态），打印故障信息，通过串口上传故障信息；将电压缓慢下降，在不低于28.125V时，由于返回系数原因，该故障仍继续存在；低于28.125V时，故障返回。但此时指示灯、接地告警继电器仍保持，打印机在打印完该故障后自动停止，串行通信由上传故障报文变为上传无故障报文。查看故障报告，应当显示记录故障动作时刻的信息。此电压值可能低于门槛值30V，但高于返回值28.125V，如29V。

2）过电压。用继电保护测试仪或调压器给消谐装置零序电压端子排加电压，由低于120V缓慢升高到120V，装置动作，点亮过电压指示灯，闭合过电压告警继电器（用万用表测量其输出触点，应处于导通状态），打印故障信息，通过串口上传故障信息；将电压缓慢下降，在不低于112.5V时，由于返回系数的原因，该故障仍继续存在；低于112.5V时，故障返回。但此时指示灯、过电压告警继电器仍保持，打印机在打印完该故障后自动停止，串行通信由上传故障报文变为上传无故障报文。查看故障报告，应当显示记录故障动作时刻的信息。此电压值可能低于门槛值120V，但高于返回值112.5V，如115V。

3）谐振。谐振模拟实验的原理接线如图8-3所示。当装置内部的大功率消谐元件启动时，会产生很大的暂态冲击电流，这会对试验仪器产生不利影响甚至使其损坏。为了避免此情况发生，应在试验回路中串接如图8-3所示的灯泡或电阻，以便限制电流的大小。灯泡或电阻的功率一般在30～100W（阻值500～1500Ω）之间即可。

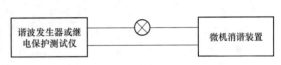

图8-3　谐振模拟实验原理接线

用继电保护测试仪或频率发生器给装置零序电压端子加16.667Hz频率的电压，由低于17V缓慢升到17V，装置动作，点亮谐振指示灯，闭合谐振告警继电器（用万用表测量其输出触点，应处于导通状态），打印故障信息，通过串口上传故障信息；将电压缓慢下降，在不低于15.9375V时，由于返回系数的原因，该故障仍继续存在；低于15.9375V时，故障返回。但此时指示灯、谐振告警继电器仍保持，打印机在打印完该故障后自动停止，串行通信由上传故障报文变为上传无故障报文。查看故障报告，应当显示记录故障动作时刻的信息。此电压值可能低于门槛值17V但高于返回值15.9375V，如16V。25Hz、150Hz试验方法同理。

12. 选线装置调试

当前大机组高压厂用电系统，中性点一般采取经高电阻接地方式，这类系统中发生单相接地故障时，不允许接地点继续运行，有零序保护直接动作跳闸。

三、高压厂用电系统分系统调试

分系统调试的主要原则是要确保系统的完整性和安全性，不具备试运条件的不能试运，试运时要确保试运设备和系统的测点和联锁保护全部投运，指示、动作正确。

高压厂用系统调试工作在单体调试工作完成后展开，在系统调试工作开始前，应让DCS

厂家将所要调试的系统组态完成，系统调试主要为测试遥测、遥信、遥控、SOE 等信号，在后台能够准确进行断路器的分合操作，同时后台能够准确反映断路器的状态。遥测量的范围应和 TA 等测量元件的采样范围相一致。应该注意的是，此时 6kV 母线已带电，切不可将开关手车推至工作位置进行试验。

1. 电源进线（包括备用、工作进线）间隔保护调试

（1）外观检查及紧固端子。检查元器件及保护装置外观无损伤，紧固开关二次回路端子排和元器件上的螺钉，对于甩开的线要用绝缘胶布包好。

（2）二次回路检查。检查 TV、TA 回路、信号回路及端子排接线是否有松动或断线现象，盘柜间电缆线是否有损坏现象；检查 TA 回路是否有断线现象，是否一点接地，接地是否可靠；依据图纸检查回路接线是否正确。

（3）绝缘检查。选用档位为 1000V 的绝缘电阻表，测试各 TV、TA 及控制回路之间及对地绝缘电阻，应大于 10MΩ 并记录。

（4）直阻测量。测量电流回路端子排 TA 侧、负荷侧、整个电流回路的直阻并记录。

（5）传动试验。将开关摇至试验位，送上空气开关，将就地/远方转换开关打到"就地"或"远方"，确认 DCS 画面显示相应的"就地"或"远方"，将就地/远方转换开关打到"联调"位，确认 DCS 画面显示非"就地"位；就地合上/跳开开关，确认 DCS 画面显示开关在合位/分位；模拟电气异常信号，确认 DCS 画面显示"电气异常告警"；模拟保护动作信号，确认 DCS 画面显示"保护异常告警"；模拟开关工作位置信号，确认 DCS 画面显示开关工作位置；加入电流、电压量，确认 DCS 画面电流、电压显示正确无误；有功电能，确认显示电度计脉冲个数正确；就地合上开关，用保护装置进行保护带开关传动，退出该保护出口连接片，确认保护出口，开关不跳闸；投入该保护出口连接片，确认保护出口，开关正确分闸；就地合上开关，就地合闸开关指令一直存在，用保护装置进行保护带开关传动，确认保护出口，开关跳开，只动作一次，无跳跃。

（6）继电器线圈直阻测量。传动结束后，测量合闸继电器、跳闸继电器、保护出口继电器动作圈、保护出口继电器返回圈的直阻，并做好记录。

2. 母线 TV 间隔保护调试

（1）外观检查及紧固端子。检查元器件及保护测控装置外观无损伤，紧固开关二次回路端子排和元器件上的螺钉，对于甩开的线要用绝缘胶布包好。

（2）二次回路检查。检查 TV 回路、信号回路及端子排接线是否有松动或断线现象，盘间电缆线是否有损坏现象；TV 回路是否有断线现象，接地是否可靠；对照图纸查看回路接线是否正确。

（3）绝缘检查。选用档位为 1000V 的绝缘电阻表，测试各 TV 及控制回路之间及对地绝缘电阻应大于 10MΩ 并记录。

（4）传动试验。

1）将 TV 摇至试验位，送上空气开关，依据传动项目进行传动试验。

2）母线段上的间隔均在试验合闸位置，模拟低电压保护 I 段动作，该母线段上设定低电压 I 段跳闸的间隔应该跳闸。

3）母线段上的间隔均在试验合闸位置，模拟低电压保护 II 段动作，该母线段上设定低电压 II 段跳闸的间隔应该跳闸。

4）模拟母线电压低信号，确定 DCS 画面上显示"母线电压低告警"。

5）模拟零序电压报警信号，确定 DCS 画面上显示"零序电压告警"。

6）模拟 TV 断线信号，确定 DCS 画面上显示"电气异常告警"。

7）模拟电气异常信号，确定 DCS 画面上显示"电气异常告警"。

（5）继电器线圈直阻测量。传动结束后，进行中间继电器线圈直阻的测量并做好记录。

3. 辅助厂房电源进线间隔保护调试

外观检查及紧固端子、二次回路检查、绝缘检查、直阻测量、传动试验、继电器线圈直阻测量，均同"电源进线间隔调试"，不再赘述。需要注意的是：主厂房 6kV 电源开关与辅助厂房 6kV 电源开关之间具有连锁、闭锁关系，传动时需要检验。

4. 高压厂用辅机保护调试

（1）外观检查及紧固端子。检查元器件及保护装置外观无损伤；紧固开关二次回路端子排和元器件上的螺钉，对于甩开的线要用绝缘胶布包好。

（2）二次回路检查。检查 TV、TA 回路、信号回路及端子排接线是否有松动或断线现象；盘柜间电缆线是否有损坏现象；TA 回路是否有断线现象，是否一点接地，接地是否可靠。依据图纸，检查回路接线是否正确。

（3）绝缘检查。选用档位为 1000V 的绝缘电阻表，测试各 TA、TV 及控制回路之间及对地绝缘电阻应大于 10MΩ 并记录。

（4）直阻测量。测量电流回路端子排内侧、外侧、整个电流回路的直阻并记录。

（5）传动试验。

1）将开关摇至试验位，确认开关在试验位置后，送上空气开关，依据传动项目进行传动试验。

2）将就地/远方转换开关打到"就地"位，确认 DCS 画面显示"就地"位。

3）将就地/远方转换开关打到"远方"位，确认 DCS 画面显示"远方"位。

4）将就地/远方转换开关打到"联调"位，确认 DCS 画面显示非"就地"位。

5）就地合上/分闸开关，确认 DCS 画面显示开关在合位/分位。

6）模拟电气异常信号，确认 DCS 画面显示"电气异常告警"。

7）模拟保护动作信号，确认 DCS 画面显示"保护异常告警"。

8）模拟开关运行位置信号，确认 DCS 画面显示开关运行位置。

9）加入电流模拟量，确认 DCS 画面电流显示正确无误。

10）有功电能显示，确认电能计脉冲个数正确。

11）就地合上开关，按下事故按钮，开关分闸，按下事故按钮，确认开关正确分闸。

12）就地合上开关，用综保装置进行保护带开关传动，退出该保护出口连接片，保护出口，开关不跳闸；投入该保护出口连接片，保护出口，开关正确分闸。

13）就地合上开关，用差动保护装置进行保护带开关传动，退出该保护出口连接片，保护出口，开关不跳闸；投入该保护出口连接片，保护出口，开关正确分闸。

14）就地合上开关，就地合闸开关指令一直存在，用综保进行保护带开关传动，保护出口，开关跳开，只动作一次，无跳跃。

（6）继电器线圈直阻测量。传动结束后，进行合闸继电器、跳闸继电器、保护出口继电器动作圈、保护出口继电器返回圈线圈直阻的测量并做好记录。

5. 高压厂用变压器保护调试

外观检查及紧固端子、二次回路检查、绝缘检查、直阻测量、传动试验、继电器线圈直阻测量，均同"高压厂用辅机调试"，不再赘述。需要注意的是：6kV 侧开关与 380V 侧开关之间具有连锁、闭锁关系，传动时需要检验。

6. 6kV 变压器启动试验

在 6kV 变压器系统试验完成以后，方可进行变压器第一次送电，送电前对变压器进行耐压实验，之后摆运行状态，状态为 6kV 断路器推至工作位置并打远方、380V 进线断路器在试验位置；确认 6kV 和 380V 开关室的监控人员都已撤离至屋外后，进行第一次变压器冲击试验，DCS 远方合闸 6kV 断路器，在后台收到断路器合位反馈信号后，调试人员进入 6kV 开关室和变压器室，观察 6kV 断路器和变压器的运行状态，检查保护的采样、差动电流和 380V 电压和相序，如果一切正常，5min 后断开 6kV 断路器，再过 5min 进行第二次冲击，具体步骤和第一次冲击一样，5min 后断开 6kV 断路器，第三次冲击状态要将 380V 断路器推入到工作位置并打远方，第二次冲击完 5min 后，进行第三次冲击，先合 6kV 断路器，再合 380V 断路器，操作完成后调试人员进入现场检查变压器状态以及 380V 进线断路器和母线状态，检查母线电压显示是否准确，检查完成后，变压器即转为正常运行状态。

7. 6kV 电动机启动试验

在 6kV 电动机系统调试工作完成之后，进行电动机启动试验。电动机启动试验前的准备工作和变压器启动前类似，准备工作完后，DCS 发合闸指令，在收到电动机运行状态及电动机电流反馈信号后，到现场查看电动机的转向，如果反转，则立即分闸，更改线路相序，如果正转，检查电动机保护装置采样、保护电流等数据，并比较保护装置的电流采样和 DCS 的采样值是否相同，当电动机配置有差动保护时，还需检查是否有差动电流。都检查完毕后，让电动机持续运行 2～4h 电动机未出现异常情况，则断开断路器，电动机启动试验结束。

8. 6kV 变频器驱动电动机启动试验

6kV 变频器驱动电动机启动试验分为工频启动试验和变频启动试验，工频启动试验和 6kV 电动机启动试验一样，现主要介绍变频启动试验。在准备工作均已完成后，将工频进线断路器在试验位置、变频器断路器在工作位置并打远方，试验的旁路断路器送工作位置，另一台旁路断路器送试验位置，变频柜送控制电源，变频器控制装置上电，风扇启动，变频器控制打远方。此时后台会收到"变频器就绪"信号，通过 DCS 操作合变频器断路器，待 DCS 收到断路器合位遥信后，检查变频器装置的输入采样，采样正确后发变频器启动命令，并收到变频器启动遥信后，检查遥测信号，电流为 0，转速为 0，在后台输入变频器转速给定值，收到的转速遥测应与给定值相对应；发变频器停止指令，合变频器旁路断路器，收到正确遥信指示后，启动变频器，并设置一较慢转速，检查遥信信号，电流正常、转速正常后，检查电动机转向，转向正确后逐渐增大转速，电动机转速也相应增大，检查正常后，分别让变频器在不同转速下运行一段时间，总运行时间为 2～4h 内运行正常，则关停变频器，变频器驱动电动机试验结束。

9. 二次回路通流通压试验

（1）交流阻抗。电流互感器的额定输出容量是指在满足额定一次电流、额定变比条件下，在保证所标称的准确级时，二次回路能够承受的最大负荷值，其单位一般用伏安表示。根据 GB 1208—2006《电流互感器》规定，额定输出容量的标准值有 5、10、20、25、30、40、50、

60、80、100VA。

对于电流互感器二次回路的负荷，可以用下式来计算

$$S_L = I_e^2(\sum K_1 Z_L + K_2 Z_1 + Z_{jc})$$

式中　I_e——电流互感器的额定二次电流；

Z_L——二次设备阻抗；

Z_1——二次回路连接导线的阻抗；

Z_{jc}——二次回路连触点的接触电阻；

K_2——二次设备的接线系数；

K_1——二次回路连接导线的接线系数。

电流互感器二次输出容量必须大于 S_L，并留有适当裕度。

（2）电流回路二次通流试验。TA 二次加额定电流为 5A（如果 TA 二次侧变比为 1A，则所加电流为 1A），测量 TA 根部电流是否为 5A，测量此时回路电压并计算其交流阻抗，除特别注明外，所通电流回路包括装置内部回路。用直流法确定 TA 极性的正确性，所加直流电压建议不超过 5V。

（3）电压回路二次通压试验。TV 二次加压试验中，所加电压为正序三相电压，有效值均为 57.7V，N 对地电压为 0；查相序时 A、B、C 三相分别加 10、20、30V，开口三角绕组，加 10V 的直流电。

（4）6kV 系统启动试验。6kV 系统启动试验详见倒送电试验章节。

第三节　低压厂用电系统调试

一、低压厂用电系统

低压厂用电系统接线方式大致分为接地和不接地两种。接地的接线方式主要用于照明/检修线路，是独立系统，电压等级采用 380/220V，单母线分段接线。

低压厂用负荷系统多为动力中心-电动机中心接线，即 PC-MCC 接线方式。每一套 PC-MCC 的电源由互为备用的两台变压器构成，虽然还是单母分段接线，但使用了分段断路器，互为备用的负荷分别接于不同的分段上，分段断路器与两台变压器的进线断路器形成联锁回路，正常运行时分段断路器断开，两半段 PC 母线分别由各自的电源变压器供电，只有当其中一个电源断路器因变压器停运或其他原因断开时，分段断路器才会合闸，由另一台变压器负担全部 PC 母线的负荷。

每段 MCC 也分为两个半段互为备用的负荷分别接于不同的半段上，但 MCC 两个半段不设分段断路器，大型机组的 MCC 两个半段的电源可分别来自两个不同的 PC 母线，也可以来自同一个 PC 的两个不同的半段上引接。可以设置一个有两个电源进线的 MCC，两个电源互为备用，互相连锁。

380V 供电系统采用 PC（动力中心）、MCC（电动机控制中心）两级供电方式。600、1000MW 级大机组 75kW 及以上、200kW 以下电动机以及电动机控制中心由动力中心（PC）供电，小于 75kW 电动机由电动机控制中心（MCC）供电，成对的电动机分别由对应的动力中心和电动机控制中心供电。

　　PC 动力中心一般是构架式的大于 400A 的开关，MCC 电动机控制中心是抽屉单元小于 400A 的开关。PC 柜可以接带多个 MCC 和较大负荷电机，MCC 是 PC 的下一级负荷，PC 段为 MCC 段供电，而 MCC 段直接为电动机供电。

　　动力中心采用单母线分段接线方式，每段母线由一台低压变压器供电，低压厂用变压器成对配置互为备用（暗备用），两个低压母线段分别对应于 6kV 中压母线的相同母线段。车间 MCC 中，除与 PC 对应成对设置的 MCC 为单母线段单电源进线外，单段 MCC 采用双电源进线手动切换方式，也有采用 PC&MCC 混合方式，个别接有 I 类负荷的单段 MCC（如消防设备等）可采用双电源自动切换。

　　低压厂用电系统的中性点接线有经高电阻接地和直接接地两种方式：

　　（1）中性点经高电阻接地方式：可以防止由于熔断器一相熔断所造成的电动机两相运转，提高了厂用电系统的运行可靠性。1000MW 机组单元厂用电 400V 系统广泛采用。

　　（2）中性点直接接地方式：适用于动力与照明共用的三相四线制系统，但供电可靠性较低，发生单相接地时，动作于跳闸。

　　另外，还有交流保安电源、交流不停电电源，已在相关章节讲述，在此不再赘述。

二、低压厂用电系统单体调试

　　低压厂用电系统单体调试的主要内容有：

　　（1）外观、机械部分检查；

　　（2）屏柜（控制柜）及装置外观检查；

　　（3）屏柜（控制柜）及装置的接地检查；

　　（4）电缆屏蔽层接地检查；

　　（5）端子排的安装和分布检查；

　　（6）直流与交流电源的接入检查；

　　（7）装置上电试验：装置显示，人机对话功能，软件版本检查、核对，开关单体操作调试。

三、低压厂用电系统分系统调试

　　低压厂用电系统相对于高压厂用电系统来说，调试过程差不多，其不同点在于部分 380V 母线安装有备自投装置，如锅炉段和汽机段，其有两段母线，两段单独运行，当其中一段停电后，另一段通过备自投装置自动合上母联断路器。两段母线的进线和母联断路器之间有三选二的逻辑，即三个断路器之间最多只能同时合上其中的两个断路器。

　　380V 保安段和其他 380V 母线有一些区别，保安段特别强调保障供电的可靠性，其电源端除两路进线、母联断路器外还有柴油机供电，其备自投逻辑设置在柴油机的逻辑中，同时保安段的出线断路器都设有失压跳闸和有压自启动功能，调试时需注意这部分断路器。

　　低压厂用电系统分系统调试主要内容有：

　　（1）保护二次回路检查（要求：根据设计图纸全面校核保护二次回路）；

　　（2）交流电压、电流二次回路绝缘电阻；

　　（3）直流二次回路绝缘电阻检查；

　　（4）电流二次回路接地点检查；

　　（5）传动试验。

　　1）DCS 就地信号检查。就地开关或设备点对点模拟至 DCS 后台画面，保证就地与后台信号一致。主要调试内容包括合闸反馈、分闸反馈、就地方式、切换开关、电气异常、保护动作、运行、停止。

2）DCS 远方操作试验。DCS 画面分别发断路器分、合闸脉冲命令，在屏后对应端子排确认装置已发出命令，在就地开关柜内对应端子排测量分、合闸脉冲信号。DCS 画面远方分、合对应断路器，现场确认断路器分、合闸状态是否正确。主要调试内容包括启动指令、停止指令。

3）DCS 画面模拟量检查。就地采集柜内变送器模拟三相电流、三相电压，检查 DCS 画面显示是否正确。主要调试内容包括电压、电流、转速。

（6）二次回路通流通压试验。

1）电流回路二次通流试验。TA 二次加额定电流为 5A（如果 TA 二次侧变比为 1A，则所加电流为 1A），测量 TA 根部电流是否为 5A，测量此时回路电压并计算其交流阻抗，除特别注明外，所通电流回路包括装置内部回路。用直流法确定 TA 极性的正确性，所加直流电压建议不超过 5V。

2）电压回路二次通压试验。TV 二次加压试验中，所加电压为正序三相电压，有效值均为 57.7V，N 对地电压为 0；查相序时 A、B、C 三相分别加 10、20、30V，开口三角绕组，加 10V 的直流电。

（7）低压厂用变压器冲击试验及 400V PC 段受电检查。以汽轮机变压器和汽轮机 PC 段为例，一次系统如图 8-4 所示。汽轮机变压器 2T1、2T2 冲击受电及汽轮机 PC 2B1 段、2B2 段受电。

1）送电前对汽轮机变压器 2T1、2T2 再次进行全面检查和绝缘检查，确认绝缘良好，符合送电条件。

2）汽轮机变压器 2T1、2T2 分接开关放置到三档位置，并复测直流电阻是否合格。

3）检查确认汽轮机变压器 PC 2B1、2B2 段母线上所有断路器及母线 TV 均在冷备用状态。

4）检查确认投入汽轮机变压器 2T1 高压侧断路器 62T1 综合保护，投入汽轮机 2T1 温控装置。

5）将汽轮机 2T1 高压侧断路器 62T1 改为热备用状态。

6）合上汽轮机变压器 2T1 高压侧断路器 62T1，对汽轮机变压器 2T1 高压侧断路器 62T1 进行第一次冲击。就地检查一次设备工作情况，保护装置动作情况，检查 DCS 后台画面以及测量 PC 2B1 段进线侧一次电压幅值及相序，如有异常立即汇报指挥人员。

7）检查正常后，拉开汽轮机 2T1 高压侧断路器 62T1，5min 后合上汽轮机变压器 2T1 高压侧断路器 62T1，进行第二次冲击。静置 5min 后拉开汽轮机变压器 2T1 高压侧断路器 62T1。

8）将汽轮机变压器 2T1 低压侧断路器 2T1B1 改为热备用状态、PC 2B1 段母线 TV 改运行。

9）合上汽轮机变压器 2T1 高压侧断路器 62T1，进行第三次冲击。

10）三次冲击结束后，合上汽轮机变压器 2T1 低压侧断路器 2T1B1，对 PC 2B1 段母线进行充电。

11）测量 PC 2B1 段母线一次电压及母线 TV 二次的电压幅值、相序。

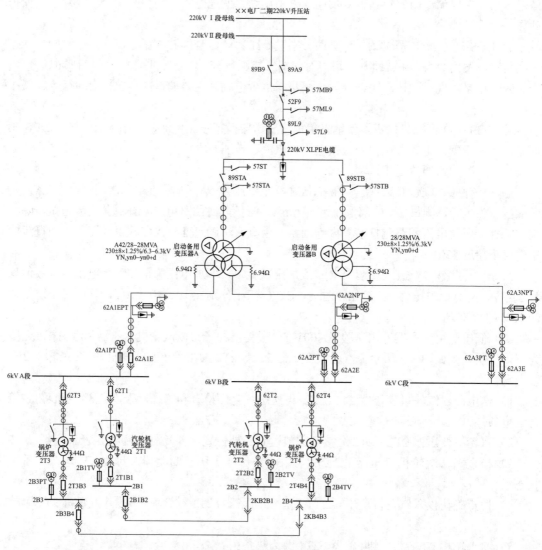

图 8-4　厂用电系统图

12）同样方法步骤进行 2T2 变压器充电及各项检查确认工作。

13）将隔离开关 2KB2B1 改为运行，在联络断路器 2B1B2 上、下静触点处对断路器两侧进行一次电压的核相。

14）检查正常后，将联络断路器 2B1B2 改为热备用，做备自投带电切换操作。

锅炉变压器、保安变压器、脱硫变压器、照明变压器、检修变压器、主厂房公用变压器、净水变压器等其他低压厂用变压器冲击试验及其各 PC 段受电均用同样方法。

第四节　备用电源自动投入装置系统调试

备用电源自动投入装置（简称备自投），是一种正常电源故障后自动投入备用电源的微机装置，其工作原理是根据正常电源故障后，母线失压，电源无电流的特征，以及备用电源有电的情况下，自动投入备用电源以保证安全供电。

备自投的主要形式有桥备自投、分段备自投、母联备自投、线路备自投、变压器备自投。本章节主要介绍一下常见的母联备自投。

母联备自投保护的工作原理为，正常情况下，两路进线均投入，母联断路器分开，处于分段运行状态。当检测到其中一路进线断路器失压且无电流，而对侧进线断路器有压有电流时，则断开失压侧进线断路器，合入母联断路器，另一路进线不动作。

系统的电压等级不同，具体的备自投逻辑也有所不同：

（1）低压备自投一般采用三合二逻辑+延时继电器。

（2）中压备自投一般采用检电压+断路器位置状态。

（3）高压备自投一般采用检电压+检电流+断路器位置状态。

一、备自投装置调试

1. 装置接线及插件检查

装置接线正确，各回路绝缘良好；卡件插接牢靠，元器件外观良好，焊接可靠。

2. 上电检查

断开出口连接片，打开装置电源后面板显示正常、信号指示正确。测量电源板上+5V、−5V、+24V 电源均正常，记录软件版本号。

3. 通道采样检查

按照设计图纸及厂家原理图要求接线，用继电保护测试仪分别模拟各 TV 电压、装置要求的电流，查看装置显示值并记录。

4. 开关输入量检查

按照设计图纸及厂家原理图用短接线在端子排上依次短接所有开关输入量，查看装置显示并记录。

5. 装置定值校验

（1）过量保护定值校验。首先按照保护逻辑图，使保护动作的其余条件都满足，然后按照设计图纸及厂家原理图正确接线，设定继电保护测试仪加量初始值低于定值，给定一个合适的步长，加量，使装置动作，记录该值。

（2）欠量保护定值校验。首先按照保护逻辑图，使保护动作的其余条件都满足，然后按照设计图纸及厂家原理图正确接线，设定继电保护测试仪加量初始值高于定值，给定一个合适的步长，加量，使装置动作，记录该值。

6. 装置功能校验

根据保护的逻辑图，验证哪一条就使该条件先不满足，其余条件均满足；该条件不满足，保护不动作，该条件一经满足，保护动作。如此逐一验证每项条件的正确性，并做记录。

7. 开出量检查

实际模拟装置开出量所需事件，按照设计图纸及厂家原理图用万用表在端子排上测量，若测量到信号，则装置开出量输出正确。

二、备自投切换试验

1. 备自投切换条件

（1）有工作电源和备用电源（备自投投入时属热备用状态）。

（2）判断逻辑有母线电压、线路电压、线路电流、2 回断路器的位置状态。

（3）还有一种是手拉手的备自投模式，也叫远方备自投。

2. 备自投投入条件

（1）工作电源电压低于 35%。

（2）备用电源电压高于 65%。

（3）无母线保护动作。

（4）TV 投入正确。

（5）联锁开关投入。

3. 母联备自投切换试验

实验操作前确认系统运行状态如下：①工作 1A 段进线断路器在运行位置；②工作 1B 段进线断路器在运行位置；③母联断路器在冷备用状态；④检查备自投装置整定值已按正式定值通知单执行，且装置无异常报警，备自投充电已完成。

母联备自投切换试验：

（1）将母联断路器拉出柜外，在断路器上下端口进行一次核相，检查结果应正确；

（2）将母联断路器恢复并推至试验位；

（3）送上母联断路器操作电源；

（4）在就地分别合、跳一次母联断路器，然后断开其操作电源；

（5）将断路器推至"工作"位置，操作切换开关置"远方"位置，送上断路器操作电源；

（6）DCS 操作拉开 1A 段进线断路器，备自投装置动作，合上母联断路器，使 1A 段母线带电，确认 1A 段进线断路器跳闸、母联断路器合闸，且 1A 段母线在切换后无异常现象；

（7）DCS 操作合上 1A 段进线断路器，拉开母联断路器。

同样方法做 1B 段进线断路器分闸投入母联断路器合闸。

第五节　电除尘系统调试

一、二次短路试验

（1）通知一次操作人员将电除尘一室一电场的高压隔离开关的电源、电场隔离开关均投至"接地"位置，并将开关柜锁好；在高压控制柜内将隔离开关辅助触点短接。

（2）合上高压控制柜内控制电源 QS2。

（3）将主回路开关 QS1 合上。

（4）合上主回路开关，按下控制器面板上的"运行/停止"键，设备将处于运行状态，此时迅速按下"向上"或"向下"方向键，可使电压停在当前状态，再次升压可按住"向上"方向键；停下，电压不再上升。

（5）升电流一开始不要太高，可依次为 0.3、0.35、0.37、0.38、0.39、0.4A。逐渐增加，每次都要记录一次电压、一次电流、二次电压、二次电流（二次电压等于零，二次电流达到额定值的 40% 以上，则保护动作，输出"二次短路"），如厂家同意，可缓慢升电流直至"二次短路"保护动作，并且记录动作电流值。

（6）顺序断开高压控制柜内控制电源 QS2、主回路开关 QS1。

二、二次开路试验

（1）通知一次操作人员将电除尘一室一电场的高压隔离开关的电源、电场隔离开关均投至"接地"位置，将电场可靠接地，检查高压隔离开关的电源隔离开关接地已拆除。

（2）合上高压控制柜内控制电源 QS2。

（3）将主回路开关 QS1 合上。

（4）合上主回路开关，按下控制器面板上的"运行/停止"键，设备将处于运行状态，此时迅速按下"向上"或"向下"方向键，可使电压停在当前状态，再次升压可按住"向上"方向键，停下电压不再上升。

（5）升压一开始不要升的太高，可依次为 30、40、45、50、55、60、68、69、70、71、72kV，在每次升压过程中，都要记录一次电压、一次电流、二次电压、二次电流（在一定时间内，二次电压接近于电压额定值，二次电流等于零，则输出"二次开路"），如厂家同意，可缓慢升高电压直至"二次开路"保护动作，并且记录动作电压。

（6）顺序断开高压控制柜内控制电源 QS2、主回路开关 QS1。

三、主回路开路试验

（1）使主回路开关 QS1 处于断开状态，合上控制电源 QS2，给控制柜送电，然后接通门锁开关，控制柜应正常带电。

（2）按下控制面板上的"运行/停止"键，控制柜应处于运行状态，其门后的接口板上的发光二极管应发光，约 15s 后控制柜将发出晶闸管开路报警。

四、空载升压试验

（1）通知一次操作人员将电除尘一室一电场的高压隔离开关电源、电场开关均投入"工作"位，关好高压隔离开关柜柜门，一切恢复正常状态。

（2）振打系统不投入，引风机不运行，电场处于静止状态、无烟气通入情况下进行静态空电场升压试验。

（3）静态空电场升压试验前，电加热器提前投用 24h。

（4）电除尘器封闭全部人孔门，并悬挂"运行"安全标志牌。

（5）静态空电场升压试验，从末级电场开始，逐级往前进行。

（6）确认已断开主回路开关，切断主回路电源。

（7）在电除尘器整流变压器高压侧临时安装静电高压电压表。

（8）经现场调试指挥人员同意，将隔离开关切到电场位置。

（9）接入主回路电源，合上主回路开关。按下控制器面板上的"运行/停止"键，设备将处于运行状态。此时迅速按下"向上"或"向下"方向键，可使电压停在当前状态，再次升电压可按住"向上"方向键，停下电压不再上升。

（10）第一次升压为 30kV，然后依次为 35、40、45、50、55、60、65、70、72kV，在每次升压过程中，都要记录一次电压、一次电流、二次电压、二次电流。升至额定电压值时，应快速降下来。

（11）升压完毕后停机。顺序断开高压控制柜内控制电源 QS2、主回路开关 QS1，将高压隔离开关电源、电场隔离开关投至"接地"位置。

五、依次对其余电场进行试验

高压硅整流变压器容量的选择是根据电除尘器在通烟气条件下的板、线电流密度和电压击穿值而定的，由于空电场升压试验时，空气电流密度大，而当单台高压整流变压器对单个电场供电容量不足时，即二次电流达到额定值后被锁定，二次电压无法升到电场击穿值。此时，可采用两台相同容量的高压整流变压器并联对同一电场供电。

（1）并联供电试验必须在单台高压整流变压器对同一电场升压试验正常后进行。

（2）两台高压整流变压器并联对同一电场供电，应将整流变压器一次电源相位倒成一致，并可用保证放电间距（距地 500mm 以上）导线进行连接来实现并联。

（3）并联供电试验操作时应两人同时启动，同时操作两台控制器面板开关进行升压。在两台高压整流变压器同步上升的电流之和未达到额定值时，可继续升压到电场闪络为止，此时二次电流为两台高压整流变压器的电流之和，二次电压为两台高压整流变压器二次电压取平均值。在升电压过程中同时录制电场的空载伏安特性曲线。

第九章 倒 送 电 试 验

第一节 倒送电试验概述

厂用电系统受电标志着分部试运工作的开始。厂用电系统能否早日受电将直接影响单机试运及以后的调试工作，因此应根据现场的具体情况和调试任务的要求，尽可能地利用现场已具备受电能力的设备创造条件以完成受电任务，为以后的试运工作奠定基础，也为缩短试运工期创造条件。

在厂用电系统基本具备受电条件时，应根据现场具体情况编写厂用电系统受电方案，并报试运指挥部批准。

通过对机组 6kV 及 400V 厂用电系统的一、二次设备的安装调试，使其具备投入使用的条件，确保受电范围内的一、二次设备的安全，为机组分步试运提供条件。

倒送电试验的设备包括启动备用变压器、厂用 6kV 及 400V 系统的一、二次设备。

为了确保倒送电试验工作顺利有序进行，必须首先编写倒送电实施方案，方案中明确工作范围、质量标准、组织分工、倒送电试验程序、应急预案等。

一、倒送电试验程序

（1）组织建设、监理、设计、施工、调试、生产等单位，对倒送电条件进行全面检查，并报请上级质量监督机构进行厂用电系统受电前的质量监督检查。

（2）召开倒送电验收委员会会议，听取倒送电指挥部和主要参建单位关于倒送电工作情况汇报和倒送电前质量监督检查报告，对倒送电条件进行审查和确认，并做出决议。

（3）调试单位按倒送电启动试验条件检查确认表组织调试、施工、监理、建设、生产等单位进行检查确认签证，报请倒送电指挥部批准。

（4）生产单位将指挥部批准的倒送电计划报电网调度部门批准后，倒送电各参建单位按该计划组织实施倒送电工作。

（5）调试单位负责填写机组倒送电调试质量验收表，监理单位组织调试、施工、监理、建设、生产等单位完成验收签证。

二、场地环境及设备应具备的条件

场地环境应具备的条件如下：

（1）受电范围内配电装置的所有建筑项目完成，并经质检部门验收合格。

（2）受电范围内场地平整，所有孔洞、沟盖盖好。

（3）受电范围内照明、通风、通信系统安装、调试完毕，符合设计要求，并经验收合格。

（4）受电范围内设计的水消防和特殊消防系统已正常投入，并配置消防器材，满足受电要求，并经验收可投入使用。

（5）受电范围内建筑工程已完成，门窗齐全，障碍物已清除，验收合格。

（6）受电范围内各种运行标示牌已准备就绪，各设备代号已编好并印、贴完毕，一次设备挂有明显安全标示牌，并应有"高压危险""设备已带电""严禁靠近"等字样。

（7）受电措施经过试运指挥部批准，成立受电领导小组，明确指挥系统和参加人员，并组织交底，明确责任。

（8）受电前经过监理和质量监督体系检查合格，确认具备受电条件。

设备应具备的条件如下：

（1）6kV 备用进线分支用于启动备用变压器差动保护的 TA 经一次通电流验证差动极性符合差动保护要求。

（2）完成启动备用变压器保护传动试验，备用进线分支 TV 与启动备用变压器保护相关部分的二次通压、备用进线分支 TA 与启动备用变压器保护相关部分的二次通电流已完成。

（3）完成备用进线分支综保装置单体调试、相关保护、DCS 整组传动试验。

（4）6kV 母线的工作进线断路器拉出仓外，并做好相关安全隔离措施，其余 6kV、400V 断路器应为分位状态并处于试验位置，6kV 备用进线 TV、6kV 母线、400V 母线 TV 应处于工作位置。

（5）6kV 厂用系统在 DCS 画面上的接线方式已经恢复正式的系统接线，且经调试正确。

（6）机组倒送电相关断路器的操作和保护整组传动结果正确，经检验验收合格，报告齐全。

（7）倒送电相关的继电保护装置调试工作已结束，保护整定值与正式的整定通知书相符。

（8）安装与运行单位需检查此次倒送电范围内的系统绝缘。

（9）安装作业人员撤离工作现场，开关室、厂用配电室等受电设备的区段门锁齐全，投运设备悬挂标示牌、警示牌，带电部分的对地安全距离符合安规要求。

（10）机组倒送电相关部分及周围场地已清理，场地清洁，道路畅通，照明充足。

（11）电气电子设备间、电厂集控室、6kV 开关室、400V 开关室现场之间的通信设施齐备、畅通。

（12）机组倒送电受电设备根据电气系统一次设备编号核对送电设备编号，确保送电时检查操作正确无误。

（13）受电范围内所有临时接地线、短路线均已拆除。

三、受电前准备工作

受电前准备工作包括：

（1）受电范围内的断路器、隔离开关等按设计要求逐项进行试操作。

（2）将受电范围内测量仪表及信号系统投入运行。

（3）投入受电范围内电压互感器高压、低压熔丝（或空气开关），并且有足够的备品。

（4）投入受电范围内设备的直流熔丝（或空气开关），并且有足够的备品。

（5）做好受电范围内的电压互感器二次回路消谐措施。

（6）进行受电范围内的变压器冷却系统试运行。

（7）核对继电保护定值，按照整定单要求放好受电范围内变压器的变比档位。

（8）将受电范围内所有的断路器及隔离开关放在冷备用状态。

（9）打开受电范围内所有设备的接地开关。

（10）测量受电范围内所有受电设备的绝缘电阻，并出具报告。

（11）做好受电范围内设备与外界的安全隔离工作，并且有明显标志，以保证人身安全。

（12）备好受电所需的仪器、仪表、图纸资料。

（13）按要求投入受电范围内所有设备的保护。

（14）受电范围的系统图已制作完毕，并能启用。

（15）各类运行表格已经准备齐全。

（16）电厂运行人员必须配备齐全，经培训考试合格，并持证上岗。

（17）运行规程、制度、事故处理规程齐全，并经过审批。

（18）设备操作工具齐全，并放在设备间内，便于使用。

（19）电气、动火工作票备齐，做好受电后代保管运行有关准备。

（20）电厂运行部门按照受电措施要求编制受电程序操作票；向电网主管部门办理受电申请，并且得到许可，严格按照批准时间进行受电操作。

（21）准备好必需容量的负载或者厂用负荷对启动备用变压器保护进行校验。

（22）冲击试验前，启动备用变压器保护已按倒送电方案要求进行投退。

（23）启动备用变压器差动保护低压侧 TA 短接退出，使保护范围延伸至 6kV 母线，作为启动过程主保护；启动备用变压器复压过电流保护（时限临时改为 0.2s）作为启动过程中后备保护。

第二节　倒送电受电设备技术要求

待启动机组的现场情况差别很大，例如，有的机组可能是新建的第一台机组，也可能是扩建机组；机组容量大小可能不一；接入系统方式的差异等。因此这些都可能造成厂用电系统在受电顺序、步骤和方法上的不同。虽然每台机组的实际情况都会存在着一些较大的差异，但其受电过程中的主要受电设备却是相同的，或者说是大同小异。它们在受电过程中的方法、步骤、试验项目、注意事项等都是相同的。因此，只要对这些受电设备的受电程序胸有成竹，对试验过程中应注意的问题有深入的了解，就掌握了厂用电系统受电过程中的步骤和技术要求。受电过程中的主要受电设备一般包括升压站高压母线、变压器（主变压器、高压厂用变压器、启动/备用变压器）、厂用母线等。

一、高压母线受电

当新建电厂接入系统的输电线路完成试验后，输电线路已具备送电条件。利用系统电压在额定电压下对高压空载母线进行充电，检查母线及接入母线设备的绝缘情况。

高压母线充电时的准备工作及注意事项：

（1）高压母线的差动保护调试结束，完成一次设备通电检查；二次回路接线正确，保护具备投入跳闸条件。

（2）在额定电压下对高压空载母线进行投切时，注意由于母线电容和电压互感器的电感形成铁磁谐振现象而出现过电压，可能造成绝缘击穿及设备损坏事故。为防止出现过电压现象，有的设计单位已在电压互感器开口三角形侧设计有电阻，其阻值和热容量是否合适应在调试过程中核实或调整。一般采用录波的方法记录、观察和分析母线电压，并采取必要措施以防止过电压的产生。

（3）在额定电压下对高压空载母线进行充电时，注意观察母线电压互感器二次侧三相电压和开口三角电压值。一旦电压出现异常应立即断开母线，查明产生故障的原因，并予以排除。

（4）在额定电压下对高压空载母线进行充电时，一旦母线设备绝缘出现问题而造成短路，应考虑如何把设备的损害降低到最小程度。所以事先应与继电保护主管部门联系，采取临时措施将母线故障的切除时间尽可能缩短（如母线差动保护动作直接跳闸，充电线路的后备保护动作时间适当缩短并解除线路的自动重合闸等）。

二、变压器受电

变压器受电时应首先进行变压器的空载投入试验，即变压器在全电压下冲击合闸试验。其主要目的是检验变压器的差动保护能否躲过变压器空投时的励磁涌流；检查变压器二次回路。变压器的全电压冲击合闸试验需要注意的事项：

（1）第一次冲击合闸并录取电压、励磁电流波形。合闸后维持30min监听并确认变压器内部声音正常，有关表计指示正常后再进行下一次合闸。

（2）冲击合闸共进行5次，每次间隔5min，后4次合闸后保持3～5min，变压器和表计指示应无异常。

（3）冲击合闸时如果变压器断路器跳闸，应查明原因，若非变压器引起，可将问题解决后继续试验。

注意在冲击合闸过程中，如果变压器差动保护误动，可能与差动保护定值躲不过变压器励磁涌流有关，应从录波图中测算变压器励磁涌流的大小并与保护定值核对，以判断定值的正确性。

三、带负荷试验

在变压器带负荷后，当负荷达到一定水平之后即可进行带负荷试验。用相位伏安表测试变压器各侧电压、电流的数值及相位，电流相量六角图应符合要求；当变压器接近满负荷时，用高内阻交流电压表测量差动保护的差电压，亦应满足规定的要求。

第三节　倒送电试验步骤及注意事项

一、启动备用变压器受电

1. 启动备用变压器启动步骤

（1）备用电源引入线全站已受电，检查一次设备、引入高压线或电缆应无异常。

（2）腾空一条母线，将启动备用变压器倒闸操作到该母线，投入母联充电保护。

（3）得调度令，进行升压站电压二次回路检查，用母线CVT对启动备用变压器高压侧CVT进行二次电压核相。

（4）合上启动备用变压器高压侧断路器对启动备用变压器进行冲击试验。

（5）启动备用变压器冲击5次，每次间隔5min，受电时间不少于10min，冲击过程中以录波方式记录励磁涌流和合闸电压。

（6）5次冲击结束后，拉开启动备用变压器高压侧断路器。

（7）值长向调度申请启动备用变压器有载调压分接头空载调节试验。

（8）由运行人员在DCS操作分接头向降压方向调节，每降一档，由运行人员进行记录6kV电压，无异常后再继续调节，直至降到第一档，然后再缓慢调节至额定档。

（9）由运行人员操作向升压方向调节，每调节一档，由运行人员进行记录6kV电压，无异常后再继续调节，直至电压升至 6.6kV 左右，停止升压，最后将电压调至额定档。

（10）由当值值长向调度汇报启动备用变压器有载调压分接头空载调节试验结束，进行 6kV 母线送电工作。

2. 注意事项

启动备用变压器启动过程中的注意事项：

（1）对变压器及所连接设备进行全面检查并按规定使用绝缘电阻表测量其绝缘电阻，确认所有设备符合受电条件。

（2）变压器的所有保护具备投入条件并投入。与继电保护主管部门联系，采取临时措施将变压器后备保护的动作时间适当缩短，使其在主保护拒动时能以较快速度切除可能出现的故障；考虑到变压器断路器由于某些原因而可能拒动，其相邻的上一级断路器也应能以较快的速度切除故障，所以变压器的上一级保护定值也应临时调整。待试验结束后再恢复正常定值。特别指出，变压器的气体保护不仅可以保护变压器内部电气故障，而且对于非电气故障也能起到很好的保护作用，因此在变压器空载投入时其轻、重瓦斯保护要分别投入信号和跳闸。

（3）对于大容量三芯五柱铁芯变压器，在全电压冲击合闸时可能会造成系统的零序保护误动跳闸。为此应在冲击试验前与继电保护主管部门联系，临时改变系统零序保护定值。

（4）准备录取变压器空投时电压、励磁电流波形的试验接线及试验设备，经检查接线正确，试验设备应完好。

二、6kV（10kV）母线受电

1. 6kV（10kV）母线受电的具体步骤

（1）确认 6kV（10kV）母线的备用进线断路器在试验位置且分状态，备用进线分支 TV 在工作位置，并且送上所有电压小开关。

（2）确认 6kV（10kV）母线上其他开关柜断路器放在试验位置且在分闸状态。

（3）确认 6kV（10kV）备用进线断路器综合保护装置处于投入状态。

（4）确认本次倒送电受电范围内的所有安全隔离措施均已落实完毕、无关人员撤出开关室后，向试运总指挥汇报本次倒送电的准备工作已全部完成。

（5）依次将 6kV（10kV）母线的备用进线开关小车推至工作位置，依次合上 6kV（10kV）备用进线断路器分别向母线充电，运行人员检查 6kV（10kV）各段母线一次设备是否正常。

（6）检查 6kV（10kV）备用进线分支 TV、三段 6kV（10kV）母线 TV 二次电压正常，相序正确，幅值正确 [在启动备用变压器保护屏对 6kV（10kV）侧电压与 220kV 高压侧电压进行同电源核相，6kV（10kV）TV 柜内对不同 TV 绕组进行同电源核相]。

（7）试验结束后，进行 400V 送电工作。

2. 注意事项

6kV（10kV）母线受电的注意事项：

（1）厂用空载母线受电前应先用绝缘电阻表检查其绝缘情况。

（2）事先与继电保护主管部门联系，对向厂用母线充电的变压器或厂用分支的后备保护采取临时措施，适当缩短其动作时间，以加速母线故障时的切除时间。

（3）厂用空载母线受电后，测量电压互感器二次侧各相电压，检查相序及两段母线间的相位，核对相别。

（4）厂用空载母线受电时应注意监视母线各相电压及绝缘监视信号，一旦出现异常情况及时将母线断开，并查明原因。

三、低压厂用变压器冲击及 400V PC 段受电检查

低压厂用变压器冲击及 400V PC 段受电具体步骤：

（1）送电前对低压厂用变压器再次进行全面检查和绝缘检查，绝缘良好符合送电条件，低压厂用变压器分接开关放到三档位置，并复测直流电阻合格。

（2）检查确认低压厂用 PC 母线上所有断路器及母线 TV 均在冷备用状态。

（3）检查确认投入低压厂用变压器高压侧断路器综合保护，投入低压厂用变压器温控装置。

（4）将低压厂用变压器高压侧断路器改为热备用状态。合上低压厂用变压器高压侧断路器，对低压厂用变压器进行第一次冲击。就地检查一次设备工作情况、相应保护装置动作情况，检查 DCS 后台画面以及测量 PC 段进线侧一次电压幅值及相序，如有异常立即汇报指挥人员。

（5）检查正常后，拉开低压厂用变压器高压侧断路器，5min 后再合上低压厂用变压器高压侧断路器，进行第二次冲击，冲击 5min 后拉开低压厂用变压器高压侧断路器。

（6）将低压厂用变压器低压侧断路器改为热备用状态、PC 段母线 TV 改为运行。

（7）合上低压厂用变压器高压侧断路器，进行第三次冲击。

（8）三次冲击（带差动保护的变压器通常需要冲击五次）结束后，合上低压厂用变压器低压侧断路器，对 PC 段母线进行充电。

（9）测量 PC 段母线一次电压及母线 TV 二次的电压幅值、相序。

（10）其余低压厂用变压器同上述操作步骤。

（11）A、B 段之间低压厂用变压器受电成功后，将本段隔离开关改为运行，在联络断路器上、下静触点处对断路器两侧进行一次电压的核相。

（12）检查正常后，将联络断路器改为热备用，做备自投带电切换操作。

四、倒送电主要问题

电厂倒送电时，首先应检查受电设备送电前绝缘检查是否合格，检查母线上所有断路器均处于试验分闸位置，母线的电压互感器熔断器安装好，保证所有操作设备灵活、分合闸位置正确。但是应注意，如果电力电缆线路绝缘电阻在 220kV 时应保证每千米 4500MΩ 的电阻，否则将会导致送电时跳闸，因此在倒送电时，首先可以实施空载送电，然后在送电段上加上合适的漏电保护器和熔丝，并观察配电箱电压和电流指示，如果电压有所下降，而电流有较大的指示或漏电保护器及熔丝跳开均是电缆绝缘不良的反映，应找出病变电缆，处理后再试送电，以保证电厂倒送电的顺利实施。

当变压器首次受电时，应在就地有专人监视，如发现变压器着火等异常情况，立即联系控制室运行人员跳开变压器高压侧断路器。如未跳闸，应立即跳开上一级电源，并由事先准备好的消防器材进行灭火。如果油在变压器顶盖已燃烧，应立即打开变压器底部放油阀门，将油面降低，并往变压器外壳浇水使油冷却。如果变压器外壳裂开着火，则应将变压器内的油全部放掉。扑灭变压器火灾应使用二氧化碳、干粉或泡沫灭火枪等灭火器材。

第十章 整套启动试验

第一节 整套启动试验概述

一、试验的目的及范围

1. 试验目的

机组整组启动是对发电机、变压器、厂用变压器、发电机—变压器组保护、高压厂用变压器保护、励磁系统、同期装置、厂用电源快速切换装置等一、二次设备及系统进行考验，确保机组并网后能安全、可靠运行。

2. 试验范围

整套启动试验范围涉及发电机变压器组系统，励磁系统，厂用 6kV 系统的一、二次设备。并且为了确保整套启动电气试验工作顺利有序进行，必须在调试前编写启动方案，方案中明确工作范围、质量标准、组织分工、整套启动电气试验程序、应急预案等。

二、整套启动试验程序

整套启动试验程序如下：

（1）组织建设、监理、设计、施工、调试、生产等单位，对整套启动试运条件进行全面检查，并报请上级质量监督机构进行整套启动前质量监督检查。

（2）召开启动验收委员会首次会议，听取试运指挥部和主要参建单位关于整套启动试运前工作情况汇报和整套启动试运前质量监督检查报告，对整套启动试运条件进行审查和确认，并做出决议。

（3）调试单位按整套启动试运条件检查确认表组织调试、施工、监理、建设、生产等单位进行检查确认签证，报请试运指挥部总指挥批准。

（4）生产单位将试运指挥部总指挥批准的整套启动试运计划报电网调度部门批准后，整套试运组按该计划组织实施机组整套启动试运。

（5）机组整套启动空负荷、带负荷试运全部试验项目完成后，调试单位按机组进入满负荷试运条件检查确认表组织调试、施工、监理、建设、生产等单位进行检查确认签证，报请试运指挥部总指挥批准。生产单位向电网调度部门提出机组进入满负荷试运申请，经同意后，机组进入满负荷试运。

（6）机组满负荷试运结束前，调试单位按满负荷试运结束条件检查确认表组织调试、施工、监理、建设、生产等单位检查确认签证，报请试运指挥部总指挥批准，由总指挥宣布满负荷试运结束，机组移交生产单位，生产单位报告电网调度部门。

（7）调试单位负责填写机组整套启动试运空负荷、带负荷、满负荷调试质量验收表，监理单位组织调试、施工、监理、建设、生产等单位完成验收签证。

三、整套启动试验条件

整套启动前发电机—变压器组应具备如下条件：

297

（1）发电机—变压器组电气部分的一、二次设备已全部安装、调试完毕，符合设计及启动规程要求，按国家标准验收签证合格。

（2）安装、调试、分部试运的验收技术资料、试验报告齐全，并经五方签证验收认可、质检部门审查通过。

（3）所有电气设备名称编号清楚、正确，带电部分设有警告标志。

（4）电网调控中心已批准机组整套启动试验，并确定好并网时间。

（5）机、炉、电大联动试验完毕，机炉方面可满足电气试验要求，经指挥部批准后方可进行试验。

（6）发电机冷却系统可投入运行。

（7）主变压器和高压厂用变压器油位正常，气体继电器已排气，温度指示正确，冷却系统运行可靠，油循环阀门已打开，风扇已能正常投入运行。

（8）所有一次设备接地引下线符合要求，电流互感器的末屏接地可靠。

（9）有关一次设备包括厂用电各系统的操作、控制、音响信号、联锁、DCS 控制及所有保护的传动试验已完成，启动范围内所有装置的定值已经输入及核对完毕。

（10）除已受电的运行设备，其他一次系统所有断路器、隔离开关（除小车开关和接地隔离开关）均在分闸位置，小车开关在试验位置，接地隔离开关均在合闸状态。

（11）各部位的交、直流熔断器熔丝配备齐全，容量合适。

（12）已制定落实厂用电系统运行方式及安全保障措施，运行人员已做好厂用电系统全停的事故预想。

（13）所有启动运行设备附近整齐清洁、道路通畅、照明良好、门锁完好、配有足够的消防设施。

（14）主变压器及高压厂用变压器电压分接头置于运行档位，如果启动前有所调整，电建公司需重新测量直流电阻，并记录阻值。

（15）保安电源完成单体、分系统以及启动切换试验。

（16）确认 TV、TA 二次极性及接地符合设计要求，TV 无短路、TA 无开路，测量 TA 二次直流电阻符合要求，并且记录阻值。

（17）核查励磁变压器二次电压相序、幅值符合设计要求，测量发电机转子线圈绝缘、转子线圈对地绝缘电阻合格。

（18）确认厂用电系统受电时一、二次回路定相、核相，电流、电压检查，保护回路检查，母线及变压器冲击合闸试验和带负荷试验已完成（注：发电机出口带 GCB 断路器时，可先做变压器冲击试验）。

（19）直流大负荷试验完成。

（20）保安电源及柴油发电机大负荷试验完成。

四、启动试验前的准备工作

1. 启动试验前的准备工作

（1）安装公司配合厂家完成注入式定子接地保护静态试验（如果配备此保护）。

（2）预先制作好三相短路接线，以备短路试验时使用。

（3）按短路设置点计划，在试验开始前接好短路线。

2. 短路点设置原则

K1 短路点的设置，在升压站未受电时，应可以校验发电机—变压器组差动保护，有条件的情况可校验母线差动保护和母联保护；当升压站受电时，应可校验发电机差动保护，主变压器差动保护待发电机并网后校验。

如 K1 短路点安装在另一台机组主变压器高压侧上部，断开主变压器高压侧一次联系导线或者本机主变压器高压侧套管接头处，确保固定牢靠，在整套启动前安装（安装时电建及运行方需做好安全措施），最大短路电流应能满足长时间承受一次最大试验电流。

K2、K3、K4 短路点设置在高压厂用变压器低压侧三个分支，每个短路点最大短路电流应能满足长时间承受一次最大试验电流。

（1）测量发电机—变压器组试验范围内一次设备绝缘。

（2）准备好有关外接仪表及试验设备，在本次试验的有关回路中预先接好标准表，标准表必须预先经过校验并在有效期内。

（3）断开并网断路器三副动合触点至热工 DEH 的接线，将并网断路器三副动断触点至热工 DEH 的接线短接，机组并网前恢复。

（4）断开并网断路器动合触点至励磁调节柜的并网信号，机组并网前恢复。

（5）在两套母线差动保护端子排上短接退出并网断路器 TA 至母线差动保护的回路。

（6）合上发电机中性点隔离开关。

（7）将发电机出口 TV 和 6kV 工作进线 TV 小车推至工作位，合上所有二次空气开关。

（8）拆除励磁变压器高压侧引接线，并保持足够的绝缘距离，从高压厂用 6kV 母线段找一备用的变压器间隔，作为机组整套启动试验的临时励磁电源，临时电源断路器保护定值按整定计算定值通知单执行，且经传动正确；临时电源的接入点在励磁变压器高压侧 TA 的上端，以便于励磁变压器的电流回路检查；临时电源电缆容量应能长时间承受试验所需电流，在励磁小室加装临时励磁电源断路器控制按钮，并经传动正确（注：仅自并励励磁系统采用临时电源，无刷励磁系统则不需要此步骤）。

（9）在发电机—变压器组保护屏上断开发电机—变压器组保护出口关闭主汽门连接片，断开励磁开关联跳连接片。

第二节　整套启动试验技术要求

一、试验项目
整套启动试验的项目包括：

（1）升速过程中的检查试验；

（2）发电机短路试验；

（3）发电机带主变压器高压侧短路试验；

（4）发电机带高压厂用变压器低压侧短路试验；

（5）发电机带主变压器、高压厂用变压器、母线空载试验；

（6）发电机空载转子轴电压测量；

（7）发电机空载励磁系统动态试验；

（8）励磁系统建模试验；

（9）发电机断路器检同期试验；

（10）发电机断路器假同期试验；

（11）发电机断路器并网后带负荷试验；

（12）发电机并网后励磁系统动态试验；

（13）发电机带负荷转子轴电压测量；

（14）厂用电源切换试验；

（15）励磁系统 PSS 试验；

（16）发电机进相试验；

（17）调速系统建模试验；

（18）AVC 控制试验。

二、空载试运阶段调试要求

空载试运阶段调试需满足以下要求：

（1）测量超速试验前、后额定转速下转子绕组绝缘电阻及交流阻抗、功率损耗。

（2）测量发电机不同转速下副励磁机输出电压值与频率关系符合设计要求。

（3）励磁系统同步电压测试，同步电压的波形、相序和幅值应符合设计要求。

（4）发电机或发电机—变压器组短路试验，检查各组 TA 二次幅值、相位、变比符合设计要求，保护装置采样值及监控测点指示正确，检查发电机、主变压器、高压厂用变压器及发电机—变压器组等差动保护动作值在整定值允许范围，录取发电机短路特性和励磁机负荷特性。

（5）依据励磁调节器测量的发电机电流、励磁电压、励磁电流，修正励磁调节器参数。

（6）发电机短路电流达到额定值时，测量各晶闸管整流柜输出电流，检查均流系数应大于 0.9。

（7）发电机或发电机—变压器组空载试验，零起升压后检查各组 TV 二次幅值、相序、变比符合设计要求，确认保护装置采样及监控测点指示正确，录取发电机空载特性，测量发电机轴电压。

（8）依据励磁调节器测量的发电机电流、励磁电压、励磁电流，修正励磁调节器参数。

（9）励磁系统手动方式试验，双套调节器，应分别进行下列试验：

1）励磁系统手动方式零起升压试验，检查波形应满足要求。

2）检查励磁系统手动方式调节范围应满足发电机正常运行要求。

3）励磁系统手动方式阶跃试验。

4）励磁系统手动方式灭磁试验，测量计算灭磁时间常数。

（10）励磁系统自动方式试验，双套调节器，应分别进行下列试验：

1）励磁系统自动方式零起升压试验，检查波形应满足要求。

2）励磁系统自动方式调压范围检查，调压范围应满足要求。

3）励磁系统自动方式 5%、10%阶跃试验，检查波形应满足要求。

4）励磁系统自动方式灭磁试验，测量计算灭磁时间常数。

（11）励磁系统中各种运行方式之间切换试验：双套自动或手动方式相互切换，检查切换过程中机端电压变化量。

（12）发电机过励磁限制检查，临时降低定值，升高发电机电压或者降低汽轮机转速，检查 U/f 限制动作情况。

（13）模拟单 TV 断线和双组 TV 均断线，检查励磁调节器自动切换功能，检查切换过程中机端电压变化量。

（14）测量灭磁后发电机定子残压及相序。

（15）发电机同期系统定相试验，带母线零起升压试验，核查同期用 TV 极性，发电机一变压器组与系统侧 TV 二次定相。

（16）假同期试验，核查增、减速回路和增、减磁回路是否正确，分别进行手、自动假同期试验，同时录波，根据波形调节并网断路器导前时间。

（17）自动准同期并网试验，同时录波。

三、带负荷试运阶段调试要求

带负荷试运阶段调试需满足以下要求：

（1）检查保护及测量 TV、TA 回路，确认各保护、自动装置运行正常，监控测点显示正确。

（2）检查有功功率、无功功率显示正确。

（3）测量不同负荷下轴电压。

（4）测量不同负荷下 TA 回路相位及差动保护差流。

（5）测量不同负荷下 TV 二次的三次谐波电压，根据所测量的数据对定子接地保护装置进行定值校核。

（6）工作电源与备用电源一次侧核相，相序应一致，同相压差在允许合环范围内。

（7）机组负荷满足试验条件时，进行高压厂用电源带负荷手动切换试验和事故快速切换试验。

（8）励磁调节器运行方式切换试验：双套自动或手动方式相互切换，切换过程中，机端电压、无功功率扰动应在允许范围内。

（9）自动方式下带负载阶跃试验，双套调节器，应分别进行试验，检查波形应满足要求。

（10）励磁系统低励限制功能检查，在发电机不同有功负荷下，加入阶跃信号，检查欠励磁限制器的限制功能，最终低励磁限制定值应根据发电机进相试验的结果整定。

（11）机组并网后，整定无功调整速率，进行远方调无功试验，发电机无功功率变化应满足要求。

（12）加入阶跃信号，检查过励磁限制器能有效限制励磁电流上升。

（13）发电机带额定负荷检查整流柜均压、均流及各个元件的温升应满足厂家要求。

（14）发电机带有功负荷满足试验要求后，投入无功补偿装置，检查无功补偿功能，根据相邻机组的整定值，整定调差系数。

（15）监控系统性能测试，带负荷试验，各系统信号接口联调，检查逻辑闭锁、系统稳定性。

（16）测量满负荷 TA 回路相位及差动保护差流。

（17）机组甩负荷试验时，跳开发电机出口断路器，不灭磁，记录甩负荷前后发电机参数，录取发电机机端电压最大值。

四、满负荷试运阶段调试要求

（1）记录电气系统满负荷试运行主要参数。

（2）处理与调试有关的缺陷及异常情况，消除试运缺陷。

（3）统计试运技术指标。

（4）调试质量验收签证。

第三节　整套启动试验

一、升速过程中的试验内容及步骤

1. 测量发电机转子绕组的绝缘电阻、交流阻抗及功率损耗

试验的目的是为了检查发电机转子绕组在升速过程中，有无不稳定的匝间短路现象，并留下转子绕组有关交流阻抗和功率损耗的原始记录。

试验时，将发电机转子绕组同励磁系统回路完全断开，并采取安全措施保证给转子绕组加入的试验电源不会影响到励磁回路的其他设备。若励磁回路没有明显的断开点，可将发电机转子滑环上的电刷全部取下，试验电源利用带有绝缘手柄的铜刷或电刷做成接触棒与滑环相接，待试验结束后，再恢复与励磁系统的连接。在汽轮机升速过程中，分别在盘车、500、1000、1500、2000、2500、3000r/min 下进行测试；超速试验完成后，应在额定转速下再次进行测量。

测量发电机转子绕组绝缘电阻：用 500V 或 1000V 绝缘电阻表测量，绝缘电阻值大于等于 0.5MΩ；水内冷发电机转子绕组用绝缘电阻表或万用表测量，绝缘电阻大于等于 5000Ω。

测量发电机转子绕组交流阻抗及功率损耗。试验接线如图 10-1 所示。试验电压的峰值不超过转子绕组的额定励磁电压。如发电机额定励磁电压为 U_n，试验电压为 U_s（有效值），则 $U_s \leqslant 0.707U_N$。试验结果应及时整理，并与厂家资料对比。如果发现在升速过程中，转速升高而转子绕组交流阻抗值突然减小很多，功率损耗有明显增加，应马上重复试验进行核实，在确认无误后及时向试运指挥部报告，研究对策。试验结束后，拆除试验接线。

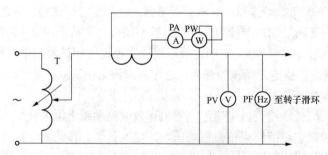

图 10-1　测量转子绕组交流阻抗及功率损耗的试验接线

T—单相调压器；PA—电流表；PW—低功率因数功率表；PV—电压表；PF—频率表

2. 检查励磁机的性能及相序

在发电机低转速（400～1200r/min）时，检查励磁机的性能及相序。

副励磁机为永磁机时，测量其随转速升高的电压曲线和相序，测得的三相电压应对称，相序为正相序。交流励磁机（包括主励磁机和副励磁机）可在其励磁绕组处外加直流电源增加励磁，使励磁电压升压。测量励磁机三相电压值，三相电压值应对称；检查其相序应符合设计要求。当励磁机为直流励磁机时，应在低转速下检查其自励性能和输出端子的极性。

若发电机采用机端变压器励磁方式，则无此项试验。

3．利用发电机残压核对发电机相序

试验在 1200r/min 左右进行。在发电机一次侧测量电压和相序，发电机三相电压应对称，相序应符合设计要求。若发电机至变压器之间为封闭母线，也可考虑在发电机出口电压互感器处测量电压。发电机残压值从理论讲虽不高，但应视为高压对待，应特别注意测量时的安全措施。发电机至变压器组接线方式短路点选择如图 10-2 所示。

二、发电机短路试验

发电机短路试验的目的是录取发电机的短路特性，与制造厂出厂数据相比较以判断机组是否正常；录取短路灭磁时间常数，检查灭磁开关的工作性能；同时用一次电流检查电流回路的完整性、正确性及相关保护回路的正确性。

发电机短路试验内容及步骤如下：

（1）检查三相短路线（选在 k1 处）已安装好；检查主变压器高压侧并网断路器和厂用变压器低压侧断路器均在断开位置，主变压器高压侧隔离开关均在断开位置。

（2）检查发电机、变压器的冷却系统运行正常。

（3）投入发电机的断水保护和励磁回路保护，投入发电机过电压保护、发电机转子接地保护、发电机转子过负荷保护，其余保护全部置于信号或退出。

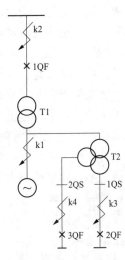

图 10-2　发电机至变压器组
接线方式短路点选择

T1—主变压器；T2—高压厂用变压器；
1QF～3QF—断路器；1QS、2QS—隔离
开关；k1～k4—短路点

（4）送上励磁变压器临时电源，检查励磁变压器低压侧电压正常。

（5）检查灭磁开关在断开位置，检查励磁方式为"手动方式"，参数为输出最小励磁电流。

（6）合灭磁开关，由励磁调节器厂家就地操作"励磁投入"。

（7）缓慢增加励磁电流，观察电流表有无指示。将发电机定子电流缓慢上升（二次电流为 20mA），检查各 TA 电流回路有无开路，用相位表进行检查并记录。在检查过程中，若发现电流回路开路、有火花或放电声、测量数值不正确等异常现象，应立即灭磁并查明原因。

（8）将发电机定子电流升至电流互感器二次额定电流的 1/2～2/3，检查发电机差动保护各相电流回路的数值及相位，绘制六角相量图，判断电流二次回路接线的正确性；继续增加励磁，将定子电流加至额定值，用高内阻交流电压表或低内阻电流表测量发电机差动保护的差电压或差电流，应符合规定要求。

（9）校验励磁变压器差动回路以及其他保护用 TA 回路极性的正确性。

（10）录取发电机三相短路特性曲线。在上述增加电流的过程中，分 5～6 点记录各点下的定子三相电流值、励磁电流和励磁电压以及励磁机的励磁电流和励磁电压，同时核对定子三相电流的标准表、盘表，励磁电流标准表、盘表，励磁电压标准表、盘表，励磁机励磁电流、励磁电压表等，汇总各项数据进行整理，并将短路曲线与发电机出厂时的曲线进行比较，误差应在允许范围内。若相差过大应查明原因，有些情况可能是由于转子电流表接线不正确或励磁绕组有匝间短路等原因造成的。

（11）缓慢减少励磁至最低，并在此过程中录制发电机三相短路特性下降曲线。

（12）测定发电机定子短路状态下的灭磁时间常数。增加励磁，将发电机定子电流升到额定值，然后启动录波器，随即断开自动灭磁开关，记录发电机定子电流、转子励磁电压和励磁电流在衰减过程中的波形。

（13）测量发电机差动保护动作值。在保护盘端子排处短接其中一组电流互感器，并断开其每相至盘内的连接片；在另一组电流互感器及差回路中接入低内阻电流表。合上灭磁开关，缓慢增加励磁，测量差动继电器动作时的电流值应与整定值相符，然后降低励磁至零，断开灭磁开关，拉开励磁变压器临时电源断路器并将断路器拖至试验位置。

（14）派人到灭磁小间检查灭磁开关消弧触点和主触点的情况，检查灭弧回路电阻有无烧损，同时分析录波图是否完好，做好相应安全措施后拆除短路点 k1 的短路线。

三、发电机带主变压器高压侧 k2 短路试验

对于某些大容量发电机组，发电机与变压器之间的连线为封闭母线，没有明显的断开点，因而在短路点 k1 处安装短路排较为困难，这样发电机的短路特性曲线就无法录制，此时可只录制发电机—变压器组的短路特性曲线。

本试验的目的是检查电流回路的完整性及其相序、相位的正确性，检查继电保护回路并录制发电机—变压器组短路特性曲线，留下原始资料供以后定期试验做对比。

注意：按照短路点在另一台机组主变压器高压侧上部，断开另一台机组主变压器高压侧一次联系电缆考虑，校验范围包含本机发电机—变压器组保护和母线差动保护。

1. 短路试验内容

（1）将发电机—变压器组保护按照保护投退表进行投退。注意：发电机保护处置，即投入发电机的断水保护和励磁回路保护、发电机过电压保护、发电机转子接地保护、发电机转子过负荷保护；主变压器气体保护投跳闸。为避免电流回路检查过程中保护误动，应将其余保护全部置于信号或退出。

（2）检查短路线连接良好，检查高压厂用变压器低压侧断路器在分闸位置且均在仓外；主变压器高压侧断路器间隔由冷备用转为运行状态，升压站本机组挂Ⅰ母，另一台机组挂Ⅱ母，母联断路器间隔转运行，另一台机组高压侧断路器间隔由冷备用转为运行状态。检查主变压器中性点处于接地位置，主变压器分接开关位于运行档位，启动主变压器风扇，确认高压厂用变压器低压侧中性点电阻箱内隔离开关处于合位。

（3）检查各部分温度指示正常。

（4）汽轮机稳定在 3000r/min 运行。

（5）监视发电机、主变压器和短路点。

（6）送上励磁变压器临时电源，检查励磁变压器低压侧电压正常。

（7）检查灭磁开关在断开位置，励磁方式为"手动方式"，参数为输出最小励磁电流。

（8）合灭磁开关，由励磁调节器就地操作"励磁投入"。

（9）手动增加励磁，先使发电机定子电流升至小电流（二次电流约为 20mA），检查各部分应正常，各 TA 二次无开路现象；再缓慢升高发电机电流，检查各 TA 二次回路幅值和相位，记录并核对 DCS 各参数显示。

（10）将电流升到发电机额定电流 1/2～2/3，测量各 TA 相量图，测量发电机差动保护回路的差流，同时检查差动电流回路的 N 线应为零。测量负序电流继电器的不平衡输出。

（11）校验励磁变压器差动回路以及其他保护用 TA 回路极性的正确性。

（12）校验升压站母线差动保护差动回路以及母联保护 TA 回路极性的正确性。

（13）手动增加励磁，每增加 500～1000A 稍停，直至使发电机定子电流升到额定电流，同时对发电机一次系统相关设备进行测温检查，并对发电机定子绕组温度进行监视，如有异常及时汇报，停机检查。

（14）减少励磁，每减少 500～1000A 稍停，直至将电流降到零。调节过程中，分别读取发电机定子电流 I_F（I_A、I_B、I_C）、励磁电压 U_{LL} 和励磁电流 I_{LL}，做出发电机—变压器组短路特性 $I_F=f$（I_{LL}）上升、下降曲线。调节电流时要注意单方向调整。

（15）上述试验完成后，手动减励磁降至零，操作"励磁退出"，分灭磁开关，拉掉励磁调节柜控制电源，拉开励磁变压器临时电源断路器并将断路器拖至试验位置。

（16）将上述实验范围内设备转冷备用，在短路点处进行安全措施后（增设接地线），拆除 k2 短接线。

2. 短路试验注意事项

（1）发电机过电压保护定值临时可改为 40～50V、跳闸延时改为 0s，作为短路试验后备保护。

（2）发电机—变压器组保护出口跳闸连接片仅投跳灭磁开关。

（3）试验过程中，如发现异常情况应采取有效措施并立即向调试指挥部报告。

（4）试验过程中取消断路器控制回路电源，防止开路。

（5）退出母线差动保护或是将母线差动保护主变压器间隔电流回路短接封死，防止母线差动保护误动。

四、发电机带高压厂用变压器低压侧短路试验

本项试验的目的是为了检查高压厂用变压器分支的电流回路。如果高压厂用变压器电流回路已在机组启动前用外加一次电流的方法检查完毕，而且与发电机—变压器组构成大差动的厂用分支差动回路接线经试验证明正确，也可以省去该项试验，待并网带负荷后用负荷电流复查厂用分支电流回路。

1. 高压厂用变压器短路试验内容及步骤

（1）短路小车推入工作位，合上隔离开关。

（2）投入发电机断水保护和励磁回路保护；投入发电机过电压保护、发电机转子接地保护、发电机转子过负荷保护；投入高压厂用变压器瓦斯保护。为避免电流回路检查过程中保护误动，应将其余保护全部置于信号或退出。

（3）合上发电机励磁开关，缓慢增加励磁（发电机定子电流二次值为 50mA），检查有关电流二次回路有无开路现象。

（4）增加励磁，升高发电机电流，同时注意不能使厂用分支过载，对有关电流回路进行检查测量。用相位伏安表绘制六角相量图，用高内阻交流电压表或低内阻电流表测量差电压或差电流，判断发电机—变压器组差动保护和高压厂用变压器差动保护接线正确性。

（5）降低励磁，发电机定子电流将至为 0，断开励磁开关，拉开励磁变压器临时电源断路器并将断路器拖至试验位置。

（6）断开隔离开关，拉出短路小车。

2. 高压厂用变压器短路试验注意事项

（1）在 k3 和 k4 点短路时，由于厂用母线已带电，装、拆短路线时应先做好安全措施。

（2）检查 k2 点短路线已拆除，断路器在断开位置。

（3）检查高压厂用变压器气体继电器安装正确，符合要求，轻、重瓦斯保护经传动试验动作正确。

（4）发电机断水保护和励磁回路保护投入，发电机过电压保护、发电机转子接地保护、发电机转子过负荷保护投入，高压厂用变压器瓦斯保护投入，为避免电流回路检查过程中保护误动，应将其余保护全部置于信号或退出。

五、发电机带主变压器、高压厂用变压器、母线空载试验

发电机空载状态下的主要试验项目为：录制发电机空载特性、检查电压回路、检查继电器保护回路、测定发电机定子空载状态下的灭磁时间常数、检查变压器的带电情况及各部绝缘。

1. 发电机带主变压器、高压厂用变压器、母线空载试验内容和步骤

（1）检查发电机出口隔离开关在合上位置或出口连接母线已恢复良好；检查主变压器出线隔离开关及断路器均在合闸位置；检查高压厂用变压器低压侧隔离开关及断路器均在断开位置。

（2）主变压器高压侧中性点接地开关按照调度要求操作。

（3）主变压器及高压厂用变压器油冷却系统运行正常，其所有保护均投入；发电机除功率、涉网保护外其余保护均在投入位置。

（4）合发电机励磁开关。

（5）电压回路及带电设备检查：利用手动调节励磁将发电机电压缓慢升压 0.3 倍额定电压，检查各带电设备是否正常，无异常后再分别将电压升至 0.5、1.0 倍额定电压，并对各带电设备进行检查，记录各组电压互感器的二次电压值及开口三角电压值，最后手动调节励磁将发电机电压缓慢降至最低，断开励磁开关。

（6）手动启动同期装置，检查同期装置输入，同步检定继电器处于闭合状态，确认同期装置同期表应在 0 点位置。

（7）录制发电机空载特性和匝间耐压试验：合上励磁开关，手动调节励磁缓慢升高发电机电压，直至 1.05 倍额定电压，然后手动调节励磁，逐步降低发电机电压至最低。

（8）在发电机电压逐步升高和降低的过程中分几点读取各标准电压表、电流表及盘表的数值，作发电机空载特性的上升曲线和下降曲线。

（9）发电机空载特性的上升、下降曲线录制后，立即汇集全部数据进行整理，并将空载特性曲线与发电机出厂试验曲线进行比较，误差应在允许范围以内，若相差过大时应立即查明原因。

（10）对于有匝间绝缘的发电机，应进行发电机匝间耐压试验，即在录制发电机空载特性试验过程中，当电压升至 1.3 倍额定电压时持续 5min，然后再逐渐降低电压。

（11）在发电机电压上升和下降的过程中，注意观察并记录各电压继电器的动作值和返回值，应符合要求。

（12）测量发电机定子空载状态下的灭磁时间常数：将发电机电压重新升至额定值，先启动录波器，然后断开灭磁开关，录波长度应满足要求。在示波图上测定由灭磁开关断开到发电机电压降至 0.368 倍额定电压所需的时间，即为发电机定子空载灭磁时间常数。

（13）测量发电机残压及相序：发电机灭磁开关断开后，先在机端电压互感器二次侧测

量，然后在机端一次侧测量。测量时要注意安全，做好必要的安全措施。一次侧线间电压小于 300V 时，直接在一次侧测量发电机的相序，应与待并电网相序相一致。

2. 发电机带主变压器、高压厂用变压器、母线空载试验注意事项

（1）带电的发电机、主变压器、高压厂用变压器应派专人监视，并与集控室之间有电话联系。试验期间，如果设备出现异常可立即通知试验总指挥，降低发电机电压，跳开发电机励磁开关，分析产生异常的原因并排除故障。

（2）发电机过电压保护定值临时改为 115V、0s，出口跳闸连接片仅投跳灭磁开关和主变压器高压侧断路器，短接退出发电机—变压器组保护 A、B 套装置中发电机差动保护机端侧电流，延伸发电机差动保护的范围至母线及母线 TV，临时改变 A、B 套装置中差动保护定值，具体保护定值试验前给出。

六、发电机空载转子轴电压测量

在发电机空载额定电压下，测量发电机转子轴电压并记录。

七、发电机空载励磁系统动态试验项目

（1）手动电压调整范围的检查。

（2）"手动""自动"切换试验。

（3）空载稳定性检查。

（4）"自动"调压范围检查。

（5）"自动""手控"切换试验。

（6）"手控"调压范围检查。

（7）10%阶跃响应试验。

（8）调节器频率特性试验。

（9）发电机程序开机升压试验。

八、励磁系统建模试验

本试验详见涉网试验部分。

九、发电机假同期试验

为了防止发电机在第一次接入系统的过程中出现异常，防止由于设备缺陷或操作失误而造成非同期合闸，在发电机第一次并网前，应先进行假同期试验。假同期试验是在发电机—变压器组隔离开关都断开的情况下，通过短接机端隔离开关 1QS 辅助触点，模拟发电机和系统并列。

利用自动准同期装置进行假同期试验的目的，是为了测量从自动准同期装置发出"合闸"指令到同期点断路器 1QF 主触点闭合的时间，以确定自动准同期装置发出"合闸"命令的提前时间是否与同期点断路器的合闸时间相一致；同时检查自动准同期装置的工作性能。

试验前准备好录波装置并接入以下测录量：系统电压和发电机电压、1QF 断路器的一对动合辅助触点、自动准同期装置的合闸脉冲。

1. 自动假同期试验的试验内容及步骤

机组一次系统接线如图 10-3 所示，自动假同期试验的试验内容和及步骤如下：

（1）母联断路器间隔为运行状态，启用母联充电保护（定值为临时定值），腾空 I 母为假同期试验做准备。

（2）检查隔离开关 1QS 和 2QS 和发电机—变压器组出口断路器 1QF 均在断开位置，合

上断路器 1QF 的操作保险。

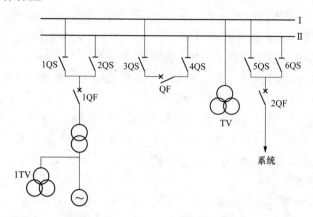

图 10-3　机组一次系统接线示意图

1QS～6QS—隔离开关；QF—母线联络断路器；1QF—单元机组断路器；2QF—线路断路器；

TV—Ⅰ母线电压互感器；1TV—发电机出口电压互感器；Ⅰ、Ⅱ—高压母线

（3）短接隔离开关 1QS 的辅助触点，使电压切换继电器闭合，将Ⅰ母线电压互感器 TV 的电压切入同期电压检查回路。

（4）用录波器进行录波：①系统电压和发电机电压的包络线；②出口断路器 1QF 的动合辅助触点；③自动准同期装置的"合闸"命令脉冲。

（5）合上励磁开关，手动增加励磁使发电机电压升至额定值。

（6）缓慢调整汽轮机转速至额定值。

（7）将发电机电压调整为高于或低于系统电压 5%（整定值），合上自动准同期装置的投入开关，观察"降压""升压"指示灯是否正确；检查调压范围、调压脉冲宽度、调压脉冲间隔、电压差闭锁范围的整定值是否合适，然后断开自动准同期装置投入开关。

（8）将发电机频率调整为高于或低于系统频率 3%（整定值），合上自动准同期装置的投入开关，观察"减速""增速"指示灯是否正确；检查频率范围、调频脉冲宽度、调频脉冲间隔、频压差闭锁范围的整定值是否合适，然后断开自动准同期装置投入开关。

（9）调整发电机与系统的电压差、频差均小于整定值，合上自动准同期装置的投入开关，观察自动准同期装置能正确发出合闸脉冲，"合闸"指示灯指示正确，出口断路器 1QF 合闸成功。

（10）由录波图测量断路器合闸时间是否与自动准同期装置的超前时间整定值相一致，若不一致则应调整自动准同期装置超前时间的整定值，并重复假同期的试验步骤。

（11）断开同期开关和自动准同期装置投入开关。

（12）断开出口断路器 1QF，拆除隔离开关 1QS 辅助触头的短接线。

（13）拆除录波装置及相应接线。

（14）恢复并网断路器 1QF 至 DEH 和励磁系统的并网信号。

2. 自动假同期试验的注意事项

（1）并网断路器合闸时应为假同期电压录波包络线最低点；

（2）同期屏中手动和自动"增速、减速、增磁、减磁"均应试验；

（3）导前时间更改后，假同期录波应再进行一次，以确认修改正确。

十、发电机并网后带负荷试验

测量发电机各 TV、TA 二次的相位关系，做出六角相量图，检查带方向保护接线的正确性。当发电机并网带 10%以上负荷后，进行母线差动保护、主变压器差动、发电机—变压器组失磁、失步等阻抗型保护校验，待校验结束后投入相应保护及出口连接片。

1. 带负荷试验内容及步骤

（1）机组稳定在 3000r/min，恢复发电机—变压器组保护 A、B 套装置中临时措施，恢复保护正式定值。

（2）母联断路器由热备用转为运行，向母线进行充电，电厂升压站运行方式按照调度要求进行调整，机组重新并网。

（3）发电机带不同负荷下轴电压测量，同时与轴电压测量装置所测值进行比较。

（4）在 10%以上负荷下测量发电机、主变压器和高压厂用变压器差动保护差流的不平衡输出。

（5）检查功率测量、电能表、画面、保护等是否正确。

2. 带负荷试验注意事项

（1）注意发电机—变压器组保护中功率型保护方向性、涉网保护方向性；

（2）注意在使用相位表时，严禁造成 TA 二次开路、TV 二次短路；

（3）注意并网前，恢复并网断路器至 DEH、励磁调节器临时措施，DCS 后台强制点应由热工专业取消；

（4）DCS 机组功率三取二信号，应由热工专业协助检查。

十一、发电机带负荷转子轴电压测量

发电机组在运行时，由于某些原因引起发电机转轴上产生交变电动势，即所谓发电机轴电压，此电压产生流经机组大轴的电流。如果在安装和运行中没有采取足够的措施，当轴电压达到一定水平足以击穿轴与轴承间的油膜时，便产生放电，将造成润滑油质逐渐劣化，严重者会使轴瓦烧毁，发电机组被迫停机而造成事故。所以在发电机带负荷后，要在不同的负荷下测量其轴电压，以检查在安装和运行中采取的措施是否有效、可靠。

通常发电机安装时，在发电机和励磁机的轴承与机座的底板间都垫有绝缘板，轴承冷却润滑油导油管的法兰间垫有绝缘垫，以保持应有的绝缘水平。轴电压的测量如图 10-4 所示。

测量前应将轴上原有的接地保护电刷提起，发电机两侧轴与轴承用铜刷短接，消除油膜的压降，先测量发电机的轴电压 U_1，再测量励磁机侧轴承支座与地之间的电压 U_2。测量时应用高内阻交流电压表，其精确度等级应符合要求。

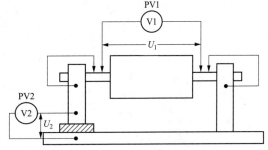

图 10-4 发电机轴电压的测量

PV1、PV2—高内阻变流电压表

测量结果：当 $U_1 \approx U_2$ 时，表明轴承绝缘情况良好；当 $U_1 > U_2$ 时，且超过 10%，表明轴承绝缘情况不好，应查明原因，并采取适当的措施以防止可能出现的问题；当 $U_1 < U_2$ 时，表明测量结果不正确，应查明原因重新测量。

当大机组轴承油膜无法短路时，汽轮发电机大轴对地电压一般要求小于 10V。

十二、厂用电源切换试验

新建发电机组在整套启动时，其厂用电源一般是由启动备用变压器供电。当发电机与系统并列运行带上初负荷后，要对厂用电源进行切换，由启动备用变压器切换至高压厂用变压器。为了保证高压厂用变压器各相相位与启动备用变压器的相位一致性，在厂用电源切换之前，要进行"核相"。

1. 厂用电切换试验内容及步骤

（1）检查发电机—变压器组保护均正常投入；快切装置投入正常，所有出口连接片投入。

（2）提前做好厂用电失电的事故预想，将工作进线断路器推至工作位置，合上控制电源。

（3）由后台监控系统对 6kV 厂用电进行切换试验，切换方式采取"手动切换"和"保护切换"，备用与工作进线均需完成两种切换形式。

（4）断开启动备用变压器低压侧断路器，使厂用母线段都由高压厂用变压器供电，完成厂用电源的切换。

2. 厂用电切换试验注意事项

（1）切换前，需检查连接片，测量跳、合闸回路电压。

（2）切换前做好事故预想，在切换不正常的情况下，运行人员可以手动合上试验跳闸开关。

（3）每次切换结束后，需检查 6kV、400V 辅机，是否存在跳闸情况。

励磁系统 PSS 试验、发电机进相、调速系统建模试验、AVC 控制试验详见涉网保护章节。

第十一章 涉网试验

第一节 概　述

按照电监办有关机组进入商业运行的规定，（各）省电力公司印发了《××省电力公司办理新建发电机组进入商业运营管理工作规定（试行）》，文件规定进入商业运营的条件是"统调机组在连续带负荷运行试验前完成国家电监会 22 号令《电网运行规则（试行）》第 20 条规定的并网运行必需的试验项目：机组励磁系统建模试验、调速系统实测建模试验、PSS 参数整定试验、进相运行、自动发电控制（AGC）、自动电压控制（AVC）、一次调频等，其性能和参数符合电网安全稳定运行需要。

一、新建机组涉网试验项目

根据相关文件要求，新建机组涉网试验项目包括自动发电控制试验、一次调频试验、一次调频在线测试、发电机进相运行试验、自动电压控制试验、励磁系统建模试验、PSS 参数整定试验、调速系统建模试验、励磁系统调差率和静差率试验。

二、新建机组涉网试验运行管理要求

（1）统调机组容量在 100MW 及以上的火电机组（含燃气轮机及多轴联合循环机组）、50MW 及以上水电机组（含抽水蓄能）以及核电机组，均需要按照要求进行涉网试验。

（2）涉网试验的结果未通过评审，必须重新进行涉网试验时，应重做试验。

（3）机组大修、主要设备或控制系统发生重大改变（包括主要设备改造、DCS 改造、DEH 改造、控制方案或重要参数改变等）后，应重新进行 AGC 试验、一次调频试验、一次调频在线测试试验。

（4）AVC 装置更新换代后，需重新进行 AVC 试验。

（5）发电机组扩容改造后，应重新进行发电机进相试验。发电机出线方式或所在地区运行方式发生重大变化时，需重新进行发电机进相试验。

（6）发电机增容改造、更换励磁调节器、励磁系统重要参数（如 PID 控制参数）变更后，需重新进行励磁系统建模及 PSS 参数整定试验。

（7）机组大修或扩容改造后，使汽轮机容积时间常数发生变化时，应重新进行调速系统建模试验；主要设备或控制系统发生重大改变（包括主要设备改造、DCS 改造、DEH 改造、控制方案或重要参数改变等），影响到电液调节系统以及电液伺服机构的调节特性时，应重新进行调速系统建模试验。

（8）新建机组在 168h 试运前应完成所有涉网试验。

（9）在完成规定涉网试验后，试验责任单位应抓紧完成涉网试验报告的编制，发电厂应及时提出 AGC、一次调频、进相运行、AVC 等功能的投运申请，省调控中心及时向有关部门出具"发电机组和接入系统设备（装置）满足电网安全稳定运行技术要求和调度管理要求"报告，未办理有关手续的机组将按未具备相应功能进行考核。

（10）机组运行中应采取措施确保 AGC、一次调频能够按要求投入，其控制性能应满足

指标要求，并严格执行投、退役管理制度。在机组不能执行 AGC、一次调频、进相运行时应事先向省调控中心报告。

三、新建机组涉网试验流程

新建机组涉网试验流程如下：

（1）发电厂应在试验开始前五个工作日向省调控中心提出书面涉网试验申请，并提交经启委会批准的试验方案。其中 AGC、一次调频监测系统联调试验应与省调控中心沟通，提交 AGC 调试信息表和一次调频监控系统联调试验信息表；进相运行和 AVC 试验应与省调运方处联系确定试验方案。

（2）发电厂应按试验方案在省调批准的试验时间开展各项试验工作。

（3）在试验完成后，试验单位及时向发电厂提交有关试验报告和完整的试验数据（记录试验时间和试验结果）。

（4）发电厂向省调提出机组正式投运申请，提交相关试验报告。

（5）经省调核实后批准机组进入 168h 试运行。

机组启停机状态与涉网试验工况要求如图 11-1 所示。

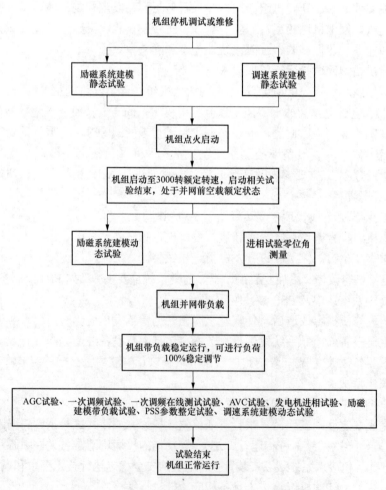

图 11-1　机组启停机状态与涉网试验工况要求

第二节 涉网试验项目

一、AGC 试验

自动发电控制（AGC）是能量管理系统（EMS）中的重要功能之一，它可使发电机组在规定的功率调整范围内，跟踪电力调度交易机构下发的指令，按照一定调节速率实时调整发电出力，以满足电力系统频率和联络线功率控制要求的服务。或者说，自动发电控制 AGC 对电网部分机组功率进行二次调整，以满足控制目标要求。

AGC 是一个开环控制系统，是由调度人员分别在不同时段，根据当前机组实发有功功率与计划值比较，将修整的指令值下发给发电厂的 AGC 系统完成。AGC 的基本功能为：负荷频率控制（LFC），经济调度控制（EDC），备用容量监视（RM），AGC 性能监视（AGC PM），联络线偏差控制（TBC）等，以达到其基本的目标：保证发电功率与负荷平衡，保证系统频率为额定值，使净区域联络线潮流与计划相等，最小区域化运行成本。

发电机组投运后首选要考核的指标就是 AGC。

二、一次调频试验

一次调频是指对电网中由于负荷变动所引起的频率变化，汽轮机调节系统、机组协调控制系统根据电网频率的变化情况利用锅炉的蓄能，自动改变调门的开度，即改变发电机的功率，使之适应电网负荷的随机变动，来满足电网负荷变化的过程。

电力系统频率调整的主要方法是调整发电功率和进行负荷管理。按照调整范围和调节能力的不同，频率调整可分为一次调频、二次调频和三次调频。

一次调频是指当电力系统频率偏离目标频率时，发电机组通过调速系统的自动反应，调整有功功率以维持电力系统频率稳定。一次调频的特点是响应速度快，但是只能做到有差控制。

二次调频也称为自动发电控制（AGC），是指发电机组提供足够的可调整容量及一定的调节速率，在允许的调节偏差下实时跟踪频率，以满足系统频率稳定的要求。二次调频可以做到频率的无差调节，且能够对联络线功率进行监视和调整。

三次调频是协调各发电厂之间的负荷经济分配，从而达到电网的经济、稳定运行。其实质是完成在线经济调度，其目的是在满足电力系统频率稳定和系统安全的前提下，合理利用能源和设备，以最低的发电成本或费用获得更多的、优质的电能。

三、发电机进相试验

同步发电机进相运行是一种同步低励磁持续运行方式。利用发电机吸收无功功率，同时发出有功功率，是解决电网低谷运行期间无功功率过剩、电网电压过高的一种技术上简便可行、经济性较高的有效措施。

发电机进相试验是指对发电机无功功率进相能力进行测定的试验。发电机进相运行是由于系统电压太高，影响电能质量，而对发电机组采取的一种特殊运行方式。

本试验的目的是在不破坏机组静态稳定性前提下，得出机组对系统调压的能力。由于制造工艺和安装质量不一样，每台机组的进相能力是不同的，因此，每台机组入网前都必须单独做进相试验，然后得出在不同负荷下的进相深度。

四、AVC 试验

自动电压控制（AVC）是通过改变发电机 AVR 的给定值来改变机端电压和发电机输出

无功。AVC 试验是测试发电机 AVC 装置自动调节励磁系统能力，以保证定子电压输出的稳定性。机组投 AVC 后就会根据电网的无功情况自动调节发电机的无功功率。

五、励磁系统建模试验

励磁系统建模试验的目的是将等同计算模型仿真计算的结果、近似计算的原型模型仿真计算的结果与现场实际试验的结果进行校核，以确认励磁系统模型参数。

励磁系统模型参数的现场试验校核可以分为发电机空载下小扰动试验校核和大扰动试验校核，发电机空载下小扰动试验校核的是励磁控制系统小干扰动态特性和相关参数，大扰动试验校核的是励磁调节器输出限幅值。

六、PSS 参数整定试验

电力系统稳定器（PSS）是发电机励磁系统的附加功能之一，用于提高电力系统阻尼、解决低频振荡问题，是提高电力系统动态稳定性的重要措施。它抽取与振荡有关的信号，如发电机有功功率、转速或频率，加以处理，产生的附加信号加到励磁调节器中，起到以下作用：①提供附加阻尼力矩，可以抑制电力系统低频振荡；②提高电力系统静态稳定限额。

第三节　涉网试验内容及技术要求

一、AGC 试验

1. 试验应具备的技术条件

试验应具备如下技术条件：

（1）机组的锅炉主保护、汽轮机主保护、重要辅机保护等主要保护功能均投入。

（2）机组协调控制系统能够在要求范围内投入 CCS 方式运行，且控制品质良好。

（3）机组的给水自动、燃料主控自动等主要控制子系统均能投入自动方式，且控制品质良好。

（4）机组的锅炉氧量自动、送风自动、引风自动、除氧器水位自动、锅炉主汽温自动、再热汽温自动等其他控制子系统应尽量能投入自动方式。

（5）机组已完成负荷变动试验，变负荷速率应满足下列条件：火电机组每分钟应大于等于 $2\%P_e$，水电机组每分钟应大于等于 $10\%P_e$，燃机机组每分钟应大于等于 $5\%P_e$。AGC 逻辑已完成正确组态。

（6）AGC 试验的相关测点均工作正常，测点的通道已调通，量程、单位设置无误且状态正确。

（7）DCS、DEH 控制系统工作正常，并且能正常修改逻辑组态及画面。

（8）机组工程师站、历史站工作正常，试验曲线所包含的点在历史站内的采样频率及采集精度满足试验要求。

2. 试验技术要求

试验技术要求如下：

（1）AGC 与 CCS 在任意时刻的切换对热力系统都是无扰动的。

（2）AGC 可调负荷范围应满足要求，其中火电机组至少应包含 $60\%\sim100\%P_e$，水电机组至少应包含 $50\%\sim100\%P_e$，燃机机组至少应包含 $70\%\sim100\%P_e$。

（3）AGC 负荷跟踪试验应根据 DL/T 657—2006《火力发电厂模拟量控制系统验收测试

规程》的相关要求完成。

（4）按要求完成 AGC 调节速率考核试验：每次 AGC 调节速率测试包括增、减（或减、增）两个单方向测试过程，即采用增（或减）Ymin＋暂停 Xmin＋减（或增）Ymin 的测试方式，其中 Y 为单方向测试时间，X 为缓冲时间，单位均为 min；单方向测试时间 Y 长度不小于 3min，缓冲时间 X 长度不小于 2min。所有参与测试机组的 X 与 Y 值由调度部门统一设定，并保持一致。测试开始时，AGC 调节速率的首个测试方向由调度部门指定。

单方向 AGC 调节速率的计算公式为

$$S = \frac{\dfrac{L}{P_N}}{Y} \times 100\%$$

式中　S——单方向调节速率（单位：额定容量百分比/min）；

　　　L——机组单方向 AGC 实际调节量；

　　　P_N——机组额定容量；

　　　Y——单方向测试时间。

测试结束后，取两个单方向测试过程中机组 AGC 调节速率的算术平均值作为该机组的 AGC 调节速率。

（5）新建机组应进行 AGC 试验，机组大修、主要设备或控制系统发生重大改变（包括主要设备改造、DCS 改造、DEH 改造、控制方案或重要参数改变等）后，应重新进行 AGC 试验。

（6）完成所有试验步骤后，应退出 AGC，向省调控中心汇报试验结束，并根据省调控中心的指令进行 AGC 的投退。

3. 试验基本内容

（1）静态试验。基本内容包括：①对 CCS、AGC 等相关逻辑进行静态检查；②与省调控中心进行测点校验，包括 AGC 指令，可调上、下限，变负荷速率等；③对 AGC 功能进行静态模拟。

（2）动态试验。基本内容包括：

1）投入 AGC。

2）AGC SCHEO 模式下：①高负荷段（一般为 80%～100%额定负荷）升负荷试验；②高负荷段降负荷试验；③在负荷断点处省调控中心保持 AGC 指令不变，电厂启/停磨煤机；④低负荷段（一般为 60%～80%额定负荷）升负荷试验；⑤低负荷段降负荷试验。

3）AGC AUTOR 或 PROPR 模式升、降负荷试验。

4）退出 AGC。

（3）在试验结束后记录省调控中心实测的 AGC 变负荷速率。

二、一次调频试验

1. 试验应具备的技术条件

试验应具备如下技术条件：

（1）机组的锅炉主保护、汽轮机主保护、重要辅机保护等主要保护功能均投入。

（2）机组协调控制系统能够在要求范围内投入 CCS 方式运行，且控制品质良好。

（3）机组的给水自动、燃料主控自动等主要控制子系统均能投入自动方式，且控制品质良好。

（4）机组的锅炉氧量自动、送风自动、引风自动、除氧器水位自动、锅炉主汽温自动、再热汽温自动等其他控制子系统应尽量能投入自动方式。

（5）机组已完成负荷变动试验，变负荷速率大于等于 2%Pe/min。

（6）汽轮机高压调门的阀门流量特性曲线已根据阀门实际工况校正，且没有明显的突变点。

（7）一次调频逻辑已完成正确组态（包括 DEH 及 DCS 侧）。

（8）一次调频试验的相关测点均工作正常，包括测点的通道已调通，量程、单位设置无误，且状态正确等。

（9）DCS、DEH 控制系统工作正常，并且能正常修改逻辑组态及画面。

（10）机组工程师站、历史站工作正常，试验曲线所包含的点在历史站内的采样频率及采集精度满足试验要求。

2. 试验技术要求

试验技术要求如下：

（1）一次调频控制模式应为"开环+闭环"联合一次调频（即 DEH+CCS 模式），且 DEH 和 CCS 中一次调频特性参数均应满足（3）、（4）、（5）条中的要求。

（2）一次调频死区不大于 ± 0.033Hz。

（3）转速不等率应按照火电机组 5%、水电机组 3%、燃机机组 5%进行设置。

（4）一次调频负荷限幅不小于 $6\% P_e$。

（5）一次调频试验工况不少于 3 个，一般推荐从 $60\% P_e$、$75\% P_e$、$90\% Pe$ 及 $100\% P_e$ 中选择。

（6）每个试验工况至少分别进行 ± 0.067Hz 及 ± 0.108Hz 频差扰动试验。

（7）一次调频响应滞后时间小于 3s。

（8）一次调频负荷响应至该次扰动调频幅度 90%的响应时间小于 15s。

（9）一次调频稳定时间小于 1min。

（10）完成所有试验步骤后，应退出一次调频，向省调控中心汇报试验结束，并根据省调控中心的指令进行一次调频的投退。

新建机组应进行一次调频试验，机组大修、主要设备或控制系统发生重大改变（包括主要设备改造、DCS 改造、DEH 改造、控制方案或重要参数改变等）后，应重新进行一次调频试验。

3. 试验基本内容

（1）静态试验。基本内容包括：①对一次调频及相关逻辑进行静态检查；②对一次调频特性函数进行检查（包括转速死区、不等率及调频限幅等）；③对一次调频功能进行静态模拟。

（2）动态试验。基本内容包括：①投入 DEH 侧一次调频；②选取典型负荷工况进行 DEH 侧一次调频增负荷试验及一次调频减负荷试验；③投入 CCS 侧一次调频，进行 DEH+CCS 联合一次调频试验；④选取典型负荷工况进行 DEH 及 CCS 联合一次调频增负荷试验、一次调频减负荷试验；⑤退出 DEH 及 CCS 侧一次调频。

三、发电机一次调频在线测试试验

1. 试验应具备的技术条件

试验应具备如下技术条件：

（1）机组 AGC 试验及一次调频试验已完成，且满足各自的试验技术要求。

（2）一次调频在线测试逻辑组态已完成，且组态正确（包括 DEH 及 CCS 侧）。

（3）一次调频在线测试的相关测点均工作正常，包括测点的通道已通，量程、单位设置无误，且状态正确等。

（4）DCS、DEH 控制系统工作正常，并且能正常修改逻辑组态及画面。

（5）机组工程师站、历史站工作正常，试验曲线所包含的点在历史站内的采样频率及采集精度满足试验要求。

2. 试验技术要求

试验技术要求如下：

（1）由多方配合完成，其中现场试验人员负责本地操作，省调控中心负责远方操作。

（2）远方手动进入、退出一次调频测试。

（3）远方进入一次调频测试 15min 后，如果本地未接收到远方手动退出测试指令，则自动退出测试。

（4）从远方正确读取 DEH、CCS 一次调频特性函数参数设置，包括死区、不等率、调频限幅等。

（5）远方进行一次调频增、减负荷测试，且负荷响应过程满足一次调频的响应要求。

（6）远方进行一次调频增、减负荷连续测试，且测试过程中增、减负荷测试对 AGC 调节过程及负荷变化速率的测定均无影响。

（7）完成所有试验步骤后，应退出一次调频，向省调控中心汇报试验结束，并根据省调控中心的指令进行一次调频的投退。

新建机组应进行一次调频在线测试试验，机组大修、主要设备或控制系统发生重大改变（包括主要设备改造、DCS 改造、DEH 改造、控制方案或重要参数改变等）后，应重新进行一次调频在线测试试验。

3. 试验基本内容

（1）静态试验。基本内容包括：①对 DEH 一次调频在线测试逻辑进行静态检查；②对 DEH 一次调频特性函数进行检查（包括转速死区、不等率及调频限幅等）；③对 DEH 一次调频在线测试功能进行静态模拟；④对 CCS 一次调频在线测试逻辑进行静态检查；⑤对 CCS 一次调频特性函数进行检查（包括转速死区、不等率及调频限幅等）；⑥对 CCS 一次调频在线测试功能进行静态模拟；⑦对 DEH、CCS 一次调频在线测试相互切换逻辑进行静态检查；⑧对 DEH、CCS 一次调频在线测试逻辑相互切换功能进行静态模拟。

（2）动态试验。基本内容包括：①本地投入一次调频，远方进入一次调频在线测试；远方一次调频特性参数测试；远方一次调频增、减负荷测试；②本地投入 AGC，远方一次调频增、减负荷连续测试；③远方退出一次调频在线测试，本体退出 AGC、一次调频。

四、发电机进相试验

1. 试验应具备的技术条件

试验应具备如下技术条件：

（1）试验前已完成发电机功角零位测试。

（2）试验机组能在规定的有功工况下稳定运行，控制系统工作正常，所有测温元件正常、电气量采集正常；发电机有功在机组最低负荷至满负荷范围内连续可调。机组的运行参数应稳定、控制系统和保护设备处于正常工况、没有可能威胁机组安全运行的隐患。失磁保护已按保护整定书正常投入，试验机组的励磁调节器在试验过程中要运行在自动方式。

（3）试验机组有功功率在 $50\% \sim 100\% P_e$ 内连续可调，试验机组所有测温元件、电气量采集元件工作正常。

（4）启动备用变压器运行正常，有载调压开关、厂用电源快速切换装置能正常使用。

（5）试验机组辅机运行正常，能在 95%厂用高压电压和 90%厂用低压电压下正常运行。

（6）汽轮机 TSI 柜上的键相信号正常。

（7）试验机组各类保护、低励限制工作正常。

（8）进相运行试验中，对静稳的控制以发电机励磁电动势和主变压器高压侧电压之间的夹角 70°为限，它包括发电机的内功角和由于主变压器的阻抗而产生的角差。在确定试验方案计算时，发电机的同步电抗采用不饱和同步电抗。

（9）暂态稳定特性是指电力系统在某个运行工况下突然受到大的干扰后，能否经过暂态过程达到新的稳态运行状态或恢复到原来的状态。由于机组参数不同、处于电网的位置不同，电网运行方式的调整，被试验机组的暂态稳定特性由当地电力调度中心在试验前进行核算。

（10）发电机本体的端部结构件温度在进相运行时会升高，其限额以相应的国标和制造商说明书为准。在确定试验方案是以制造商提供的 P-Q 图为限时，一般可保证温度不超限；对于端部结构件采用水冷的，要求其端部有测温元件，在确定试验方案时，以制造商提供的 P-Q 图和同型机组的试验结果为限。

（11）发电机端电压在进相运行时会降低，依据国标，在满负荷时其端电压不应低于其额定电压的 92%，在低于额定负荷时，此要求可适当放宽，但不应使其他运行参数超出可允许的运行范围。

（12）每个工况下试验均由试验机组高压厂用变压器自带厂用电负荷，以厂用电下降至90%额定电压为限，进行各工况试验［2015 年之前，若厂用电下降至 95%额定电压时仍未达到核准的试验工况，则将厂用电切换至公用（停机/备用变压器带负载）后进行试验，目前该项已取消］。

2．试验技术要求

试验技术要求如下：

（1）在发电机空载运行状态进行功角零位测量。功角零位测量后，进行正式进相试验之前，不得对键相信号装置进行任何变动或调整。

（2）机组进相运行试验工况点一般为 $50\% P_e$、75%和 $100\% P_e$。

（3）励磁调节器应运行在自动方式，低励限制、发电机—变压器组失磁保护投入。

（4）AVC、AGC 退出运行，试验结束后恢复。

（5）机组的低励限制值应在试验前根据方案要求进行调整，并留有一定的裕度。

（6）根据进相试验要求对失磁保护定值进行核算，励磁调节装置本身的失磁保护应与发电机—变压器组失磁保护定值配合或只投信号。

（7）根据机组运行情况和经验，合理配置各变压器分接头位置，确保发电机在功率因数为 0.98 时，最低的 6kV 厂用母线电压不得低于 5.7kV，最低的 400V 厂用母线电压不得低于381V。

2015 年之前，可以切换厂用电进行试验时，还有以下两项：

1）当机组高压厂用母线电压降到其额定值的 95%或低压厂用母线电压降到其额定值的90%时，应按照运行规程进行厂用电切换。

2）切换厂用电后，若其厂用母线电压仍不满足要求，可根据电厂实际情况考虑有载调节启动备用变压器的分接头。

在 2015 年修改进相试验要求时，取消了这两项要求。

（8）进相运行试验时需监视机组运行参数，并对部分参数进行重点测量。每个工况的进相最深点，需每 10min 记录一次参数，直至温度稳定（前后两次测量温度差不超过 1℃ 时即为温度稳定）。

（9）在机组进相深度较大的工况下，增、减励磁电流的操作应平稳、缓慢。

（10）试验时，若机组在未达到方案给出的最大进相深度之前即达到限制条件，则以此限制条件下的工况作为进相试验限额。

（11）出现功角摆动且持续增加时，应立即增加励磁并同时降低机组有功功率，并汇报电力调度中心当班调度。

（12）与被试机组运行于同一高压母线上的机组，应保持其功率因数的稳定。

（13）试验期间，禁止启停机组辅机设备。

3．进相试验限制条件

发电机进相运行试验的限额受制于：静态稳定限制、暂态稳定、发电机定子端部结构件及铁芯的温度以及发电机端电压、低励限制和失磁保护、厂用母线电压的影响。

（1）静态稳定限制。发电机与无限大系统并列运行时，理论上讲，其整步功率 $\dfrac{\mathrm{d}P}{\mathrm{d}\delta} > 0$ 时，发电机运行是稳定的，考虑到发电机并非与无限大系统直接并列运行，需经过主变压器、500kV 线路连接到 500kV 电网，发电机励磁电动势和主变压器高压侧电压之间的夹角应以 70° 为静态稳定限额，以满足试验机组静态稳定的要求。

（2）试验机组的暂态稳定由电力调度中心在试验前进行核算。

（3）试验机组的温度限额以相应的国家标准和制造商说明书为准；在编制试验方案时，应参考制造商提供的 $P\text{-}Q$ 图和同型机组的试验结果。

定子端部铁芯和金属结构件的温度限制：发电机由迟相运行转移至进相运行时，发电机端部漏磁会增加，定子端部漏磁通与转子端部漏磁通的磁路不一致，它们各自的磁阻（R_s 和 R_r）也就不同，对于定子端部某一点，定子电枢反应磁动势引起的端部漏磁通 Φ_{ea} 易于通过，而转子漏磁通进入该点所遇到的磁阻要大一些。因此仅有一部分转子漏磁通经过气隙进入定子端部，如图 11-2（a）中的 AD，可等效其值 $\Phi_{e0} = \lambda\Phi_0$（$\Phi_0$ 为转子端部漏磁通，由图 11-2（a）中的 AB 表示，$\lambda = \dfrac{a}{a+b} = \dfrac{R_s}{R_r} < 1$，一般取 $\lambda = 0.3\sim0.5$），此时端部合成漏磁通 Φ_e 如图11-2（a）中的 CD；保持发电机容量不变，且机端电压不变，即保持定子电流不变时，Φ_{ea} 为一定值，发电机由迟相运行（如功率因数角 φ_1）转移至进相运行（如功率因数角 φ_2）时，定

子端部磁动势相量图由 ACB 变为 KCB，CD′表示在此工况下的定子端部某点的合成漏磁通，显然 CD′>CD。因此，发电机由迟相运行转移至进相运行时，定子端部的合成漏磁通要上升，且随着进相深度的增加，上升的速度也增加，而端部损耗发热引起的温升与端部合成漏磁通密度的平方成正比，所以定子端部铁芯和金属结构件的温度有可能成为进相运行的限制条件。

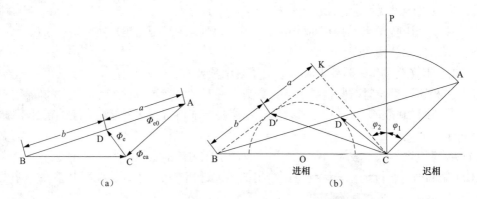

图 11-2　定子端部漏磁通相量及功率因数变化的关系

（a）定子端部漏磁通相量图；（b）定子端部漏磁通随功率因数变化关系图

（4）依据 GB/T 7064—2017 规定，发电机组在满负荷工况时，其端电压应不低于其额定电压的 90%，在其他负荷工况时可适当放宽。

（5）低励限制和失磁保护。低励限制的主要作用是防止过度进相引起的失步，低励限制的动作值是按发电机静态稳定极限并留有一定余量进行整定的。

发电机的失磁保护如果退出，一旦发电机失磁，发电机转子电流将按指数规律衰减，同时将过渡到异步运行阶段。特别是此时发电机将从电网中大量吸收无功功率，从一些试验数据看，发电机失磁异步运行时，从电网吸收的无功功率平均值与输出的异步有功功率平均值之比值约为 1.88，因此在试验过程中发电机的失磁保护必须可靠并投入。

（6）厂用母线电压的影响。发电机进相运行时，发电机的端电压将会大幅下降，由于其高压厂用变压器直接与发电机出口相连，因此将会引起厂用母线电压的下降。考虑到有关发电机运行规程的要求和适当的安全裕度，试验以厂用母线电压的 90%即 5.7kV（对应于 6.3kV厂用母线电压等级）作为控制限额。

4. 进相运行试验基本内容

进相运行试验的基本内容包括：①发电机组空载运行状态，进行功角零位测量；②将机组有功调整至 $50\%P_e$、$75\%P_e$、$100\%P_e$，并保持有功功率稳定，完成高压厂用变压器带厂用系统的进相深度限额测定；③若高压厂用变压器带厂用母线系统负荷时厂用母线电压无法满足试验要求，则需在同一工况下切换启动备用变压器带厂用母线系统进行进相深度限额测定。

五、AVC 试验

1. 试验应具备的技术条件

（1）机组运行正常且锅炉主保护、汽轮机主保护、重要辅机保护等主要保护功能均投入。

（2）机组励磁调节器告警/保护功能正常，并已投入自动运行方式，过励磁限制、低励磁限制可靠投入。

（3）AVC 系统程序配置完成且正确，在满足规定的运行条件后程序能长时间正常运行，无致命错误或程序中止等异常现象发生。

（4）AVC 装置模拟量信号的采集实测值与 DCS 中一致，无故障或报警信号。

（5）AVC 装置开关量输入及输出信号与实际状态一致。

（6）AVC 各上、下位机、工控机之间通信正常，无中断。发生接头松动等硬件故障或掉电恢复后能自动恢复通信，即使出现错误包也不致影响通信功能或永久中断通信。

（7）AVC 装置与主站及 RTU 间信号调试已结束，各信号通信品质满足试验要求（包括投入/退出 AVC、电压目标值等）。

（8）AVC 装置与试验机组相关的离线试验已完成，所有逻辑测试正确。

（9）试验异常时，具备可实现快速退出试验的操作手段，具备 AVC 装置停运/单机组退出时与励磁系统隔离的手段。

（10）以通信、电量变送器等方式采集的主变压器高压侧无功、机组无功等信号量均须支持双向测量。

2. 试验技术要求

（1）可接收 AVC 主站或就地调控指令，根据设定的高压母线电压/总无功目标值，计算出需要注入电网的总无功功率，按既定的优化控制策略，实现无功在各运行机组/可调节机组间的优化分配，实现机组无功闭环/电厂高压母线电压闭环调控。

（2）在机组正常运行的范围内或 AVC 设定的无功可调节范围内能实现高压母线电压的闭环调控，能实现目标电压/系统目标无功的平稳跟踪，调节速率能满足远方与本地预设的相关要求。当目标电压/系统目标无功超出机组调节范围，AVC 能确保机组无功调节限制在设定范围内。

（3）AVC 的机组无功调节受 AVC 内部所设定参数的限制，当机组参数超出限制的范围时，能闭锁或限制 AVC 不输出，当采集的机组参数异常时能正确闭锁，并给出相关提示与告警。

（4）能识别与机组、励磁调节器运行相关的异常状况，确保主设备异常时，能可靠闭锁。

（5）AVC 能自动识别远方调节/就地指令的异常，可正确闭锁 AVC 或限制调节，输出指令能确保机组励磁平稳调节。

（6）完成所有试验步骤后，应退出 AVC，向电力调度中心汇报试验结束，并根据电力调度中心的指令进行 AVC 的投退。

3. 试验基本内容

（1）离线试验。基本试验内容包括：①投入 AVC；②若 AVC 任一运行条件不满足，则 AVC 输出闭锁。

（2）在线试验。基本试验内容包括：①以手动计划方式模拟设定电压目标值的在线试验；②主站遥控投入 AVC，以主站远方设定的电压为目标值进行在线试验，主站遥控退出 AVC；③退出 AVC。

六、励磁系统建模试验

1. 试验应具备的技术条件

（1）励磁调节器在设计、型式试验阶段应进行产品数学模型参数的确认，确认报告应通过产品技术鉴定。

（2）励磁调节器生产厂家应提供调节器的数学模型参数（包括电压调节器和各个附加

环节）和励磁设备技术数据，励磁系统应符合 GB/T 7409、DL/T 583、DL/T 843 等相关标准的要求。

（3）励磁系统装置由生产厂家完成静态以及动态调试，确保装置状态稳定、设置正确，可以实现全部设计功能。

（4）励磁调节器应具备符合标准规定的、能供第三方进行数学模型参数测试所需要的接口。

（5）励磁调节器的设置值应以十进制表示，时间常数以"秒"表示，放大倍数以标幺值表示，说明标幺值的基准值确定方法。

（6）励磁系统建模试验主要分为静态试验、动态试验、机组带负载试验三部分。其中，静态试验在发电机启动前，励磁调节器处于静态调试阶段进行；动态试验在发电机处于启动阶段，维持转速 3000r/min，保持空载额定状态时进行；机组带负载试验则于发电机并网带负载稳定运行状态下进行。

（7）发电机应投入临时过电压保护，保护整定值参照机组励磁建模试验方案。

2. 试验技术要求

励磁调节器与试验相关的各项控制参数以及限制参数应可以方便地修改；机端电压空载小扰动阶跃响应曲线的超调量、上升时间、峰值时间、调节时间等指标应满足《同步发电机励磁系统建模导则》的相关要求。

3. 试验基本内容

试验基本内容如下：

（1）励磁模型环节特性静态测试（此试验同型号励磁模型只进行一次典型性试验）。将励磁系统及 PSS 模型分环节进行频域或时域测量，以辨识其环节特性。

（2）发电机空载特性试验，如励磁系统包括励磁机，则还需进行励磁机的空载以及负载特性试验。

（3）发电机转子时间常数测量。如励磁系统包括励磁机，则还应测量励磁机时间常数。

（4）发电机空载大扰动试验。进行机端电压大阶跃响应试验，阶跃量的大小应使扰动达到晶闸管整流器最小和最大控制角。

（5）发电机空载小扰动试验。进行机端电压小阶跃响应试验，阶跃量的设置不应使调节器进入限幅区域。

七、PSS 参数整定试验

1. 试验应具备的技术条件

试验应具备如下技术条件：

（1）水轮发电机和燃气轮发电机应首先选用无反调作用的 PSS，如加速功率信号或转速（或频率）信号的 PSS，其次选用反调作用较弱的 PSS，如有功功率和转速（频率）双信号的 PSS。

（2）具有快速调节机械功率作用的大型汽轮发电机应选用无反调作用的 PSS，其他汽轮发电机可选用单有功功率信号的 PSS。

（3）PSS 采用转速为输入信号时应具有衰减轴系扭振信号的滤波措施。

（4）制造厂宜采用 GB/T 7409 标准规定的 PSS 数学模型，提供电力系统稳定器和自动电压调节器数学模型。

（5）PSS 信号测量环节的时间常数应小于 40ms。

（6）PSS 应具备 1～2 个隔直环节，隔直环节时间常数可调范围，对有功功率信号的 PSS 应不小于 0.5～10s，对转速（频率）信号的 PSS 不应小于 5～20s。

（7）PSS 应具备 2～3 个超前/滞后环节。

（8）PSS 增益可连续、方便调整，对功率信号的 PSS 增益可调范围不应小于 0.1～10，对转速（频率）信号的 PSS 增益可调范围不应小于 5～40。

（9）PSS 应具备输出限幅环节。输出限幅应在发电机电压标幺值的 ±5%～±10% 范围可调。

（10）应具有手动投退 PSS 功能以及按照发电机有功功率自动投退 PSS 功能，并显示 PSS 投退状态。

（11）PSS 输出噪声应小于 ±0.005 标幺值。

（12）PSS 调节应无死区。

（13）应能进行励磁控制系统无补偿相频特性测量。

（14）应能接受外部试验信号，调节器内应设置信号投切开关。

（15）应能内部录制试验波形，或输出内部变量供外部录制波形。

（16）数字式 PSS 应能在线显示、调整和保存参数，时间常数应以"秒"表示，增益和限幅值应以标幺值表示，参数应以十进制表示。

（17）其他有 PSS 相似功能的附加控制也应具有上述的 PSS 性能指标和试验手段。

（18）原动机调速器性能指标应符合相关标准的要求。

（19）PSS 采用有功功率为输入信号时应了解实际的原动机输出功率最大变化速率和变化量。

（20）AVR 静态放大倍数应满足 GB/T 7409 规定的发电机端电压静差率要求。

（21）发电机空载电压给定阶跃响应应符合 GB/T 7409、DL/T 843、DL/T 583 等相关标准规定的要求。

（22）AVR 暂态和动态增益应满足 GB/T 7409、DL/T 843、DL/T 583 等相关标准规定的强励要求。

2. 试验技术要求

（1）装置生产厂家应提供可进行噪声输入的数据接口，并确保该接口工作正常，将噪声输入幅值控制在安全范围以内。

（2）试验机组应处于正常接线状态，运行稳定，继电保护投入运行，励磁系统无限制、异常和故障信号。

（3）试验机组的调频、AGC 和自动无功功率调整功能应暂时退出。

（4）试验机组有功功率应大于 80% 额定有功功率，无功功率应小于 20% 额定无功功率。

（5）励磁系统的 PSS 功能在投入和退出时应无扰动。

（6）发电机应具备正常的有功功率及无功功率调节功能，能够按照试验要求进行机组有功功率及无功功率的调整。

（7）完成所有试验步骤后，应退出 PSS 功能，向电力调度中心汇报试验结束，并根据电力调度中心的指令进行 PSS 的投退。

3. PSS 参数整定试验基本内容

（1）测量被试机组励磁系统的滞后角（即无补偿的相频特性）。用频谱分析仪或动态信号分析仪测量发电机端电压对 PSS 叠加点的相频特性即励磁系统滞后特性。

（2）PSS 参数的计算。根据励磁系统无补偿滞后特性，使用专门的计算软件计算 PSS 参数。

（3）测量被试机组励磁系统有补偿的相频特性。此项内容可用计算代替。PSS 对系统可能发生的、与本机相关的各种振荡模式（地区振荡模式和区域间振荡模式）应提供尽可能多的阻尼力矩。通过调整 PSS 相位补偿，在该电力系统低频振荡区内使 PSS 输出的力矩相量对应 $\Delta\omega$ 轴在超前 10°～滞后 45°之间；当有低于 0.2Hz 频率要求时，最大的超前角不得大于 40°，同时 PSS 不应引起同步力矩显著削弱而导致振荡频率进一步降低、阻尼进一步减弱。

（4）PSS 的投、切试验。将 PSS 装置进行投入、退出操作，观察试验机组各量有无扰动。

（5）PSS 临界增益的测定。PSS 应提供适当的阻尼，有 PSS 时发电机负载阶跃试验的有功功率波动衰减阻尼比应不小于 0.1；按 DL/T 843 的规定：PSS 的输入信号为功率时 PSS 增益可取临界增益的 1/3～1/5（相当于开环频率特性增益裕量为 9～14dB），PSS 的输入信号为频率或转速时可取临界增益的 1/2～1/3（相当于开环频率特性增益裕量为 6～9dB）；实际整定的 PSS 增益应考虑反调大小和调节器输出波动幅度。

（6）进行发电机未投 PSS 时带负载的电压给定阶跃响应试验。发电机电压给定阶跃量为 ±1%～±4%，记录发电机有功功率波动情况，以了解本机振荡特性。

（7）进行 PSS 投入后发电机电压给定阶跃响应对比试验。投入 PSS，进行发电机带负荷时的电压给定阶跃响应试验（阶跃量应与未投 PSS 时的电压给定阶跃响应试验相同），记录发电机有功功率波动情况，与不投 PSS 时的电压给定阶跃响应相比较，以检验 PSS 抑制低频振荡的效果，最后确定 PSS 的参数。

（8）"反调"试验。检验在原动机正常运行操作的最大功率变化速度下，发电机无功功率和发电机电压的波动是否在许可的范围。水轮发电机组、燃气轮发电机组和具有快速调节机械功率作用的汽轮发电机组上使用的各种形式的 PSS 都需要进行反调试验。

以上试验步骤完成后，退出 PSS 功能。

八、调速系统建模试验

1. 试验应具备的技术条件

试验应具备如下技术条件：

（1）原动机及其调节系统各部件应满足国家标准和行业标准的要求。

（2）应提供调节系统的数学模型参数（包括调节系统和各个附加环节）和技术数据，调节系统应满足国家标准和行业标准的要求。

（3）调节系统应具备能供第三方进行模型参数测试所需要的接口，能输入模拟量信号进行测试，输出模拟量的刷新频率应大于 20Hz。

（4）调节系统的设置值应以十进制表示，时间常数以"秒"表示，放大倍数以标幺值表示，并说明标幺值的基准值确定方法。

（5）对程序运算和试验测量中涉及的纯延时等各种非线性和其他附加环节应该标明。

（6）已建模的原动机及其调节系统各部件的改造、大修、软件升级、参数修改等，应重新测试。

2. 试验技术要求

（1）静态试验应在完成调节系统验收后进行，满足 GB/T 14100、DL/T 496、DL/T 824

要求。

（2）负载试验应在一次调频试验合格后进行。

（3）应在静态试验中进行调节系统、执行机构的实测建模。

（4）应在负载试验中进行原动机的实测建模，试验工况应包括80%额定负荷及以上的典型工况。

（5）原动机的模型参数实测应在调节系统功率开环状态下（汽轮机组运行在阀控方式、水轮机组运行在开度闭环方式、燃气轮机组运行在功率开环方式）进行。

3. 试验基本内容

（1）汽轮机试验。包括：①PID 环节的输入/输出特性测试；②调节死区测试；③测量环节模型参数测试；④切除闭环控制逻辑检查、验证；⑤执行机构开度大阶跃试验；⑥执行机构开度小阶跃试验；⑦协调方式下频率扰动试验；⑧调速器功率闭环方式下频率扰动试验。

有条件的还可以电网实际发生过的励磁扰动的频率变化曲线为输入，进行一次调频的响应测试。

（2）水轮机试验。包括：①调速器频率测量单元的校验；②调节模式或控制方式的检查和切换试验，在试验中应核实调节工况和调节模式及调节参数的转换条件；③永态转差系数 Pb 校验；④人工转速死区测定试验；⑤PID 空载运行、并网带负荷运行工况下频率、开度、功率闭环控制参数的校验；⑥开度、功率死区的校验；⑦接力器关闭与开启时间测定；⑧接力器反应时间常数 y_T 测定试验；⑨转桨式机组不同水头轮叶随动系统放大系数及时间常数的测试；⑩转桨式机组不同水头下协联关系测试；⑪开度/功率模式下 AGC 投入前后的增减负荷试验；⑫开度闭环方式下不小于±0.15Hz 的频率扰动试验。

（3）燃气轮机试验。包括：①PID 环节的输入/输出特性测试；②调节死区测试；③测量环节模型参数测试；④切除闭环控制逻辑检查、验证；⑤执行机构开度小阶跃试验，阶跃量一般为10%；⑥功率开环方式下的频率扰动试验；⑦功率闭环方式下的频率扰动试验。

有条件的还可以进行不小于±0.1Hz 的一次调频实际电网频率变化过程的响应测试。

第十二章 发电厂电气整套启动调试典型案例分析

如前文所述，发电厂整套启动主要电气试验项目包括：转子交流阻抗测量试验；短路试验；空载试验；励磁试验；同期定相；假同期；首次并网；轴电压测量；厂用电核相；厂用电切换；甩负荷；特殊性试验。

整套启动前需扎实做好分系统调试工作，做到"零缺陷"启动（传动试验、一次通流、二次通流、二次通压、二次负担测量等）；做好试验仪器、资料、表格的提前准备（系统图、试验记录表格、保护投退表、录波器设置）；做好人员的组织、分工、管理；能做的试验提前做（励磁变压器冲击、短路排安装、试验临时电源准备、二次负担测量、一次通流、二次通流、二次通压等）；做好启动前的系统检查后，电气系统即具备进入整套启动调试阶段条件了。

一、机组整套启动前进行系统检查中发现或发生的典型问题实例

【案例1】 电压互感器未推入导致空载误强励

某 300MW 机组启动试验时，励磁系统首次启励后过电压动作，跳开灭磁开关，而发电机—变压器组保护无异常。事故发生后，检查发电机机端电压互感器小车未推入。分析认为，发电机升压时，由于电压互感器未接入，所有二次回路检测不到发电机电压，励磁系统根据电压闭环原理持续增加励磁，发生误强励事故。

【案例2】 励磁卡件插错导致误强励事故

某厂 660MW 超超临界机组发电机出口电压 20kV，发电机采用自并励，励磁调节器为上海成套院提供的 ABB 公司 UN5000 型励磁调节器，灭磁电阻采用碳化硅。机组整套启动调试期间，励磁调节器在 A 通道完成发电机短路、空载试验后，换 B 通道手动方式零起升压。当合灭磁开关、发建压指令后，发电机电压急剧升高，发电机保护动作机组全停，跳开励磁开关，同时发现励磁柜内冒烟。停机后检查发现，灭磁开关柜内碳化硅灭磁电阻烧毁。事故原因是励磁调节器内 B 通道励磁电流端子插错位置，导致在手动方式（电流闭环）下起励时，励磁调节器无法检测到励磁电流，调节器遂将导通角放到最大值，此时晶闸管处于全导通状态，导致发电机励磁电流急剧增大，发电机电压急剧上升。

【案例3】 电压互感器一次熔丝安装不到位导致匝间保护动作

某 330MW 机组在启动时，励磁系统刚开始建压，发电机匝间保护动作，跳灭磁开关并关闭主汽门，机组停机。原因为发现发电机用于匝间短路的 1TV 电压互感器 C 相一次熔断器安装不到位，未接触上金属触点（如图 12-1 所示）。当发电机启励后，保护装置因缺少 C 相电压而测算出零序电压，由于此时发电机电压尚未正常，还无法判断电压互感器断线，因此匝间保护误动作。

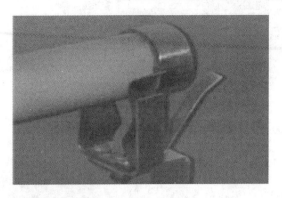

图 12-1　电压互感器一次熔丝安装不到位

【案例 4】　匝间专用电压互感器一次电缆未连接

某厂一期工程 2 号机组进行电气整套启动的发电机—变压器组空载试验时，发电机出口全绝缘电压互感器零序电压较其他机组大。检查发现发电机匝间保护专用电压互感器中性点至发电机中性点一次电缆未连接，电压互感器一次中性点未接地导致零序电压过大。

【案例 5】　匝间专用电压互感器一次电缆位置接错

某厂 3 号机组接错一次电缆位置，将中性点电缆接在发电机出口到电压互感器的引接线母排上，造成发电机首尾短接。在发电机短路试验首次起励过程中，短接电缆在发电机定子大电流冲击下瞬间闪络、烧断起火，造成发电机出口一组保护专用电压互感器、一组避雷器严重烧损报废。

【案例 6】　TA 二次回路开路

某新建 660MW 机组正在进行满负荷试运行。运行人员在巡视中发现主变压器低压套管底部有漏油现象。随后检修人员登上变压器检查，发现变压器低压侧 B 相套管有一组用于绕组温控器的 TA（变比 25000/2A，精度 0.5），其根部二次引出线接线错误，导致 TA 二次开路。现场看到二次电流引出线接线柱之间树脂已经发黑碳化，且有焦煳味道。如图 12-2 所示。

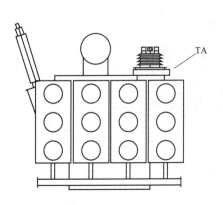 

图 12-2　主变压器低压套管 TA

【案例 7】 电流互感器二次回路接触不良

某厂 1 号机组（600MW 机组，带 500MW 负荷）运行中出现短时的 C 相差动保护启动（未出口），经检查波形如图 12-3 所示，C 相电流短时异常。将 1 号机组 A 套发电机差动保护跳闸退出，只发报警。待 1 号机组停机大修时，检查发现故障录波器处电流端子排已被击穿碳化（如图 12-4 所示），确认是由于电流端子接触不良，导致 TA 二次回路瞬时开路。

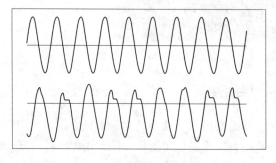

图 12-3 差动保护启动波形   图 12-4 端子排照片

电流互感器二次开路后，全部一次电流均用于励磁，会产生高电压，危及设备及人身安全。电流回路开路是电气调试人员的大忌，一旦发生必将产生严重后果，绝对要在调试工作中避免！

【案例 8】 电压互感器爆炸

某厂 10kV 母线是小电流接地系统。投运一年后 10kV 母线发生单相接故障，接地约 25min 后，母线电压互感器爆炸。后经处理换新的电压互感器，运行正常。运行约一年半后，该母线再次发生单相接地，约 25min 后，母线 TV 再次爆炸。

后经检查发现，由于接线错误，母线 TV 开口三角二次回路被短接。如图 12-5 所示。

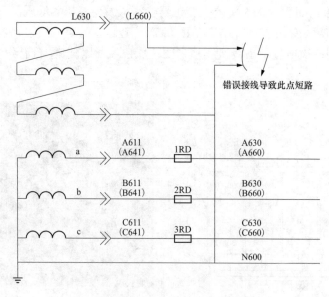

图 12-5 母线 TV 开口三角二次回路被短接

开口三角正常运行时无电压输出，导致这一问题没有被发现。而开口三角二次回路按规定不准安装保险，所以即使二次回路短路也无法保护，导致 TV 爆炸。

【案例 9 】 开关小车母线挡板下落短路

某厂运行人员在推 6kV 开关时，未注意开关室内母线挡板一侧机构螺钉脱落，当开关推入时挡板滑落，与开关触点处金属部分接触，导致对地短路。如图 12-6 所示。

图 12-6　被烧损的开关触点

【案例 10 】 励磁变压器感温线安装问题

某厂 5 号机组两套发电机—变压器组保护装置套报出"发电机定子接地报警""发电机定子接地跳闸"，根据故障录波图显示，发电机 B 相电压忽然降低到 18V，A 相电压上升为 88V，C 相电压上升为 81V，呈现出明显的发电机 B 相定子接地特征，且"基波零序+三次谐波"原理定子接地保护动作 4s 后返回，而外接 20Hz 电源注入式定子接地保护一直动作未返回，说明发电机灭磁后接地点仍然存在。停机检查发现，励磁变压器 B 相本体高压侧线圈上的消防感温线外皮磨损，线圈有放电痕迹。

【案例 11 】 母线安装错误

某厂 5 号机组（容量 330MW）电气整套启动试验中，做完发电机短路试验、空载试验，励磁变压器恢复正常接线后，作发电机励磁空载试验，发现励磁系统不能正常励磁，励磁电流相比发电机空载明显增大。经检查，励磁变压器低压侧至调节器的共箱母线的相序为反相序，之前在做发电机短路试验、空载试验时，采用他励临时电源，因临时电源从 6kV 接入时也为反相序，因此未发现共箱母线的相序接反。

【案例 12 】 定子接地

某厂 1 号机组启动后不久，两套发电机定子接地保护均动作跳闸，动作报告及故障录波显示故障时发电机定子绕组 C 相电压消失，A、B 相电压上升为线电压，零序电压突变为相电压，如图 12-7 所示。机组跳闸后，零序电压定子接地保护可以复归，但外加电源式定子接地保护仍可测得 C 相接地电阻为 0kΩ，说明发电机 C 相发生金属接地，并且一直存在。录波记录接地电流一次值 13A。如图 12-8 所示。

打开封母检查，发现发电机出口断路器与封母的软连接铜皮断裂翘起，与封母外壳内壁接触，封母外壳内壁上有多点白色放电痕迹。如图 12-9 所示。

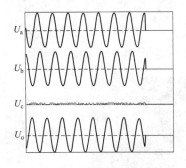

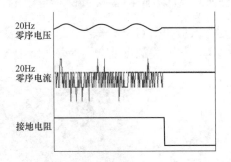

图 12-7　零序电压波形图　　　　图 12-8　外加电源式定子接地动作波形

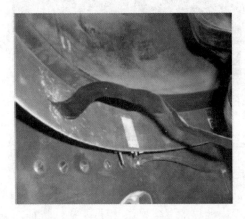

图 12-9　封母软连接

二、励磁变压器试验临时电源冲击

【案例 13】　励磁变压器低压侧短路合闸

某厂 1 号机组启动前，对励磁变压器进行带电，刚合闸临时电源开关时，变压器无异常，但 10s 后开关跳闸，显示"过负荷动作"。经检查，发现安装单位在做励磁变压器单体试验后恢复接线时，将励磁变压器低压铜排连接错误，将三相短接。

励磁变压器速断保护整定计算时按照躲过额定电流 10 倍的励磁涌流考虑，当励磁变压器高压侧加 6kV 电压（励磁变压器额定值 20kV）时，虽然低压侧短路，但短路电流值还达不到速断定值而未动作，过负荷保护延时 10s 跳闸。故障波形如图 12-10 所示。

采用 6kV 临时电源冲击额定电压为 20kV 的励磁变压器，因电压低于额定，变压器磁通不会饱和，所以不会产生励磁涌流。低于额定电压冲击变压器不会产生励磁涌流，在计算临时试验电源的速断保护定值时不要盲目扩大电流倍数。

三、转子交流阻抗测量

依据 GB 50150 规定，转子交流阻抗的测量需在超速试验前、后的额定转速下分别测量，用于检查启动前转子是否存在匝间短路故障，现场实际测量值应与出厂值、膛外值相比较无明显差异为合格。

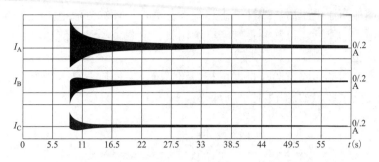

图 12-10 变压器额定电压全压冲击会产生很大的励磁涌流

需要注意的是：①规程并未要求在不同转速下测量；②可在盘车或低转速下预测试一次，以检验试验电源容量以及励磁系统对本试验的影响，为正式试验做准备。

转子交流阻抗测量回路如图 12-11 所示。

转子交流阻抗的测量，规程并未规定测量方法，根据出厂数据可采取不同方法，包括：

（1）经调压器加电压：这种方法比较安全，但设备搬运不方便；

（2）220V 交流电压直接测试：与出厂测试方法相同，易于操作；

（3）标准电流源测试：用继电保护测试仪加入 1A 标准电流，测量阻抗。

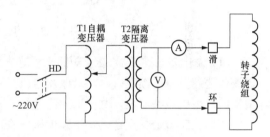

图 12-11 转子交流阻抗测量回路示意图

【案例 14】 转子交流阻抗测量

某 330MW 机组整套启动调试，机组定速 3000r/min 时，在发电机机端碳刷处进行转子交流阻抗测量。当给转子施加 220V 交流电压时，电流达到了 120A，远远大于交流阻抗出厂测量值 31A，导致电源开关跳闸。

经检查，该机励磁系统采用的是"晶闸管跨接器+线性灭磁电阻的"智能化灭磁柜（如图 12-12 所示），灭磁电阻 R_E 约为 2Ω。当灭磁开关分闸后，灭磁开关的辅助触点去触发晶闸

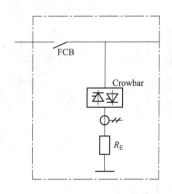

图 12-12 励磁跨接器原理接线图及实际接线

331

管跨接器，使得跨接器晶闸管导通，相当于将线性灭磁电阻直接与转子绕组并联在一起。当在转子绕组上施加交流电压后，线性灭磁电阻会分流，经计算分流电流约 90A。

拆开灭磁电阻回路后，再次测量转子交流阻抗，测量值与出厂值基本一致。

四、短路试验

机组投产前要做的短路试验包括发电机短路试验、主变压器高压侧短路试验、高压厂用变压器低压侧短路试验。如图 12-13 所示。

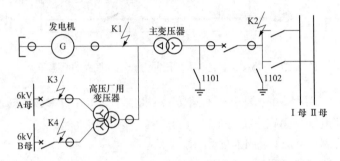

图 12-13　短路试验一次系统示意图

（1）发电机短路试验。K1 短路点设在发电机机端，短路装置采用专用短路排，通常试验电流要达到发电机额定值，以录取发电机短路特性曲线、检验发电机电流二次回路。实际测量出的发电机短路曲线，要与出厂值进行比较。

依据 GB 50150 规定，对于发电机—变压器组，当发电机本身的短路特性有制造厂出厂试验报告时，可只录取发电机—变压器组的短路特性，其短路点应设在变压器高压侧。

（2）主变压器高压侧短路试验。K2 短路点设在主变压器高压侧，短路装置采用接地线、接地开关等，试验电流大小以满足主变压器高压侧电流互感器二次电流回路的准确测量为准。

试验目的在于检查主变压器电流互感器极性。注意试验电流不要过大，防止母差保护误动。

（3）高压厂用变压器低压侧短路试验。K3/K4 短路点设在高压厂用变压器低压侧，短路装置采用短路小车、短路铜排、简易短路装置等，如图 12-14 所示。试验电流以满足高压厂用变压器电流互感器二次电流回路的准确测量为准，由于此处配置有主变压器差动保护的大变比电流互感器，要求通入电流较大，折算到 K3/K4 点的电流更大，因此对高压厂用变压器低压侧短路装置的要求较高。

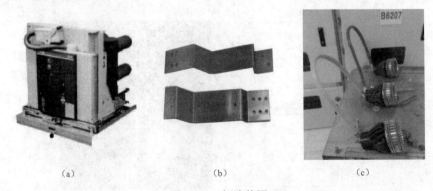

（a）　　　　　　　　（b）　　　　　　　　（c）

图 12-14　短路装置

（a）短路小车；（b）短路铜排；（c）简易短路装置

试验前一定要提前试装，以防试验时发现无法安装到位。

【案例 15】 励磁变压器变比大导致无法完成发电机短路试验

某 1036MW 机组采用高起始响应的自并励励磁方式，励磁系统由励磁变压器和 UNITROL5000 型数字励磁调节装置组成。励磁变压器为 ABB 公司 DCB9-2200/22/$\sqrt{3}$ 型干式变压器，低压侧设计额定电压 1100V，实际供货电压为 966V，短路阻抗 8%。

发电机短路试验时，励磁变压器高压侧临时电源取自 6kV 高压厂用段。试验过程中发现，当励磁调节器的输出达到最小导通角 15°时，发电机电流只能达到 0.9 倍额定电流。经进一步计算发现，即使冒风险将导通角再减小到 5°，励磁系统也无法提供达到发电机额定电流所需的励磁电流，由于励磁变压器无调节分接头，现场更换励磁变压器不现实，且现场无法解决满足试验要求电压的临时试验电源，因此发电机的短路试验无法做到额定电流。

对于国产励磁变压器，一般均有分接头，可通过调整档位来调节电压，满足试验要求。因此，对于 6kV 等级厂用电的机组，励磁变压器的设计选型时要特别考虑到发电机的短路试验问题，正确选择变压器变比。需要说明的是，虽然励磁变压器无法满足临时接线方式下的短路试验要求，但是完全可以满足机组正常运行和强励的要求。

注：该厂 3 号机组采用国产带试验分接头的干式变压器，低压侧电压 1100V，在不调整试验分接头的情况下可顺利完成发电机短路试验。

【案例 16】 电气试验中没有解除"并网信号"

某厂 5 号机组冲转过程中，汽轮机控制方式为转速控制，当汽轮机在 1000r/min 进行暖机时，汽轮机突然转速上升。运行人员立即检查给定转速仍为 1000r/min，没有改变，但汽轮机控制方式已经由转速控制转为功率控制。当转速升至 1800r/min 时，运行人员打闸停机。

调取 DEH 关于控制方式转换的曲线，分析发现发电机—变压器组出口断路器合位信号闭合（电气启动试验中断路器合闸），正是此条件导致 DEH 控制方式由转速控制（并网前控制方式）转换为功率控制（并网后控制方式），导致转速失控。

转速控制方式是指：发电机并网之前，汽机运行在 DEH 转速控制模式，DEH 根据给定目标转速控制调节阀开度，从而控制合适的汽轮机进汽量以维持机组运行在设定转速。

负荷控制方式是指：发电机并网以后，DEH 根据发电机断路器位置合闸信号自动切换转为功率控制模式，DEH 根据给定目标负荷控制调节阀开度，确保汽轮机出力能紧跟负荷指令，达到功率负荷的平衡。

【案例 17】 并网前忘记恢复"并网信号"

某电厂 5 号机组首次并网，并网后机组功率在–1～0MW 之间徘徊，呈逆功率运行状态，没有带上预定的初始负荷。热控人员紧急检查发现，在电气启动试验过程中接触的"并网带初负荷"逻辑未在并网前回复，导致机组无法带负荷。机组异常运行约 1min 后，热工人员恢复并网逻辑，机组才带上负荷。

【案例18】 功率输出中断后机组振荡

某 330MW 机组由于雷击线路瓷瓶炸裂，导致该厂四条线路全部跳闸，机组甩负荷后自带厂用电孤岛运行。

线路跳闸后，由于发电机—变压器组保护未动作，因此发电机开关仍在合闸状态，未能触发 OPC 动作，DEH 仍处于负荷控制方式。由于外部电负荷的突然失去，汽轮机转速立即飞升，当转速达到 103% 时，OPC 被触发，调门立即关闭，汽轮发电机组失去原动力。由于机组仍带有厂用负荷，使得机组转速下降；当转速逐渐下降至小于 103% 时，OPC 电磁阀复位，汽轮发电机组在负荷控制模式下，为达到设定负荷，调门再次全开，汽轮机转速又一次飞升，再次触发 OPC，关闭调门……，如此反复循环，直至机组主蒸汽压力等主要参数大幅波动，运行约 5min 后，锅炉汽包水位超限触发锅炉 MFT 动作。

图 12-15 所示是实录的机组功率输出回路中断后机组"乒乓"式振荡的过程。

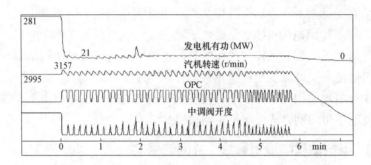

图 12-15　功率输出回路中断后机组"乒乓"式振荡的过程

五、发电机—变压器组的其他试验

1. 空载试验

依据 GB 50150 规定，在额定转速下试验电压的最高值，对于汽轮发电机组及调相机组应为定子额定电压值的 120%，对于水轮发电机组应为定子额定电压值的 130%，但均不应超过额定励磁电流。

对于发电机—变压器组，当发电机本身的空载特性及匝间耐压有制造厂家出厂试验报告时，可不将发电机从机组拆开单作发电机的空载特性，而只作发电机—变压器组的整组空载特性，电压加至定子额定电压值的 105%。

2. 发电机残压测量

发电机残压测量的目的在于确定发电机的一次相序，记录残压幅值初始值。一般在发电机端部 TV 一次测量，要在残压比较小的时候（<500V）时测量，一般情况下不会大于 100V。

3. 恢复励磁系统接线

在机端挂地线时，注意残压打火情况，需快速挂上地线；收地线时，一定注意不要遗忘！

六、励磁试验

依据 DL/T 650—1998《大型汽轮发电机自并励静止励磁系统技术条件》，并网前励磁试验项目包括零起升压试验、自动升压试验、逆变灭磁试验、开关灭磁试验、发电机电压为 ±5% 阶跃试验、转子电流 $\pm 5\% I_{LN}$ 阶跃试验、运行方式切换试验、空载 TV 断线试验、频率

特性及 U/f 限制试验。

并网后励磁试验项目包括甩无功试验、均流系数计算、励磁系统建模、PSS 等特殊试验项目。

七、发电机（同期）定相试验

1. 同期定相试验

发电机带单母线零起升压，用已经运行的母线电压互感器检验待并网的发电机机端电压互感器，即同源定相。如图 12-16 所示。

在相同的一次电压下，用正确的电压互感器确认新投运的电压互感器的正确性。只有确认了新投运电压互感器的正确性，才能保证同期装置的正确性。

注意：凡是同期电压回路做了变动，必须做该试验。

另外，还有其他接线形式的定相试验，如：①发电机-变压器-线路接线，解除架空线路出线，发电机带线路 TV 零起升压；②发电机出口带 GCB 断路器，先发电机带主变压器零起升压后，再倒送主变压器，主变压器已送电情况下，解除发电机出口软连接，合 GCB，由主变压器带发电机 TV 定相。

2. 假同期试验

假同期试验的目的是要检验准同期装置的动态性能。同期电压为真正的发电机电压和电网电压，但由于隔离开关未合，虽然在同期点开关合闸，但并未并网，因此称为"假同期"。

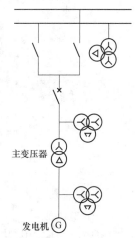

图 12-16　发电机同源定相试验

现场实际录制的某发电机假同期试验波形，如图 12-17 所示。

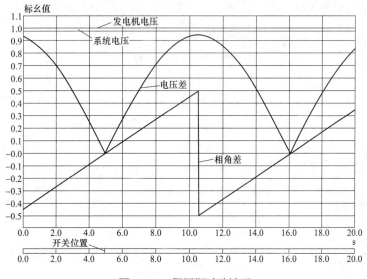

图 12-17　假同期试验波形

八、发电机并网

并网前注意：①退出母差保护，并网后用负荷电流检验母差电流极性正确后再投入母差；②恢复并网带初负荷逻辑。某机组首次并网录制的波形，如图 12-18 所示。

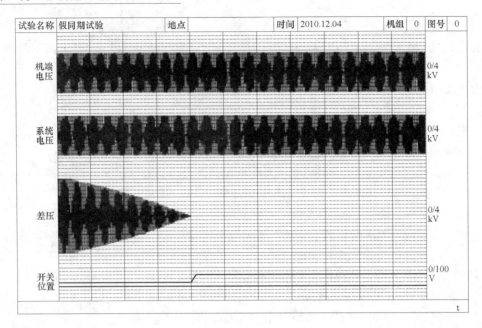

| 试验名称 | 假同期试验 | | 地点 | | 时间 | 2010.12.04 | | 机组 | 0 | 图号 | 0 |

图 12-18 某机组首次并网波形

九、轴电压测量

轴电压产生的原因有：静电效应、磁路不对称、大轴磁化、励磁影响以及注入式转子接地保护的影响。

轴电压的存在，如果造成大轴绝缘破坏，则轴电压经过轴-轴承-基础台板等处，加在油膜上，将油膜击穿，形成电弧。电弧烧蚀钨金，形成小颗粒，导致轴承表面磨损，并使润滑油迅速劣化，严重者会使轴瓦烧坏。图 12-19 所示为自并励机组轴电压防护接线示意图。

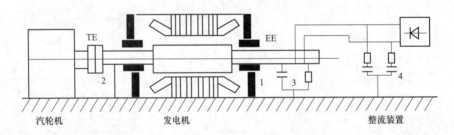

图 12-19 自并励机组轴电压防护接线示意图

1—轴密封；2—汽轮机端接地碳刷；3—无源阻容保护；4—晶闸管阻容接地保护

轴电压的抑制措施包括：

（1）传统的方法为防止形成轴电流，将发电机励磁侧的轴承座对地绝缘起来［如图 12-20（a）所示］；

（2）在位于发电机励磁侧的轴承座与基础台板之间加装绝缘垫［如图 12-20（b）所示］；

（3）为消除由于静电荷产生的轴电压，在发电机汽轮机侧将其大轴经碳刷接地［如图 12-20（c）所示］；

（4）阻容抑制［如图 12-20（d）所示］。

（a）　　　　　　　（b）　　　　　　　（c）　　　　　　　（d）

图 12-20　轴电压的抑制措施

（a）双绝缘结构；（b）轴承底部绝缘板；（c）大轴接地；（d）RC 抑制

　　测量方法和目的：采用通过测量比较发电机两端的电压和轴承与底座间的电压，检查判断发电机轴承支架和底座之间的绝缘。如图 12-21 所示。

　　测量标准：《预防性试验规程》要求轴电压测量值通常不大于 10V。

　　注意：试验有危险性，在发电机静止时观测大轴，选择光滑易于接触部位作为测量点。试验时采用碳刷或软铜线刷着大轴转向接触大轴。

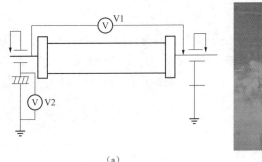

（a）　　　　　　　　　　　　　　　　　（b）

图 12-21　轴电压的测量

（a）测量接线示意图；（b）轴电压测量位置—励端大轴

【案例 19】　轴电压抑制器对转子接地保护的影响

　　某 670MW 机组进行发电机短路试验，当机端电流升至 8000A（励磁电压 99V，励磁电流 1025A）时，发电机—变压器组保护 A 柜发"转子一点接地报警"。

　　停机检查，转子绝缘正常，灭磁电阻柜内绝缘为 18kΩ，而该机组 A 柜乒乓式转子接地保护报警值为 20kΩ，因此报警。分析认为，该柜内装设有阻容原理的轴电压抑制回路，导致对地绝缘较低。鉴于该机组轴电压不高，取消轴电压抑制回路无甚影响，因此拆除了轴电压抑制回路，测得灭磁电阻柜绝缘大于 2.5MΩ。再次启机未再发转子接地报警信号。

【案例 20】　注入式转子接地对轴电压的影响

　　某 1036MW 机组首次并网成功后，测量轴电压 U_1=18V，高于一般机组 10V 以下的轴电压水平。分析认为，该机组采用注入式转子接地保护，在转子上叠加了电源电压约为 46V 频率 1Hz 的低频电压。由于转子绕组紧密缠绕在大轴上，可能会将此电压耦合到大轴上。为了验证这一分析，十天后在机组带 300MW 负荷的情况下，申请退出注入式转子一点接地保护的低频电源后，测量发电机轴电压 U_1=7.8V，属于正常水平。

由于该机组轴承主绝缘采用双绝缘，绝缘可靠性非常高，因此 18V 的轴电压不会导致轴承油膜击穿，机组可以正常运行。因此建议不采取特别措施，仅对发电机主绝缘和轴电压做好定期监测，必要时进行润滑油化验以检测油质是否劣化即可。

十、厂用电切换试验

厂用电切换前必须进行高压厂用电源一次核相。因为高压厂用电源无法进行同源核相，因此必须进行一次核相。在一次核相正确的基础上，再进行电压回路二次核相。厂用电源一次核相、二次核相都正确以后，才能进行厂用电系统切换。

规程规定在机组带负荷 30%～50% 时进行厂用电源切换。但现场实际工作存在误区："厂用负荷（一般为机组额定负荷的 5%～8%）由备用电源切换到工作电源的过程，等于将厂用负荷由启动备用变压器转移到发电机，这样将会对发电机形成一个扰动，机组负荷越小，扰动越大，不利于启动初期的发电机稳定。当机组负荷比较大的时候，例如超过 25%，进行厂用电切换对机组的扰动会比较小"。

【案例 21】 厂用电反复切换

图 12-22 所示为某机组厂用切换过程中的发电机、主变压器、高压厂用变压器功率曲线。由图可见，当厂用电由备用电源切换到工作电源的过程中，主变压器输出功率瞬时减少了厂用负荷的数量，而发电机功率平稳无波动，即厂用电切换后厂用负荷并没有对发电机功率产生冲击作用。

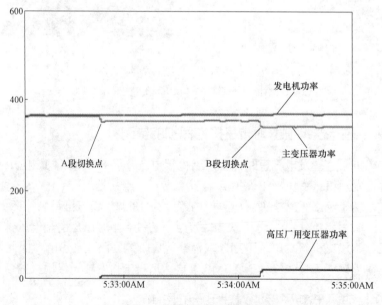

图 12-22 厂用电切换期间功率曲线

因此，规定负荷大于 25% 进行厂用电切换的出发点，主要是考虑到负荷小于 25% 时机组运行不稳定，容易跳机。过早切换厂用电，当机组跳机以后又要切回备用电源，导致厂用电反复切换。

1. 并联切换方式

厂内备用电源接线如图 12-23 所示。3ST 即为停机（启动）/备用变压器，作为厂内备用电源。并联切换试验时，要观测并联时间段高压厂用变压器和启动/备用变压器之间环流的大小。

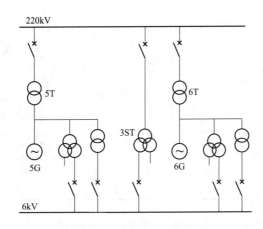

图 12-23　厂内备用电源接线

$$I_{\mathrm{C}} = \frac{\Delta E}{\Sigma X} = \frac{\dot{U}_1 - \dot{U}_2}{X_1 + X_2 + X_3} = \frac{\sqrt{U_1^2 + U_2^2 - 2U_1 U_2 \cos\delta}}{X_1 + X_2 + X_3}$$

并联切换时的录波图如图 12-24 所示。

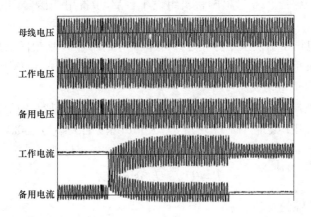

图 12-24　并联切换波形

2. 串联切换

厂外备用电源接线如图 12-25 所示。对于接入两种电压等级系统的发电厂，需采用串联切换方式进行备用电源切换。串联切换试验时，要观测断流时间、电压跌落以及是否有负荷跳闸。

$$P = \frac{|U_1||U_2|}{X}\sin\delta$$

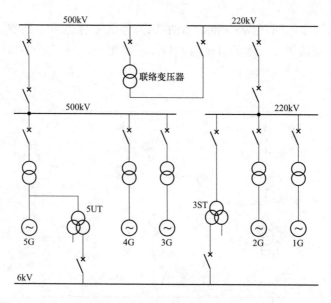

图 12-25　厂外备用电源接线图

【案例 22】 功角过大闭锁快切操作

电厂共三期工程,一期(2×350MW)1、2 号机组送出至 220kV 升压站,二期(2×300MW)3、4 号机组和三期工程（2×620MW）5、6 号机组送出至 500kV 升压站。这两个升压站各自经输电线接入电网。5、6 号机两台机组设 1 台启动/备用变压器,电源取自本厂 220kV 母线。

5 号机组厂用电正常切换采用并联方式,即"先合后跳",切换闭锁角度为 15°。机组第一次带约 300MW 负荷时,快切装置显示备用电源与工作电源之间功角达到 17°,快切装置闭锁,无法启动厂用电正常切换。

虽然高压厂用变压器与启动/备用变压器是同一个系统,但是高压厂用变压器低压侧电压与备用变压器低压侧电压之间有一个功角 θ。这个 θ 角度的大小与 500kV 线路和 220kV 线路的传输功率、运行方式、电压水平都有关系,其大小可以定性地表达为

$$P = (U_{gz} - U_{by})\sin\theta / X_Z$$

式中　P——线路传输的有功功率;

　　　X_Z——整个环路的电抗之和;

　　　U_{gz}——工作分支的电压;

　　　U_{by}——备用分支的电压。

不难看出,功角 θ 的取值范围为 0°～90°,P 和 X_Z 越大,θ 也越大。功角最大的情况出现在各发电机满负荷运行、而部分送出线路停运检修的时候。

【案例 23】 变压器档位设置不合理导致闭锁快切操作

电厂 1 号机组整套启动过程中，当发电机同期并列完成厂用工作电源与备用电源一次核相后，通过 DCS 操作厂用电源快切装置进行厂用电源并联切换，但是在操作过程中，DCS 发出快切装置闭锁报警信号，无法实现自动并联切换。

由于主变压器档位已按中调指令置于额定档位（3 档），即主变压器变比为 242kV/20kV，而系统电压只有 228kV，此时主变压器低压侧即机端电压约为 18.8kV，在厂用变压器处于额定档位时（3 档），即高压厂用变压器变比为 20/6.3-6.3kV，这样高压厂用变压器低压侧的空载电压约为 5.92kV，而备用分支电压较高（空载时达到 6.43kV），超出了快切装置快速切换的 5%压差要求而无法实现切换。

十一、甩负荷试验

依据 DL/T 843—2010《大型汽轮发电机组自并励静止励磁系统技术条件》，励磁控制系统应保证在发电机甩额定无功功率时发电机电压最大值不大于额定值的 115%。图 12-26 所示为实际甩负荷试验录波图。

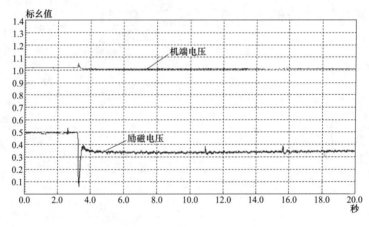

图 12-26 甩负荷试验录波图

【案例 24】 甩负荷试验过程

机组满负荷运行时，手动拉开发电机出口开关，发电机由 330MW 降至约 21MW 带厂用电运行。发电机出口断路器断开后，OPC 被超前触发去关闭高压、中压调节汽门，但由于 DEH 的采样时间、OPC 回路及调门关闭过程等环节的迟延，使汽轮机转速最高仍然飞升至 3087r/min。随着 OPC 延时复位后，DEH 进入转速控制模式，转速达到最大值以后开始回落，调门逐渐开启并经过一个振荡调整周期后转速基本稳定在 3000r/min，稳定厂用电频率在 50Hz，此时，再次同期并网，机组继续带负荷运行。图 12-27 所示是该机组甩负荷试验过程实际波形曲线。

十二、发电机进相试验

同步发电机进相运行是一种同步低励磁持续运行方式。利用发电机吸收无功功率，同时发出有功功率，是解决电网低谷运行期间无功功率过剩、电网电压过高的一种技术上简单可行、经济性较高的有效措施。发电机容量曲线如图 12-28 所示。

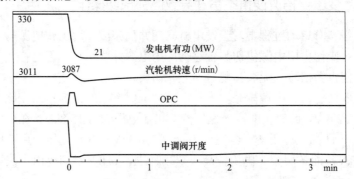

图 12-27 甩负荷试验过程实际波形曲线

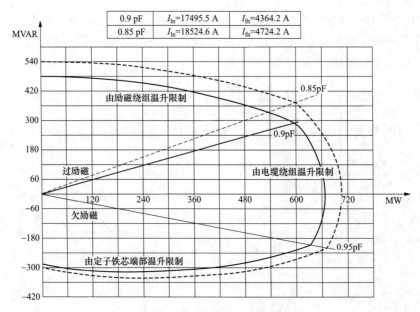

| 0.9 pF | I_{in}=17495.5 A | I_{fm}=4364.2 A |
| 0.85 pF | I_{in}=18524.6 A | I_{fm}=4724.2 A |

图 12-28 发电机容量曲线

十三、机组安全停机-程跳逆功率保护

逆功率保护用于保护汽轮机,当主汽门误关闭或机组保护动作于关闭主汽门而出口断路器未跳闸时,发电机将变为电动机运行,从系统中吸收有功功率。此时对发电机没什么影响,但由于鼓风损失,汽轮机尾部叶片有可能过热,造成汽轮机叶片损坏,因此不允许这种工况长期存在,逆功率保护可以很好地起到这种工况的保护作用。

程跳逆功率保护是用于发电机非短路性故障或正常停机时防止汽轮机超速损坏,先关闭主汽门,有意造成发电机逆功率工况,再解列发电机的保护。汽轮机飞车事故的原因,基本都是因为发电机已跳闸而由于种种原因主汽门没有关闭导致的,为防止此类事故的发生,设置了程序逆功率保护。

安全停机顺序:停机时,将厂用电负荷切换到备用电源带载,然后将机组负荷降至最小,先跳汽机,ETS 动作后关主汽门,主汽门关闭机组失去原动力,机组由电网拖动同步运行,产生逆功率,超过定值后程序逆功率保护动作,同时跳机组开关、灭磁开关。

【案例 25】 漏设计程序逆功率保护导致的停机超速事故

某日正在进行 72h 试运行的某厂 2 号发电机组，由于锅炉出现严重爆管，无法维持正常运行，于是决定停机，处理爆管缺陷后再继续试运行，运行人员按动 "MFT" 按钮联动跳开发电机及汽轮机。这样看似很平常的操作，却带来了惊心动魄的一幕，300MW 汽轮发电机组发生非同寻常的超速，转速达到 4103r/min。

调查结果为：右侧中压调门延迟 15s 关闭的事实与机组转速飞升时间 16s 的现象相吻合，右侧中压调门滞后 15s 关闭是 2 号机组超速的主要原因。原来在按下 "MFT" 时就联动跳开了发电机—变压器组的出口断路器，当发电机出口断路器跳闸以后，机组的负荷随即急速滑落，但此时右侧中压调门仍未关闭，正是中压调门晚关 15s，机组失去负荷的时间里，机组转速飞升，导致超速。

由此可见，右侧中压调门滞后 15s 关闭是 2 号机组超速的主要原因，而设计中漏装程序跳闸使超速变为现实。该机组超速事件，再一次说明安装程序跳闸的必要性。程序跳闸的确成了机组超速的"保护神"。图 12-29 所示为该机组超速事故现场照片。

图 12-29　某机组超速事故现场照片

【案例 26】 逆功率保护整定太小导致保护无法动作

某厂二期扩建工程建设规模为 2×660MW 超超临界机组。按照机组运行规程，正常停机采用程序逆功率跳闸方式。在 4 号机组整套启动带负荷试运期间，多次机组正常停机时，运行人员减负荷至零、汽轮机主汽门关闭后，程序逆功率不能动作，运行人员只能用手动分断主变压器高压侧断路器，实现停机。

经检查，保护装置工作正常，二次回路完整、可靠，排除设备问题。进一步分析，该机组逆功率保护定值虽然按照《大型发电机—变压器组保护整定计算导则》整定为 1.5%倍额定功率，但该机组采用国外某型号发电机保护，发电机逆功率定值计算方法与国内保护装置不同，其基准功率为发电机视在功率，而不是发电机的额定有功功率，因此逆功率定值整定偏大，导致逆功率不能动作。将逆功率定值修改为有功功率的 1%后，经多次停机检验，均可实现程序逆功率可靠动作。

【案例 27】 热工保护直接跳机导致程序逆功率保护失去作用

某 330MW 机组投运后，每次停机时，当汽轮机打闸，发电机—变压器组保护均报"热工保护动作"全停，而程序逆功率保护从未动作过。经检查发现，该机组发电机—变压器组保护中，非电量"热工保护"为来自 ETS 的汽轮机停机指令，汽轮机停机时，未等到发电机进入逆功率状态，即由非电量"热工保护"将发电机跳闸。

为了防止停机时，发电机已跳闸，而主汽门无法关闭导致的超速事故，设置了程序逆功率保护。只有当主汽门完全关闭以后，发电机进入逆功率状态，才允许发电机跳闸。因此，该机组的非电量"热工保护"不应该投入运行。

参 考 文 献

[1] 王维俭. 电气主设备继电保护原理与应用 [M]. 北京：中国电力出版社，2002.

[2] 李基成. 现代同步发电机励磁系统设计及应用 [M]. 北京：中国电力出版社，2002.

[3] 孟凡超，吴龙. 同步电机现代励磁系统及其控制 [M]. 北京：中国电力出版社，2009.

[4] 孟凡超，吴龙. 发电机励磁技术问答及事故分析 [M]. 北京：中国电力出版社，2009.

[5] 朱声石. 高压电网继电保护原理与技术 [M]. 北京：中国电力出版社，2005.

[6] 李玮. 发电厂全厂停电事故实例与分析 [M]. 北京：中国电力出版社，2015.

[7] 李玮. 电力系统继电保护事故案例与分析 [M]. 北京：中国电力出版社，2012.

[8] 华北电力科学研究院. 电力系统及发电厂反事故技术措施汇编 [M]. 北京：中国电力出版社，2009.

[9] 中国电机工程学会继电保护专业委员会. 继电保护原理及控制技术的研究与探讨 [M]. 北京：中国水利水电出版社，2014.

[10] 高中德，舒治淮，王德林. 国家电网公司继电保护培训教材 [M]. 北京：中国电力出版社，2009.

[11] 高春如. 大型发电机组继电保护整定计算与运行技术 [M]. 北京：中国电力出版社，2010.

[12] 张保会，尹项根. 电气系统继电保护 [M]. 北京：中国电力出版社，2007.

[13] 贺家李，宋从炬. 电力系统继电保护原理 [M]. 北京：中国电力出版社，2004.

[14] 桂林. 大型发电机主保护配置方案优化设计的研究 [D]. 北京：清华大学出版社，2003.

[15] 刘取. 电力系统稳定性及发电机励磁控制 [M]. 北京：中国电力出版社，2007.

[16] 竺士章. 发电机励磁系统试验 [M]. 北京：中国电力出版社，2005.

[17] 何仰赞. 电力系统分析 [M]. 武汉：华中科技大学出版社，2002.

[18] 蒋建民. 电力网电压无功功率自动控制系统 [M]. 沈阳：辽宁科学技术出版社，2010.

[19] 陆安定. 发电厂变电所及电力系统的无功功率 [M]. 北京：中国电力出版社，2003.

[20] 周全仁，张海主. 现代电网自动控制系统及应用 [M]. 北京：中国电力出版社，2004.